AF326534

OBRAS

sobre

MATHEMATICA

OBRAS

SOBRE

MATHEMATICA

DO

Dr. F. Gomes Teixeira

DIRECTOR DA ACADEMIA POLYTECHNICA DO PORTO,
ANTIGO PROFESSOR NA UNIVERSIDADE DE COIMBRA, ETC.

PUBLICADAS

POR ORDEM DO GOVERNO PORTUGUÊS

VOLUME QUARTO

Publicação official

COIMBRA
Imprensa da Universidade
1908

TRAITÉ

DES

COURBES SPÉCIALES REMAR[QUAB...]

PLANES ET GAUCHES

PAR

F. GOMES TEIXEIRA

Ouvrage couronné et publié par l'Académie Royale des Scien[ces]

TRADUIT DE L'ESPAGNOL, REVU ET TRÈS AUGMENT[É]

TOME I

—»»»×«««—

COÏMBRE
Imprimérie de l'Universit[é]
1908

PARIS,
GAUTHIER-VILLARS, IMPRIMEUR-LIBRAI[RE]
DU BUREAU DES LONGITUDES, DE L'ÉCOLE POLYTECH[NIQUE]
Quai des Grands-Augustins, 55.

TRAITÉ

DES

COURBES SPÉCIALES REMARQUABLES

PLANES ET GAUCHES

PAR

F. GOMES TEIXEIRA

Ouvrage couronné et publié par l'Académie Royale des Sciences de Madrid

TRADUIT DE L'ESPAGNOL, REVU ET TRÈS AUGMENTÉ

TOME I

COÏMBRE
Imprimérie de l'Université
1908

PARIS,
GAUTHIER-VILLARS, IMPRIMEUR-LIBRAIRE
DU BUREAU DES LONGITUDES, DE L'ÉCOLE POLYTECHNIQUE,
Quai des Grands-Augustins, 55.

Préface.

Le présent ouvrage est la traduction, avec plusieurs additions, d'un travail intitulé : *Tratado de las curvas especiales notables,* que l'Académie des Sciences de Madrid nous a fait l'honneur de couronner en 1899 et de publier en langue espagnole plus tard dans le tome XXII de ses *Mémoires.* Ce travail, qui répondait en même temps au programme proposé par cette Académie et à un programme proposé par M. Haton de La Goupillière dans le tome I de l'*Intermédiaire des mathématiciens,* a mérité l'approbation de cet éminent savant, et nous en publions, vivement encouragés par lui-même, cette traduction française.

Nous suivons dans cette édition le plan et l'ordre dans la disposition des matières de l'édition espagnole ; cependant la présente édition diffère considérablement de celle-là, non seulement parcequ'elle contient quelques courbes qui ne furent pas étudiées dans la première édition, mais principalement car nous avons fait de nombreuses additions à la théorie de la plupart des courbes considérées dans l'étude primitive.

Comme dans l'édition précédente, nous étudions la forme, la construction, la rectification et la quadrature, les propriétés et l'histoire de chaque courbe ; nous considérons les relations de chaque courbe avec les autres ; nous indiquons les problèmes où les courbes étudiées apparaissent ; etc. Les auteurs de chaque question considérée sont mentionnés, quand cela nous a été possible. En plusieurs occasions nous donnons des propositions qui n'ont peut-être pas été remarquées.

Cet ouvrage sera composée de deux volumes. Le premier est consacré aux courbes algébriques planes, à degré déterminé, de plus grand interêt. Dans l'autre seront envisagées de nombreuses courbes trancendantes planes, quelques classes de courbes planes et quelques courbes gauches plus remarquables. Dans la partie du deuxième volume consacrée à l'étude de diverses classes de courbes planes, nous serons naturellement menées à envisager encore quelques courbes algébriques planes à degré déterminé qui en sont des cas particuliers.

Porto, 1907.

———————

Préface de l'édition espagnole.

Cet ouvrage se rapporte à la question suivante, proposée par l'*Académie Royale des Sciences de Madrid*, d'abord en 1892 et ensuite en 1895, savoir : «*Catalogue méthodique de tes les courbes d'une classe quelconque ayant reçu un nom spécial, avec une idée succinte de la forme, des équations, et des propriétés générales de chacune d'elles, et une notice des ouvrages ou des auteurs qui en ont fait la première mention.*»

Dans le court délai compris entre ces deux dates (1892 et 1895), M. Haton de la Goupillière a appelé l'attention, dans le tome I de l'*Intermédiaire des mathématiciens*, sur les avantages qui résulteraient de l'étude, dans un ouvrage spécial, de toutes les courbes notables.

En réponse à cet appel, il n'a paru jusqu'à présent qu'une liste, dressée par M. Brocard, des noms spéciaux donnés à diverses courbes, laquelle a été insérée au tome IV du même recueil ([1]).

Dans le travail que nous avons l'honneur de présenter à l'Académie, nous envisageons le sujet sous un point de vue différent de celui qui a été suivi par ce savant géomètre. En nous bornant, en effet, au programme posé, nous considérons les courbes qui ont reçu des noms spéciaux, et non les noms que les courbes prennent en des circonstances données. Nous devons observer toutefois qu'il existe des noms qui peuvent être pris en les deux sens indiqués. Ainsi, le mot *chaînette*, pris dans le sens général, désigne une des courbes qui apparaissent dans la solution du problème de l'équilibre d'un fil flexible, dont les conditions peuvent varier d'une infinité de manières; mais, s'il est pris dans le sens restreint, il représente la courbe relative à un fil pesant homogène, étudiée par Leibniz, Jean Bernoulli, Huygens, etc. Cette dernière courbe est celle qui désigne ce mot, quand on ne dit pas explicitement le contraire, et c'est ainsi que son étude est entrée dans le programme proposé.

([1]) Après que nous avions achevé ce travail, il a paru quelques ouvrages sur le même sujet. Ainsi, à la fin de 1897, c'est-à-dire quand cet ouvrage a été présenté à l'Académie Royale des Sciences de Madrid, M. Brocard a publié un travail lithographié sous le titre: *Notes de Bibliographie des courbes géométriques,* où l'on trouve des courtes notices, mais très instructives, sur les courbes inscrites dans la liste mentionnée ci-dessus. Postérieurement, en 1901, M. Basset a publié un ouvrage intitulé: *An elementary Treatise on cubic and quartic curves,* où sont étudiées succintement quelques courbes remarquables, et en détail les cubiques circulaires et les quartiques bicirculaires. Enfin, en 1902, M. Gino Loria a publié un ouvrage magistral, consacré à l'étude des courbes planes remarquables, très complet en renseignements historiques et bibliographiques, et ayant par titre: *Spezielle algebraische und transscendente ebene kurven.*

La collection des courbes ayant un nom spécial que nous nous proposons d'étudier n'est pas complète. Faute de temps, nous n'en avons pas considéré quelques-unes dont nous avions connaissance. Nous croyons néanmoins que nous n'avons omis aucune courbe de celles qui sont réellement importantes par leur théorie, leurs applications, ou leur histoire. Si ce travail reçoit l'approbation de l'Académie, lors de sa publication, on ajoutera dans un supplément ou à leurs places respectives, quelques-unes des courbes qui manquent. Nous devons observer, en outre, que nous n'avons pas étudié les coniques, vu que leur théorie, si connue, fait l'objet de tous les traités de Géométrie analytique.

L'ordre suivie dans l'étude des courbes comprises dans ce travail, est celui déterminé par leurs équations. Ainsi, nous commençons par les cubiques, en consacrant le chapitre I aux cubiques circulaires et le chapitre II aux autres cubiques qui ont reçu des noms spéciaux. Dans les chapitres III et IV nous étudions les quartiques bicirculaires, et dans le chapitre V d'autres quartiques. Dans le chapitre VI nous considérons les courbes algébriques de degré supérieur au quatrième qui ont reçu aussi des dénominations spéciales.

Une fois terminé ce qui concerne les courbes algébriques, nous passons à considérer les courbes transcendantes aux chapitres VII et VIII; ce dernier est consacré aux spirales, en prenant ce mot dans son sens géométrique.

Dans les chapitres IX, X et XI, nous étudions les équations qui, d'après le paramètre qui y entre, représentent tantôt des courbes algébriques, tantôt des courbes transcendantes: au premier, les paraboles et les hyperboles d'un ordre quelconque; au deuxième, les courbes cycloïdales; au troisième, diverses classes de courbes non comprises dans les groupes antérieurs.

Passant ensuite aux courbes gauches, nous étudions les courbes sphériques dans le chapitre XII, et les autres dans le chapitre XIII. Le chapitre XIV est consacré aux théories de la polhodie et herpolhodie de Poinsot.

Nous devons avertir que quelquefois nous nous écartons du point de vue général adopté pour classer les courbes. Ainsi, l'hypocycloïde à trois rebroussements n'a pas été placée à côté des autres quartiques, ni les paraboles cubiques à côté des autres cubiques; car il n'était pas convenable de séparer l'étude de ces courbes de l'étude générale des classes auxquelles elles appartiennent. Nous avons aussi placé dans un chapitre spécial la polhodie et l'herpolhodie de Poinsot, bien que l'une de ces courbes soit plane et l'autre à double courbure, car il ne convenait pas de séparer ces deux courbes, dont les théories sont si étroitement liées.

Dans le programme proposé par l'Académie on demande, pour chaque courbe, l'indication du nom du géomètre qui, le premier, l'a étudiée. Cette indication a été faite pour la plupart des courbes étudiées. Quand aux courbes pour lesquelles cette indication n'a été possible, on a, au moins, cité les travaux les plus anciens qui les concernent.

Porto, 1897.

✳

P. S. A ce qui précède, écrit en 1897, nous ajouterons aujourd'hui quelques mots.

Nous dirons d'abord que, lorsque nous avons rédigé cet ouvrage, nous avons tâché de le faire d'une manière toute élémentaire. Beaucoup de questions pouvaient être traitées avec plus de concision, par des procédés spéciaux ; mais, à notre avis, un ouvrage de ce genre, pour être utile, doit être accessible à tout lecteur qui désire étudier l'une quelconque des courbes considérées, même s'il ne possède pas des connaissances scientifiques approfondies.

Nous nous faisons aussi un devoir d'adresser le temoignage de notre réconnaissance à une personne qui n'est malheureusement plus de ce monde. Nous voulons dire du savant secrétaire de l'Académie Royale des Sciences de Madrid, D. Miguel Merino. Grand a été le service que nous a rendu cet homme éminent, dont nous avons souvent aprécié les hautes qualités du coeur et de l'intélligence.

Il a pris avec zèle sous sa direction la publication de cet ouvrage ; il a fait une révision scrupuleuse du texte espagnol, traduit d'abord du portugais par une personne non au courant de la science mathématique, et il a porté sa coopération jusqu'au point de nous donner souvent de judicieux conseils, qui ont contribué efficacement à amélliorer cet ouvrage : tout cela en lutte constante avec une maladie douloureuse et cruelle (¹), dont il a fini par être victime. L'interêt affecteux qu'il apportait à ce travail, l'a exprimé lui-même à plusieurs reprises d'une façon assez éloquente, en déclarant à ses amis qu'il ne voulait pas mourir sans achever la publication de cette ouvrage, qu'il amait autant que son auteur. Malheureusement Dieu n'a pas exaucé sa prière, et en témoignant ici tous mes remerciments pour les services qu'il m'a rendus, je ne puis que m'adresser à son impérissable mémoire, pour exprimer à la fois ma gratitude et ma respectueuse et profonde vénération.

Porto, 1905.

(¹) La maladie de Miguel Merino a été la cause du retard apporté à la publication de cet ouvrage. L'impression, commencée en 1900, a continué régulièrement pendant les premières années, puis elle a subi des lenteurs et en même quelquefois des interruptions.

CHAPITRE PREMIER.

CUBIQUES REMARQUABLES.

I.

Les cissoïdes.

1. Prenons un cercle de centre C et de rayon égal à a *(fig. 1)* et sur sa circonférence un point O, et par l'autre extrémité A du diamètre passant par O, menons la droite AM, tangente à ce cercle. Prenons ensuite sur chacune des droites qui passent par O un segment OP égal au segment MN, compris entre le cercle et la droite AM, et dirigé dans le sens OM. Le lieu des points P qu'on obtient ainsi est la courbe désignée sous le nom de *cissoïde de Dioclès*.

En représentant par ρ le segment OP et par θ l'angle POC, on voit, au moyen de la relation $OP = OM - ON$, que l'*équation polaire* de la cissoïde est

$$\rho = \frac{2a}{\cos\theta} - 2a\cos\theta = \frac{2a\sin^2\theta}{\cos\theta}$$

et que son *équation cartésienne* est

$$y^2 = \frac{x^3}{2a - x}.$$

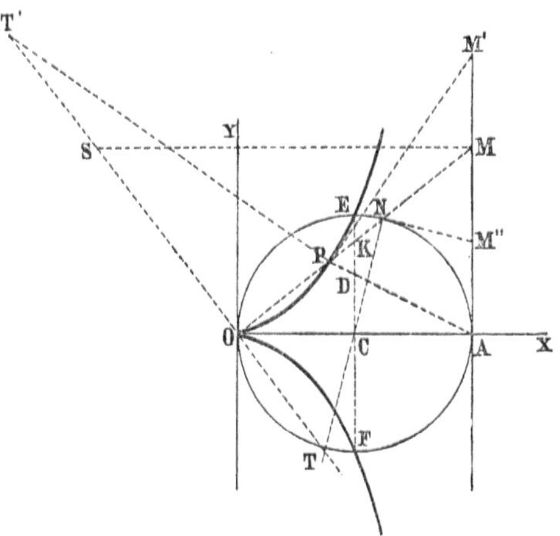

2. Parmi les problèmes célèbres dans l'histoire de la Géométrie dont les anciens géomètres se sont occupés, figure celui qui a pour but de trouver deux moyennes proportionnelles entre deux segments de droite donnés, et qui est désigné quelquefois sous le nom de *problème de Délos,* parce qu'il contient celui de la *duplication du cube* et ce dernier est attribué par une légende à un oracle qui aurait demandé la construction dans l'île de Délos d'un autel de forme cubique et de volume double du volume d'un autre, de la même forme, qui existait dans cette île; et, parmi les méthodes inventées par les géomètres de l'ancienne Grèce pour le résoudre, il en existe une, attribuée à Dioclès par Eutocius (*Archimedis Opera omnia cum commentariis Eutocii,* éd. Heiberg, Lipsiae, 1880–1881, t. III, p. 78 et 152), le commentateur d'Archimède, dans laquelle on emploie la courbe que nous venons de définir, sans lui donner de nom. Dans les ouvrages de Pappus et de Proclus on désigne sous le nom de *cissoïde (lierre)* une courbe que ces géomètres ne caractérisent pas assez pour qu'on puisse assurer qu'il s'agit de la courbe employée par Dioclès, dont ils ne font pas mention. Mais cependant, comme la forme de la partie de cette dernière courbe qui existe à l'intérieur du cercle OAN est d'accord avec la signification du mot employé par ces géomètres pour désigner la courbe qu'ils considèrent, on a cru probable que la courbe de Dioclès coïncide avec celle-là, et on lui a donné pour cela le nom de *cissoïde.*

Depuis le milieu du XVIIe siècle jusqu'aux temps actuels la cissoïde a été étudiée plusieurs fois, surtout dans l'intervalle de 1650 à 1700, dans lequel elle fut considérée par quelques-uns des géomètres les plus célèbres de cette époque, qui ont naturellement emprunté à la Géométrie des grecs des exemples pour appliquer les méthodes générales qu'ils ont inventées. Alors la théorie de cette courbe fut enrichie d'importantes propositions: ainsi, Sluse considéra pour la première fois la partie de la courbe extérieure au cercle OAN, remarqua qu'elle avait une asymptote, et détermina l'expression du volume du solide qui résulte de sa révolution autour de cette asymptote, dans deux lettres écrites à Huygens le 4 et le 14 mars 1658 (*Oeuvres complètes de Huygens,* t. II, p. 144 et 151); Huygens (l. c., p. 164, 170 et 178) donna l'expression de l'aire comprise entre la même courbe et son asymptote, celle du volume du solide que ce segment plan engendre quand il tourne autour de OY, etc., comme on le verra plus loin, expressions qui furent communiquées par ce grand géomètre à Sluse dans deux lettres du 5 avril et du 28 mai 1658, et à Wallis dans une lettre du 6 septembre de la même année; Wallis (l. c., p. 296) donna de nouvelles démonstrations des résultats obtenus antérieurement par Sluse et Huygens, au moyen des méthodes analytiques de son *Arithmetica infinitorum,* dans une lettre écrite à Huygens le 1 janvier 1659, publiée dans la même année dans son *Tractatus duo* (*Opera mathematica, Oxoniae,* 1695, t. I, p. 545–550). La cissoïde a été également considérée par Fermat, qui a retrouvé l'expression de l'aire comprise entre la courbe et l'asymptote (*Oeuvres,* t. III, p. 248) et a déterminé ses tangentes (*Oeuvres,* t. III, p. 141); par Roberval (*Mémoires de l'Académie des Sciences de Paris,* 1730, t. VI, p. 67), qui lui a appliqué aussi sa méthode des tangentes; par Newton, qui a indiqué un procédé mécanique pour la tracer (*Arithmetica Universalis,* t. II, p. 83 de la traduction de Beaudeux, Paris, 1802) et qui a donné une règle pour déterminer la longueur de ses arcs; etc.

3. On détermine aisément la forme de la *cissoïde* au moyen d'une des équations écrites ci-dessus. On voit: qu'elle est symétrique *(fig. 1)* par rapport à l'axe des abscisses et tangente à cet axe à l'origine des coordonnées, où elle a un *rebroussement;* qu'elle s'éloigne indéfiniment du même axe, quand x croît depuis 0 jusqu'à $2a$; qu'elle coupe en deux points les parallèles à OY comprises entre cette droite et la droite AM, dont l'équation est $x = 2a$, et que ne coupe pas les autres parallèles à OY; et que AM en est une asymptote. On en conclut aussi que le cercle ONA coupe la cissoïde en deux points E et F dont l'abscisse est OC.

4. Puisque *(fig. 1)* $\rho = \mathrm{OM} - \mathrm{ON}$, nous avons

$$\frac{d\rho}{d\theta} = \frac{d.\mathrm{OM}}{d\theta} - \frac{d.\mathrm{ON}}{d\theta}.$$

Le premier membre de cette égalité représente la sous-normale polaire de la cissoïde en P; et les deux termes du second membre représentent, respectivement, le premier la sous-normale polaire de la droite AM en M, et le second la sous-normale polaire du cercle ONA en N. Donc, pour construire la sous-normale de la cissoïde en P, il suffit de mener par M une droite MS, perpendiculaire à AM, par le centre du cercle et par le point N la droite NC, qui coupe le cercle en T, et par T la droite OT. Le segment OS est la sous-normale de la droite AM en M, et OT est la sous-normale du cercle en N; le segment OT', déterminé par l'égalité $\mathrm{OT'} = \mathrm{OS} + \mathrm{OT}$, est donc la *sous-normale* de la *cissoïde* en P. Nous avons ainsi une manière simple de construire la normale T'P.

5. La tangente en P à la cissoïde coupe la droite AM à un autre point M', dont l'ordonnée y_1 est donnée par l'équation

$$y_1 = y + \frac{dy}{dx}(2a - x),$$

ou, en vertu des relations $x = \rho \cos\theta = 2a \sin^2\theta$ et $y = 2a\dfrac{\sin^3\theta}{\cos\theta}$,

$$y_1 = 3a \tan\theta,$$

d'où l'on déduit une méthode très simple pour tracer cette tangente, en remarquant qu'on a

$$\mathrm{CK} = a \tan\theta.$$

Au moyen de l'équation du cercle ONA, $\rho = 2a \cos\theta$, on trouve de même, en représentant par y_2 l'ordonnée du point M$''$, où sa tangente en N coupe la droite AM,

$$y_2 = a \tang \theta.$$

La droite OP coupe aussi AM à un autre point M, dont l'ordonnée y_3 a pour expression

$$y_3 = 2a \tang \theta.$$

Donc, *le point où le vecteur OP du point P de la cissoïde coupe l'asymptote est équidistant des deux autres points où cette asymptote est coupée par les tangentes PM$'$ et NM$''$ à la cissoïde et au cercle aux points d'intersection de OP avec ces deux courbes* (Longchamps: *Association française, Congrès de Grenoble,* 1885).

De cette propriété de la cissoïde il résulte une autre manière de construire ses tangentes.

6. Nous allons maintenant déterminer les tangentes à la cissoïde passant par un point donné (α, β).

Les points de contact des tangentes demandées avec la courbe coïncident avec les points d'intersection de la cissoïde avec la *polaire* du point (α, β), représentée par l'équation

$$(1) \qquad \alpha\,(3x^2 + y^2) + 2\beta y\,(x - 2a) - 2ay^2 = 0,$$

et l'on voit, par conséquent, que les trois droites représentées par l'équation

$$(2) \qquad (\alpha - 2a)\,y^3 + 3\alpha\,yx^2 - 2\beta x^3 = 0,$$

qui résulte de l'élimination de $x - 2a$ entre l'équation précédente et celle de la cissoïde, passent par le point double de cette courbe et par les trois points de contact des tangentes demandées.

D'un autre côté, ces trois points déterminent un cercle, et, pour trouver son équation, il suffit de multiplier le premier membre de (1) par $3\alpha y + 2\beta x$, le premier membre de l'équation

$$(3) \qquad y^2\,(2a - x) - x^3 = 0$$

de la cissoïde par $6\alpha\beta$, d'additionner ensuite les équations obtenues, membre à membre, ce qui donne

$$(9\alpha^2 + 4\beta^2)\,x^2 + 3\alpha\,(\alpha - 2a)\,y^2 + 2\beta\,(\alpha - 2a)\,xy - 8a\beta^2\,x = 0,$$

et de remplacer enfin y^2 par la valeur $\dfrac{x(x^2+y^2)}{2a}$, donnée par l'équation (3). On trouve ainsi l'équation

$$(4) \qquad 3\alpha(\alpha-2a)(x^2+y^2)+4\beta a(\alpha-2a)y+18a\,\alpha^2 x+8\beta^2 a(x-2a)=0.$$

Le cercle représenté par cette équation coupe la cissoïde en quatre points, et, en remplaçant dans le premier et dans le dernier terme x^2+y^2 et $x-2a$ par les valeurs $\dfrac{2ay^2}{x}$ et $-\dfrac{x^3}{y^2}$, qui résultent de (3), on obtient l'équation

$$(3\alpha y+2\beta x)\left[(\alpha-2a)y^3+3\alpha yx^2-2\beta x^3\right]=0,$$

qui représente quatre droites, dont trois coïncident avec les droites définies par (2), et passent par conséquent par les points de contact des tangentes demandées, et une, représentée par l'équation

$$(5) \qquad 3\alpha y+2\beta x=0,$$

passe par le quatrième point.

Mais, si l'on remplace dans l'équation (4) x^2+y^2 et $x-2a$ par les valeurs $2ax$ et $-\dfrac{y^2}{x}$ données par l'équation

$$(6) \qquad x^2+y^2-2ax=x(x-2a)+y^2=0,$$

qui représente le cercle qui figure dans la définition de la cissoïde donnée au n.º 1, on trouve la suivante :

$$[2\beta y+3\alpha x]\,[\beta y+(a-2\alpha)x]=0,$$

au moyen de laquelle on voit que ce cercle coupe le cercle représenté par (4) en deux points placés sur les droites

$$(7) \qquad 2\beta y+3\alpha x=0,\quad \beta y+(a-2\alpha)x=0.$$

Il résulte de ce qui précède que, pour résoudre le problème proposée, il suffit de chercher le point où la droite (5) coupe la cissoïde et les points où les droites (7) coupent le cercle OAN *(fig. 1)*, et ensuite le cercle qui passe par ces trois points. Ce cercle détermine, par son intersection avec la cissoïde, les points de contact des tangentes demandées.

Cette méthode remarquable pour déterminer les tangentes à la cissoïde qui passent par un point donné, est due à J. Walker, qui l'a publiée dans les *Proceedings of the London Mathematical Society* (t. II, p. 161).

7. On obtient aisément, au moyen de l'équation polaire de la courbe, l'expression suivante de son *rayon de courbure:*

$$R = \frac{a \sin \theta \, (1 + 3 \cos^2 \theta)^{\frac{3}{2}}}{3 \cos^4 \theta} = \frac{N^3}{24 a^2} \cot^2 \theta,$$

dans laquelle N représente la longueur de la normale. La première expression de R montre que la cissoïde n'a pas de points d'inflexion à distance finie; mais elle en a un à l'infini.

8. L'aire comprise entre la cissoïde, l'axe des abscisses et une parallèle à l'axe des ordonées, menée par le point (x, y), est donnée par la formule

$$A = \int_0^x x \sqrt{\frac{x}{2a - x}} \, dx, \quad = a^2 \left[-\frac{(x + 3a) \sqrt{x \, (2a - x)}}{2a^2} + 3 \arctan \sqrt{\frac{x}{2a - x}} \right],$$

ou, en représentant par Y l'ordonnée du point N et en tenant compte de la relation $Y = \sqrt{x \, (2a - x)}$,

$$A = 3a^2 \arctan \frac{y}{x} - \frac{1}{2} (x + 3a) \, Y.$$

Le premier terme de cette égalité est égal au triple de l'aire σ du secteur circulaire NCA, et, par conséquent, au triple de la somme de l'aire du segment du cercle considéré compris entre l'arc AN et sa corde et de l'aire du triangle CNA. On a donc la relation

$$A = 3\sigma - \frac{1}{2} x Y = 3\sigma - \frac{1}{2} (2a - x) y,$$

qui indique que *l'aire A est égale à la différence entre le triple de l'aire du segment compris entre l'arc AN et sa corde et l'aire du triangle dont les sommets sont A, P et le pied de la perpendiculaire abaissée de P sur OA.*

Le théorème qu'on vient de démontrer a été découvert par Huygens (*Oeuvres,* t. II, p. 170–172). On en déduit les corollaires suivants, qu'il convient de remarquer:

1.° En posant $x = 2a$, on trouve

$$2A = 3\pi a^2.$$

Donc, *la valeur de l'aire comprise entre la cissoïde et son asymptote est égale à trois fois l'aire du cercle de rayon a* (Huygens: l. c., p. 164, 170, 178).

2.° En posant $x = a$, on voit que l'aire comprise entre l'arc OE de la cissoïde et les droites OC et CE est égale à $\frac{3}{4} \pi a^2 - 2a^2$. Donc l'aire comprise entre cet arc de la courbe et l'arc OE de la circonférence est égale à $2a^2 - \frac{1}{2} \pi a^2$, et, par conséquent, au double de l'aire comprise entre l'arc considéré de la circonférence et ses tangentes aux points O et E (Huygens: l. c., p. 212).

9. La rectification de l'arc OP de la cissoïde peut être obtenue au moyen des fonctions élémentaires. En effet, on a

$$ds = \frac{2a \sin \theta}{\cos^2 \theta} \sqrt{1 + 3 \cos^2 \theta}\, d\theta;$$

et, par suite, la longueur de l'arc OP peut être calculée par la formule

$$(8) \qquad s = 2a \left[\frac{\sqrt{1 + 3 \cos^2 \theta}}{\cos \theta} - 2 - \sqrt{3} \log \frac{\sqrt{3} \cos \theta + \sqrt{1 + 3 \cos^2 \theta}}{2 + \sqrt{3}} \right].$$

À cette expression de s on peut donner encore la forme géométrique qu'on va voir.

Considérons une hyperbole dont l'axe réel soit égal à $2a$ et dont le paramètre soit égal à $\frac{4}{3} a$. En prenant ses axes pour axes des coordonnées, l'équation de cette courbe est

$$y_1^2 - 3x_1^2 = 4a^2$$

et la valeur de l'aire comprise entre cette hyperbole, l'axe des abscisses et les droites parallèles à l'axe des ordonnées menées par les points dont les abscisses sont égales à $2a$ et $2a \cos \theta$, est donnée par la formule

$$A = \sqrt{3} \int_{\alpha}^{2a} \sqrt{\frac{4}{3} a^2 + x_1^2}\, dx_1 = \frac{2}{3} a^2 \sqrt{3} \int_{\alpha}^{2a} \frac{dx_1}{\sqrt{\frac{4}{3} a^2 + x_1^2}} + \frac{1}{2} \left[x_1 \sqrt{4a^2 + 3x_1^2} \right]_{\alpha}^{2a},$$

où $\alpha = 2a \cos \theta$, ou, par conséquent,

$$A = -\frac{2}{3} a^2 \sqrt{3} \log \frac{\sqrt{3} \cos \theta + \sqrt{1 + 3 \cos^2 \theta}}{2 + \sqrt{3}} - 2a^2 \cos \theta \sqrt{1 + 3 \cos^2 \theta} + 4a^2.$$

Mais, d'un autre côté, on a, en représentant par t_1 et t_2 les aires des triangles rectangles formés par les tangentes à l'hyperbole aux points correspondants aux abscisses $2a$ et $2a \cos \theta$, par les ordonnées de ces points et par l'axe des abscisses,

$$t_1 = \frac{16}{3} a^2, \quad t_2 = \frac{2}{3} a^2 \frac{(1 + 3 \cos^2 \theta)^{\frac{3}{2}}}{\cos \theta}.$$

Donc

$$A - t_1 + t_2 = -\frac{2a^2}{3}\sqrt{3}\log\frac{\sqrt{3}\cos\theta + \sqrt{1+3\cos^2\theta}}{2+\sqrt{3}} + 2a^2\frac{\sqrt{1+3\cos^2\theta}}{3\cos\theta} - \frac{4}{3}a^2,$$

et, par conséquent,

$$s = \frac{3\,(A - t_1 + t_2)}{a}.$$

L'arc OP de la cissoïde est donc égal au côté d'un carré dont l'aire est égale à $A - t_1 + t_2$ et dont l'autre côté est égal à $\frac{1}{3}a$.

Le résultat qu'on vient d'obtenir a été énoncé par Newton dans une lettre adressée à Oldenbourg le 24 octobre 1676, publiée dans le t. III des Oeuvres de Wallis. On peut voir l'analyse au moyen de laquelle il l'a obtenue dans l'ouvrage *Methodus fluxionum et serierum*, traduit en anglais et publiée en 1779 par J. Colson.

10. Voici une conséquence de l'égalité (8) qu'il convient de remarquer.

En développant en série le premier terme, on trouve

$$\frac{2a\sqrt{1+3\cos^2\theta}}{\cos\theta} = \frac{2a}{\cos\theta} + 3a\cos\theta - \frac{9}{4}a\cos^3\theta + \ldots$$

$$= \rho + 5a\cos\theta - \frac{9}{4}a\cos^3\theta + \ldots$$

Donc

$$s - \rho = 5a\cos\theta - \frac{9}{4}a\cos^3\theta + \ldots - 4a - 2\sqrt{3}\,a\log\frac{\sqrt{3}\cos\theta + \sqrt{1+3\cos^2\theta}}{2+\sqrt{3}},$$

et par suite

$$\lim_{\theta=\frac{\pi}{2}} (s - \rho) = 2a\left[\sqrt{3}\log(2+\sqrt{3}) - 2\right].$$

Cette égalité indique que *la différence entre la longueur de l'arc OP de la cissoïde et de la corde OP tend vers une limite déterminée quand* P *tend vers l'infini* (Fuss: *Mémoires de l'Académie des Sciences de S. Petersbourg,* 1824).

11. Le volume du solide engendré par l'aire comprise entre l'arc OP de la cissoïde, l'axe OA, la parallèle à cet axe menée par P et l'asymptote, lorsque cette courbe tourne autour de l'asymptote, peut être calculé par la formule

$$V = \pi\int_0^y (2a-x)^2\,dy = \pi\left[y(2a-x)^2 + 2\int_0^x y(2a-x)\,dx\right]$$

$$= \pi\left[y(2a-x)^2 + 2\int_0^x \frac{x^2(2a-x)}{\sqrt{x(2a-x)}}\,dx\right].$$

Pour déterminer, en particulier, le volume V_1 du solide engendré par la bande infinie comprise entre la cissoïde et son asymptote, quand la courbe tourne autour de cette droite, on doit faire $x = 2a$ et multiplier le résultat par 2, ce qui donne

$$V_1 = 4\pi \int_0^{2a} \frac{x^2\,(2a - x)}{\sqrt{x\,(2a - x)}}\,dx,$$

ou, en posant $x = at + a$,

$$V_1 = 4\pi\,a^3 \int_{-1}^{+1} \frac{(1 + t - t^2 - t^3)\,dt}{\sqrt{1 - t^2}} = 2\pi^2\,a^3.$$

On voit donc que le volume V_1 est égal au volume du *tore* engendré par le cercle employé dans le n.° 1 pour définir la cissoïde, en le faisant tourner autour de l'asymptote.

Ce résultat a été découvert par Sluse, qui l'a communiqué à Huygens en 1658 (*Oeuvres de Huygens,* t. II, p. 144 e 151). C'est le premier exemple qu'on a trouvé d'un solide illimité ayant un volume fini. On peut voir dans le *Mathesis* (1886, p. 241 et 273) une généralisation du théorème de Sluse, due à Massau.

Un autre problème sur la cissoïde analogue à celui qu'on vient de résoudre a été considéré par Huygens (*Oeuvres,* t. II, p. 164), qui a déterminé le volume V_1' du solide engendré par l'aire comprise entre la courbe et l'asymptote quand cette courbe tourne autour de OY.

Remarquons d'abord que le volume V' du solide engendré par l'aire comprise entre l'arc OP de la cissoïde, la droite OY et la parallèle à OA qui passe par P, est donné par la formule

$$V' = \pi \int_0^y x^2\,dy = \pi \left[yx^2 - 2 \int_0^x yx\,dx \right] = \pi \left[yx^2 - 2 \int_0^x \frac{x^3\,dx}{\sqrt{x\,(2a - x)}} \right];$$

et que, par conséquent, le volume V'' du solide engendré par l'aire limitée par l'arc OP, par l'axe des abscisses et par l'ordonnée menée par le point P, en tournant autour de la même droite OY, est donné par la formule

$$V'' = 2\pi \int_0^x \frac{x^3\,dx}{\sqrt{x\,(2a - x)}}.$$

Donc on a

$$V_1' = 4\pi \int_0^{2a} \frac{x^3\,dx}{\sqrt{x\,(2a - x)}},$$

ou, en posant $x = at + a$,

$$V_1' = 4a^3\pi \int_{-1}^{+1} \frac{(t + 1)^3\,dt}{\sqrt{1 - t^2}} = 10\pi^2 a^3.$$

12. Pour terminer ce que nous avons à dire sur la *cissoïde de Dioclès,* nous allons indiquer comment les anciens géomètres résolvaient, au moyen de cette courbe, le *problème de Délos,* c'est-à-dire le problème qui a pour but de déterminer deux segments de droite α et β tels qu'on ait

$$\frac{a}{\beta} = \frac{\beta}{\alpha} = \frac{\alpha}{b},$$

a et b étant deux autres segments donnés.

On décrit, pour cela, le cercle de rayon CO, égal à a, et la cissoïde correspondante *(fig. 1)*; on mène ensuite une droite AP, qui coupe la parallèle CE à l'axe des ordonnées dans un point D tel que CD soit égal à b; et on trace enfin par le point P, où AD coupe la courbe, la droite OP.

Nous aurons, en posant $KC = \beta$,

$$FK = a + \beta, \quad KE = a - \beta,$$

et, par suite,

$$OK.KN = FK.KE = a^2 - \beta^2.$$

Mais, en appliquant le théorème de Menelaüs à la transversale PDA du triangle OKC, on trouve

$$\frac{PK.DC.OA}{OP.DK.AC} = 1,$$

ou, puisque $OA = 2a$ et $CD = b$, et puisque de la définition de la courbe résulte la relation $PK = KN$,

$$\frac{2b\,KN}{(OK - KN)(\beta - b)} = 1.$$

En éliminant de cette équation KN et OK au moyen des équations

$$OK.KN = a^2 - \beta^2, \quad OK^2 = a^2 + \beta^2,$$

il vient

$$\beta^3 = a^2 b.$$

Il résulte de ce qui précède que, si a et b sont deux segments de droite donnés, on peut déterminer, au moyen de la cissoïde, le segment β qui représente la racine réelle de l'équation qu'on vient d'écrire. Or, ce segment et le segment correspondant α, déterminé par l'équation

$\beta^2 = a\alpha$, sont les deux *moyennes proportionnelles* à a et b demandées, puisque cette équation et la précédente donnent

$$\beta^2 = a\alpha, \quad \alpha^2 = \beta b,$$

ou

$$\frac{a}{\beta} = \frac{\beta}{\alpha} = \frac{\alpha}{b}.$$

La méthode pour résoudre le problème délien qui résulte de l'analyse précédente, coïncide avec celle qui a été donnée par Pappus dans ses *Collections mathématiques* (liv. III, prop. X), et ne diffère pas essentiellement de la méthode attribuée par Eutocius (l. c.) à Dioclès, que Pappus ne connaissait pas, puisqu'il a présenté sa solution comme une invention propre (liv. III, prop. V). Nous ajouterons encore que Pappus n'a pas fait une mention explicite de la courbe qui intervient dans sa solution; et que, au contraire, Eutocius a indiqué explicitement cette courbe, sans lui donner de nom, et l'a définie comme lieu du point P, déterminé par la droite variable OP, qui tourne autour de O, et par une parallèle à CE, telle que l'arc de la circonférence compris entre cette dernière droite et CE soit égal à EN.

13. Prenons, comme dans le n.º 1, un cercle OA_0A *(fig. 2)* dont le centre soit C, un point O sur sa circonférence et une tangente AM qui coupe OA obliquement; sur chacune des droites ON qui passent par O, prenons ensuite un segment OP, égal à NM. Le lieu des points P qu'on obtient ainsi est la courbe appelée *cissoïde oblique*. Quand O coïncide avec A_0, on a la *cissoïde de Dioclès*, nommée aussi *cissoïde droite*.

En représentant par α l'angle constant AOC, par θ l'angle MOA, par ρ le segment OP et par $2a$ le diamètre du cercle, on a

$$OP = OM - ON,$$

$$ON = 2a\cos(\alpha + \theta), \quad \frac{OM}{OA} = \frac{\cos\alpha}{\cos(\theta - \alpha)}, \quad OA = 2a\cos\alpha;$$

et, par conséquent, *l'équation polaire des cissoïdes* est

$$\rho = \frac{2a\cos^2\alpha}{\cos(\theta - \alpha)} - 2a\cos(\theta + \alpha) = 2a\frac{\sin^2\theta}{\cos(\theta - \alpha)}.$$

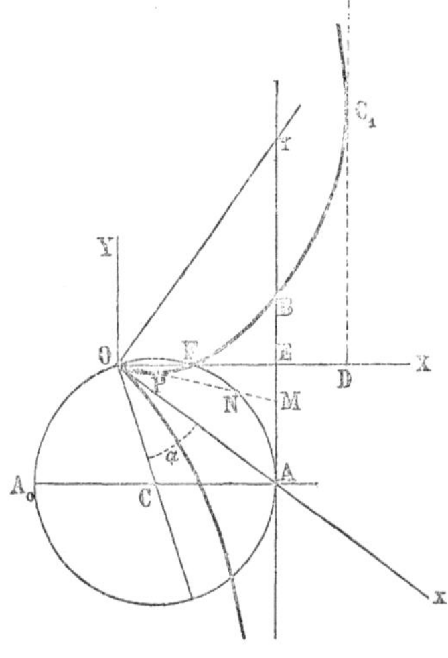

Fig. 2

En prenant pour axe des abscisses la droite OA et pour axe des ordonnées la perpendiculaire à cette droite menée par le point O, l'équation cartésienne des courbes considérées est

$$(x^2 + y^2)(x\cos\alpha + y\sin\alpha) = 2ay^2.$$

14. Pour déterminer la forme des courbes dont il s'agit, il convient de prendre pour axe des abscisses la droite OX, qui forme avec OA un angle égal à α, et pour axe des ordonnées la perpendiculaire OY à cette droite. On aura de cette manière, en représentant par (X, Y) les coordonnées des points de la courbe, rapportées aux nouveaux axes,

$$x = X \cos \alpha - Y \sin \alpha, \quad y = X \sin \alpha + Y \cos \alpha,$$

et, par conséquent,

$$X(X^2 + Y^2) = 2a(X \sin \alpha + Y \cos \alpha)^2,$$

ou

$$(1) \qquad Y = \frac{2a\,X \sin \alpha \cos \alpha \pm X\sqrt{2aX - X^2}}{X - 2a \cos^2 \alpha}.$$

Au moyen de cette équation on peut maintenant déterminer aisément la forme de la cissoïde oblique. Elle passe par le point O et est comprise entre l'axe des ordonnées et une parallèle à cet axe, menée par le point $(2a, 0)$. Les parallèles à l'axe des ordonnées qui passent par les points de l'axe des abscisses compris entre l'origine des coordonnées et le point $(2a, 0)$, coupent la courbe en deux points placés à distance finie. La droite BM, définie par l'équation $X = 2a \cos^2 \alpha$, en est une asymptote et la coupe encore au point B, dont l'ordonnée EB est donnée par la formule

$$EB = \frac{a \cos \alpha \cos 2\alpha}{\sin \alpha}.$$

La droite DC_1, qui limite la bande où la courbe est comprise, est tangente à cette courbe au point C_1, dont l'ordonnée est égale à $2a \cot \alpha$.

En posant $Y = 0$, on voit que les points O et F, où la courbe coupe l'axe des abscisses, ont pour abscisses $X = 0$ et $X = OF = 2a \sin^2 \alpha$. Il est facile de voir qu'au point O on a $Y' = -\tan g\,\alpha$; donc, l'origine des coordonnées en est un *point de rebroussement*, et la droite OA en est la tangente en ce point. Le point F satisfait à la condition $OF + OE = 2a$, qui donne $OF = ED$.

La formule (1) montre aussi qui l'hyperbole dont l'équation est

$$(2) \qquad Y = \frac{a \sin 2\alpha}{X - 2a \cos^2 \alpha}\,X,$$

laquelle a la même asymptote que la courbe considérée, coupe par le milieu toutes les cordes parallèles à la même asymptote. Cette hyperbole passe par le point de rebroussement de la cissoïde et par le point C_1.

15. La *sous-normale polaire* de la cissoïde oblique au point P a pour expression *(fig. 2)*

$$S_n = \frac{d\rho}{d\theta} = \frac{d.\text{OM}}{d\theta} - \frac{d.\text{ON}}{d\theta},$$

et, par conséquent, est égale à la différence entre la sous-normale de la droite AM et la sous-normale du cercle, aux points M et N correspondants. Donc la methode employée dans le n.º 4 pour mener la normale à la cissoïde *droite* est aussi applicable à la cissoïde *oblique*.

La méthode de *Longchamps* pour mener les tangentes à la cissoïde droite, exposée au n.º 5, est aussi applicable à la cissoïde oblique, et même à une classe plus générale de cubiques, comme on le verra bientôt.

16. La cissoïde est une courbe *unicursale*. En posant, en effet, $x = ty$ dans l'équation de cette courbe trouvée au n.º 13, il vient

$$x = \frac{2\,at}{(\sin\alpha + t\cos\alpha)(1 + t^2)}, \qquad y = \frac{2a}{(\sin\alpha + t\cos\alpha)(1 + t^2)}.$$

On voit au moyen de ces équations que la droite dont l'équation est

$$ux + vy = 1$$

coupe la courbe en trois points dans lesquels t acquiert les valeurs t_1, t_2 et t_3, déterminées par l'équation

$$\text{(A)} \qquad t^3 \cos\alpha + t^2 \sin\alpha - (2au - \cos\alpha)\,t + \sin\alpha - 2av = 0,$$

lesquelles satisfont à la condition

$$\text{(2)} \qquad t_1 + t_2 + t_3 = -\tan\alpha.$$

En particulier, si la droite est parallèle à l'asymptote réelle, on a $t_1 = -\tan\alpha$, et, par conséquent, $t_2 + t_3 = 0$; et, si la droite coïncide avec cette asymptote, on a aussi $t_2 = -\tan\alpha$, et par suite $t_3 = \tan\alpha$.

On voit de même que le cercle dont l'équation est

$$x^2 + y^2 - 2hx - 2ky + l = 0,$$

coupe la cissoïde en quatre points déterminés par des valeurs de t qui satisfont à cette autre condition :

$$\text{(3)} \qquad t_1' + t_2' + t_3' + t_4' = -2\tan\alpha.$$

Les relations (2) et (3) furent trouvées par M. Balitrand (*Nouvelles Annales de Mathématiques*, 1893, p. 448), qui en a déduit quelques propriétés de la cissoïde et les solutions de quelques questions relatives à cette courbe, dont nous mentionnerons les suivantes:

1.º En posant en (2) $t_1 = t_2 = t_3$, on voit que *la courbe a un point d'inflexion* et que la valeur de t en ce point est donnée par l'égalité

$$t = -\frac{1}{3}\,\text{tang}\,\alpha.$$

Les coordonnées du point d'inflexion sont donc

$$x = -\frac{9a}{\cos\alpha\,(9 + \text{tang}^2\,\alpha)}, \quad y = \frac{27a}{\sin\alpha\,(9 + \text{tang}^2\,\alpha)}.$$

2.º En posant en (3) $t_1' = t_2' = t_3' = t_4'$, on voit qu'il existe un point de la cissoïde où le cercle *osculateur* a avec la courbe un *contact du troisième ordre* et que la valeur correspondante de t est donnée par l'équation

$$t = -\frac{1}{2}\,\text{tang}\,\alpha.$$

Les coordonnées de ce point sont

$$x = -\frac{8a}{\cos\alpha\,(4 + \text{tang}^2\,\alpha)}, \quad y = \frac{16a}{\sin\alpha\,(4 + \text{tang}^2\,\alpha)}.$$

3.º En posant en (2) $t_1 = t_2$, on trouve l'équation

$$2t_1 + t_3 = -\,\text{tang}\,\alpha,$$

au moyen de laquelle on détermine un des points où la tangente touche on coupe la cissoïde, quand l'autre est donné.

4.º En posant en (3) $t_1' = t_2' = t_3'$, on obtient l'équation

$$3t_2' + t_4' = -2\,\text{tang}\,\alpha,$$

qui détermine un des points où le cercle osculateur de la cissoïde touche on coupe cette courbe, quand on suppose l'autre connu.

5.º *Les cercles osculateurs en quatre points* (t_1', t_2', t_3', t_4') *de la cissoïde situés sur un même cercle coupent cette cubique en quatre autres points* $(\theta_1, \theta_2, \theta_3, \theta_4)$ *situés aussi sur un même cercle.*

On a, en effet,

$$3t_1' + \theta_1 = -2\,\text{tang}\,\alpha, \quad 3t_2' + \theta_2 = -2\,\text{tang}\,\alpha, \quad \ldots$$

et par suite

$$\theta_1 + \theta_2 + \theta_3 + \theta_4 = -2 \tang \alpha.$$

6.° *Les cercles osculateurs en trois points* $(t_1,\ t_2,\ t_3)$ *situés sur une même droite coupent la cissoïde en trois autres points* $(\theta_1,\ \theta_2,\ \theta_3)$ *situés sur une cercle qui passe par le point où elle est coupée par son asymptote.*

On a, en effet,

$$3t_1 + \theta_1 = -2 \tang \alpha, \quad 3t_2 + \theta_2 = -2 \tang \alpha, \quad 3t_3 + \theta_3 = -3 \tang \alpha,$$

et par suite, en ayant égard à (2),

$$\theta_1 + \theta_2 + \theta_3 = -3 \tang \alpha.$$

Mais, le cercle qui passe par les points $(\theta_1,\ \theta_2,\ \theta_3)$ coupe la cubique à un point θ_4 tel que

$$\theta_1 + \theta_2 + \theta_3 + \theta_4 = -2 \tang \alpha.$$

Donc, on a $\theta_4 = -\tang \alpha$.

17. Il est facile de voir qu'on peut donner à l'équation des tangentes à la cissoïde la forme suivante:

$$(\cos \alpha + 2t \sin \alpha + 3t^2 \cos \alpha)\, X + (\sin \alpha - t^2 \sin \alpha - 2t^3 \cos \alpha)\, Y = 2a.$$

Donc, si par le point $(x_1,\ y_1)$ on mène les tangentes à cette courbe, les valeurs de t aux trois points de contact sont données par l'équation

$$2t^3 y_1 \cos \alpha + (y_1 \sin \alpha - 3x_1 \cos \alpha)\, t^2 - 2x_1 t \sin \alpha + 2a - x_1 \cos \alpha - y_1 \sin \alpha = 0.$$

Pour que ces trois points soient sur une même droite, il faut que cette équation coïncide avec l'équation (A), et, par conséquent, qu'on ait

$$2y_1 = y_1 - 3x_1 \cot \alpha = \frac{2x_1 \sin \alpha}{2au - \cos \alpha} = \frac{y_1 \sin \alpha + x_1 \cos \alpha - 2a}{2av - \sin \alpha}.$$

De ces équations il résulte d'abord que *les points par lesquels on peut mener trois tangentes à la cissoïde dont les points de contact soient sur une même droite, sont placés sur la droite issue du point de rebroussement qui a pour équation* $y = -3x \cot \alpha$ (Balitrand: l. c.).

Les mêmes équations donnent les coefficients u et v de la droite $uX + vY = 1$ qui passe par les points de contact considérés. Cette droite a donc pour équation

$$\frac{3\cos^2\alpha-\sin^2\alpha}{6a\cos\alpha}\,X+\frac{4x_1\cos\alpha+a}{6a\,x_1\cot\alpha}\,Y=1;$$

et, par conséquent, *elle coupe l'axe des abscisses, c'est-à-dire la tangente au point de rebroussement, en un point qui ne varie pas avec* (x_1, y_1) (Balitrand, l. c.).

18. Nous avons vu déjà que la cissoïde coupe son asymptote au point dont le coordonnées sont

$$x=2a\cos^2\alpha,\qquad y=\frac{a\cos\alpha\cos 2\alpha}{\sin\alpha}.$$

En éliminant α entre ces équations, on trouve l'équation de la courbe décrite par ce point quand α varie :

$$y^2=\frac{x\,(x-a)^2}{2a-x},$$

laquelle coïncide avec celle de la courbe nommée *strophoïde,* dont nous nous occuperons plus loin.

19. Soient ρ_1 et ρ_2 les segments d'une droite quelconque qui passe par C_1 *(fig. 2)*, compris entre ce point et les deux autres points où elle coupe la cissoïde. On a

$$r_1\,r_2=m^2,$$

m représentant la distance de C_1 au point double de la cubique.

Cette proposition, extension d'une propriété bien connue des transversales qui passent par un point du plan d'un cercle, est un corollaire d'une autre proposition qui sera démontrée plus tard; mais, si l'on veut, on peut la vérifier déjà en rapportant la courbe à des coordonnées polaires (r, ω) dont l'origine soit le point C_1. On trouve ainsi une équation du deuxième degré, par rapport à r, dont les racines r_1 et r_2 satisfont à la condition indiquée.

20. La méthode employée aux n.ºs 1 et 13 pour construire les cissoïdes peut être étendue à d'autres courbes, comme on va l'indiquer succintement.

Considérons deux courbes C_1 et C_2, situées sur un même plan, et un point O de ce plan et prenons sur chacune des droites L qui passent par O, un point M tel que le vecteur OM soit égal à la différence $OM_2 - OM_1$ des vecteurs OM_2 et OM_1 des points M_2 et M_1 où la droite L coupe C_2 et C_1. Le lieu des points M qu'on obtient de cette manière est une courbe qu'on dit *cissoïde* ou *cissoïdale* de C_1 et C_2 par rapport au point O. Il est évident que, si l'on change les rôles de C_1 et C_2 dans la définition précédente, en prenant $OM = OM_1 - OM_2$, on obtient la même courbe dans une autre position, symétrique par rapport au point O à celle qu'elle occupait dans le premier cas.

Il résulte immédiatement de la définition précédente que, si $F_1(\rho_1, \theta) = 0$ et $F_2(\rho_2, \theta) = 0$ sont les équations polaires des courbes C_1 et C_2, rapportées à O, comme origine des coordonnées, on obtient l'équation polaire de la cissoïdale de C_1 et C_2 en éliminant ρ_1 et ρ_2 entre ces équations et la relation $\rho = \rho_2 - \rho_1$.

On peut déterminer très aisément la normale à la cissoïdale considérée au point M, quand on connait les normales aux courbes C_1 et C_2 en les points M_1 et M_2. L'égalité

$$\frac{d\rho}{d\theta} = \frac{d\rho_2}{d\theta} - \frac{d\rho_1}{d\theta}$$

fait voir, en effet, que la sous-normale polaire de la cissoïdale au point M est égale à la différence des sous-normales polaires des courbes C_2 et C_1 aux points M_2 et M_1. On a déjà employé cette méthode aux n.ºs 4 et 15 pour déterminer les normales à la cissoïde de Dioclès et à la cissoïde oblique.

Il résulte encore de la définition de cissoïdale que, si M_1 et M_2 coïncident, O et M coïncideront aussi et que le segment OM tend vers zéro quand le segment $M_1 M_2$ tend vers zéro ; les tangentes à la cissoïdale au point O passent donc par les points d'intersection des courbes C_1 et C_2. La détermination analytique de ces tangentes est aussi facile, puisque les valeurs des angles qu'elles forment avec l'axe polaire coïncident avec les valeurs de θ qui annullent ρ [1].

21. Supposons, en particulier, que C_2 représente une droite et prenons pour axe des ordonnées la parallèle à C_2 menée par O. On a alors, en supposant que $\rho_2 = \dfrac{a}{\cos\theta}$ est l'équation de C_2, que (x, y) sont les coordonnées du point M de la cissoïdale et que (x_1, y_1) sont les coordonnées du point correspondant de C_1,

$$x = a - \rho_1\cos\theta, \quad y = a\,\mathrm{tang}\,\theta - \rho_1\sin\theta,$$

$$x_1 = \rho_1\cos\theta, \qquad y_1 = \rho_1\sin\theta;$$

et par conséquent les équations des tangentes à la cissoïdale, au point (x, y), et à la courbe C_1, au point (x_1, y_1), sont respectivement, en représentant par ρ_1' la dérivée de ρ par rapport à θ,

$$(\rho_1\sin\theta - \rho_1'\cos\theta)\,Y + \left(\rho_1'\sin\theta + \rho_1\cos\theta - \frac{a}{\cos^3\theta}\right)X = \frac{2a\,\rho_1}{\cos\theta} - \rho^2 - \frac{a^2}{\cos^2\theta},$$

$$(\rho_1'\cos\theta - \rho_1\sin\theta)\,Y - (\rho_1\cos\theta + \rho_1'\sin\theta)\,X = -\rho_1^2.$$

---

[1] Barrow, dans ses *Lecciones Geometricae* (leçon ix), attribue au mot *cissoïdale* une signification différente de celle qu'on vient de voir.

On voit au moyen de ces équations que les ordonnées Y_1 et Y_2 des points où ces tangentes coupent la droite C_2, sont déterminés par les équations

$$Y_1 = \frac{2a\rho_1 - \rho_1^2 \cos\theta - a\cos\theta\,(\rho_1'\sin\theta + \rho_1\cos\theta)}{(\rho_1\sin\theta - \rho_1'\cos\theta)\cos\theta},$$

$$Y_2 = \frac{\rho_1^2 - a\,(\rho_1\cos\theta + \rho_1'\sin\theta)}{\rho_1\sin\theta - \rho_1'\cos\theta}.$$

On a aussi, en représentant par Y_3 l'ordonnée du point où la droite qui passe par O et par le point $(x,\,y)$ de la cissoïdale coupe la droite C_2,

$$Y_3 = a\,\text{tang}\,\theta.$$

Il résulte de ces équations l'identité

$$Y_1 - Y_2 = 2\,(Y_3 - Y_2),$$

laquelle fait voir que *la droite qui passe par O et par le point $(x,\,y)$ de la cissoïdale rencontre la droite donnée en un point équidistant de ceux où cette droite est coupée par la tangente à la cissoïdale au point $(x,\,y)$ et par la tangente à la courbe C_1 au point $(x_1,\,y_1)$.*

Ce théorème est dû à G. de Longchamps (l. c.), qui l'a obtenu par une méthode purement géométrique. Il en résulte une manière très simple de construire les tangentes aux cissoïdales, employée déjà au n.º 5 pour tracer les tangentes à la cissoïde de Dioclès.

On doit remarquer que, comme la cissoïdale déterminée par la condition $\rho = \rho_2 - \rho_1$ est symétrique, par rapport au point O, à celle qui correspond à l'équation $\rho = \rho_1 - \rho_2$, la tangente au point $(x,\,y)$ à cette dernière courbe passe par le point $(-a,\,-Y_1)$, symétrique par rapport au point O à celui où la tangente à la première courbe coupe la droite donnée.

22. Supposons maintenant que C_2 représente, comme au n.º précédent, une droite, C_1 une conique et O un point de cette conique. On a alors les cissoïdales considérées par M. Zahradnik dans un travail publié au tome LVI, p. 8, des *Archiv der Mathematik und Physik*, et que, par ce motif, on désigne quelquefois par le nom de *cissoïdes de Zahradnik*.

Soient

$$Ax^2 + Bxy + Cy^2 + Dx + Ey = 0, \quad ux + vy = c.$$

les équations de la conique et de la droite.

Pour trouver l'équation de leur cissoïdale, représentons par ρ_1 et ρ_2 les vecteurs, correspondants à la même valeur de l'angle θ, d'un point quelconque de la conique et du point correspondant de la droite, et éliminons ρ_1 et ρ_2 entre les équations polaires de ces lignes:

$$(A \cos^2 \theta + B \sin \theta \cos \theta + C \sin^2 \theta)\, \rho_1 + D \cos \theta + E \sin \theta = 0,$$

$$(u \cos \theta + v \sin \theta)\, \rho_2 = c,$$

et l'équation de définition $\rho = \rho_2 - \rho_1$.

On obtient de cette manière l'équation polaire de la cissoïdale considérée, dont on déduit l'équation cartésienne:

$$(4) \qquad (Ax^2 + Bxy + Cy^2)(ux + vy) = c\,(Ax^2 + Bxy + Cy^2) + (Dx + Ey)(ux + vy),$$

au moyen de laquelle on voit immédiatement que la cissoïdale considérée est une cubique *unicursale*.

Il est facile de voir, en appliquant à cette équation la méthode générale pour trouver les asymptotes des curves, que la droite représentée par l'équation

$$ux + vy = c$$

est une des asymptotes de la cubique considérée et que les autres sont représentées par l'équation

$$y = \alpha x + \frac{D + E\alpha}{B + 2C\alpha},$$

α étant donnée par la relation

$$C\alpha^2 + B\alpha + A = 0.$$

En comparant l'équation qu'on vient d'obtenir à celle des asymptotes de la conique donnée:

$$y = \alpha x - \frac{D + E\alpha}{B + 2C\alpha},$$

on conclut que les asymptotes de la cissoïdale considérée sont symétriques à celles de la conique par rapport à l'origine des coordonnées.

Si les deux valeurs de α sont égales, on a $B + 2C\alpha = 0$, et par conséquent deux des asymptotes de la cubique sont alors situées à l'infini. Ce cas a lieu lorsque $B^2 = 4AC$, c'est-à-dire quand la conique donnée est une parabole.

Réciproquement, l'équation

$$(A_1 x^2 + B_1 xy + C_1 y^2)(u_1 x + v_1 y) = Mx^2 + Pxy + Qy^2,$$

qui représente les cubiques qui ont un point double à distance finie, est la cissoïdale de la conique et de la droite représentées par les équations écrites ci-dessus, quand on peut déterminer A, B, C, D, E, u, v et c de manière que les équations

$$A = A_1, \quad B = B_1, \quad C = C_1, \quad u = u_1, \quad v = v_1,$$
$$cA + Du = M, \quad cC + Ev = Q, \quad cB + Dv + Eu = P$$

soient satisfaites, c'est-dire quand la quantité

$$B_1 u_1 v_1 - A_1 v_1^2 - C_1 u_1^2$$

est différente de zéro. Si l'on remarque maintenant que cette condition équivaut à celle qui exprime que les facteurs de $A_1 x^2 + B_1 xy + C_1 y^2$ sont différents de $u_1 x + v_1 y$, on peut conclure que *la condition nécessaire et suffisante pour qu'une cubique ayant un point double à distance finie soit la cissoïdale d'une conique et d'une droite c'est qu'elle possède, à distance finie, une seule asymptote ou trois asymptotes distinctes* (Zabradnik, l. c.).

23. On voit aisément que les angles θ_0 que les tangentes à la cubique (4) au point double forment avec l'axe des abscisses, sont donnés par l'équation

$$(cC + Ev)\, \mathrm{tang}^2\, \theta_0 + (cB + Eu + Dv)\, \mathrm{tang}\, \theta_0 + cA + Du = 0,$$

laquelle détermine deux droites réelles si la différence

$$(cB + Eu + Dv)^2 - 4\,(cC + Ev)\,(cA + Du)$$

est positive, deux droites imaginaires quand cette différence est négative, deux droites coïncidentes quand elle est nulle. Dans le premier cas la cubique a, à l'origine, un *noeud*, dans le deuxième un *point isolé* et dans le dernier un *point de rebroussement*. Ces tangentes passent, comme a été dit au n.º 20 et comme, d'ailleurs, l'on peut vérifier aisément, par les points où la droite coupe la conique.

24. Je m'arrêterai quelques moments au cas particulier où la conique devient un cercle, lequel comprend les courbes considérées aux n.ᵒˢ 1 à 19 et quelques autres courbes remarquables qui seront étudiées plus loin ; et, en prenant pour axe des ordonnées une parallèle à la droite donnée, je supposerai que les équations du cercle et de la droite sont

$$x^2 + y^2 - 2\alpha x - 2\beta y = 0, \quad x = c.$$

Alors l'équation de la cissoïdale est

$$(5) \qquad (x^2 + y^2)\, x = c\,(x^2 + y^2) - 2\,(\alpha x + \beta y)\, x,$$

et cette courbe a un *noeud* quand la différence

$$\beta^2 - c\,(c - 2\alpha)$$

est positive, un *point isolé* si cette différence est négative, un *point de rebroussement* si elle est nulle.

M. Neuberg, qui s'est occupé du tracé mécanique des courbes représentées par (5), dans son opuscule *Sur quelques systèmes de tiges articulées* (Liège, 1886), a donné à ces courbes, respectivement, les noms de *cissoïde crunodale, acnodale* et *cuspidale*. Nous adopterons ces désignations, pour abreger le langu256ge, et nous nommerons cissoïdes *droites* celles qui correspondent à $\beta = 0$ et *obliques* toutes les autres.

Las cissoïdes cuspidales droite et oblique coïncident avec les courbes étudiées aux n.ºs 1 à 19.

25. Dans le cas où la cubique a un noeud, on peut déterminer les rayons de courbure des deux arcs qui le forment, correspondants à ce point, par de la formule

$$R = \frac{\left[\rho^2 + \left(\dfrac{d\rho}{d\theta}\right)^2\right]^{\frac{3}{2}}}{\rho^2 - \rho\,\dfrac{d^2\rho}{d\theta^2} + 2\left(\dfrac{d\rho}{d\theta}\right)^2}\,,$$

qui donne, en faisant $\rho = 0$,

$$R = \frac{1}{2}\,\frac{d\rho}{d\theta} = \frac{\alpha \sin 2\,\theta_0 - \beta \cos 2\,\theta_0}{\cos \theta_0}\,,$$

où l'on doit remplacer θ_0 par les valeurs des angles formés par les tangentes à la courbe au point considéré avec l'axe des abscisses. Cette expression de R peut être écrite encore de la manière suivante :

$$R = a\,\frac{\sin\,(2\theta_0 - \tau)}{\sin\left(\dfrac{\pi}{2} - \theta_0\right)}\,,$$

τ représentant l'angle formé par le vecteur du centre du cercle avec l'axe des abscisses et a le rayon, d'où il résulte une autre expression que nous allons déduire.

Soient [1] C le centre du cercle C_1, A un des points où la droite donnée C_2 rencontre C_1, O le point double de la cubique, F le point où la droite AC coupe la perpendiculaire OX à C_2 et E le nouveau point où elle rencontre le cercle, et D le nouveau point où OX coupe le même

---

(1) On peut construire aisément la figure avec les indications données au texte.

cercle. La tangente en O à un des arcs de la cubique qui se coupent en O est OA et la normale correspondante est OE, et on a $AOX = \theta_0$, $COX = \tau$ et, par suite,

$$OFE = CFD = ACD - CDF = 2\theta_0 - \tau, \quad FOE = \frac{\pi}{2} - \theta_0;$$

donc la valeur du rayon de courbure de cet arc, au point O, est donnée par l'égalité

$$R = a\,\frac{OE}{FE}.$$

Le cercle osculateur de la cubique considérée aux points non singuliers peut être obtenu de la manière suivante. Menons la tangente à la cubique au point donné M et par le point où elle coupe cette courbe tirons une parallèle à son asymptote réelle; la droite ainsi obtenue rencontre la cubique en un nouveau point M_1, et la droite MM_1 coupe la même courbe aux points M et M_1, et à un nouveau point M_2; le cercle qui passe par M_2 et touche la cubique en M est le cercle osculateur demandé. Cette construction sera appliquée plus tard à une classe plus générale de cubiques *(cubiques circulaires)* que nous étudierons, et elle sera alors démontrée.

26. En posant en (5)

(6)
$$x = \frac{m^2 x_1}{x_1^2 + y_1^2}, \quad y = \frac{m^2 y_1}{x_1^2 + y_1^2},$$

on trouve l'équation suivante:

$$m^2 x_1 = c\,(x_1^2 + y_1^2) - 2\,(\alpha x_1 + \beta y_1)\,x_1.$$

Donc, *la courbe inverse de la cissoïde crunodale, acnodale ou cuspidale, par rapport au point double, est, respectivement, une hyperbole, une ellipse ou une parabole, qui passe par ce point.*

Réciproquement, *la courbe inverse d'une conique par rapport à un de ses points est une cissoïde crunodale dans le cas de l'hyperbole, une cissoïde acnodale dans le cas de l'ellipse, une cissoïde cuspidale dans le cas de la parabole.*

En effet, en prenant le centre d'inversion pour origine des coordonnées, on peut donner à l'équation de la conique la forme

(7)
$$A_1 x_1^2 + B_1 x_1 y_1 + C_1 y_1^2 + D_1 x_1 + E_1 y_1 = 0;$$

l'équation de la courbe inverse est alors

(8)
$$(D_1 x + E_1 y)\,(x^2 + y^2) + m^2\,(A_1 x^2 + B_1 xy + C_1 y^2) = 0$$

et peut être réduite à la forme

$$x\,(x^2 + y^2) = M x^2 + P xy + N y^2,$$

en prenant pour axe des ordonnées une droite parallèle à l'asymptote réelle de cette courbe; on en condut que la courbe cherchée coïncide avec la cissoïde dont les paramètres α, β et c sont déterminés par les équations

$$c - 2\alpha = M, \quad c = N, \quad 2\beta = -P.$$

On voit encore au moyen des équations (7) et (8) *que l'asymptote de la cubique est parallèle à la tangente à la conique au centre d'inversion et que les tangentes à la cubique au point double sont parallèles aux asymptotes de la conique.*

Si le centre d'inversion coïncide avec un sommet de la conique, la cissoïde correspondante est droite; dans le cas contraire, elle est oblique.

27. La transformation qui fait correspondre à un point un autre dont les coordonnées (x, y) sont liées à celles (x_1, y_1) du premier par les relations (6), ou dont les coordonnées polaires (θ, ρ) sont liées à celles (θ_1, ρ) du premier par les relations $\theta_1 = \theta$, $\rho\rho_1 = m^2$, est nommée, comme on sait, *transformation par rayons vecteurs réciproques* ou *inversion*. Elle sera employée dans cette ouvrage plusieurs fois; et nous allons pour cela rappeler ici les propriétés principales, bien connues et, d'ailleurs, faciles à démontrer.

1.º La transformée d'une droite ou d'un cercle passant par l'origine des coordonnées *(pôle* ou *centre d'inversion)* est une droite; la transformée d'un droite ou d'un cercle qui ne passe pas par l'origine est un autre cercle.

2.º Les tangentes à une courbe et à l'inverse aux points correspondants forment des angles égaux avec la droite qui passe par ces points.

3.º Si deux courbes se coupent à un point A, différent du centre d'inversion, leurs transformées se coupent à un point B correspondant, et l'angle formé par les tangentes aux deux courbes en A est égal à l'angle formé par les tangentes à leurs transformées en B.

4.º Si deux courbes sont tangentes en un point, différent du centre d'inversion, leurs transformées sont aussi tangentes au point correspondant.

5.º Les transformées des cercles tangentes à une même droite en le centre d'inversion sont des droites parallèles à celle-là.

28. Nous rappelerons encore ici qu'on donne le nom de *foyer* d'une courbe quelconque à tout point (α_1, β_1) par lequel passent deux tangentes à cette courbe dont les coefficients sont égaux à $+i$ et $-i$, i représentant $\sqrt{-1}$; et qu'il résulte immédiatement de cette notion générale, introduite par Plücker dans la *Géométrie,* que *le point inverse d'un foyer d'une courbe est un foyer de la courbe inverse, si le centre d'inversion ne coïncide pas avec ce foyer-là.* En effet, si les droites $y - \beta_1 = \pm i(x - \alpha_1)$ sont tangentes à une courbe en un point situé á distance finie, leurs transformées

$$y - \frac{m^2\beta_1}{\alpha_1^2 + \beta_1^2} = \pm i\left(x - \frac{m^2\alpha_1}{\alpha_1^2 + \beta_1^2}\right)$$

sont tangentes à la transformée de la courbe donnée au point corrrespondant. Donc $-\dfrac{m^2\,\beta_1}{\alpha_1^2+\beta_1^2}$ et $\dfrac{m^2\,\alpha_1}{\alpha_1^2+\beta_1^2}$ sont les coordonnées des foyers de cette transformée.

Les points où se coupent deux asymptotes dont les coefficients sont égaux à $+i$ et $-i$ sont aussi appelés *foyers* des courbes; mais la proposition précédente n'est pas applicable à ces points, que Laguerre a nommé *foyers singuliers,* pour les distinguer des autres, qu'il a nommé *foyers ordinaires.*

Il résulte de ce qui précède que les cubiques inverses de la parabole ont un foyer ordinaire et que les courbes inverses de l'ellipse ou de l'hyperbole ont deux, et qu'on peut déterminer immédiatement ces foyers au moyen de ceux de la conique correspondante.

29. Les théorèmes relatifs aux coniques donnent, par inversion, des théorèmes correspondants relatifs aux cubiques considérées ci-dessus. Nous allons chercher celui qui correspond au théorème exprimé par les équations bipolaires de l'ellipse et de l'hyperbole

$$\rho \pm \rho' = 2e.$$

Soient F un foyer de la conique, M un point quelconque de la même courbe, F' et M' les points inverses des précédentes par rapport au point double de la cubique considérée. On a, en représentant ce dernier point par O,

$$\mathrm{OF} \times \mathrm{OF}' = \mathrm{OM} \times \mathrm{OM}' = m^2\,;$$

et, par conséquent, les points F, F', M et M' sont situés sur une circonférence, les angles OFM et MM'F' sont égaux et les triangles OFM et OF'M' sont semblables. Il en résulte

$$\frac{\mathrm{FM}}{\mathrm{F'M'}} = \frac{\mathrm{OF}}{\mathrm{OM'}},$$

ou, en représentant par ρ la distance de M à F, par r_1 et r_0 les distances de M' à F' et à O, et par a_1 la distance de O à F,

$$\rho = \frac{a_1\,r_1}{r_0}.$$

On trouve de même, en représentant par ρ' et a_2 les distances de M et O à l'autre foyer de la conique et par r_2 la distance de M' au point inverse de ce foyer,

$$\rho' = \frac{a_2\,r_2}{r_0}.$$

Il résulte de ces équations et de l'équation bipolaire de la conique le théorème suivant:

Les distances r_0, r_1 et r_2 des points de la cubique inverse d'une conique au point double et aux foyers de la cubique sont liées par la relation linéaire homogène

$$a_1 r_1 + a_2 r_2 = 2er_0$$

dans le cas de l'ellipse, par la relation

$$a_1 r_1 - a_2 r_2 = \pm\, 2er_0$$

dans le cas de l'hyperbole.

30. Les courbes qu'on vient de considérer coïncident avec les *podaires* des paraboles.

Pour démontrer cette proposition, cherchons l'équation de ces podaires, et, pour cela, considérons une parabole quelconque et un point M de son plan et prenons pour axes des coordonnées les parallèles à l'axe et à la directrice de cette parabole conduites par ce point. Alors l'équation de cette courbe prend la forme

$$(y_1 + b)^2 = 2p\,(x_1 + a),$$

et les équations de ses tangentes et des perpendiculaires à ces droites passant par M sont, respectivement,

$$(y_1 + b)\,y - px = 2ap - by_1 - b^2 + px_1$$

et

$$(y_1 + b)\,x + py = 0.$$

Or, ces équations et l'équation de la parabole donnent, en éliminant x_1 et y_1, l'équation demandée

$$x\,(x^2 + y^2) + ax^2 + bxy + \frac{p}{2}\,y^2 = 0,$$

dont résulte que la podaire de la parabole considérée, par rapport au point M, coïncide avec la cissoïde (n.º 24) dont les paramètres α, β et c sont déterminées par les équations

$$(9) \qquad\qquad a = 2\alpha - c, \quad b = 2\beta, \quad p = -2c$$

et dont le point double est situé au centre M de la podaire. Cette cissoïde est *cuspidale* quand $b^2 = 2ap$, c'est-à-dire quand le point M coïncide avec un point de la parabole; est *crunodale* quand $b^2 > 2ap$, c'est-à-dire lorsque le point M est situé dans la region du plan de la parabole vers laquelle cette courbe tourne la convexité, et est *acnodale* quand $b^2 < 2ap$, c'est-à-dire quand le point M est situé dans la region du même plan vers laquelle la parabole tourne la concavité. Si le point M est pris sur l'axe de la parabole, la cissoïde correspondante est droite ; elle est oblique dans le cas contraire. Si le point M est situé sur la directrice de la parabole, l'équation de la cubique considérée prend la forme

$$(10) \qquad x\,(x^2 + y^2) + \frac{p}{2}\,(y^2 - x^2) + bxy = 0,$$

et représente la courbe nommée *strophoïde,* que nous allons étudier bientôt. Si le point M est situé sur la tangente à la parabole à son sommet, c'est-à-dire si l'on a $a = 0$, la cubique considérée coïncide avec une courbe étudiée par Uhlhorn en 1809 dans ses *Entdeckungen in der höheren Gometrie,* laquelle est nommée *ophiuride* et jouit de la propriété suivante : une des tangentes au point double est perpendiculaire à l'asymptote réelle. Si le point M est situé sur l'axe de la parabole, à distances égales du sommet et du foyer de cette courbe, on a la courbe nommée par M. Peano *visiera,* que nous retrouverons plus loin.

Réciproquement, si la cubique (4) est donnée, on détermine au moyen des équations (9) les constantes a, b et p qui figurent dans l'équation de la parabole dont elle est la podaire par rapport au point double.

II.

La conchoïde de Sluse.

31. Soient AB une droite et O un point donné *(fig. 3)* et, sur chacune des droites OC, qui passent par O, prenons, à partir du point C où elle coupe AB, dans la direction OC, un segment CD tel qu'on ait

$$OC \times CD = k^2,$$

k^2 étant une quantité donnée. Le lieu des points D qu'on obtient ainsi est une courbe considérée par Sluse dans une lettre adressée à Huygens (*Oeuvres de Huygens,* t. IV, pag. 246), pour laquelle M. G. Loria a attiré l'attention dans une *Note* insérée au *Mathesis* (1897, p. 5), où il a donné à cette courbe le nom de *conchoïde de Sluse.*

Pour obtenir son équation, il suffit de remarquer qu'on a

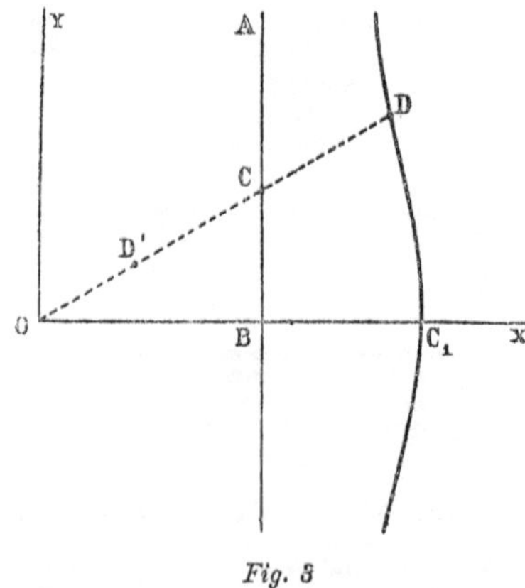

Fig. 3

$$CD = OD - OC = OD - \frac{OB}{\cos COB}\,, \qquad CD = \frac{k^2}{OC} = \frac{k^2 \cos COB}{OB}\,,$$

ou, en posant $OB = a$ et en prenant le point O pour pôle et la droite OX, perpendiculaire à AB, pour axe,

$$CD = \rho - \frac{a}{\cos \theta}, \quad CD = \frac{k^2 \cos \theta}{a}.$$

Donc, l'*équation polaire* de la courbe considérée est

$$(1) \qquad \rho = \frac{a}{\cos \theta} + \frac{k^2}{a} \cos \theta;$$

et, par suite, l'*équation cartésienne* de la même courbe est

$$(2) \qquad a\,(x - a)\,(x^2 + y^2) = k^2 x^2.$$

32. On voit aisément au moyen de l'équation (2) que la cubique de Sluse a la forme indiquée dans la figure 3e. Elle a un axe, qui coïncide avec celui des abscisses, une asymptote AB, dont l'équation est $x = a$, et un *point isolé,* qui coïncide avec l'origine des coordonnées; l'abscisse du sommet C_1 est égale à $\dfrac{a^2 + k^2}{a}$.

La cubique de Sluse a deux points d'inflexion à distance finie. Pour les déterminer, exprimons x et y en fonction rationnelle d'un paramètre variable t, en faisant $y = tx$ dans l'équation de la courbe; il vient alors

$$x = a + \frac{k^2}{a\,(1 + t^2)}, \quad y = at + \frac{k^2 t}{a\,(1 + t^2)}.$$

Les valeurs de t correspondantes aux points d'inflexion sont donc données par l'équation

$$\frac{dx}{dt}\,\frac{d^2 y}{dt^2} - \frac{dy}{dt}\,\frac{d^2 x}{dt^2} = \frac{2k^2}{a^2} \cdot \frac{k^2 + a^2 - 3a^2 t^2}{(1 + t^2)^3} = 0$$

ou

$$t^2 = \frac{k + a^2}{3a^2},$$

et les coordonnées de ces points par les équations

$$x = \frac{4a\,(a^2 + k^2)}{4a^2 + k^2}, \quad y = \pm \frac{4\,(a^2 + k^2)^{\frac{3}{2}}}{(4a^2 + k^2)\,\sqrt{3}}.$$

Sluse a attribué à Huygens l'invention d'une méthode pour déterminer ces points (*Oeuvres de Huygens,* t. IV, 1891, p. 292).

En éliminant k^2 entre les équations qu'on vient d'obtenir, on trouve l'équation

$$y^2 = \frac{x^3}{4a - x},$$

qui représente une *cissoïde de Dioclès*. Donc on a le théorème suivant, découvert par Sluse (l. c., p. 247):

Le lieu des points d'inflexion des cubiques de Sluse ayant la même asymptote et le même point singulier est une cissoïde de Dioclès.

33. Si l'on prend sur la droite OD *(fig. 3)* un segment CD′ égal à CD, le lieu décrit par D′, quand D parcourt la courbe considérée ci-dessus, est représenté par l'équation

$$(3) \qquad a\,(x - a)\,(x^2 + y^2) = -\,k^2 x^2,$$

et on passe immédiatement des propriétés de la courbe (2) pour celles de la courbe (3) en remplaçant k^2 par $-k^2$ dans les formules et dans les théorèmes obtenus précédemment.

La nouvelle courbe a la forme indiquée dans la figure 4°, quand $a^2 > k^2$, et a la forme indiquée dans la figure 5°, si $a^2 < k^2$. Dans le premier cas elle a deux points d'inflexion

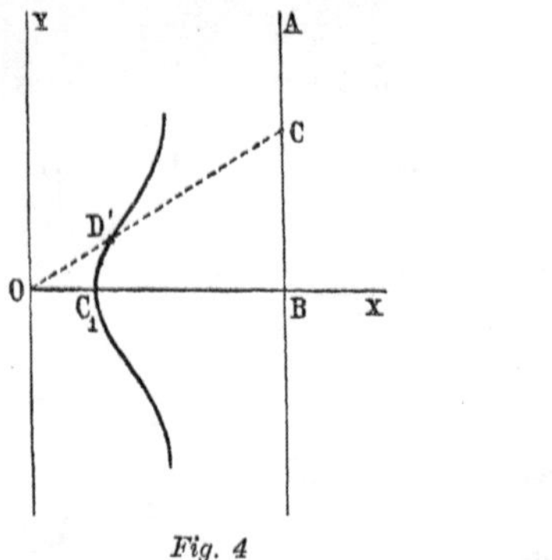

Fig. 4

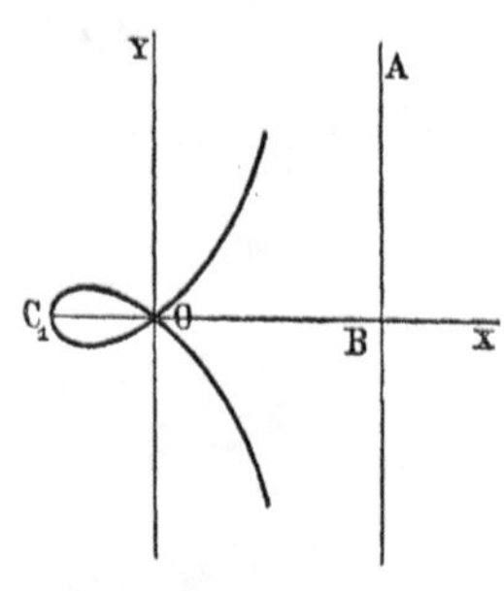

Fig. 5

réels, à distance finie, et dans le deuxième cas deux points d'inflexion imaginaires. Le segment OB est dans les deux cas égal à a. Quand $k^2 = a^2$, l'équation considérée représente la cissoïde de Dioclès. Les angles formés par les tangentes à la cubique au point double avec l'axe des abscisses sont donnés par l'équation

$$\operatorname{tang} \theta = \frac{\sqrt{k^2 - a^2}}{a},$$

et les rayons de courbure des deux arcs à ce même point sont donnés par la formule (n.° 25)

$$\mathrm{R} = \frac{k}{a}\sqrt{k^2 - a^2}.$$

34. Les cubiques représentées par les équations (2) et (3) coïncident avec les *cissoïdes droites* considérées au n.° 24, puisque l'équation de ces cissoïdes est

$$(x^2 + y^2)\,x = c\,(x^2 + y^2) - 2\alpha x^2,$$

et on peut toujours déterminer les paramètres qui figurent dans l'équation d'une de ces classes de courbes, quand on donne ceux qui figurent dans l'autre, au moyen des équations

$$a = c, \quad \mp k^2 = 2\alpha a.$$

Il en résulte d'abord une manière de construire les cubiques de Sluse, plus simple que celle employée par ce géomètre, et de construire leurs tangentes. Il en résulte aussi que ces cubiques coïncident avec les *podaires des paraboles,* rapportées aux points de l'axe, et avec les *courbes inverses des coniques,* rapportées aux sommets.

35. En appliquant la doctrine exposée aux n.°s 28 et 29, on voit que les coordonnées des *foyers* de la cubique représentée par l'équation (2) sont $(2a, \pm 2k)$ et que les distances d'un quelconque des ses points à ces foyers et au point double sont liées par la relation

$$r_1 + r_2 = 2r_0 ;$$

on voit de même que les coordonnées des foyers de la cubique représentée par l'équation (3) sont $[2\,(a \pm k),\ 0]$ et qu'on a

$$(a - k)\,r_1 + (a + k)\,r_2 = 2ar_0,$$

quand $a > k$, et

$$(k - a)\,r_1 - (k + a)\,r_2 = \pm 2ar_0,$$

quand $a < k$, r_1 désignant la distance au foyer $[2\,(a + k),\ 0]$ et r_2 la distance à l'autre foyer.

36. L'équation des cubiques de Sluse rapportée au point C_1 comme origine et à C_1X comme axe des coordonnées polaires (r, ω) est

$$ar^2 \cos\omega + \left[2a\left(a \pm \frac{k^2}{a}\right)\cos^2\omega + k^2 \sin^2\omega \right] r + a\left(a \pm \frac{k^2}{a}\right)^2 \cos\omega = 0.$$

On voit au moyen de cette équation que la cubique considérée coupe chacune des droites qui passent par C_1 en deux points tels que les segments r_1 et r_2 compris entre C_1 et ces points satisfont à la condition

$$r_1\,r_2 = \left(a \pm \frac{k^2}{a}\right)^2 = \overline{OC_1}^2.$$

On voit aussi au moyen de la même équation que le rayon de courbure de la cubique au point C_1, où $r = 0$ et $\omega = \dfrac{\pi}{2}$, est donné par la formule

$$R = \frac{(a^2 \pm k^2)^2}{ak^2}.$$

III.

La strophoïde.

37. Considérons un cercle de centre C et de rayon CA *(fig. 6)*, et tirons par son centre la droite KL, qui forme avec CA l'angle α. Prenons ensuite sur chacune des droites qui passent par O un vecteur OM égal à la différence des vecteurs OD et OE des points D et E où cette droite coupe le cercle et la droite KL. Le lieu des points M qu'on obtient de cette manière est la courbe nommée *strophoïde*. Cette courbe est donc une cissoïde crunodale. Si $\alpha = 90°$, la strophoïde est dite *droite;* si α est different de 90°, on dit qu'elle est *oblique*.

On peut trouver l'*équation polaire de la strophoïde* au moyen des relations

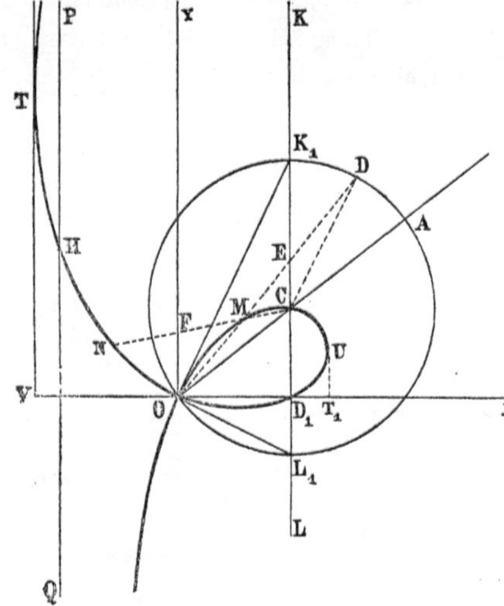

$$OM = OD - OE, \quad OD = 2a \cos \theta,$$

$$OE = \frac{a \sin \alpha}{\sin (\alpha - \theta)},$$

Fig. 6

où ρ, a et θ représentent le vecteur OM du point M, le rayon OC et l'angle DOA, lesquelles donnent

$$(1) \qquad \rho = 2a \cos \theta - \frac{a \sin \alpha}{\sin (\alpha - \theta)} = a \frac{\sin (\alpha - 2\theta)}{\sin (\alpha - \theta)} \cdot$$

En représentant par θ' l'angle formé par OM avec la droite OX, perpendiculaire à la droite donnée KL, et en tenant compte de l'égalité $\theta' = \theta + \dfrac{\pi}{2} - \alpha$, on peut mettre encore l'équation précédente sous la forme

$$(2) \qquad \rho = a \frac{\sin (\alpha + 2\theta')}{\cos \theta'},$$

d'où l'on déduit l'équation cartésienne de la courbe considérée, rapportée à OX et à la perpendiculaire en O à cette droite:

$$(3) \qquad (x^2 + y^2)\, x = a\,[(x^2 - y^2) \sin \alpha + 2xy \cos \alpha].$$

38. La plus ancienne mention connue de la *strophoïde droite* se trouve en deux lettres écrites par Verdus à Torricelli en 1645, dont il résulte que Roberval fut probablement le premier géomètre qui s'est occupé de l'étude de cette courbe, désignée alors par le nom de *pteroïde*. Ces lettres furent publiées par Boncompagni dans son *Bulletino* (t. VIII, 1875). La même courbe fut étudiée plus tard par Moivre, en 1715, dans les *Philosophical Transactions;* par Agnesi dans ses *Instituzioni Analitiche* (Milano, 1748, p. 378 et 391); etc.

Il paraît que c'est Montucci qui lui donna pour la première fois le nom de *strophoïde,* dans un article publié em 1846 dans les *Nouvelles Annales de Mathématiques* (t. V, p. 470). Lehmus, dans ses *Aufgaben aus der höheren Mathematik* (Berlin, 1842, p. 120), l'a nommée *kukumaeide;* et Booth l'appela *logocyclique* dans un article publié dans le *Quarterly Journal of Mathematics* (1858 et 1859) et dans son *Treatrise on some New Geometrical Methods* (1873, t. I, p. 292).

Les plus anciens travaux connus dans lesquels la *strophoïde* oblique fut considérée sont les *Lectiones geometricae* de Barrow (1669, p. 69), où ce géomètre en a déterminé les tangentes, et deux mémoires de Casali insérés aux *Instituti Bononiensis Commentarii* (t. IV, 1757), dans lesquels l'invention de cette courbe est attribuée à Torricelli. Postérieurement Quetelet s'en est occupé dans un mémoire intitulé: *De quibusdam locis geometricis necnon de curva focali,* publié à Gand en 1819, mémoire dans lequel il a donné à cette courbe le nom de *focale à noeud;* par ce motif, elle a été appelée quelquefois *focale de Quetelet.* Ce mémoire a été suivi d'un autre de Dandelin inséré au dans le tome II, p. 169, des *Mémoires de l'Académie de Bruxelles,* où furent continuées les recherches de Quetelet.

Les strophoïdes droite et oblique ont été l'objet de beaucoup d'autres travaux dont on peut voir les titres dans une liste publiée par Tortolini en 1860 dans les *Annali di Matematica,* t. III, et transcrite dans les *Nouvelles Annales de Mathématiques* (1861, p. 82), et aussi dans une autre, plus moderne et plus complète, publiée par M. Günther dans l'ouvrage intitulé *Paraboliches Logarithmen und paraboliche Trigonometrie* (Leipzig, 1882). L'histoire de ces courbes a été le sujet d'une notice publiée par M. G. Loria dans son *Bulletino di Bibliografia* (1898, p. 3).

39. Nous allons passer maintenant à l'étude de la *strophoïde droite*.

L'équation cartésienne de cette courbe est

$$(4) \qquad y^2 = \frac{x^2(a-x)}{x+a},$$

d'où l'on déduit qu'elle a la forme indiquée dans la figure 7e. Elle coupe l'axe des abscisses

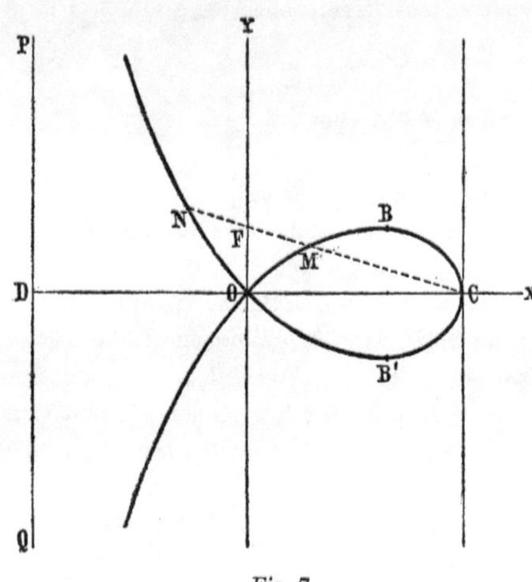

Fig. 7

aux points O et C, où $x = 0$ et $x = a$, et le premier de ces points est *double;* à chaque valeur de x comprise entre $-a$ et a correspondent deux points réels disposés symétriquement par rapport à cet axe; et la droite PQ, qui a pour équation $x = -a$, en est une asymptote. Les tangentes en les points où l'abscisse est égale à $\frac{1}{2} a(\sqrt{5}-1)$, sont parallèles à OX, et les tangentes en le point double forment avec l'axe des abscisses des angles de 45° et $-45°$.

40. En portant de l'équation polaire de la strophoïde droite :

$$\rho = a \frac{\cos 2\theta}{\cos \theta},$$

on trouve l'expression suivante de son rayon de courbure :

$$R = \frac{a(1 + \sin^2 \theta)^{\frac{3}{2}}}{4 \cos^4 \theta (1 + 2 \sin^2 \theta)}.$$

On voit au moyen de cette formule que la courbe n'a pas de points d'inflexion réels à distance finie, et qu'on a, au point C, $R = \frac{1}{4} a$, et, au point O, $R = a\sqrt{2}$.

41. En remplaçant dans l'équation (4) x par $a-x$, pour transporter l'origine des coordonnées au point C, on obtient l'équation

$$(5) \qquad y^2 = \frac{(a - x_1)^2 \, x_1}{2a - x_1},$$

où l'on suppose que CD est la direction positive de l'axe des abscisses. En posant ensuite $x = r \cos \omega$ et $y = r \sin \omega$, on trouve l'équation polaire de la courbe, rapportée au point C comme origine et à CD comme axe:

$$(6) \qquad r = a \left(\frac{1}{\cos \omega} \pm \frac{\sin \omega}{\cos \omega} \right).$$

On voit au moyen des équations $OF = a \tang \omega$ et $CF = \dfrac{a}{\cos \omega}$ que l'équation précédente est équivalente aux relations suivantes entre les vecteurs des points M et N de la droite CF et le segment OF:

$$CN = CF + FO, \quad CM = CF - FO,$$

dont il resulte une manière facile de construire la strophoïde, en traçant seulement des droites.

Une autre conséquence qui résulte de ces relations c'est l'égalité des segments FM, FN et OF, et par suite celle des angles FOM et FMO et des angles FON et FNO. On en conclut que l'angle formé par OM avec OX est égal à $\dfrac{\pi}{4} - \dfrac{\omega}{2}$ et que l'angle formé par ON avec la même droite est égal à $\dfrac{3}{4} \pi - \dfrac{\omega}{2}$.

Il résulte enfin de ces mêmes relations l'identité

$$CM \times CN = \overline{OC}^2 = a^2,$$

laquelle est, d'ailleurs, un cas particulier de celle qu'on a démontrée au n.° 36.

42. L'aire comprise entre la strophoïde, l'axe des abscisses et une parallèle à l'axe des ordonnées, menée par le point (x, y), a pour expression

$$A = \int_0^x x \sqrt{\frac{a - x}{a + x}} \, dx = a^2 \left[\arctang \sqrt{\frac{a - x}{a + x}} - \frac{(2a - x) \sqrt{a^2 - x^2}}{2a^2} - \frac{\pi}{4} + 1 \right].$$

En posant $x = a$ et en multipliant par 2, on trouve que la valeur de l'aire de la boucle est donnée par la formule

$$A_1 = 2a^2 - \frac{\pi}{2} a^2.$$

La valeur de l'aire comprise entre la courbe et l'asymptote est donnée par la formule

$$A_2 = 2a^2 + \frac{\pi}{2}\, a^2.$$

La somme des deux aires qu'on vient de considérer est donc égale à $4a^2$.

Le problème de la quadrature de la strophoïde fut étudié pour la première fois par Moivre (l. c.).

43. On peut déterminer la longueur des arcs de la strophoïde droite au moyen des intégrales elliptiques de 1e et 2e espèce, comme l'a fait voir Booth (l. c., p. 304) en se basant sur la considération de la courbe inverse de la strophoïde. Nous allons résoudre maintenant le même problème au moyen d'une analyse différente.

En appliquant à l'équation (6) la formule

$$ds = \sqrt{r^2 + \left(\frac{dr}{d\omega}\right)^2}\, d\omega,$$

on trouve

$$ds = a\sqrt{2}\,\frac{1 \pm \sin\omega}{\cos^2\omega}\sqrt{1 - \frac{1}{2}\sin^2\omega}\, d\omega = \frac{1}{2}\, a\sqrt{2}\,\frac{(1 \pm \sin\omega)(1 + \cos^2\omega)}{\cos^2\omega\sqrt{1 - \frac{1}{2}\sin^2\omega}}$$

$$= \frac{1}{2}\, a\sqrt{2}\left[\frac{d\omega}{(1 \mp \sin\omega)\sqrt{1 - \frac{1}{2}\sin^2\omega}} + \frac{d\omega}{\sqrt{1 - \frac{1}{2}\sin^2\omega}} \pm \frac{\sin\omega\, d\omega}{\sqrt{1 - \frac{1}{2}\sin^2\omega}}\right],$$

et on peut, par suite, calculer les longueurs des arcs ON et OM de la courbe considérée au moyen de la formule

$$s = \frac{1}{2}\, a\sqrt{2}\left[\int_0^{\omega_1}\frac{d\omega}{(1 \mp \sin\omega)\Delta\omega} + \int_0^{\omega_1}\frac{d\omega}{\Delta\omega} \pm \int_0^{\omega_1}\frac{\sin\omega\, d\omega}{\Delta\omega}\right],$$

où ω_1 et $\Delta\omega_1$ représentent l'angle MCO et la quantité $\sqrt{1 - \frac{1}{2}\sin^2\omega}$, et où l'on doit prendre les signes supérieurs quand on veut appliquer cette formule à l'arc ON et les signes inférieures si l'on l'applique à l'arc OM.

Pour réduire la première des intégrales qui figurent dans l'expression de s aux intégrales elliptiques normales, on peut employer les relations connues

$$\pm \frac{2\cos\omega\,\Delta\omega}{1\pm\sin\omega} = -\int\frac{d\omega}{(1\pm\sin\omega)\,\Delta\omega} - \int\frac{d\omega}{\Delta\omega} + \int\frac{\sin^2\omega\,d\omega}{\Delta\omega} \, ,$$

$$\int\frac{\sin^2\omega\,d\omega}{\Delta\omega} = 2\left[\int\frac{d\omega}{\Delta\omega} - \int\Delta\omega\,d\omega\right].$$

qui donnent

$$\int_0^{\omega_1}\frac{d\omega}{(1\pm\sin\omega)\,\Delta\omega} = \pm 2\left[1 - \frac{\cos\omega_1\,\Delta\omega_1}{1\pm\sin\omega_1}\right] + \int_0^{\omega_1}\frac{d\omega}{\Delta\omega} - 2\int_0^{\omega_1}\Delta\omega\,d\omega.$$

Pour calculer la dernière intégrale de l'expression de s, on peut y faire $\sin^2\omega = t$, et on obtient

$$\int\frac{\sin\omega\,d\omega}{\Delta\omega} = -\frac{\sqrt{2}}{2}\int\frac{dt}{\sqrt{(1-t)(2-t)}} = \frac{\sqrt{2}}{2}\log\left[2t - 3 + 2\sqrt{(1-t)(2-t)}\right]$$

$$= \frac{\sqrt{2}}{2}\log\left(2\sin^2\omega - 3 + 2\sqrt{2}\cos\omega\,\Delta\omega\right)$$

$$= \sqrt{2}\log\left(\cos\omega - \sqrt{2}\,\Delta\omega\right) + \text{const.},$$

et par suite

$$\int_0^{\omega_1}\frac{\sin\omega\,d\omega}{\Delta\omega} = \sqrt{2}\log\frac{\sqrt{2}\,\Delta\omega_1 - \cos\omega_1}{\sqrt{2}-1}\,.$$

On a donc la formule

$$s = \pm a\log\frac{\sqrt{2}\,\Delta\omega_1 - \cos\omega_1}{\sqrt{2}-1} \mp a\sqrt{2}\left(1 - \frac{\cos\omega_1\,\Delta\omega_1}{1\mp\sin\omega_1}\right)$$

$$+ a\sqrt{2}\left(\int_0^{\omega_1}\frac{d\omega}{\Delta\omega} - \int_0^{\omega_1}\Delta\omega\,d\omega\right),$$

laquelle fait voir que s dépend de deux intégrales elliptiques, l'une de première espèce et l'autre de seconde espèce, dont les modules sont égaux à $\frac{1}{2}\sqrt{2}$.

On voit aussi que *la somme des longueurs des arcs* OM *et* ON *ne dépend pas de la fonction logarithmique et est égale à la quantité*

$$2a\sqrt{2}\left[\tan\omega_1\,\Delta\omega_1 + \int_0^{\omega_1}\frac{d\omega}{\Delta\omega} - \int_0^{\omega_1}\Delta\omega\,d\omega\right],$$

*

et que la différence ON — OM *des mêmes arcs ne dépend pas des intégrales elliptiques et est égale au nombre*

$$2a \sqrt{2} \left(\frac{\Delta\omega_1}{\cos \omega_1} - 1 \right) + 2a \log \frac{\sqrt{2} \, \Delta\omega_1 - \cos \omega_1}{\sqrt{2} - 1} \,.$$

En posant $\cos \omega_1 = \operatorname{tang} \psi$, on donne encore à cette expression la forme (Booth: l. c.)

$$2 \frac{a}{\operatorname{sen} \psi} - 2a \sqrt{2} + 2a \log \frac{\sec \psi - \operatorname{tang} \psi}{\sqrt{2} - 1} \,.$$

On peut remarquer que ψ représente l'angle formé par la droite CF avec les tangentes à la strophoïde aux points N et M, puisque $r \dfrac{d\omega}{dr} = \pm \cos \omega$.

En posant $\omega_1 = \dfrac{\pi}{2}$ dans l'expression de s et en prenant le signe inférieure, on trouve que la longueur de l'arc OBC de la boucle est donnée par la formule

$$s = \frac{a}{2} \log(\sqrt{2} - 1) + a \sqrt{2} \left(1 + \int_0^{\frac{\pi}{2}} \frac{d\omega}{\Delta\omega} - \int_0^{\frac{\pi}{2}} \Delta\omega \, d\omega \right).$$

L'intégrale de première espèce qui figure dans les formules précédentes sera retrouvée plus loin, quand nous nous occuperons de la rectification de la *lemniscate de Bernoulli*. L'intégrale de deuxième espèce qui entre dans ces mêmes formules est celle dont dépend la rectification des ellipses dont l'excentricité est égale à $\dfrac{1}{2}\sqrt{2}$.

44. Considérons maintenant la *strophoïde oblique*. En partant de l'équation cartésienne de la courbe, qu'on peut écrire de la manière suivante:

$$y = \frac{ax \cos \alpha \pm x \sqrt{a^2 - x^2}}{x + a \sin \alpha} \,,$$

on obtient aisément sa forme. La droite *(fig. 6)* PQ, déterminée par l'équation $x = -a \sin \alpha$, en est une asymptote et la coupe au point H, dont l'ordonnée est égale à $\dfrac{a \sin^2 \alpha}{\cos \alpha}$; les tangentes aux points U et T, dont les coordonnées sont

$$x = \pm a, \quad y = \frac{\pm a \cos \alpha}{\pm 1 + \sin \alpha} \,,$$

sont parallèles à cette asymptote; à l'intervalle compris entre $x = -\alpha$ et $x = \alpha$ l'ordonnée y est réelle, elle est imaginaire pour toutes les autres valeurs de x. Donc, la courbe est située dans la bande comprise entre les parallèles à l'axe des ordonnées qui passent par U et V et est coupée en deux points par chacune des parallèles à cet axe située dans la même bande. Ces points coïncident quand cette droite passe par l'origine des coordonnées, où la courbe a un *point double*.

On voit immédiatement par l'équation (2) que les angles formés par les tangentes à la strophoïde au point double ont les valeurs

$$\theta_0' = -\frac{\alpha}{2}, \quad \theta_1' = \frac{\pi}{2} - \frac{\alpha}{2},$$

et qu'elles coïncident, par conséquent, avec OL_1 et OK_1. Ce résultat est, d'ailleurs, une conséquence immédiate d'un théorème général démontré au n.º 20, ou, ce qui est le même, de la définition de la strophoïde comme cissoïdale du cercle OL_1A et de la droite KL d'où il résulte que M tend vers O quand la droite variable OA tend vers OK_1, ou vers OL_1.

On voit encore, au moyen de la même équation (2), que les valeurs R_1 et R_2 des rayons de courbure des arcs OCU et OD_1U au point double sont, respectivement,

$$R_1 = \frac{a}{\sin\frac{\alpha}{2}}, \quad R_2 = \frac{a}{\cos\frac{\alpha}{2}},$$

et que, par conséquent, les centres de courbure correspondants coïncident avec les points où la perpendiculaire à OC passant par C coupe OL_1 et OK_1.

La courbe rencontre l'axe des abscisses aux points O et D_1, où $x = a\sin\alpha$. La droite D_1C coupe la courbe au point C où $y = a\cos\alpha$, qui coïncide par conséquent avec le centre du cercle considéré au n.º 37. Ces résultats sont, d'ailleurs, une conséquence immédiate de la définition géométrique de la courbe.

L'expression de y écrite ci-dessus fait voir que l'hyperbole représentée par l'équation

$$y = \frac{ax\cos\alpha}{x + a\sin\alpha}$$

coupe toutes les cordes parallèles à la asymptote en deux parties égales et passe par les points O, U et T; une des asymptotes de cette hyperbole coïncide avec l'asymptote réelle de la cubique.

45. Pour tracer la tangente ou la normale à la strophoïde au point M, on peut appliquer le théorème démontré dans le n.º 20, d'après lequel la sous-normale polaire de cette courbe au point M est égale à la différence entre la sous-normale polaire de la circonférence au point D et celle de la droite KL au point E. On peut résoudre le même problème au moyen du théorème exposé au n.º 21, d'après lequel le point où la tangente à la cubique au point M coupe l'asymptote est symétrique, par rapport à O, du point de KL dont la distance à E est égale à la distance de ce point à celui où KL est coupée par la tangente au cercle OAD au point D.

46. La propriété de la strophoïde droite démontrée au n.º 41 peut être étendue à la strophoïde oblique. Pour cela, remarquons d'abord que les droites CM *(fig. 6)* et OY se coupent à un point F tel que $FM = OF$. En effet, les triangles MCO et CED sont égaux, puisque $CD = CO$, $OM = ED$, $EDC = COM$; et on a par conséquent

$$MC = EC, \quad MEC = EMC = FMO,$$

d'où il résulte premièrement

$$FOM = MEC = FMO$$

et ensuite $MF = OF$. On trouve de même $NF = OF$. Donc

$$(7) \qquad\qquad CN = CF + FO, \quad CM = CF - FO.$$

Nous nous arrêterons quelques moments aux conséquences de ces égalités.

1.º Il en resulte que la strophoïde peut être définie comme le lieu des points M et N qu'on obtient et prenant sur chacune des droites qui passent par un point C, à partir du point F où elle coupe la droite donnée OY, deux segments FM et FN égaux à la distance FO de F à un point donné O pris sur OY. C'est ainsi que la courbe considérée fut définie pour la première fois par Barrow (l. c.).

Cette manière de construire la strophoïde peut être étendue évidemment à d'autres courbes, en remplaçant la droite OY par une courbe quelconque (C). Le lieu des points qu'on obtient alors, en prenant sur chaque droite qui passe par C, à partir de son intersection avec (C), deux segments égaux à la distance de ce point à O, est une courbe dite *strophoïdale* de (C). La théorie générale des strophoïdales fut considérée par M. Barbarin dans la *Révue de Mathématiques spéciales,* 1894, par G. de Longchamps dans le *Mathésis,* 1894, etc.

2.º Il résulte des égalités $OF = MF$ et $OF = NF$ l'égalité des angles OFM et FMO et celle des angles FON et FNO, au moyen desquelles on voit aisément que les vecteurs OM et ON des points M et N, situés sur une même droite passant par le centre du cercle OAD, sont perpendiculaires l'un à l'autre.

3.º Représentons par r et ω les coordonnées polaires des points de la cubique rapportées à C comme origine et à CO comme axe; il resulte des égalités (7) et des suivantes:

$$\frac{CF}{CO} = \frac{\sin FOC}{\sin OFC} = \frac{\sin \alpha}{\sin (\alpha + \omega)}, \qquad \frac{FO}{CO} = \frac{\sin FCO}{\sin OFC} = \frac{\sin \omega}{\sin (\alpha + \omega)},$$

que l'équation polaire de la courbe est alors

$$(8) \qquad r = \frac{a\,(\sin \alpha \pm \sin \omega)}{\sin (\alpha + \omega)}\,.$$

On voit par cette équation que la tangente à la cubique au point C fait avec OC un angle égal à α et que la valeur du rayon de courbure à ce point est égale $\dfrac{a}{4 \sin \alpha}\,.$

4.º En représentant par r_0 le segment de la droite CF compris entre C et l'asymptote de la cubique et en tenant compte que la distance des droites KC et OY est égale à la distance des droites OY et PH, on peut écrire

$$CM + CN = 2\,CF = r_0\,.$$

On voit au moyen de cette relation qu'une partie de la cubique considérée est la cissoïdale de l'autre partie et de l'asymptote, et que, par conséquent (n.º 21), *les tangentes à la cubique aux points M et N coupent l'asymptote en deux points équidistants de celui où elle est coupée par la droite* MF ; ce théorème n'a pas encore été remarqué, je crois. Il en résulte, comme corollaires, que *la tangente à la cubique au point C passe par le point H où la strophoïde coupe son asymptote, et que les points U, C et T sont situés sur une même droite.*

47. En comparant l'équation (3) avec l'équation (10) du n.º 30, on voit qu'elles coïncident lorsqu'on a

$$2a \sin \alpha = p, \quad 2a \cos \alpha = -b.$$

Les strophoïdes coïncident donc avec les podaires des paraboles, rapportées aux points de la directrice. On peut déterminer au moyen de ces équations les deux paramètres a et α, qui entrent dans l'équations de la strophoïde, ou les deux paramètres b et p, qui entrent dans l'équation

$$(y + b)^2 = p\,(2x - p)$$

de la parabole correspondante, quand les autres sont donnés.

48. La courbe inverse de la strophoïde par rapport à son point double est l'hyperbole représentée par l'equation

$$a\,[(x^2 - y^2)\sin \alpha + 2xy \cos \alpha] - m^2 x = 0.$$

La cubique considérée a donc deux foyers, qui coïncident avec les points inverses des de cette hyperbole (n.º 28), et les distances de chacun de ses points aux foyers et au point double sont liées par une relation linéaire, dont les coefficients se déterminent par la méthode exposée au n.º 29.

Dans le cas de la strophoïde droite les coordonnées des foyers sont $[-2a(1\pm\sqrt{2}),\,0]$ et la relation entre les distances r_0, r_1 et r_2 des points de la cubique au point double, au foyer $[-2a(1-\sqrt{2}),\,0]$ et au foyer $[-2a(1+\sqrt{2}),\,0]$ est

$$(\sqrt{2}-1)\,r_2-(\sqrt{2}+1)\,r_1=\pm 2r_0.$$

La strophoïde a deux asymptotes imaginaires dont les équations sont

$$y=\pm\,i\,(x-a\sin\alpha)+a\cos\alpha\,;$$

le point d'intersection de ces asymptotes a pour coordonnées $(a\sin\alpha,\ a\cos\alpha)$.

La courbe a donc un *foyer singulier* qui coïncide avec le centre C du cercle OAD *(fig. 6)*.

Si l'on prend pour origine des coordonnées ce point, l'équation de la courbe prend la forme

$$x\,(x^2+y^2)+2a\,(x^2+y^2)\sin\alpha-a^2x\cos 2\alpha+a^2y\sin 2\alpha=0.$$

49. Chacune des droites qui passent par U (ou T) coupent la strophoïde en deux points, différents de U (ou T), et les segments ρ_1 et ρ_2 de cette droite compris entre ces points et U (ou T) satisfont à la relation

$$\rho_1\,\rho_2=m^2,$$

m désignant la distance de U à O (ou de T à O).

Ce théorème est analogue à un autre relatif à la cissoïde qui a été énoncé au n.º 19, et on peut lui appliquer toutes les considérations faites alors.

50. Prenons pour axe des coordonnées les droites OL_1 et OK_1 *(fig. 6)*, tangentes à la courbe au *point double*. Alors l'équation de le strophoïde se transforme dans la suivante:

$$(x^2+y^2)\left(x\cos\frac{\alpha}{2}+y\sin\frac{\alpha}{2}\right)=2a\,xy,$$

qui donne, en posant $y=tx$, t représentant la tangente de l'angle que le vecteur du point $(x,\,y)$ fait avec OL_1,

$$x=\frac{2\,at}{(t^2+1)\left(\cos\dfrac{\alpha}{2}+t\sin\dfrac{\alpha}{2}\right)},\qquad y=\frac{2\,at^2}{(t^2+1)\left(\cos\dfrac{\alpha}{2}+t\sin\dfrac{\alpha}{2}\right)}.$$

On voit au moyen de ces équations que la droite représentée par l'équation

$$ux + vy = 1$$

coupe la courbe dans les points correspondants aux trois racines t_1, t_2 et t_3 de l'équation

$$t^3 \sin \frac{\alpha}{2} + \left(\cos \frac{\alpha}{2} - 2av \right) t^2 + \left(\sin \frac{\alpha}{2} - 2au \right) t + \cos \frac{\alpha}{2} = 0,$$

et que ces valeurs de t satisfont à la condition

$$(9) \qquad\qquad t_1\, t_2\, t_3 = - \cot \frac{\alpha}{2} \cdot$$

On voit de même qu'un cercle quelconque coupe la strophoïde en quatre points dans lesquels t prend des valeurs t_1', t_2', t_3' et t_4', satisfaisant à la condition

$$(10) \qquad\qquad t_1'\, t_2'\, t_3'\, t_4' = \cot^2 \frac{\alpha}{2} \cdot$$

Ces relations ont été employées par MM. Balitrand et Valdés pour démontrer quelques propriétés intéressantes de la strophoïde en deux travaux publiés dans les *Nouvelles Annales de Mathématiques* (1893, p. 430; 1894, p. 243). Nous en allons indiquer quelques-unes.

1.º La strophoïde a un point d'inflexion réel et deux imaginaires, correspondants aux valeurs de t données par l'équation

$$t^3 + \cot \frac{\alpha}{2} = 0.$$

La même courbe a quatre points où le cercle osculateur a un contact de troisième ordre avec elle, correspondants aux valeurs de t déterminées par l'équation

$$t^2 \pm \cot \frac{1}{2} \alpha = 0;$$

deux de ces points sont réels et les autres imaginaires.

2.º Le point que la courbe considérée a à l'infini sur l'asymptote réelle correspond à $t = - \cot \frac{1}{2} \alpha$; donc les valeurs de t correspondantes aux points situés à distance finie où une droite quelconque parallèle à cette asymptote coupe la cubique, satisfont à la condition

$$t_1\, t_2 = 1;$$

par suite, *les droites qui passent par chacun de ces points et par le point double forment des angles égaux avec les tangentes en ce dernier point.*

En faisant $t_4 = -\cot\dfrac{\alpha}{2}$ dans la dernière égalité, on voit que la valeur de t au point H est égale à $-\operatorname{tang}\dfrac{\alpha}{2}$.

3.° La valeur de t au point D_1 est égale à $\operatorname{tang}\dfrac{\alpha}{2}$, puisque l'angle D_1OL_1 est égal à $\dfrac{\alpha}{2}$. En tenant compte de cette valeur et de ce que la valeur de t au point H est égale à $-\operatorname{tang}\dfrac{\alpha}{2}$, et en représentant par θ_1 et θ_2 les valeurs de t aux points où les tangentes à la cubique en D_1 et H coupent cette courbe, on trouve

$$\theta_1 \operatorname{tang}^2 \frac{\alpha}{2} = -\cot\frac{\alpha}{2}, \quad \theta_2 \operatorname{tang}^2 \frac{\alpha}{2} = -\cot\frac{\alpha}{2};$$

donc, *les tangentes à la strophoïde aux points D_1 et H coupent cette cubique à un même point.*

4.° *Si un cercle passe par deux points (t_1', t_2') de la strophoïde situés sur une droite passant par H, il coupe cette courbe en deux autres points (t_3', t_4') situés sur une droite parallèle à l'asymptote réelle.*

En effet, on a

$$t_1' t_2' t_3' t_4' = \cot^2 \frac{\alpha}{2}, \quad t_1' t_2' = \cot^2 \frac{\alpha}{2};$$

et par suite

$$t_3' t_4' = 1.$$

5.° *Les cercles osculateurs en trois points situés sur une droite coupent la strophoïde en trois autres points situés sur le cercle passant par H.*

6.° *Les cercles osculateurs de la strophoïde en quatre points situés sur un cercle coupent la courbe en quatre autres points situés sur un autre cercle.*

Ces deux dernières propriétés appartiennent aussi à la cissoïde, comme on l'a vu au n.° 6; on les démontre par une analyse semblable à celle qui fut employée dans le cas de cette courbe.

51. La strophoïde apparaît dans la résolution de beaucoup de questions intéressantes. Nous en allons considérer celle où elle a été rencontrée d'abord par Casali et plus tard par Quetelet.

Soit ASB la section produite sur un cône de révolution par un plan passant par son axe SK *(fig. 8)*; et YAX un autre plan, perpendiculaire à l'antérieur, mené par la droite

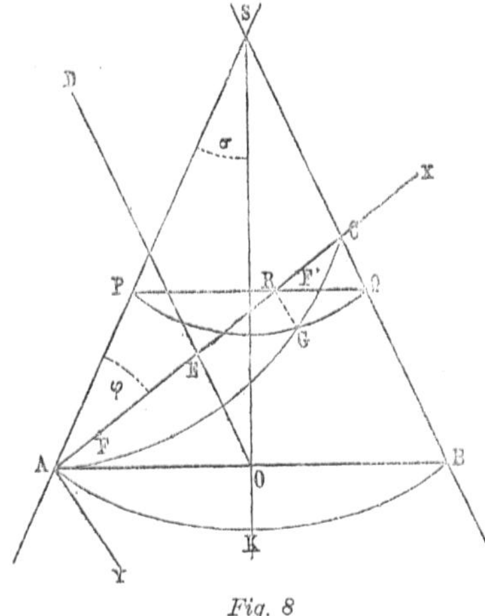

Fig. 8

AY, tangente à la base du cône. Ce second plan détermine, par son intersection avec la surface du cône, une conique AGC, dont l'axe AC forme avec AS un angle que nous représenterons par φ, et dont les *foyers* sont F et F'.

Cela posé, si le plan sécant tourne autour de la droite AY, la conique précédemment considérée varie et ses foyers décrivent une courbe placée sur plan ASB, qu'on a nommée *focale* de Quetelet, dont nous allons chercher l'équation.

Pour cela, représentons par σ l'angle ASK et par d la distance AS et cherchons d'abord l'équation de la conique AGC, rapportée aux axes AX et AY. On a, X et Y étant les coordonnées AR et GR du point G,

$$(11) \qquad Y^2 = PR \cdot RQ;$$

mais les côtés PR et AR, RQ et RC, AC et AS des triangles APR, QCR et ASC satisfont aux relations

$$\frac{PR}{X} = \frac{\sin \varphi}{\cos \sigma}, \quad \frac{BQ}{RC} = \frac{RQ}{AC - X} = \frac{\sin (\varphi + 2\sigma)}{\cos \sigma}, \quad \frac{AC}{d} = \frac{\sin 2\sigma}{\sin (\varphi + 2\sigma)};$$

donc la conique considérée a pour équation :

$$Y^2 \cos^2 \sigma = X \sin \varphi \, [d \sin 2\sigma - X \sin (\varphi + 2\sigma)].$$

Le grand axe m de cette conique et la distance c des foyers à son centre sont donnés par les formules

$$m = \frac{d \sin 2\sigma}{\sin (\varphi + 2\sigma)}, \quad c = \frac{d \sin \sigma \cos (\varphi + \sigma)}{\sin (\varphi + 2\sigma)},$$

dont il résulte que, si r et φ représentent les coordonnées polaires des points F ou F' dans le système qui a pour origine le point A et pour axe la droite AS, l'équation de la *focale* est

$$r = \frac{d \sin 2\sigma}{2 \sin (\varphi + 2\sigma)} \mp \frac{d \sin \sigma \cos (\varphi + \sigma)}{\sin (\varphi + 2\sigma)}.$$

Nous allons maintenant démontrer que cette équation représente une strophoïde oblique, et, pour cela, nous prendrons pour axe des coordonnées polaires la perpendiculaire baissée de A sur SB. On a alors, en représentant par ψ l'angle formé par AC avec cette droite, $\psi = \dfrac{\pi}{2} - 2\sigma - \varphi$, et par suite,

$$r = \frac{d \sin 2\sigma}{2 \cos \psi} \mp \frac{d \sin \sigma \sin (\psi + \sigma)}{\cos \psi}.$$

Mais, en représentant par r_1 et r_2 les deux valeurs de r données par cette équation, on a

$$r_1 + r_2 = \frac{d \sin 2\sigma}{\cos \psi}, \quad r_1 r_2 = \frac{d^2 \sin^2 \sigma \cos (\psi + 2\sigma)}{\cos \psi},$$

et par suite

$$r^2 - \frac{d \sin 2\sigma}{\cos \psi} r + \frac{d^2 \sin^2 \sigma \cos (\psi + 2\sigma)}{\cos \psi} = 0,$$

ou, en passant aux coordonnées cartésiennes,

$$x (x^2 + y^2) = 2d \sin \sigma \cos \sigma (x^2 + y^2) - d^2 \sin^2 \sigma (x \cos 2\sigma - y \sin 2\sigma),$$

ou, en désignant par σ_1 l'angle SAO et par a le segment AO,

$$(12) \qquad x (x^2 + y^2) - 2a (x^2 + y^2) \sin \sigma_1 - a^2 (x \cos 2\sigma_1 + y \sin 2\sigma_1) = 0.$$

Nous avons ainsi l'équation de la focale par rapport à l'origine A, à un axe des ordonnées parallèle à SB et à un axe des abscisses perpendiculaire à cette droite, et, pour voir qu'elle représente une strophoïde, il suffit de remarquer que, si l'on y change x en $-x$, on obtient l'équation écrite au n.° 48.

La coïncidence de la focale avec la strophoïde peut être démontrée encore par la méthode géométrique très simple qu'on va voir.

Menons par A la droite AOB, perpendiculaire à SK, et par O la droite OED, parallèle à SB. Nous avons

$$\frac{AE}{AO} = \frac{\sin AOE}{\sin AEO} = \frac{\cos \sigma}{\sin (\varphi + 2\sigma)}, \quad \frac{EO}{AO} = \frac{\sin EAO}{\sin AEO} = \frac{\cos (\varphi + \sigma)}{\sin (\varphi + 2\sigma)}, \quad AO = d \sin \sigma,$$

et par conséquent

$$r = AE \mp EO ;$$

or, cette propriété caractérise la strophoïde (n.° 46) et fait voir que la focale considérée coïncide avec cette courbe. Remarquons encore que cette strophoïde *(fig. 9)* est tangente en A à la génératrice SA du cône et passe par son sommet, qu'elle a le noeud au point O, placé sur l'axe du cône, et qu'elle a pour asymptote la génératrice SB.

Quand $\sigma = 0$, et par suite $\sigma_1 = \dfrac{\pi}{2}$, le cône se réduit à un cylindre, et l'équation (12) fait voir (n.° 41) que la focale coïncide alors avec la strophoïde droite.

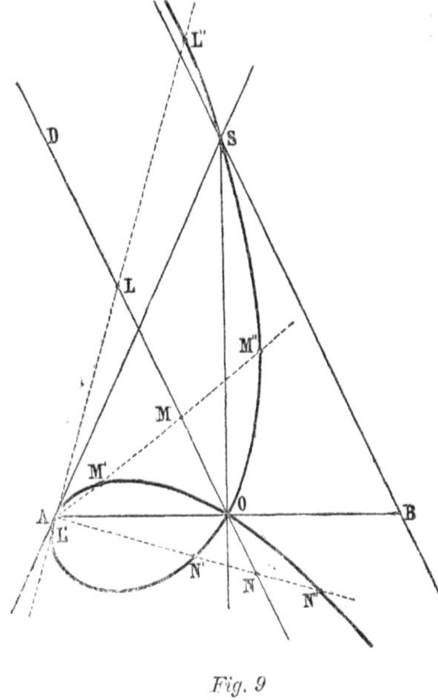

Fig. 9

IV.

Les focales de Van Rees.

52. Les recherches de Quetelet e Dandelin sur les focales du cône mentionnées précédemment furent continuées par Van Rees dans un Mémoire remarquable inséré au tome **v**, p. 361, de la *Correspondance mathématique* de Quetelet, où il a considéré le cas où la base du cône est une ellipse *(fig. 8)* et la tangente AY à cette courbe est perpendiculaire à une section principal ASB de cette surface. Il a trouvé que le lieu des foyers des sections planes passant par AY est alors une courbe représentée par une équation de la forme

$$(1) \qquad x(x^2 + y^2) = A(x^2 + y^2) - Bx - Cy;$$

ce qu'on peut voir, d'ailleurs, aisément par l'analyse employée au n.° 51 en y remplaçant l'équation (11) par l'équation

$$Y^2 = \frac{b_1^2}{a_1^2}\, PR\,.\,RQ,$$

a_1 et b_1 représentant les demi-axes de la base du cône.

On voit aussi aisément que, si le cône se réduit à un cylindre, on a $C = 0$. Les focales correspondantes à ce cas furent le sujet d'un travail spécial de M. Andreasi, inséré au tome **xxx** du *Giornale di Matematiche* de Battaglini, où il en a donné quelques propriétés.

Si $A = 0$ et $B = 0$, on a, en faisant $C = -a^2$, une équation représentant une solution du problème suivant, considéré par Huygens et Leibnitz en quelques lettres intéressantes que ces grands géomètres ont adressées l'un à l'autre : déterminer les courbes dont la sous-tangente est égale à

$$\frac{a^2 x - 2x^2 y}{3a^2 - 2xy} \; ;$$

ces lettres ont été publiées dans le tome IX des *Oeuvres de Huygens* (p. 472-475, 537 et 549).

53. On détermine aisément la forme de la courbe représentée par (1), en écrivant cette equation de la manière suivante :

$$(1') \qquad y = \frac{-C \pm \sqrt{C^2 - 4(x - A)(x^3 - Ax^2 + Bx)}}{2(x - A)},$$

e en remarquant que la relation

$$4(x - A)(x^3 - Ax^2 + Bx) = C^2$$

peut être réduite à la forme

$$16x_1^4 - (8A^2 - 16B)x_1^2 + A^4 - 4A^2B - 4C^2 = 0,$$

en posant $x = x_1 + \dfrac{A}{2}$, et que cette dernière équation donne pour x_1 les valeurs

$$x_1 = \pm \frac{1}{2}\sqrt{A^2 - 2B \pm 2\sqrt{B^2 + C^2}},$$

dont deux sont toujours réelles.

On a, en effet, en représentant par a_1, a_2, a_3, a_4 les valeurs correspondantes de x et en tenant compte de l'identité

$$C^2 - 4(x - A)(x^3 - Ax^2 + Bx) = -4(x - a_1)(x - a_2)(x - a_3)(x - a_4),$$

les résultats suivants :

1. *Cas.* Si les quatre valeurs de x_1 sont réelles et $a_1 > a_2 > a_3 > a_4$, l'ordonnée y est réelle quand x appartient aux intervalles (a_1, a_2) et (a_3, a_4), et elle est imaginaire pour toutes les autres valeurs de x; le point où $x = A$ appartient à l'un des intervalles où y est réelle.

La courbe est donc composée d'un ovale et d'une branche infinie dont la droite exprimée par l'équation $x = A$ est l'asymptote réelle. Ce cas a lieu quand on a

$$A^4 - 4A^2B - 4C^2 > 0.$$

2.ᵉ Cas. Si deux valeurs de x_1 sont imaginaires, le produit des deux facteurs correspondants $x - a_3$ et $x - a_4$ est positif, et on voit que la courbe est formée d'une seule branche infinie, dont la droite $x = A$ est l'asymptote réelle. Ce cas a lieu quand on a

$$A^4 - 4A^2B - 4C^2 < 0.$$

3.ᵉ Cas. Si deux des valeurs de x_1 sont égales, la courbe a une branche infinie avec un *noeud;* la condition pour que cette circonstance ait lieu est

$$A^4 - 4A^2B - 4C^2 = 0.$$

En posant

$$A = - 2\,a \sin \alpha, \quad C = - a^2 \sin 2\alpha = Aa \cos \alpha$$

et en remarquant que la condition qu'on vient d'écrire donne

$$B = \frac{1}{4}\,A^2 - \frac{C^2}{A^2} = - a^2 \cos 2\alpha,$$

on voit que l'équation (1) représente alors la strophoïde dont les paramètres α et a (n.º 48) sont déterminés par les équations écrites ci-dessus.

Nous ajouterons encore à ce qui précède que, en tous ces cas, la cubique considérée a deux asymptotes imaginaires représentées par l'équation $y = ix$ et $y = - ix$; elle a donc un *foyer singulier,* qui coïncide avec l'origine des coordonnées.

54. En abordant maintenant l'étude des propriétés des courbes représentées par l'équation (1), nous allons exposer, en premier lieu, quelques-unes des propositions avec lesquelles Van Rees en a ouvert la théorie.

Considérons un point A_1 situé sur la cubique, et par ce point et par le foyer singulier O, origine des coordonnées, menons une droite OA_1, représentée par l'équation $y = Kx$; soit B_1 l'autre point où cette droite coupe la courbe. Alors les abscisses x' et x'' des points A_1 et B_1 sont données par l'équation

$$(1 + K^2)\,x^2 - (1 + K^2)\,Ax + B + CK = 0,$$

laquelle fait voir que x' et x'' satisfont à la condition

$$x' + x'' = A\,;$$

les ordonnées y' et y_1'' des mêmes points satisfont à la condition $y_1'' = \dfrac{y'}{x'}\,x''$, d'où résulte qu'elles correspondent au même signe du radical qui entre en $(1')$.

Tirons maintenant par B_1 une droite parallèle à l'axe des ordonnées, c'est-à-dire à l'asymptote réelle de la cubique, et représentons par y'' l'ordonnée du point A_1' où cette droite coupe la courbe. Alors, come y'' et y_1'' correspondent à des signes contraires du radical qui entre en (1'), y'' et y' correspondent aussi à des signes contraires du même radical; donc, si les coordonnées du point A_1 sont

$$\left[x', \quad y' = \frac{-C+R}{2\,(x'-A)} \right],$$

où

$$R = \sqrt{C^2 - 4x'\,(x'-A)\,(x'^2 - Ax' + B)},$$

celles du point A_1' sont

$$\left[x'', \quad y'' = \frac{C+R}{2x'} \right];$$

et, si les coordonnées de A_1 sont

$$\left[x', \quad y' = -\frac{C+R}{2\,(x'-A)} \right],$$

celles du point A_1' sont

$$\left[x'', \quad y'' = \frac{C-R}{2x'} \right].$$

Il résulte de ce qui précède que, dans les deux cas, les coordonnées (x', y') et $(x''\, y'')$ des points *correspondants* A_1 et A_1' satisfont aux conditions

$$(2) \qquad x' + x'' = A, \quad x'\,x'' - y'\,y'' = B, \quad x'\,y'' + y'\,x'' = C.$$

Ces relations furent données par Van Rees dans le travail mentionné ci-dessus; il en a déduit diverses propriétés des courbes considérées, dont nous allons indiquer quelques-unes.

55. La deuxième et la troisième des relations (2) donnent immédiatement

$$(x'^2 + y'^2)(x''^2 + y''^2) = B^2 + C^2;$$

donc *le produit des distances du foyer singulier à deux points correspondants* A_1 *et* A_1' *est constant.*

De la première des mêmes relations résulte que *les points correspondants à deux points d'une focale placés sur une parallèle à l'asymptote réelle sont situés sur une autre.*

56. Soient φ' et φ'' les angles qui forment avec l'axe des abscisses les droites qui passent par un point quelconque (x, y) de la cubique et par les deux points (x', y') et (x'', y''). On a

$$\operatorname{tang}(\varphi' + \varphi'') = \frac{(x - x'')(y - y') + (x - x')(y - y'')}{(x - x')(x - x'') - (y - y')(y - y'')} \, ,$$

ou, en tenant compte des relations (2),

$$\operatorname{tang}(\varphi' + \varphi'') = \frac{2xy - (y' + y'')\,x - Ay + C}{x^2 - y^2 - Ax + (y' + y'')\,y + B} \, ,$$

ou enfin, en éliminant B au moyen de l'équation de la cubique,

$$(3) \qquad\qquad \operatorname{tang}(\varphi' + \varphi'') = -\frac{x}{y} \, .$$

Mais, en représentant par ψ' et ψ'' les angles formés avec l'axe des abscisses par les droites qui passent par le même point (x, y) et par deux autres points A_2 et A_2' dont les coordonnées (x_1', y_1) et (x_1'', y_1) satisfont aux conditions (2), on a

$$\operatorname{tang}(\psi' + \psi'') = -\frac{x}{y} \, .$$

Les angles φ, φ', ψ et ψ' satisfont par suite à une des équations

$$\psi' + \psi'' = \varphi' + \varphi'', \quad \psi' + \psi'' = \pi + (\varphi' + \varphi''),$$

ou

$$\psi' - \varphi' = \varphi'' - \psi'', \quad \psi' - \varphi' = \pi + \varphi'' - \psi''.$$

Donc, *les angles sous lesquels on voit d'un point quelconque de la cubique la corde* $A_1\,A_2$ *et la corde correspondante* $A_1'\,A_2'$ *sont égaux ou supplémentaires.*

On peut encore déduire de la formule (3) une autre conséquence remarquable. Comme l'angle formé par la bissectrice de l'angle des droites qui passent par le point (x, y) et par les points correspondants A_1 et A_1' avec l'axe des abscisses est égal à $\frac{1}{2}(\varphi' + \varphi'')$ et comme cette quantité ne varie pas avec ces derniers points, on voit que *par chaque point de la courbe passent deux droites, perpendiculaires l'une à l'autre, qui divisent en deux parties égales tous les angles qui ont ce point pour sommet et dont les côtés passent par deux points correspondants.*

57. En éliminant φ', φ'', ψ', ψ'' entre les équations

$$\operatorname{tang}(\varphi' - \psi') = \operatorname{tang}(\psi'' - \varphi''),$$

$$\operatorname{tang}\varphi' = \frac{y - y'}{x - x'}, \quad \operatorname{tang}\varphi'' = \frac{y - y''}{x - x''}, \quad \operatorname{tang}\psi' = \frac{y - y_1'}{x - x_1}, \quad \operatorname{tang}\psi'' = \frac{y - y_1''}{x - x_1''},$$

on obtient une équation du troisième degré par rapport à x et y, qui doit coïncidir avec l'équation (1). Or, la première des équations précédentes est satisfaite par les valeurs que φ', φ'', ψ' et ψ'' prennent au point S [1], où se coupent les droites $A_1 A_2'$ et $A_2 A_1'$, et au point S_1, où se coupent les droites $A_1 A_2$ et $A_1' A_2'$, puisqu'on a évidemment en ces points $\varphi' - \psi' = \psi'' - \varphi''$. Donc, les points S et S_1 sont placés sur la focale considérée. Nous pouvons ajouter que ces points sont correspondants. En effet, les bissectrices des angles formés par les droites $A_2 A_1$ et $A_2 A_1'$, qui passent par le point A_2 de la courbe et par les points correspondants A_1 et A_1', et des angles formés par les droites $A_2 S$ et $A_2 S'$, qui passent par le même point A_2 et par les points correspondants S et S', doivent coïncider; donc le point S' doit être placé sur la droite $A_1 B_1$, et doit par suite coïncidir avec S_1.

Nous avons donc le théorème suivant:

Si $(A_1, A_1') (A_2, A_2')$ *sont deux couples de points correspondants de la focale, le point* S *où se rencontrent les droites* $A_1 A_2'$ *et* $A_2 A_1'$, *et le point* S_1 *où se rencontrent les droites* $A_1 A_2$ *et* $A_1' A_2'$, *sont deux points correspondants de la même courbe.*

58. Si, dans ce qui précède, on fait tendre A_2 vers A_1, A_2' tend vers A_1', les droites $A_1 A_2'$ et $A_2 A_1'$ vers la droite $A_1 A_1'$, S et S_1, respectivement, vers le point où $A_1 A_1'$ coupe l cubique et vers le point correspondant R; et, comme $A_1 A_2$ et $A_1' A_2'$ deviennent à la limite tangentes à la cubique aux points A_1 et A_1', on conclut que ces tangentes passent par R. Nous pouvons donc énoncer la conséquence suivante de la proposition précédente:

Les tangentes à une focale en deux points correspondants A_1 *et* A_1' *coupent cette cubique au même point; ce point et celui où elle est coupée par la droite* $A_1 A_1'$ *sont correspondants.*

Il en résulte que, pour tracer la tangente au point A_1 de la focale, il suffit de déterminer par la construction donnée au n.º 54 le point A_1' correspondant à A_1, et ensuite le point R correspondant au point où $A_1 A_1'$ coupe la cubique; la tangente demandée passe par R.

À propos des tangentes à la focale nous ferons encore ici la remarque suivante, dont nous profiterons plus tard pour démontrer un théorème général de la théorie des cubiques: *les points de contact des tangentes menées du foyer singulier à la cubique sont placés sur la parallèle à l'asymptote représentée par l'équation* $x = \frac{1}{2} A$; *la tangente à la même cubique en ce foyer coupe l'asymptote à un point situé sur la courbe.*

---

[1] On est prié de faire la figure, qui se réduit à deux droites $S_1 A_1 A_2$ et $S_1 A_1' A_2'$, qui se coupent au point S_1, et à deux autres $A_2 A_1'$ et $A_1 A_2'$, qui se coupent à un point S.

59. *On peut déterminer, et d'une infinité de manières, dans le plan de la cubique (1) deux couples de pôles tels que le produit des distances d'un point quelconque de cette courbe aux pôles d'un couple soit égal à celui de ses distances aux autres deux.*

Cette proposition est une conséquence de la théorie d'une classe importante de courbes sphériques donnée par Laguerre en 1868 dans le *Bulletin de la Société philomatique de Paris.* Elle fut ensuite déduite par M. Darboux de quelques propriétés des points imaginaires données dans son important ouvrage: *Sur un classe remarquable de courbes et de surfaces* (1873, 3.ᵉ partie), où cet éminent géomètre a étudié une classe très général de courbes algébriques qui comprend les cubiques que nous considérons à présent. Avant d'en exposer la démonstration, nous allons indiquer succintement ces propriétés.

60. Considérons deux points P et Q dont les coordonnées soient (a, b) et (a', b'). Les droites qui passent par ces points et par les points circulaires de l'infini, c'est-à-dire les droites représentées par les équations

$$\mathrm{Y} - b = i(\mathrm{X} - a), \quad \mathrm{Y} - b = -i(\mathrm{X} - a),$$

$$\mathrm{Y} - b' = i(\mathrm{X} - a'), \quad \mathrm{Y} - b' = -i(\mathrm{X} - a'),$$

se rencontrent en deux nouveaux points P′ et Q′ dont les coordonnées sont

$$a_1 = \frac{1}{2}(a + a') + \frac{i}{2}(b - b'), \quad b_1 = \frac{1}{2}(b + b') + \frac{i}{2}(a' - a),$$

$$a_1' = \frac{1}{2}(a + a') - \frac{i}{2}(b - b'), \quad b_1' = \frac{1}{2}(b + b') - \frac{i}{2}(a' - a),$$

et ces coordonnées satisfont aux conditions

$$a_1 + ib_1 = a + ib, \quad a_1 - ib_1 = a' - ib',$$

$$a_1' + ib_1' = a' + ib', \quad a_1' - ib_1 = a - ib.$$

Les points P′ et Q′ qu'on détermine de cette manière, nommés par M. Darboux *points associés à* P *et* Q, jouissent des propriétés suivantes:

1.º *Si* P′ *et* Q′ *sont associés à* P *et* Q, P *et* Q *sont, réciproquement, associés à* P′ *et* Q′.

2.º *Si deux points sont réels, les points associés sont imaginaires conjugués.*

3.º *Le produit des distances d'un point quelconque* M *du plan à deux points fixes est égal au produit des distances du même point aux points associés.*

En effet, on a, en représentant par (x, y) les coordonnées de M,

$$MP^2 = (x-a)^2 + (y-b)^2 = (x-iy-a+ib)(x+iy-a-ib),$$

$$MQ^2 = (x-iy-a'+ib')(x+iy-a'-ib'),$$

$$MP'^2 = (x-iy-a_1+ib_1)(x+iy-a_1-ib_1) = (x-iy-a'+ib')(x+iy-a-ib),$$

$$MQ'^2 = (x-iy-a_1'+ib_1')(x+iy-a_1'-ib_1') = (x-iy-a+ib)(x+iy-a'-ib'),$$

et par conséquent

$$MP^2 . MQ^2 = MP'^2 . MQ'^2.$$

4.º *Si l'on représente par* V *l'angle sous lequel on voit d'un point quelconque* M *du plan le segment* PQ, on a

$$e^{iV} = \frac{MP'}{MQ'} .$$

On a, en effet, en représentant par ω et ω' les angles formés par MP et MQ avec l'axe des abscisses,

$$x-a = MP \cos \omega, \quad y-b = MP \sin \omega,$$

$$x-a' = MQ \cos \omega', \quad y-b' = MQ \sin \omega'$$

et par suite

$$x-a+i(y-b) = MPe^{i\omega}, \quad x-a'+i(y-b') = MQe^{i\omega'}.$$

Mais l'angle V est égale à la différence $\omega - \omega'$, et par conséquent il est donné par la formule

$$e^{iV} = e^{i(\omega-\omega')} = \frac{MQ(x+iy-a-ib)}{MP(x+iy-a'-ib')} = \frac{MP'.MQ'(x+iy-a'-ib')}{MP^2(x+iy-a'-ib')} ,$$

dont on deduit, en ayant égard aux expressions de MP et MQ' écrites ci-dessus, la relation qu'on voulait établir.

61. On peut maintenant démontrer la proposition énoncée au n.º 59. On a, en effet, V et V' représentant les angles sous lesquels on voit d'un point quelconque M de la cubique les cordes $A_1 A_2$ et $A_1' A_2'$ considérées au n.º 56, et B_1, B_2, B_1', B_2' les points associés à A_1, A_2, A_1', A_2',

$$e^{iV} = \frac{MB_1}{MB_2} , \quad e^{iV'} = \frac{MB_1'}{MB_2'} ,$$

et par suite, si $V = V'$ ou $V = V' + \pi$,

$$MB_1 . MB_2' = \pm MB_2 . MB_1'.$$

On doit remarquer que les pôles qui satisfont à la question considérée sont imaginaires quand les cordes $A_1 A_2$ et $A_1' A_2'$ sont réelles et qu'ils sont réels quand les points A_1 et A_2 et les points A_1' et A_2' sont imaginaires conjugués. En particulier, ces pôles sont réels lorsque A_1 et A_2 sont deux points imaginaires placés sur une parallèle à l'asymptote réelle de la cubique, puisque dans ce cas ils sont conjugués de même que les points A_1' et A_2' (n.º 55).

62. *Le lieu des points (x, y) d'où deux segments de droite $A_1 A_2$ et $A_1' A_2'$ sont vus sous des angles égaux ou supplémentaires est une focale ou une hyperbole équilatère.*

Le lieu des points dont le produit des distances à deux pôles est égal à celui des distances deux autres est une focale ou une hyperbole équilatère.

Ces théorèmes sont, en partie, inverses de ceux qui ont été démontrés aux n.ᵒˢ précédents. La coïncidence des lieux qu'ils déterminent est une conséquence immédiate de ce qu'on a dit au n.º 61 ; et il suffit donc de démontrer l'un ou l'autre. Le premier théorème fut établi par Van Rees au moyen de quelques propositions que nous n'exposerons pas ici ; mais nous en allons donner une démonstration directe.

Prenons le point A_1 pour origine des coordonnées, la droite A_1A_2 pour axe des abscisses et supposons que $(a, 0)$, (α, β) et (α', β') soient les coordonnées des points A_2, A_1', A_2'. On a alors

$$\frac{xy - y(x - a)}{x(x - a) + y^2} = \frac{(x - \alpha)(y - \beta') - (x - \alpha')(y - \beta)}{(x - \alpha)(x - \alpha') + (y - \beta)(y - \beta')},$$

et, par conséquent,

$$(4) \quad \left\{ \begin{aligned} &(x^2 + y^2)[(\beta' - \beta) x + (a + \alpha - \alpha') y] \\ &= [\alpha\beta' - \beta\alpha' + a(\beta' - \beta)] x^2 + [\alpha\beta' - \beta\alpha' + a(\beta + \beta')] y^2 \\ &+ 2\alpha \, axy - a(\alpha\alpha' + \beta\beta') y - a(\alpha\beta' - \beta\alpha') x. \end{aligned} \right.$$

On voit par cette équation que le lieu considéré passe par les points A_1, A_2, A_1', A_2'. Il résulte immédiatement de sa définition que les angles formés par la tangente au point A_1 avec la droite A_1A_2 sont égaux aux angles formés par les droites A_1A_1' et A_1A_2'. Les points A_2, A_1' et A_2' jouissent d'une propriété analogue. Il existe deux courbes qui satisfont au problème énoncé, puisqu'on peut échanger les rôles des points (α, β) et (α', β').

Supposons qu'une des constantes $\beta' - \beta$ et $a + \alpha - \alpha'$ soit différente de zéro. Pour démontrer que la courbe représentée par cette équation est alors une focale, nous allons la réduire à la forme (1), en prenant d'abord pour axe des ordonnées une droite parallèle à l'asymptote, et ensuite en transportant l'origine des coordonnées au foyer singulier.

cela, écrivons l'équation de la courbe sous la forme

$$(5) \qquad (x^2 + y^2)\,(px + qy) = Ax^2 + Bxy + Cy^2 + Dx + Ey,$$

et posons

$$q = p\,\text{tang}\,\omega, \quad x = x_1 \cos \omega + y_1 \sin \omega, \quad y = x_1 \sin \omega - y_1 \cos \omega;$$

on trouve

$$\frac{p}{\cos \omega}\,x_1\,(x_1^2 + y_1^2) = \frac{1}{2}\,[(A - C)\cos 2\omega + B \sin 2\omega + A + C]\,x_1^2$$

$$+ \frac{1}{2}\,[(C - A)\cos 2\omega - B \sin 2\omega + A + C]\,y_1^2$$

$$+ [(A - C)\sin 2\omega - B \cos 2\omega]\,x_1 y_1$$

$$+ (D \cos \omega + E \sin \omega)\,x_1 + (D \sin \omega - E \cos \omega)\,y_1\,.$$

En cherchant maintenant les asymptotes imaginaires et ensuite le foyer singulier, on voit que les coordonnées h et k de ce point sont données par les équations

$$h = \frac{1}{2}\,[(A - C)\cos 2\omega + B \sin 2\omega]\,\frac{\cos \omega}{p}\,,$$

$$k = \frac{1}{2}\,[(A - C)\sin 2\omega - B \cos 2\omega]\,\frac{\cos \omega}{p}\,;$$

et, en transportant l'origine des coordonnées à ce point, on réduit l'équation précédente à la forme suivante :

$$\frac{p}{\cos \omega}\,x_1\,(x_1^2 + y_1^2) + [(A - C)\cos 2\omega + B \sin 2\omega - (A + C)]\,(x_1^2 + y_1^2)$$

$$+ x_1 \left[\frac{p\,(h^2 - k^2)}{\cos \omega} - (A + C)\,h - D \cos \omega - E \sin \omega]\right]$$

$$+ y_1 \left[\frac{2hkp}{\cos \omega} - (A + C)\,k - D \sin \omega + E \cos \omega\right]$$

$$- \frac{D \cos \omega}{2p}\,[(A - C)\cos \omega + B \sin \omega] + \frac{E \cos \omega}{2p}\,[(A - C)\sin \omega - B \cos \omega]$$

$$- \frac{\cos^2 \omega}{8p^2}\,(A + C)\,[(A - C)^2 + B^2] = 0.$$

La condition pour que la courbe représentée par cette équation soit une focale est donc celle-ci:

$$(6) \qquad \begin{cases} 4\mathrm{D}\,[(\mathrm{A}-\mathrm{C})\,p + \mathrm{B}q] - 4\mathrm{E}\,[(\mathrm{A}-\mathrm{C})\,q - \mathrm{B}p] \\ + (\mathrm{A}+\mathrm{C})\,[(\mathrm{A}-\mathrm{C})^2 + \mathrm{B}^2] = 0. \end{cases}$$

Or, en appliquant cette condition à l'équation (4) on voit qu'elle est verifiée.

Si $\beta = \beta'$, $a = \alpha' - \alpha$, c'est-à-dire *si* A_1, A_2, A_1', A_2' *sont les sommets d'un parallélogramme,* la courbe représentée par (4) est une *hyperbole équilatère.*

On pourrait aussi obtenir le deuxième théorème directement, en partant de l'équation de la courbe :

$$(x^2 + y^2)\,[(x - \alpha_1)^2 + y^2] = [(x - \alpha_1)^2 + (y - \beta_1)^2]\,[(x - \alpha_1')^2 + (y - \beta_1')^2],$$

rapportée à un pôle pris comme origine et à une droite passant par un autre pôle prise comme axe des abscisses, en réduisant cette équation à la forme (5) et en appliquant ensuite la condition (6).

63. On peut démontrer aisément au moyen du second théorème qu'on vient d'énoncer la propriété suivante des focales :

La courbe inverse d'une focale par rapport à un point de la même courbe est une autre focale, dont les pôles sont les points inverses de ceux de la première.

Supposons que l'équation quadri-polaire de la focale considérée soit

$$(7) \qquad \mathrm{MA}.\mathrm{MA}_1 = \mathrm{MP}.\mathrm{MP}_1,$$

M représentant un point quelconque de la focale donnée et $(\mathrm{A}, \mathrm{A}_1)$, $(\mathrm{P}, \mathrm{P}_1)$ deux couples de pôles. On a, comme au n.° 29, en représentant par M', A', A_1', P', P_1' les points inverses de M, A, A_1, P, P_1 par rapport à un point O du plan de la courbe,

$$\frac{\mathrm{MA}}{\mathrm{M}'\mathrm{A}'} = \frac{\mathrm{OA}}{\mathrm{OM}'}, \quad \frac{\mathrm{MA}_1}{\mathrm{M}'\mathrm{A}_1'} = \frac{\mathrm{OA}_1}{\mathrm{OM}'}, \quad \frac{\mathrm{MP}}{\mathrm{M}'\mathrm{P}'} = \frac{\mathrm{OP}}{\mathrm{OM}'}, \quad \frac{\mathrm{MP}_1}{\mathrm{M}'\mathrm{P}_1'} = \frac{\mathrm{OP}_1}{\mathrm{OM}'},$$

et par suite la courbe inverse peut être exprimée par l'équation quadri-polaire

$$(8) \qquad \mathrm{M}'\mathrm{A}'.\mathrm{M}'\mathrm{A}_1' = \frac{\mathrm{OP}.\mathrm{OP}_1}{\mathrm{OA}.\mathrm{OA}_1}\,\mathrm{M}'\mathrm{P}'.\mathrm{M}'\mathrm{P}_1'.$$

Mais, si le point O est placé sur la courbe considérée, ce point satisfait à l'équation (7), qui donne

$$\mathrm{OA}.\mathrm{OA}_1 = \mathrm{OP}.\mathrm{OP}_1,$$

et l'équation (8) prend la forme

$$M'A' . M'A_1' = M'P' . M'P_1',$$

d'où résulte que la courbe inverse de la focale donnée est alors une autre focale ayant pour pôles les points (A', A_1'), (P', P_1').

Si le point O n'est pas pris sur la courbe, l'équation (8) représente une quartique qui sera retrouvée plus tard sous le nom de *cassinienne*.

Il est à remarquer que le théorème énoncé n'a pas lieu dans le cas de la strophoïde, quand le point O coïncide avec le point double; on a déjà vu que la courbe inverse est alors une conique.

64. *Le lieu des foyers des coniques inscrites dans un quadrilatère est une focale ou une hyperbole équilatère.*

Réciproquement, la focale (1) est le lieu des foyers des coniques inscrites dans le quadrilatère dont les sommets sont deux points arbitraires A_1, A_2 de cette focale et les points correspondants A_1', A_2', le sommet A_1' étant opposé à A_1.

On déduit aisément ce théorème de la première des propositions démontrées au n.° 62 et d'une propriété des focales énoncée au n.° 56, au moyen du corollaire suivant d'un théorème bien connu de la théorie des foyers des coniques: si F est un foyer d'une conique inscrite dans un quadrilatère, les côtés opposés de ce quadrilatère sont vus de F sous des angles égaux.

65. *Le lieu des points de contact des tangentes menées par un point donné A aux cercles qui passent par deux points fixes B_1 et B_2, est une focale.*

Cette focale passe par le point A et ce point en est le foyer singulier. Elle passe aussi par les points B_1 et B_2, et la polaire du point A est un cercle passant par ces points.

En prenant la droite qui passe par B_1 et B_2 pour axe des ordonnées et la perpendiculaire menée par le milieu du segment $B_1 B_2$ pour axe des abscisses et en représentant par (α, β) les coordonnées du point donné, par c l'ordonnée de B_1 et par b l'abscisse du centre d'un quelconque des cercles, les équations de ce cercle et de la polaire de A sont

$$x^2 + y^2 - 2bx = c^2, \quad \alpha(x - b) + \beta y = c^2 + bx.$$

En éliminant b parmi ces équations, on trouve l'équation du lieu considéré, à savoir:

$$x(x^2 + y^2) = \alpha(x^2 - y^2) + 2\beta xy - c^2 x + c^2 \alpha,$$

ou, en transportant l'origine des coordonnées au point A,

$$x(x^2 + y^2) + 2\alpha(x^2 + y^2) + (\alpha^2 - \beta^2 + c^2)x + 2\alpha\beta y = 0.$$

On en conclut que le lieu considéré est une focale de Van Rees et que toutes ces focales peuvent être engendrées de la manière indiquée dans l'énoncé du théorème, en déterminant pour cela α, β et c par les équations

$$\alpha = -\frac{A}{2}, \quad \beta = -\frac{C}{A}, \quad 4A^2c^2 = 4A^2B - A^4 + 4C^2.$$

La deuxième partie du théorème énoncé peut être démontré aisément au moyen d'une des équations de la focale qu'on vient d'écrire.

Si $c = 0$, le lieu qu'on vient de considérer est une *strophoïde*. Cette courbe est donc *le lieu des points de contact des tangentes aux cercles qui passent par un point fixe.*

La manière très simple de construire les focales qui découle du théorème énoncé a été indiquée par Chasles dans le tome VI, pag. 207, de la *Correspondance mathématique de Quetelet* et ensuite dans son *Aperçu historique* (2.ᵉ éd., 1875, p. 286).

66. Nous allons maintenant étendre à toutes les focales une proposition énoncée au n.° 46 à l'égard de la strophoïde.

En rapportant la cubique (1) aux coordonnées polaires, on trouve

$$\rho^2 \cos\theta = A\rho - B\cos\theta - C\sin\theta;$$

et par conséquent, ρ_1 et ρ_2 représentant les racines de cette équation,

$$\rho_1 + \rho_2 = \frac{A}{\cos\theta}.$$

Nous pouvons donc énoncer le théorème suivant:

La focale de Van Rees est la cissoïdale d'elle même et de son asymptote réelle par rapport au foyer singulier.

Comme conséquence de ce théorème et de celui qui a été démontré au n.° 21 il résulte cet autre:

Si par le foyer singulier de la cubique considérée on mène une droite quelconque D, *les tangentes à cette courbe aux points d'intersection avec* D *coupent l'asymptote réelle en deux points équidistants de celui où elle est coupée par* D.

Nous avons donné ces théorèmes, dont un cas particulier a été déjà énoncé au n.° 46, dans un article inséré aux *Nouvelles Annales de Mathématiques* (4.ᵉ série, t. VI), où nous avons même démontré que *la condition pour qu'une cubique quelconque soit la cissoïdale d'elle même et d'une droite, c'est qu'une de ses asymptotes coïncide avec cette droite et que les deux autres se coupent dans un point de la cubique, et que ce point est alors le pôle de la cissoïdale.*

67. Avant de passer à un autre sujet, nous nous arrêterons encore quelques moments aux focales, pour faire deux remarques qui se rapportent au cas où ces courbes ont un noeud.

La première remarque concerne le dernier théorème du n.º 56. Comme le noeud de la courbe est un point *correspondant* à lui-même, nous pouvons énoncer alors ce théorème de la manière suivante:

Si par un point arbitraire (x, y) d'une strophoïde on mène deux droites passant par deux points correspondants quelconques A_1 *et* A_1', *une des bissectrices des angles qu'elles forment passe par le noeud de cette courbe.*

La deuxième remarque se rapporte à la doctrine du n.º 64. Dans le cas de la strophoïde, deux des foyers des coniques inscrites au quadrilatère y considéré doivent coïncider, et une de ces coniques doit par suite se réduire à un cercle ayant le centre au point double; nous avons donc les théorèmes suivants:

1.º *Si* (A_1, A_1') *et* (A_2, A_2') *sont deux couples de points correspondants, il existe un cercle qui est inscrit au quadrilatère dont* $(A_1 A_1')$ *sont deux sommets opposés et* (A_2, A_2') *les deux autres, et qui a le centre au point double de la cubique.*

2.º *Le lieu des foyers des coniques inscrites à un quadrilatère circonscrit à un cercle est une strophoïde ayant le noeud au centre de ce cercle; le lieu des points d'où deux côtés opposés de ce quadrilatère sont vus sous des angles égaux, est cette même strophoïde.*

V.

La Trisectrice de Maclaurin.

68. On appelle *trisectrice de Maclaurin* la courbe dont l'équation polaire est

$$\rho = \frac{a}{\cos \theta} - 4a \cos \theta,$$

et l'équation cartésienne

$$x\,(x^2 + y^2) = a\,(y^2 - 3x^2).$$

Cette courbe est une de celles qu'on a employées pour résoudre le problème célèbre de la trisection de l'angle. Elle fut considérée pour la première fois par Maclaurin dans son *Treatise of Fluxions (p. 198 du t.* I *de la traduction française de Pesenas);* et elle a été étudiée ensuite en plusieurs travaux, dont nous mentionnerons les suivants: Schoute, *Sur la construction des courbes unicursales par points et par tangentes* (*Archives Néerlandaises,* t. xx, 1885); A. Lima, *Sobre uma curva do terceiro grao* (*Jornal de Sciencias mathematicas,* t. vi, p. 13); G. de Longchamps, *Essai de la Géométrie de la règle,* Paris, 1890, p. 102.

69. En écrivant l'équation cartésienne de la courbe sous la forme

$$y = x \sqrt{\frac{3a+x}{a-x}},$$

on voit aisément qu'elle a la forme indiquée dans la figure 10. Elle a un axe, qui coïncide avec celui des abscisses; un point double O à l'origine des coordonnées, où les tangentes forment des angles de $\pm 60°$ avec l'axe des abscisses; un sommet V dont la distance à l'origine est donnée par l'égalité $OV = 3a$; deux points N et N_1, dont les coordonnées sont

$$x = -a\sqrt{3},$$

$$y = \pm a\sqrt{6\sqrt{3}-9},$$

où la valeur absolue de y est maxime; et une asymptote dont l'équation est $x = a$.

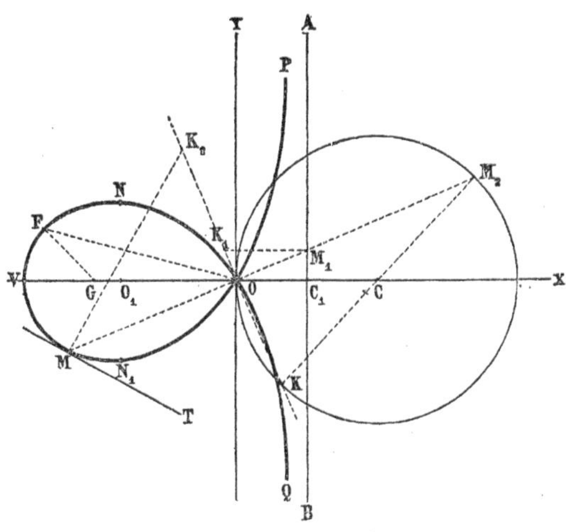

Fig. 10

70. On voit immédiatement au moyen de l'équation polaire de la trisectrice que cette courbe est la *cissoïdale* de la droite AB, dont la distance à l'origine est égale à a, et du cercle OKM_2, dont le centre C a pour coordonnées $(2a, 0)$ et dont le rayon est égal à $2a$. Donc, elle peut être construite en prenant sur chacune des droites MOM_2 qui passent par O, un point M tel que le vecteur OM soit égal à la différence des vecteurs OM_1 et OM_2 des points où cette droite coupe AB et la circonférence OKM_2.

Pour tracer les tangentes et les normales à la cubique considérée, on peut employer l'un ou l'autre des théorèmes donnés aux n.ᵒˢ 20 et 21, dont il résulte que la sous-normale polaire OK_2 de la cubique considérée au point M est égale à la différence entre la sous-normale polaire de la droite AB au point M_1 (OK_1) et la sous-normale polaire du cercle au point M_2 $(-OK)$; et que les tangentes à la cubique au même point M et au cercle au point M_2 coupent la droite AB en deux points équidistants de M_1.

On a donné d'autres méthodes pour construire la trisectrice et ses tangentes; on peut voir quelques-unes dans les travaux mentionnés ci-dessus.

71. En appliquant à la trisectrice de Maclaurin la doctrine des n.ºs 35, 30 et 36, on obtient les résultats suivants:

1.º Cette courbe est *inverse* de la hyperbole exprimée par l'équation

$$ax = y^2 - 3x^2,$$

et possède deux *foyers* réels dont les coordonnés sont $(6a, 0)$, $(-2a, 0)$. Les distances r_1, r_2 et r_0 d'un point quelconque de la courbe à ces foyers et au point double sont liées par la relation

$$3r_2 - r_1 = \pm 2r_0.$$

2.º La même cubique et la *podaire* de la parabole représentée par l'équation

$$y^2 = -4a\,(x + 3a),$$

par rapport au point double. Le sommet de cette parabole coïncide avec le point V et la directrice passe par le foyer $(-2a, 0)$ de la cubique.

3.º Toute droite passant par V coupe la courbe en deux points tels que le produit de leurs distances à V est égale à VO^2.

72. Le rayon de courbure de la *trisectrice de Maclaurin* à un point quelconque est donné par la formule

$$R = \frac{a\,(1 + 8\cos^2\theta)^{\frac{3}{2}}}{24\cos^4\theta},$$

d'où résulte que les valeurs de ce rayon aux points V et O sont respectivement égales à $\frac{27}{24}\,a$ et $2a\sqrt{3}$, et que la courbe n'a pas de points d'inflexion à distance finie.

73. En partant de l'égalité

$$ds = \frac{a}{\cos^2\theta}\,\sqrt{1 + 8\cos^2\theta}\,d\theta = \frac{a\,d\theta}{\cos^2\theta\,\sqrt{1 + 8\cos^2\theta}} + \frac{8a\,d\theta}{\sqrt{1 + 8\cos^2\theta}},$$

on trouve, pour déterminer la longueur des arcs de la courbe considérée, la formule suivante:

$$s = \frac{a}{3} \int_0^\theta \frac{d\theta}{\cos^2 \theta \sqrt{1 - \frac{8}{9} \sin^2 \theta}} + \frac{8a}{3} \int_0^\theta \frac{d\theta}{\sqrt{1 - \frac{8}{9} \sin^2 \theta}} \cdot$$

La première des intégrales qui entrent dans cette formule, représente la longueur d'un arc d'hyperbole. En lui appliquant donc la formule de Legendre, bien connue, qui détermine la longueur des arcs d'hyperbole :

$$\int_0^\theta \frac{d\theta}{\cos^2 \theta \sqrt{1 - k^2 \sin^2 \theta}} = \int_0^\theta \frac{d\theta}{\sqrt{1 - k^2 \sin^2 \theta}}$$
$$- \frac{1}{1 - k^2} \int_0^\theta \sqrt{1 - k^2 \sin^2 \theta}\, d\theta + \frac{\tang \theta \sqrt{1 - k^2 \sin^2 \theta}}{1 - k^2},$$

on trouve

$$s = 3a \left[\int_0^\theta \frac{d\theta}{\sqrt{1 - \frac{8}{9} \sin^2 \theta}} - \int_0^\theta \sqrt{1 - \frac{8}{9} \sin^2 \theta}\, d\theta + \tang \theta \sqrt{1 - \frac{8}{9} \sin^2 \theta} \right] \cdot$$

Donc, *la longueur des arcs de la trisectrice de Maclaurin dépend d'une intégrale elliptique de 1.ᵉ espèce et d'une autre de 2.ᵉ espèce.*

Le problème qu'on vient de considérer fut résolu, au moyen d'une analyse différente de celle qui précède, par G. de Longchamps dans une Note publiée en 1887 aux *Comptes rendus de l'Académie des Sciences de Paris.*

74. L'aire comprise entre la trisectrice et les vecteurs qui correspondent aux angles θ^0 et θ_1 est déterminée par la formule

$$A = \frac{a^2}{2} \left[\tang \theta_1 + 4 \sin 2\, \theta_1 - \tang \theta_0 - 4 \sin 2\, \theta_0 \right].$$

En posant $\theta_0 = 0$, $\theta_1 = \frac{\pi}{2}$, et en multipliant le résultat par 2, on voit que l'aire de la boucle ONVMO est égale à $3a^2 \sqrt{3}$ (Maclaurin, l. c.).

75. Pour justifier le nom de trisectrice, donné à la courbe qu'on vient d'étudier, nous allons indiquer comment on peut résoudre au moyen de cette courbe le problème de la trisection de l'angle.

Supposons $VG = a$, $FOV = \alpha$, $FGV = \omega$. On a

$$\frac{OF}{OG} = \frac{\sin FGO}{\sin GFO}, \quad \text{ou} \quad \frac{\rho}{2a} = \frac{\sin \omega}{\sin(\omega - \alpha)}.$$

Mais, puisque $\theta = \pi - \alpha$, on peut mettre l'équation de la courbe sous la forme

$$\rho = -\frac{a}{\cos \alpha} + 4a \cos \alpha.$$

En éliminant ρ entre ces deux équations, on trouve l'égalité

$$\operatorname{tang} \omega = \frac{4 \sin^3 \alpha - 3 \sin \alpha}{3 \cos \alpha - 4 \cos^3 \alpha} = \operatorname{tang} 3\alpha,$$

dont il résulte que l'angle FOV est égal au tiers de l'angle FGV.

VI.

Les cubiques circulaires.

76. Les cissoïdales du cercle et de la droite (et par conséquent les cissoïdales particulières considérées dans les pages antérieurs sous le nom de cissoïde de Dioclès, de conchoïde de Sluse, de strophoïde, etc.) et les focales de Van Rees appartiennent à une classe de cubiques, nommées *cubiques circulaires* ou *cycliques de 3.ᵉ ordre*, qui ont pour équation

$$(1) \qquad (ax + by)(x^2 + y^2) = Px^2 + Qxy + Ry^2 + Tx + Uy + V.$$

Toutes ces courbes ont une asymptote réelle, déterminée par l'équation

$$ax + by = \frac{Pb^2 - Qab + Ra^2}{a^2 + b^2},$$

et deux asymptotes imaginaires dont les coefficients sont égaux à $+i$ et $-i$, i représentant $\sqrt{-1}$.

On voit aisément au moyen de cette dernière équation que, si l'on change la direction des axes des coordonnées, en prenant pour nouvel axe des ordonnées une parallèle à l'asymptote réelle, le terme de (1) qui contient le produit by disparaît et l'équation de la courbe prend la forme

$$(2) \qquad (x^2 + y^2)\, x = P_1 x^2 + Q_1 xy + R_1 y^2 + T_1 x + U_1 y + V_1.$$

Si l'on change maintenant l'origine des coordonnées, en la transportant au point $\left(0, \dfrac{1}{2} Q_1\right)$, l'équation des cubiques circulaires prend la forme plus simple

$$(3) \qquad (x^2 + y^2)\, x = A x^2 + A' y^2 + 2C x + 2C' y + F.$$

Si la cubique considérée est *unicursale* et si l'on prend le point double pour origine des coordonnées, l'équation (2) prend la forme

$$(x^2 + y^2)\, x = P_1 x^2 + Q_1 xy + R_1 y^2,$$

au moyen de laquelle on voit que les cubiques circulaires unicursales coïncident avec les cissoïdes étudiées aux n.ºs 24 à 30.

77. En abordant la théorie générale des cubiques circulaires, nous allons chercher les courbes inverses de ces cubiques par rapport à un point quelconque de son plan.

En prenant, pour cela, ce point pour origine des coordonnées et une parallèle à l'asymptote de la cubique donnée pour axe des ordonnées, l'équation de cette courbe peut être mise sous la forme (2); et, en y posant

$$x = \frac{m^2 x_1}{x_1^2 + y_1^2}, \quad y = \frac{m^2 y_1}{x_1^2 + y_1^2},$$

on obtient celle-ci:

$$V_1 (x_1^2 + y_1^2)^2 + m^2 (T_1 x_1 + U_1 y_1)(x_1^2 + y_1^2) + m^4 (P_1 x_1^2 + Q_1 x_1 y_1 + R_1 y_1^2) - m^6 x_1 = 0,$$

qui représente une *quartique bicirculaire* (courbe qui sera étudiée plus tard), quand V_1 est différent de zéro, c'est-à-dire quand le centre d'inversion n'est pas pris sur la cubique.

Si le centre d'inversion coïncide avec un point de la courbe, et si l'une, au moins, des quantités T_1 et U_1 est différente de zéro, l'équation précédente représente une autre *cubique circulaire*.

Si l'on a $V_1 = 0$, $T_1 = 0$ et $U_1 = 0$, c'est-à-dire si la cubique donnée est unicursale et le centre d'inversion coïncide avec le point double, l'équation précédente représente une conique, qui passe par ce centre, comme d'ailleurs l'on avait déjà vu au n.° 26.

78. En continuant l'étude de la théorie générale des cubiques circulaires, nous allons démontrer que ces courbes sont les enveloppes de cercles bitangents dont les centres sont situés sur des paraboles que nous déterminerons; et, pour cela, nous allons appliquer une méthode analytique employée par M. Darboux dans une question analogue, dans son important Ouvrage: *Sur une classe remarquable de courbes et de surfaces algébriques* (Paris, 1873, p. 114).

Considérons le cercle dont l'équation soit

$$(4) \qquad x^2 + y^2 = 2\,(\alpha x + \beta y + \gamma),$$

et cherchons les conditions auxquelles il doit satisfaire pour qu'il soit bitangent à l'une des courbes représentées par l'équation (3).

Pour résoudre ce problème, remarquons d'abord que les points d'intersection du cercle avec la courbe considérée coïncident avec les points d'intersection du même cercle avec la conique représentée par l'équation

$$(5) \qquad 2\,(\alpha x + \beta y + \gamma)\,x - (Ax^2 + A'y^2 + 2Cx + 2C'y + F) = 0,$$

et que, par conséquent, la condition pour que le cercle soit bitangent à la cubique (3), c'est que ce cercle et la conique (5) soient bitangents. Nous allons donc chercher les conditions pour que cette dernière circonstance ait lieu.

Pour cela, désignons par h un paramètre arbitraire et considérons l'équation

$$(A) \qquad \left\{ \begin{aligned} &2\,(\alpha x + \beta y + \gamma)\,x - (Ax^2 + A'y^2 + 2Cx + 2C'y + F) \\ &- h\,(x^2 + y^2 - 2\alpha x - 2\beta y - 2\gamma) = 0, \end{aligned} \right.$$

qui représente toutes les coniques qui passent par les points d'intersection du cercle (4) avec la conique (5).

Pour que les courbes (4) et (5) soient bitangentes, il faut que l'équation (A) représente deux droites coïncidantes. Or, en supposant $A' + h$ différent de zéro et en écrivant cette équation sous la forme

$$(B) \qquad (A' + h)\,y = \beta\,(x + h) - C' \pm \sqrt{D},$$

où

$$D = (\beta x + \beta h - C')^2 + (A' + h)\,[(2\alpha - A - h)\,x^2 + 2\,(\gamma - C + \alpha h)\,x + 2\gamma h - F],$$

on voit que, pour cela, il faut qu'on ait $D = 0$, quelle que soit la valeur attribuée à x. Les conditions pour que la cubique considérée et le cercle soient bitangents sont donc

$$(6) \quad \begin{cases} \beta^2 + (2\alpha - A - h)(A' + h) = 0, \\ (h\beta - C')^2 + (A' + h)(2h\gamma - F) = 0, \\ \beta(h\beta - C') + (A' + h)(\gamma - C + h\alpha) = 0. \end{cases}$$

La première et la seconde de ces équations donnent

$$(7) \qquad \alpha = \frac{1}{2}(A + h) - \frac{\beta^2}{2(A' + h)} \cdot$$

$$(8) \qquad \gamma = \frac{1}{2h}\left[F - \frac{(h\beta - C')^2}{A' + h} \right];$$

et de la dernière, en substituant à α et γ les valeurs qu'on vient d'obtenir, il résulte ensuite

$$(9) \qquad -\frac{C'^2}{2h(A' + h)} + \frac{F}{2h} - C + \frac{h}{2}(A + h) = 0,$$

ou

$$(10) \qquad h^2(A + h)(A' + h) + F(A' + h) - 2Ch(A' + h) - C'^2 = 0.$$

Cette dernière équation donne, en général, quatre valeurs pour h; ensuite les équations (7) et (8) déterminent les valeurs correspondantes que α et γ doivent avoir, pour que le cercle (4) soit bitangent à la cubique considérée. La constante β, qui entre dans les mêmes équations, reste arbitraire.

De ce qui précède on conclut *qu'il existe,* en général, *quatre séries de cercles bitangents à la cubique circulaire considérée et que cette courbe est l'enveloppe de chacun de ces systèmes de cercles.*

En outre, comme α et β représentent les coordonnées du centre du cercle (4), il résulte de l'équation (7) que *les centres des cercles de chaque série sont situés sur une même parabole.*

L'analyse précédente doit être modifiée quand 0 est une des racines de l'équation (10), c'est-à-dire quand $FA' = C'^2$. Des équations (6) on déduit alors les relations :

$$\alpha = \frac{1}{2}A - \frac{\beta^2}{2A'}, \quad \beta C' = A'(\gamma - C), \quad FA' = C'^2,$$

dont la première détermine le lieu géométrique des centres de l'une des séries de cercles bitangents à la cubique, et la seconde la valeur de γ.

Quand $-A'$ est l'une des racines de (10), c'est-à-dire quand $C' = 0$, l'analyse précédente

66

doit aussi être modifiée. En exprimant que l'équation (A) donne deux valeurs égales pour x, quelle que soit la valeur attribuée à y, on trouve alors les équations

$$\beta = 0, \quad (2\alpha - A + A')(2A'\gamma + F) + (\gamma - C - A'\alpha)^2 = 0,$$

dont la première indique que les centres des cercles bitangents de la série correspondante à la racine considérée sont situés sur l'axe des abscisses, et dont la seconde détermine la valeur de la quantité γ, dont dépendent les valeurs des rayons de ces cercles.

79. En substituant dans l'équation (4) à γ sa valeur, donnée par (8), on trouve l'équation des cercles bitangents à la cubique considérée, à savoir :

$$x^2 + y^2 - 2\alpha x - 2\beta y - \frac{1}{h}\left[F - \frac{(h\beta - C')^2}{A' + h}\right] = 0,$$

ou, en tenant compte de (7),

$$(11)\qquad \begin{cases} x^2 + y^2 - 2\alpha x - 2\beta y - \dfrac{2C'\beta}{A' + h} - \dfrac{F}{h} + \dfrac{C'^2}{h(A' + h)} \\ -\, h\left[2\alpha - (A + h)\right] = 0, \end{cases}$$

h étant supposée différente de 0 et de $-A'$.

Si $h = 0$, on voit au moyen de l'équation (4) et de la relation $\beta C' = A'(\gamma - C)$ que l'équation des cercles bitangents est alors

$$(12)\qquad x^2 + y^2 - 2\alpha x - 2\beta y = 2C + \beta\,\frac{2C'}{A'}\,.$$

Dans toutes ces équations α et β représentent des quantités, positives ou négatives, qui doivent satisfaire à (7), et h une racine de (10).

80. Tous les cercles (11), correspondants à une même racine de l'équation (10), différente de 0 et de $-A'$, coupent orthogonalement le cercle déterminé par l'équation suivante :

$$(13)\qquad X^2 + Y^2 + \frac{2C'Y}{A' + h} + 2hX + \frac{F}{h} - \frac{C'^2}{h(A' + h)} - h(A + h) = 0,$$

comme il est facile de vérifier, en formant les dérivées y' et Y' de y et Y, en substituant leurs valeurs dans la condition $y'Y + 1 = 0$ et en tenant compte des équations (11) et (13).

On voit de même que les cercles (12) coupent aussi orthogonalement le cercle représenté par l'équation

$$(14) \qquad X^2 + Y^2 + \frac{2C'}{A'} Y + 2C = 0.$$

Donc, *tous les cercles bitangents à la cubique (3), ayant leurs centres sur la parabole (7), coupent orthogonalement un cercle fixe, dit cercle directeur. Les valeurs des coordonnées (x_1, y_1) de son centre sont*

$$(15) \qquad x_1 = -h, \quad y_1 = -\frac{C'}{A' + h} ,$$

et la valeur m du rayon est déterminée par la formule

$$m^2 = h\,(A + 2h) - \frac{F}{h} + \frac{C'^2}{(A' + h)^2} + \frac{C'^2}{h\,(A' + h)} = 3h^2 + 2Ah - 2C + \frac{C'^2}{(A' + h)^2} \cdot$$

Les conclusions obtenues aux n.^{os} précédents doivent être modifiées quand la cubique a un point double. En effet, l'analyse qu'on vient d'exposer détermine alors non seulement les cercles bitangents à la cubique, mais encore les cercles simplement tangents passant par le point double, puisque chacun de ces derniers cercles rencontre, comme chacun de ceux-là, la cubique en deux couples de points coïncidants. Dans ce cas l'une des séries de cercles bitangents est donc remplacée par une série de cercles tangents qui passent par le point double.

81. Rapportons la cubique à des axes qui passent par le centre de l'un des cercles directeurs. En posant pour cela

$$x = x' - h, \quad y = y' - \frac{C'}{A' + h} ,$$

et en éliminant ensuite F au moyen de l'équation (9), on trouve l'équation

$$(16) \qquad x'\,(x'^2 + y'^2) = (A + 3h)\,x'^2 + (A' + h)\,y'^2 + \frac{2C'}{A' + h}\,x'\,y' - m^2 x',$$

m représentant le rayon du cercle considéré.

On voit d'abord, au moyen de cette équation, que la condition pour que m^2 soit égal à zéro, c'est que la cubique ait un point double et que le centre du cercle directeur considéré coïncide avec ce point.

Si m^2 est différent de zéro, l'équation précédente ne change pas quand on remplace x' par $\dfrac{m^2 x'}{x'^2 + y'^2}$ et y' par $\dfrac{m^2 y'}{x'^2 + y'^2}$. Nous pouvons donc énoncer le théorème suivant:

La cubique (3) coïncide avec la courbe inverse, quand le centre d'inversion est le centre d'un cercle directeur et le module de la transformation est égal au carré du rayon du même cercle.

82. On voit au moyen de l'équation (B) que la droite représentée par l'équation

$$(A' + h)\,y = \beta\,(x + h) - C'$$

passe par les points de contact de la cubique considérée avec le cercle bitangent correspondant à la même valeur de h et de β. Cette droite passe aussi par le point $\left(-h,\ -\dfrac{C}{A' + h}\right)$. Nous pouvons donc énoncer la proposition suivante:

Toutes les droites passant par les deux points de contact de chacun des cercles bitangents à la cubique (3) qui appartiennent à la même série, se coupent au centre du cercle directeur correspondant.

Une première conséquence qu'on tire de ce théorème c'est que *les points où les cercles directeurs coupent la cubique considérée coïncident avec les points où le cercle osculateur a un contact de troisième ordre avec cette cubique.* En effet, la condition pour que les deux points de contact d'un cercle bitangent avec la cubique coïncident, c'est que la droite qu'on vient de considérer devienne tangente à ces deux courbes en un même point; et ce point doit être situé sur la circonférence du cercle directeur qui a le centre sur la droite considérée, pour que le cercle bitangent mentionné puisse couper ce cercle directeur orthogonalement. Ce théorème n'est pas applicable au point double des cubiques unicursales. Si $C' = 0$, il faut, pour que l'énoncé précédent subsiste, considérer l'axe qu'alors possède la courbe, comme un cercle directeur ayant le centre à l'infini.

Au théorème qu'on vient de donner on peut ajouter cet autre, qu'on a démontré en même temps: *chaque cercle directeur passe par les points de contact des tangentes à la cubique issues de son centre.*

Comme deuxième conséquence du théorème énoncé ci-dessus on peut retrouver aisément celui qu'on a démontré au n.º 81.

Représentons, en effet, par (C) un des cercles bitangents à la cubique donnée, par A et B les points de contact de ces deux courbes, par (C') le cercle directeur correspondant et par O le centre de ce cercle. Comme le cercle (C') coupe perpendiculairement le cercle (C), les points de contact des tangentes à (C) qui passent par O, coïncident avec les intersections de ces cercles. On a donc, en vertu d'un théorème de Géométrie élémentaire bien connu,

$$OA \times OB = m^2,$$

m représentant le rayon de (C'); et, par conséquent, la transformation par rayons vecteurs réciproques échange les points A et B l'un par l'autre.

Si la cubique est unicursale, A et B coïncident, quand la droite OA, en tournant autour de O, passe par le point double; et on a donc alors, A_1 représentant ce point, $\overline{OA_1}^2 = m^2$. Le module de la transformation est donc égal au carré de la distance du centre d'inversion considéré au point double. Il en résulte que, *si la cubique est unicursale, tous les cercles directeurs passent par le point double.*

Nous devons ajouter à ce qui précède qu'il n'existe pas d'autres centres d'inversion tels que la cubique et son inverse, par rapport à ce point, coïncident. En effet, si O représente un centre d'inversion tel que la cubique et son inverse coïncident et si A_1, A_2, B_1 et B_2 représentent les points où deux droites arbitraires passant par O coupent la courbe, on a

$$OA_1 \times OA_2 = OB_1 \times OB_2,$$

et, par suite, par ces points passe un cercle qui, quand l'angle des droites tend vers zéro, tend vers un cercle bitangent à la cubique, ayant les points de contact sur une droite passant par O. Donc le point O coïncide avec le centre d'un des cercles directeurs.

Les résultats qui précèdent découlent d'une théorie générale due à Moutard, qui a donné les conditions pour qu'une courbe ou une surface quelconque coïncide avec l'une de ses inverses, et leurs conséquences, en des communications faites à la *Société philomatique de Paris,* dans l'intervalle de 1862 à 1864. En adoptant une désignation introduite par cet illustre géomètre, nous dirons qu'une courbe quelconque est *anallagmatique* par rapport à un point quand elle coïncide avec l'une des courbes inverses qu'on obtient en prenant ce point pour centre d'inversion.

83. En écrivant l'équation de la cubique donnée sous la forme

$$y(x - A') = C' \pm \sqrt{C'^2 - (x - A')(x^3 - Ax^2 - 2Cx - F)}$$

on voit immédiatement que l'hyperbole représentée par l'équation

$$(x - A')y = C'$$

coupe par le milieu toutes les cordes de la cubique parallèles à l'asymptote commune des deux courbes.

Cette hyperbole peut être employée pour démontrer d'une manière très simple quelques théorèmes importants relatifs aux cubiques circulaires, comme nous l'avons fait voir dans un travail publié dans les *Annali di Matematica* (Milan, série 3.e, t. XI).

On voit d'abord que les coordonnées des points d'intersection de l'hyperbole avec la cubique sont données par les équations

$$y(x - A') = C', \quad (x - A')(x^3 - Ax^2 - 2Cx - F) - C'^2 = 0.$$

Mais, en éliminant h entre l'équation (10) et les équations (15), qui déterminent les coordonnées des centres des cercles directeurs, on trouve deux équations qui coïncident avec les précédentes.

Donc, *les centres des cercles directeurs coïncident avec les points d'intersection de la cubique donnée avec l'hyperbole qui passe par le milieu des cordes parallèles à l'asymptote commune.*

Il résulte immédiatement de la propriété dont jouit cette hyperbole, de couper par le milieu toutes les cordes de la cubique parallèles à l'asymptote réelle, qu'elle passe par les points de cette courbe où la tangente est parallèle à cette asymptote, et par le point double si la courbe est unicursale. Dans ce dernier cas, si la cubique a un point de rebroussement, la cubique et l'hyperbole sont tangentes à ce point. Donc les quatre points où la cubique et l'hyperbole se coupent, à distance finie, sont distincts si la cubique n'a pas de point double; mais, si la cubique a un noeud ou un point de rebroussement, deux ou trois de ces points, respectivement, coïncident. Dans le premier cas les centres des cercles directeurs sont tous distincts, dans le deuxième et dans le troisième cas deux ou trois, respectivement, coïncident avec le point double, qui est donc le centre de deux ou trois cercles directeurs coïncidants de rayon nul (n.º 81).

Nous pouvons donc énoncer le théorème suivant:

Les centres d'inversion par rapport auxquels la cubique donnée est anallagmatique, coïncident avec les points où la tangente est parallèle à son asymptote réelle.

Le nombre de ces centres est égal à quatre, si la cubique n'est pas unicursale, à deux, si elle a un noeud, à un, quand elle a un point de rebroussement.

La proposition précédente doit être modifiée quand $C' = 0$, c'est-à-dire quand la cubique est symétrique par rapport à l'axe des abscisses. Alors l'hyperbole se réduit à la droite $x = A'$, qui coupe la courbe à l'infini, et à la droite $y = 0$, qui passe par les centres d'inversion par rapport auxquels la cubique est anallagmatique, et par le point double si la courbe est unicursale; et on voit, comme dans le cas précédent, que le nombre des points par rapport auxquels la courbe est anallagmatique est égal à 3 si la cubique n'est pas unicursale, à 1 si elle a un noeud, à 0 quand elle a un point de rebroussement.

84. Une autre conclusion qu'on peut déduire de la doctrine qui précède c'est que les racines de l'équation (9) sont toutes distinctes quand la cubique n'est pas unicursale, et que deux ou trois, respectivement, coïncident quand la cubique a un noeud ou un rebroussement. Dans le premier cas la cubique est l'enveloppe de *quatre séries distinctes de cercles bitangents*. Dans les autres cas elle est l'enveloppe de *deux* séries ou d'*une* série de cercles bitangents et d'une série de cercles simplement tangents passant par le point double.

Cette propriété dont jouit l'équation (9), d'avoir quatre racines distinctes quand la cubique n'est pas unicursale et d'avoir deux ou trois racines égales quand elle est unicursale, est d'ailleurs facile de démontrer directement.

En effet, la condition pour que cette équation ait une racine multiple est

$$\frac{C'^2}{h(A' + h)} + \frac{C'^2}{(A' + h)^2} - \frac{F}{h} + Ah + 2h^2 = 0$$

et coïncide (n.º 80) avec celle qui exprime que le rayon m du cercle directeur correspondant est nul; l'équation (16) fait alors voir que la cubique considérée est unicursale et que le centre du cercle directeur correspondant à la racine de (9) considérée coïncide avec son point double. Donc, si la cubique n'est pas unicursale, les racines de (9) sont distinctes.

Supposons, réciproquement, que la cubique soit unicursale et que son équation soit

$$x\,(x^2 + y^2) = P_1 x^2 + Q_1 xy + R_1 y^2,$$

et transportons l'origine des coordonnées au point $\left(0,\ \dfrac{1}{2}\,Q_1\right)$. Cette équation prend alors la forme (3), où

$$A = P_1, \quad A' = R_1, \quad 2C = \frac{1}{4}\,Q_1^2, \quad 2C' = R_1 Q_1, \quad F = \frac{1}{4}\,R_1 Q_1^2.$$

En appliquant maintenant l'équation (10), on trouve celle-ci:

$$h^4 + (P_1 + Q_1)\,h^3 + \left(P_1 R_1 - \frac{1}{4}\,Q_1^2\right) h^2 = 0,$$

au moyen de laquelle on voit que, dans ce cas, *deux* des valeurs de h sont égales à 0, si $Q_1^2 - 4P_1 R_1$ est différente de zéro, c'est-à-dire si la cubique a un *noeud,* et que *trois* des valeurs de h sont égales à 0, si l'on a

$$Q_1^2 - 4P_1 R_1 = 0,$$

c'est-à-dire si la cubique a un *rebroussement.*

Comme conséquence de ce qui précède on peut déterminer en chaque cas le nombre des séries de cercles bitangents distincts et le nombre des centres d'inversion par rapport auxquels la cubique donnée est anallagmatique, et on retrouve ainsi les résultats obtenus précédemment.

85. On a déjà vu (n.º 28) que Plücker a désigné par le nom de *foyer* d'une courbe le point par lesquel ou peut mener à cette courbe deux tangentes dont les coefficients angulaires soient $+i$ et $-i$, et que, quand les points de contact de ces tangentes sont situés à l'infini, le foyer correspondant est dit *singulier,* et, quand ces points sont situés à distance finie, il est dit *ordinaire.*

On connaît des règles générales pour déterminer le nombre des foyers de chaque espèce: nombre qui dépend de la *classe* de la courbe, laquelle, dans le cas des cubiques circulaires, est égale à *six,* quand la courbe considérée n'a pas de *point double,* à *quatre* quand elle a un noeud, et à *trois* quand elle a un point de rebroussement. Dans le premier cas le nombre des foyers ordinaires est égal à 16, dont quatre sont réels; dans le second cas, il est égal à 4, dont deux sont réels; dans le troisième cas, à un, qui est réel.

Pour démontrer cette proposition, rappelons d'abord que la classe n d'une courbe plane quelconque est donnée par la formule de Plücker :

$$n = m\,(m-1) - 2\delta - 3\nu,$$

où m représente l'ordre de la courbe, δ le nombre de ses *noeuds*, et ν celui de ses *points de rebroussement*. Dans le cas particulier des cubiques on a, par conséquent, $n = 6$, si la cubique n'a pas de *point double*, $n = 4$ quand elle a un noeud, et $n = 3$ quand elle a un point de rebroussement.

Rappelons encore que, en posant dans l'équation d'une ligne

$$(\alpha) \qquad\qquad y = \frac{y_1}{x_1}, \quad x = \frac{1}{x_1},$$

cette ligne se transforme en autre du même *ordre*, et que cette transformation jouit des propriétés suivantes :

1.º Si deux lignes ont un contact d'ordre ν, leurs transformées ont aussi un contact de cet ordre.

2.º A chaque point multiple d'une courbe correspond un point multiple de la même nature de sa transformée ; les deux courbes sont donc de la même *classe*.

Cette transformation est employée souvent pour étudier les points des courbes situés à l'infini, et nous allons l'appliquer à la question que nous voulons résoudre.

Remarquons pour cela que, si dans l'équation

$$Y = iX + A$$

on pose

$$Y = \frac{Y_1}{X_1}, \quad X = \frac{1}{X_1},$$

la droite correspondante se transforme dans une autre, déterminée par l'équation $Y_1 = i + AX_1$, qui passe par le point $(0, i)$, et que, si la première droite est tangente à une courbe donnée C, la seconde est tangente à sa transformée C'. Mais le nombre des tangentes à la courbe C' qui passent par le point $(0, i)$, est égal à n quand ce point n'appartient pas à la courbe, à $n - 1$ quand il coïncide avec un point ordinaire de la même courbe, à $n - 2$ quand il coïncide avec un point double, etc. [1]. Donc le nombre des tangentes à C dont le coefficient

---

[1] On peut voir une démonstration algébrique de cette proposition dans l'ouvrage *Courbes planes* de Salmon (1884, p. 89). Nous avons publiée une autre dans L'*Enseignement mathématique* (t. VII, 1905).

angulaire est i, est égal à n dans le premier cas, à $n-1$ dans le second, à $n-2$ dans le troisième, etc.

En appliquant maintenant la transformation (α) à l'équation des cubiques circulaires, on trouve l'équation suivante:

$$F x_1^3 + A' y_1^2 x_1 + 2C' y_1 x_1^2 + 2C x_1^2 + A x_1 = 1 + y_1^2,$$

par laquelle on voit que $(0, i)$ est un point ordinaire de la courbe qu'elle représente.

Donc, le nombre des tangentes à la cubique circulaire dont le coefficient angulaire est égal à i est $n-1$, en représentant, comme dans le cas géneral, par n la *classe* de la cubique considérée. Mais, comme une de ces tangentes doit coïncider avec l'asymptote de coefficient angulaire i de la courbe (n.º 76), le nombre des tangentes considérées qui ont leur point de contact à distance finie est égal à $n-2$.

On voit également que le nombre des tangentes à la même cubique qui ont pour coefficient angulaire $-i$ et qui ont leur point de contact à distance finie est aussi égal à $n-2$.

Les tangentes du premier groupe coupent celles du second en $(n-2)^2$ points, qui sont les *foyers ordinaires* de la *cubique circulaire* considérée, et, par conséquent, le nombre de ces foyers est égal à 16, 4 ou 1, selon que n est égal à 6, 4 ou 3.

Les foyers réels de la courbe résultent de l'intersection de chaque tangente du premier groupe avec sa *conjuguée* du second groupe; la courbe a, par conséquent, *quatre foyers réels,* quand elle n'a pas de point double; elle en a *deux,* quand la courbe a un noeud, et elle en a *un,* quand la courbe possède un point de rebroussement.

Les foyers singuliers résultent de l'intersection des *asymptotes conjuguées*. Dans le cas de l'équation (3) ces asymptotes ont pour équation

$$y = \pm i \left[x - \frac{1}{2}(A - A') \right],$$

et la courbe a par conséquent un *foyer singulier réel,* dont les coordonnées sont

$$\left[\frac{1}{2}(A - A'),\ 0 \right].$$

Il est facile de voir que ce point coïncide avec le foyer des paraboles (7).

On voit aussi aisément, au moyen de l'équation de la première polaire d'un point (x', y') par rapport à la cubique considérée, que *la condition pour que cette polaire soit un cercle, c'est que le point coïncide avec le foyer singulier.*

86. Cela posé, nous allons déterminer les *foyers ordinaires* des cubiques circulaires.

Supposons que x_1 et y_1 représentent les coordonnées d'un de ces foyers. Alors les droites représentées par les équations

$$y - y_1 = i(x - x_1), \quad y - y_1 = -i(x - x_1)$$

sont tangentes à la courbe considérée, et par conséquent le cercle imaginaire dont l'équation est

$$(x - x_1)^2 + (y - y_1)^2 = 0,$$

sera bitangent à la même courbe ; il est donc compris parmi les cercles représentés par l'équation (11), quand 0 n'est pas l'une des racines de (10), ou par les équations (11) et (12), dans le cas contraire. Dans le premier cas, l'identité

$$x^2 + y^2 - 2\alpha x - 2\beta y - \frac{2C'\beta}{A' + h} - 2h\alpha - \frac{F}{h} + \frac{C'^2}{h(A' + h)} + h(A + h) = (x - x_1)^2 + (y - y_1)^2$$

donne

$$x_1 = \alpha, \quad y_1 = \beta,$$

et

$$x_1^2 + y_1^2 + \frac{2C'y_1}{A' + h} + 2hx_1 + \frac{F}{h} - \frac{C'^2}{h(A' + h)} - h(A + h) = 0.$$

En comparant cette équation à l'équation (13), on conclut que les foyers sont situés sur les circonférences des cercles exprimés par cette dernière équation. Donc, *les points d'intersection de chacune des paraboles représentées par l'équation (7) avec la circonférence du cercle directeur correspondant à la même valeur de h, sont les foyers ordinaires de la courbe.* Ce théorème est dû à Hart (Salmon: *Courbes planes,* Paris, 1884, n.ᵒˢ 168 et 271).

On voit de même, au moyen des équations (12) et (14), que ce théorème a lieu quand l'une des valeurs de h est nulle. Quand la courbe a un axe et quand elle est unicursale, ce théorème doit subir des modifications qu'on va voir.

87. On a vu au n.º 78 que, si $-A'$ est une des racines de (10), l'une des paraboles (7) se réduit à deux droites, qui coïncident avec l'axe des abscisses. Dans ce cas, le théorème précédent ne donne pas les foyers correspondants à cette valeur de h; nous allons donc les chercher directement.

Remarquons, pour cela, que la condition pour que le point $(x_1, 0)$ soit un foyer de (3), c'est que chacune des droites représentées par l'équation

$$y = \pm i(x - x_1)$$

coupe cette courbe en deux points coïncidants. Mais les valeurs que x prend aux points d'intersection de ces droites avec la cubique sont données par l'équation

$$(2x_1 - A + A')\, x^2 - (x_1^2 + 2A'x_1 + C)\, x + A'x_1^2 - F = 0,$$

dont les deux racines sont égales quand

$$(17) \qquad \left\{ \begin{aligned} &x_1^4 - 4A'x_1^3 + (2C + 4AA')\, x_1^2 + (8F + 4CA')\, x_1 \\ &\qquad\qquad + C^2 + 4F(A' - A) = 0. \end{aligned} \right.$$

Donc, les valeurs de x_1 données par cette dernière équation représentent les abscisses des foyers cherchés.

88. · La méthode employée précédemment pour déterminer les foyers des *cubiques circulaires* est applicable à toutes les courbes de ce nom, qu'elles soient ou non *unicursales*. Mais, dans le premier cas, elle donne des solutions qui ne satisfont pas à la question. Cette circonstance résulte de ce que, si la cubique donnée est unicursale, la méthode rapportée, fondée sur la théorie considérée aux n.ºs 78 à 80, alors ne détermine pas seulement les centres des cercles bitangents de rayon nul; elle détermine encore les cercles simplement tangents de rayon nul passant par le point double de la cubique, c'est-à-dire les points par lesquels on peut mener à cette courbe une tangente dont le coefficient angulaire soit égal à $+i$ ou $-i$ et encore une autre droite qui passe par le point double et dont le coefficient angulaire soit, respectivement, égal à $-i$ ou $+i$. Nous devons toutefois ajouter que quelques auteurs donnent à la notion de foyer un sens plus étendu, de manière à comprendre tous les points qu'on vient de considérer, en désignant par ce mot tous les points où passent deux droites de coefficient égal à $+i$ et $-i$ qui coupent la courbe en deux points confondus.

Nous devons rappeler ici qu'on a déjà indiqué au n.º 28 une méthode pour déterminer les foyers ordinaires des cubiques circulaires unicursales, fondée sur la propriété dont jouissent ces courbes d'être inverses des coniques.

89. Pour appliquer les doctrines qu'on vient d'exposer, considérons en premier lieu la *strophoïde droite,* qui a pour équation (n.º 39)

$$(x^2 + y^2)\, x = a\, (x^2 - y^2).$$

On a alors

$$A = a, \quad A' = -a, \quad C = 0, \quad C' = 0, \quad F = 0;$$

et, par conséquent, l'équation (10) donne

$$h = 0, \quad h = a, \quad h = -a.$$

À la première solution correspond la parabole représentée par l'équation

$$\alpha = \frac{1}{2}\, a + \frac{\beta^2}{2a}\,,$$

et les cercles exprimés par ces autres, données par les formules (12) et (14):

$$(x - \alpha)^2 + (y - \beta)^2 = \alpha^2 + \beta^2, \quad X^2 + Y^2 = 0.$$

La courbe considérée est donc l'enveloppe des cercles représentés par la première équation, dont les centres sont situés sur la parabole. Ces cercles passent par le point double et ne sont pas bitangents à la cubique ; les quatre points d'intersection de la parabole avec le cercle directeur $X^2 + Y^2 = 0$ ne sont pas donc foyers de cette cubique.

À la solution $h = -a$ correspond la parabole

$$\alpha = \frac{\beta^2}{4a}$$

et les cercles

$$x^2 + y^2 - 2\alpha x - 2\beta y + 2a\alpha = 0, \quad X^2 + Y^2 - 2a\,X = 0.$$

La courbe est alors l'enveloppe des cercles représentés par la première équation, qui ont les centres sur la parabole, et le cercle représenté par la dernière équation coupe la parabole au point $(0,\, 0)$, qui coïncide avec le point double de la cubique, et aux points $(-2a,\, \pm 2ai\sqrt{2})$, qui sont les foyers imaginaires de cette cubique.

A la solution $h = a$ correspond la droite $\beta = 0$, et les foyers placés sur cette droite sont alors déterminés par l'équation

$$x_1^4 + 4ax_1^3 - 4a^2 x_1^2 = 0,$$

dont on déduit que les coordonnées des foyers réels de la strophoïde sont

$$[-2a\,(1 \pm \sqrt{2}),\ 0].$$

Comme deuxième application, considérons la *cissoïde de Dioclès*

$$(x^2 + y^2)\,x = 2ay^2.$$

L'équation (10) donne alors pour h ces valeurs :

$$h = 0, \quad h = -2a.$$

A la première correspond la parabole

$$\alpha = \frac{\beta^2}{4a}$$

et les cercles

$$(x - \alpha)^2 + (y - \beta)^2 = \alpha^2 + \beta^2, \quad X^2 + Y^2 = 0 ;$$

la cubique considérée est donc l'enveloppe des cercles représentés par la première de ces équations, qui ont leur centre sur la parabole. Ces cercles passent par le point de rebroussement de la cubique et ne sont pas bitangents à cette courbe ; les points d'intersection de la parabole avec le cercle $X^2 + Y^2 = 0$ ne sont pas donc foyers de la cissoïde considérée.

A la solution $h = -2a$ correspond la droite $\beta = 0$; les foyers situées sur cette droite sont déterminés par l'équation

$$x_1^4 - 8\,ax_1^3 = 0,$$

laquelle fait voir que la *cissoïde de Dioclès* a un foyer dont les coordonnées sont $(8a, 0)$.

90. L'équation des cercles représentés par l'équation (11), où α est déterminé par (7), peut être mise sous la forme

$$x^2 + y^2 + 2\beta\,V + \beta^2\,U = W,$$

et l'un de ces cercles, correspondant à une valeur de β convenablement choisie, doit se réduire à $x^2 + y^2 = 0$, quand on prend l'un des foyers de la cubique donnée pour origine des coordonnées auxquelles elle est rapportée. Cette équation prend alors la forme

$$x^2 + y^2 + 2\beta\,V + \beta^2\,U = 0 ;$$

et, comme la cubique est l'enveloppe de ces cercles, β étant le paramètre arbitraire, son équation peut être réduite à la forme

$$(x^2 + y^2)\,U = V^2.$$

Cela posé, supposons que la courbe ait quatre foyers réels sur l'une des circonférences représentées par (13) ou (14), qu'un de ces foyers soit pris pour origine des coordonnées et que (a_1, b_1) et (a_2, b_2) soient les coordonnées de deux des autres. Il doit exister deux nombres β_1 et β_2 tels qu'on ait

$$x^2 + y^2 + 2\beta_1\,V + \beta_1^2\,U = (x - a_1)^2 + (y - b_1)^2 = \rho_1^2,$$
$$x^2 + y^2 + 2\beta_2\,V + \beta_2^2\,U = (x - a_2)^2 + (y - b_2)^2 = \rho_2^2,$$

ou, en éliminant V au moyen de l'équation antérieure et en posant $x^2 + y^2 = \rho_0^2$,

$$\rho_0 + \beta_1 \sqrt{U} = \rho_1, \quad \rho_0 + \beta_2 \sqrt{U} = \rho_2,$$

ou enfin

$$(18) \qquad (\beta_2 - \beta_1)\, \rho_0 = \beta_2\, \rho_1 - \beta_1\, \rho_2.$$

Donc, *les distances des points de la cubique donnée à trois foyers reels placés sur la circonférence d'un même cercle directeur, sont liées par une relation linéaire homogène.*

Il est convient de rappeler qu'on a donné au n.º 29 un théorème analogue, pour le cas des cubiques circulaires qui ont un noeud, où figure ce point et les deux foyers que la cubique possède dans ce cas.

91. Revenons à la considération du *foyer singulier* de la cubique (3), pour rapporter l'équation de cette courbe à ce point comme origine des coordonnées. Cette équation est, en effet, utile en quelques questions.

En posant pour cela

$$x = x' + \frac{1}{2}\,(A - A'), \quad y = y',$$

on trouve

$$8\,(x^2 + y^2)\,x = 4\,(3A' - A)\,(x^2 + y^2) + 2\,[(A - A')\,(3A' - A) + 8C]\,x + 16\,C'y$$
$$+ 8F + 8C\,(A - A') + (A + A')\,(A - A')^2.$$

On voit au moyen de cette formule que la condition pour qu'une cubique circulaire passe par son foyer, c'est que son équation ait la forme

$$(19) \qquad (x^2 + y^2)\,x = M\,(x^2 + y^2) + Nx + Py,$$

quand on prend ce foyer pour origine et une parallèle à l'asymptote réelle pour axe des ordonnées. Donc (n.º 52), *les cubiques circulaires ayant le foyer singulier sur la courbe coïncident avec les focales de Van Rees.*

92. Si l'on prend pour origine des coordonnées le point où une cubique circulaire quelconque coupe son asymptote réelle, et pour axe des ordonnées cette droite, l'équation de la cubique aura la forme

$$(x^2 + y^2 - 2ax - 2by)\,x + 2Cx + 2C'y = 0,$$

ou, en coordonnées polaires,

$$\rho^2 \cos\theta - 2\rho \cos\theta\,(a\cos\theta + b\sin\theta) + 2C\cos\theta + 2C'\sin\theta = 0.$$

On a donc la relation

$$\rho_1 + \rho_2 = 2\,(a\cos\theta + b\sin\theta)$$

d'où resulte le théorème suivant:

Toute cubique circulaire est la cissoïdale d'elle même et du cercle qui passe par le point où elle est coupée par l'asymptote réelle et dont le centre coïncide avec le foyer singulier, le premier de ces points étant pris pour pôle.

Nous avons donné ce théorème dans un article inséré aux *Nouvelles Annales de Mathématiques* (4.° série, t. VI), où nous avons même démontré que les cubiques circulaires sont les seules cubiques qui puissent être les cissoïdales d'elles mêmes et d'un cercle.

93. Nous allons indiquer maintenant une manière de construire les cubiques circulaires. Considérons l'équation

$$(20) \qquad x\,(x^2 + y^2) + ax^2 + bxy + \frac{p}{2}\,y^2 = 0,$$

qui représente (n.° 30) la podaire de la parabole

$$(21) \qquad (y+b)^2 = 2p\,(x+a)$$

par rapport à l'origine des coordonnées, et faisons $x = \rho\cos\theta$, $y = \sin\theta$, pour rapporter cette cubique aux coordonnées polaires. On trouve

$$\rho\cos\theta + a\cos^2\theta + b\sin\theta\cos\theta + \frac{p}{2}\sin^2\theta = 0.$$

Éliminons maintenant ρ entre cette équation et celle-ci:

$$\rho^2 = (\rho_1 - \rho)^2 + m^2,$$

ce qui donne

$$\rho = \frac{\rho_1^2 + m^2}{2\rho_1},$$

et faisons ensuite $x' = \rho_1\cos\theta$, $y' = \rho_1\sin\theta$. On trouve l'équation

$$(22) \qquad x'\,(x'^2 + y'^2) + 2\left(ax'^2 + bx'y' + \frac{p}{2}\,y'^2\right) + m^2 x' = 0,$$

rapportée aux mêmes axes que l'équation (20), qui représente une cubique circulaire coïncidant avec celle qui est représentée par l'équation (16), quand on détermine a, b et p

au moyen des équations

$$(23) \qquad 2a = -(A + 3h), \quad b = -\frac{C'}{A' + h}, \quad p = -(A' + h).$$

On peut donc construire cette cubique en traçant d'abord la cubique unicursale représentée par l'équation (20), et prenant ensuite sur chaque droite qui passe par l'origine, à partir du point L où elle coupe cette dernière courbe, en les deux directions, des segments égaux à $\sqrt{\rho^2 - m^2}$, ρ désignant le vecteur de ce point. On obtient ainsi deux points M et M' de la cubique (22).

Les vecteurs de ces points vérifient la condition $OM . OM' = m^2$, et ils sont par suite *inverses* l'un de l'autre.

94. La méthode pour la construction des cubiques circulaires qu'on vient d'indiquer, est due à Casey (*Transactions of the Royal Irish Academy of Dublin,* 1867, t. xxiv). Nous venons de l'exposer d'une manière différente de celle suivie par cet illustre géomètre, de mode à rendre explicite le rôle qui y joue la cubique représentée par l'équation (20), laquelle peut être construite au moyen de la parabole dont elle est la podaire, comme fait implicitement Casey, ou au moyen de la circonférence et de la droite dont elle est la cissoïdale, ce qui est plus simple. Quand on veut construire la cubique représentée par l'équation (16), les équations de cette circonférence et de cette droite sont

$$x'^2 + y'^2 + \left[h - \frac{A' - A}{2} \right] x' + \frac{C'}{A' + h} y' = 0, \quad x' = \frac{1}{2}(A' + h),$$

comme on le voit au moyen des formules (9) du n.º 30 et des formules (23) du n.º 95.

L'équation de la parabole employée dans cette construction se réduit à la suivante:

$$\left(y - \frac{C'}{A' + h} \right)^2 = -2(A' + h)\left[x - \frac{1}{2}(A + 3h) \right],$$

quand on veut obtenir la cubique (3). Pour comparer cette parabole à celle qui est représentée par l'équation (7), rapportons la dernière aux mêmes axes auxquels est rapportée la première, c'est-à-dire aux axes auxquels sont rapportées les cubiques (16) et (20).

En changeant, pour cela, dans équation (7) α en $\alpha - h$ et β en $\beta - \frac{C'}{A' + h}$, on voit que ces paraboles coïncident.

La cubique (3) peut donc être construite par la méthode precédente au moyen de la podaire d'une des paraboles représentées par l'équation (7), rapportée au centre du cercle directeur correspondant.

Il résulte encore de ce qui précède que, si par le centre O d'un cercle directeur on trace une droite quelconque OL, la perpendiculaire à cette droite, menée par le milieu L de la corde MM' comprise entre deux points de la cubique inverses l'un de l'autre, est tangente à la parabole (7) correspondante ; et cette parabole est donc l'enveloppe des droites qu'on obtient ainsi.

95. *Les normales à la cubique circulaire* (3) *aux points* M *et* M' *où elle est coupée par une droite passant par le centre* O *d'un cercle directeur, se rencontrent au point de la parabole* (7) *correspondante où cette dernière courbe est tangente à la perpendiculaire à* MM' *conduite par le milieu de ce segment.*

En effet, comme par les points M et M' passe un cercle tangente à la cubique considérée en ces deux points (n.° 82), les normales à cette cubique aux mêmes points passent par le centre de ce cercle, et le point où elles se coupent est donc situé (n.° 78) sur la parabole considérée. Mais, d'un autre côté, ce point doit être situé sur la perpendiculaire à MM' qui passe par le milieu de ce segment. Donc il coïncide avec le point où cette droite est tangente à la parabole.

Il résulte de ce théorème une manière facile de construire les normales à la cubique (22), quand on emploie, pour construire cette courbe, la parabole (21).

96. On peut construire aisément le cercle osculateur des cubiques circulaires en tenant compte du théorème suivant:

Si un cercle coupe une cubique circulaire en quatre points A, B, C *et* D, *les droites* AB *et* CD (*ou* AC *et* BD, *ou* AD *et* BC) *coupent la même courbe à deux autres points* E *et* F, *tels que la droite* EF *est parallèle à l'asymptote réelle.*

Pour démontrer ce théorème, prenons pour axes des abscisses et des ordonnées, respectivement, les droites AC et AB, et remarquons que l'équation de la cubique, rapportée à ces axes, prend la forme

$$(x^2 + y^2 + Kxy)\,(px + qy) = A_1 x^2 + B_1 xy + C_1 y^2 + D_1 x + E_1 y,$$

et que, si l'on pose AC $= a$ et AB $= b$, cette équation doit donner $x = 0$ et $x = a$, quand on fait $y = 0$, et $y = 0$ et $y = b$, quand on fait $x = 0$; ses coefficients doivent donc satisfaire aux conditions

$$px^3 - A_1 x^2 - D_1 x = px\,(x - a)\,(x - \lambda),$$
$$qy^3 - C_1 y^2 - E_1 y = qy\,(y - b)\,(y - \lambda_1),$$

et on peut donc mettre l'équation considérée sous la forme

$$[x\,(x - a) + Kxy + y\,(y - b)]\,(px + qy) = A_2 x\,(x - a) + B_2 xy + C_2 y\,(y - b).$$

Le cercle considéré passe aussi par les points A, B et C, et son équation, rapportée aux mêmes axes, prend la forme

$$x\,(x - a) + Kxy + y\,(y - b) = 0.$$

Cela posé, en éliminant $y(y-b)$ entre ces deux équations, on obtient l'équation $x=0$, qui représente la droite AB, et l'équation

$$(A_2 - C_2)(x-a) + (B_2 - KC_2)\,y = 0,$$

qui doit représenter la droite CD; et, en substituant dans l'équation de la cubique à $B_2 y$ la valeur donnée par celle qu'on vient d'écrire, on obtient l'équation du cercle donné, et, en outre, l'équation

$$px + qy = C_2,$$

qui représente une droite. Ce cercle et cette droite doivent donc passer par les trois points d'intersection de CD avec la cubique, et, comme le cercle passe par D et C, la droite doit passer par le troisième point F.

En posant maintenant $x=0$ dans cette dernière équation et dans celle de la cubique, on voit que la droite qu'elle représente passe aussi par le point E où la droite AB coupe cette courbe; et, comme son coefficient angulaire est égal à celui de l'asymptote de la cubique, elle est parallèle à cette dernière droite. Le théorème est donc démontré.

Pour construire au moyen de ce théorème le cercle osculateur de la cubique donnée à un quelconque de ses points, remarquons que, si les points B et C coïncident avec A, le cercle considéré ci-dessus devient osculateur et la droite AB devient tangente à cette cubique au point A; et que alors cette tangente et la droite CD coupent la cubique en deux autres points E et F tels que la droite EF est parallèle à l'asymptote. En traçant donc d'abord la tangente à la cubique au point A, ensuite par le point E où elle coupe cette cubique une droite parallèle à l'asymptote, et par le point F où cette dernière droite coupe la même cubique la droite AF, on obtient le point D où le cercle osculateur demandé intercepte la courbe.

Nous ajouterons à ce qui précède que, en appliquant à l'équation (16) l'analyse employée au n.º 25, on voit que la valeur du rayon de courbure des cubiques considérées aux points où la tangente est parallèle à l'asymptote réelle est donnée par la formule

$$R = \frac{m^2}{2\,(A' + h)}\,.$$

Voici encore une autre conséquence du théorème énoncé au commencement de ce paragraphe qu'il est utile de remarquer. Supposons que le point B coïncide avec A et D avec C; alors les droites AB et CD deviennent tangentes à la cubique et le cercle ABCD devient bitangente à la même courbe, et on a ce corollaire du théorème considéré:

Les tangentes à la cubique circulaire aux points de contact d'un cercle bitangent coupent la courbe en deux points situés sur une parallèle à l'asymptote réelle.

Il résulte de cette proposition une méthode pour construire les cercles bitangents passant par un point donné de la cubique.

97. La longueur des arcs des *cubiques circulaires unicursales* peut être obtenue au moyen des intégrales elliptiques, et, en quelques cas particuliers, au moyen des fonctions élémentaires.

En posant, en effet, $y = tx$, dans l'équation

$$x\,(x^2 + y^2) = \mathrm{P_1} x^2 + \mathrm{Q_1} xy + \mathrm{R_1} y^2$$

on trouve

$$x = \frac{\mathrm{F}(t)}{t^2 + 1}, \quad y = \frac{t\,\mathrm{F}(t)}{t^2 + 1},$$

où

$$\mathrm{F}(t) = \mathrm{P_1} + \mathrm{Q_1} t + \mathrm{R_1} t^2 \, ;$$

et par suite

$$\frac{ds^2}{dt^2} = \frac{[\mathrm{F}(t)]^2 - 2t\,\mathrm{F}(t)\,\mathrm{F}'(t) + (1 + t^2)\,[\mathrm{F}'(t)]^2}{(t^2 + 1)^2}\,.$$

On voit donc que ds dépend de la racine carrée d'un polynôme du quatrième degré par rapport à t, et que s dépend donc des intégrales elliptiques. On a fait précédemment (n.ᵒˢ 43 et 73) la réduction de l'intégrale dont s dépend aux intégrales normales de Legendre dans le cas de la strophoïde droite et de la trisectrice de Maclaurin.

Si deux des racines du polynome dont ds dépend sont égales, la valeur de s peut être obtenue au moyen des fonctions élémentaires. C'est ce qu'il arrive, par exemple, au cas de la cissoïde droite, comme on a déjà vu (n.ᵒ 9).

98. La cissoïde, les cubiques de Sluse, les strophoïdes, la trisectrice de Maclaurin et les focales de Van Rees sont les premières cubiques circulaires qui ont été étudiées.

La théorie générale de ces cubiques fut initiée par Bjerknes en 1858 dans un mémoire publié au t. LV du *Journal de Crelle,* où il a donné une méthode pour les construire par des droites et des cercles, et où il a indiqué quelques rélations de ces cubiques avec l'hyperbole dont on a fait usage précédemment pour en démontrer quelques propriétés. Ensuite elle a été considérée en beaucoup de travaux (dont quelques-uns ont été mentionnés dans les pages précédents) principalement en connexion avec celle des quartiques bicirculaires et quelquefois avec celle des cycliques sphériques, courbes qui seront étudiées plus tard.

CHAPITRE II.

CUBIQUES REMARQUABLES (SUITE).

I.

Le folium de Descartes.

99. La courbe représentée par l'équation

$$(1) \qquad x^3 - 3axy + y^3 = 0,$$

rapportée aux coordonnées cartésiennes orthogonales, a été considérée pour la première fois par Descartes (*Oeuvres,* t. I, p. 490 et t. II, p. 313) en deux lettres adressées au Père Mersenne le 18 janvier et le 23 août 1638. Dans la première de ces lettres le grand géomètre, qui croyait que la méthode des tangentes de Fermat était applicable seulement aux courbes exprimées par une équation simple, présente cette courbe comme un exemple dont les tangentes ne pouvaient pas s'obtenir par cette méthode ; dans la deuxième lettre il donne une manière de construire les tangentes de la même courbe qui forment des angles de 45° avec les axes des coordonnées. La solution de ce problème, proposé par Roberval, qui n'avait pas pu le résoudre, fut aussi donnée par Fermat (*Oeuvres,* t. II, p. 169), par deux méthodes différentes, dans une lettre adressée à Mersenne le 22 octobre 1638. Le problème de la détermination des tangentes au folium fut considéré aussi par Sluse dans une lettre à Huygens de 1662 (*Oeuvres de Huygens,* t. IV, p. 246) et par Barrow dans ses *Lectiones geometricae;* ce géomètre ayant modifié la méthode de Fermat de manière à en rendre l'emploie plus facile, a mis la courbe de Descartes entre les exemples auxquels, dans la leçon X, il a appliqué cette méthode, sous sa nouvelle forme.

Quelques années plus tard Huygens détermina la forme de la courbe et l'expression de la valeur de ses aires dans une lettre addressée au Marquis de l'Hospital en 29 décembre 1692 (*Oeuvres de Huygens,* t. X, p. 351 et 374). Ce dernier problème a été résolu de nouveau par L'Hospital, au moyen des méthodes du *Calcul intégral,* en deux lettres adressées à Huygens en 1693 (l. c., p. 390 et 453) et l'un et l'autre furent encore résolus par Jean Bernoulli dans ses *Lecciones mathematicae* (*Opera*, t. III, p. 403), ouvrage qui contient les leçons qu'il a données en 1691 et 1692 à L'Hospital; mais dans les lettres de ce dernier géomètre à Huygens qui se rapportent à ces questions, on ne fait pas mention des solutions de Bernoulli, et probablement elles auront donc été ajoutées plus tard au texte de ces leçons, qui a été publié seulement en 1715.

100. Comme l'équation du *folium* ne varie pas quand on change x en y et y en x, on voit que la bissectrice de l'angle des axes des coordonnés est un axe de la courbe.

Il convient donc de faire une transformation des coordonnées, en prenant cette bissectrice pour nouvel axe des abscisses. Pour cela, on doit employer les formules

$$x = \frac{X}{\sqrt{2}} - \frac{Y}{\sqrt{2}}, \quad y = \frac{X}{\sqrt{2}} + \frac{Y}{\sqrt{2}},$$

qui transforment la première équation de la courbe dans celle-ci:

$$(2) \qquad Y^2 = \frac{X^2 (3a - \sqrt{2}\, X)}{3 (a + \sqrt{2}\, X)};$$

cette substitution de l'équation (2) à l'équation (1) fut indiquée par Descartes dans la lettre à Mersenne du 23 août, dont a fait mention ci-dessus, et elle est le premier exemple connu, je crois, de la transformation de l'équation d'une courbe dans une autre rapportée à des nouveaux axes.

On voit aisément au moyen de cette dernière équation que la courbe considérée a la forme indiquée dans la fig. 12, où O est un *point double,* KL une asymptote, dont l'équation est

$$X = -\frac{1}{2}\, a\sqrt{2},$$

et A un *sommet,* dont la distance à O est égale $\frac{3}{2}\, a\sqrt{2}$; le rayon de courbure à ce dernier point est égal à $\frac{3}{16}\, a\sqrt{2}$, c'est-à-dire à $\frac{1}{8}$ OA.

En posant $Y' = 0$ dans l'équation

$$2YY'(a + \sqrt{2}\, X) + \sqrt{2}\, Y^2 = X(2a - \sqrt{2}\, X)$$

et en éliminant ensuite Y au moyen de l'équation de la courbe, on trouve

$$X = \pm\, a \sqrt{\frac{3}{2}}.$$

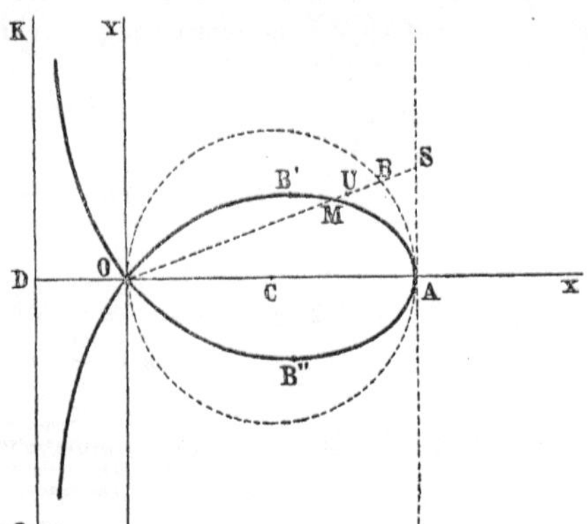

Fig. 12

A la première de ces valeurs de X correspondent les points B' et B'', où les tangentes sont parallèles à OA; à la deuxième correspondent deux valeurs imaginaires de Y. Ces points furent déterminés pour la première fois par Descartes et Fermat, comme on a déjà dit précédemment.

L'équation (2) donne immédiatement

$$\lim_{x=0} \frac{Y}{X} = \pm 1 \, ;$$

donc les tangentes à la courbe au point double O forment des angles de 45° et —45° avec son axe, et coïncident, par conséquent, avec les axes auxquels l'équation (1) est rapportée. Il est facile de voir que les rayons de courbure à ce point sont égaux à $\frac{3}{2}\,a$.

Roberval fut le premier géomètre qui a cherché la forme de la cubique considérée, à laquelle il a donné le nom de *galand* (ancien terme français, synonime de *noeud de ruban*) et celui de *fleur de jasmin*. Il a déterminé la forme de la feuille OB'AB''O, mais ni ce géomètre ni Descartes ont pu déterminer la partie de la courbe qui est située à gauche de OY, ce qui indique, comme l'a remarqué P. Tannery (*Intermédiaire des mathématiciens*, t. IV, p. 126), qu'ils ne possédaient encore la notion de coordonnée négative. La forme de cette partie de la cubique a été indiquée, comme on a déjà dit, par Huygens et par Jean Bernouilli.

101. Je vais indiquer maintenant quelques manières de tracer le folium de Descartes.

On déduit un premièr procès pour faire cette construction de l'équation polaire de cette cubique:

$$\rho = \frac{3a\,(2\cos^2\theta - 1)}{\sqrt{2}\,(3\cos\theta - 2\cos^3\theta)} \, ,$$

en la mettant sous la forme

$$\rho = \frac{\dfrac{b}{\cos\theta}\left(2b\cos\theta - \dfrac{b}{\cos\theta}\right)}{\dfrac{3b}{\cos\theta} - 2b\cos\theta} \, ,$$

où $b = \frac{3}{2}\,a\sqrt{2}$.

Traçons, en effet, une circonférence de rayons égal à $\frac{1}{2}\,b$ ayant le centre au point C *(fig. 12)*, la tangente à cette circonférence au point A et la droite OS. En prenant ensuite sur cette droite un segment BU, égal à BS, et en représentant par θ l'angle SOA, on trouve

$$OS = \frac{b}{\cos\theta} \, , \quad OB = b\cos\theta,$$

et par conséquent

$$OU = OB - (OS - OB) = 2b \cos \theta - \frac{b}{\cos \theta},$$

$$OS + US = OS + 2\,(OS - OB) = \frac{3b}{\cos \theta} - 2b \cos \theta.$$

On a par suite

$$\rho = \frac{OS.OU}{OS + US}.$$

On obtient donc le point M de la courbe situé sur la droite OS en construisant une quatrième proportionnelle aux trois segments

$$OS, \quad OU, \quad OS + US.$$

102. À chaque *folium de Descartes* correspond une *trisectrice de Maclaurin* telle que les coordonnées (X, Y) et (x, y) des deux cubiques sont liées par les relations (Maclaurin: *Traité des Fluxions,* traduction de Pesenas, t. I, p. 198)

$$x = X, \quad y = \sqrt{3}\, Y.$$

En effet, en posant $a_1 = -\dfrac{a}{\sqrt{2}}$ dans l'équation de la trisectrice (n.° 69)

$$y^2 = x^2 \frac{3a_1 + x}{a_1 - x},$$

on obtient celle-ci:

$$y^2 = \frac{x^2\,(3a - \sqrt{2}\,x)}{a + \sqrt{2}\,x},$$

qui se réduit à l'équation (2) quand on remplace x et y par les valeurs écrites ci-dessus.

Il résulte de ce qui précède une deuxième manière de construire le foliumde Descartes.

Le folium et la trisectrice qu'on vient de considérer ont la même asymptote et le même axe, et la sous-normale de la deuxième courbe est triple de celle de la première.

103. En écrivant l'équation (2) sous la forme

$$\sqrt{2}\,(X^2 + 3Y^2)\,X = 3a\,(X^2 - Y^2)$$

on voit que le *folium* de Descartes appartient à le classe de cubiques considérées aux n.ºs 22 et 23. En lui appliquant la doctrine exposée au n.° 22, on voit que cette courbe est la cissoïdale de l'ellipse et de la droite représentées par les équations

$$\sqrt{2}\,(X^2 + 3Y^2) + 4aX = 0, \quad X = -\frac{\sqrt{2}}{2}\,a,$$

par rapport à l'origine des coordonnées, qui coïncide avec un sommet de l'ellipse.

Nous remarquerons encore que cette droite coïncide avec l'asymptote de la cubique et que les demi-axes de l'ellipse sont égaux à $a\sqrt{2}$ et $\frac{\sqrt{6}}{3}\,a$, c'est-à-dire à $2\mathrm{OD}$ et à $\frac{2}{3}$ de l'abscisse des points B' et B''.

De ce qu'on vient de dire à ce n.º et au précédent résultent deux modes de construire la cubique de Descartes; mais ils peuvent être rattachés l'un à l'autre, puisque les coordonnées de la circonférence dont la trisectrice considérée au n.º précédent est la cissoïdale et de la conique dont le folium est la cissoïdale sont liées par les mêmes relations $x = X$ et $y = \sqrt{3}\,Y$ que ces deux cubiques.

104. Le folium de Descartes est une cubique *unicursale*. En posant en (1) $y = tx$, on obtient les expressions suivantes de x et y en fonction du paramètre t :

$$x = \frac{3at}{1 + t^3}, \quad y = \frac{3at^2}{1 + t^3}.$$

On voit au moyen de ces équations, comme au n.º 50, que les valeurs que t prend aux points où la droite représentée par l'équation

$$ux + vy = 1$$

coupe le folium, vérifient la condition

$$t_1\, t_2\, t_3 + 1 = 0.$$

Si cette droite passe par un point d'inflexion de la courbe, on a à ce point $t_1 = t_2 = t_3$; et, par conséquent, $t_1^3 + 1 = 0$. Cette équation donne pour t_1 trois valeurs distinctes, auxquelles correspondent trois points d'inflexion, un réel et deux imaginaires, situés tous à l'infini.

Si la droite considérée est tangente à la cubique, on a $t_1 = t_2$, et l'équation précédente prend la forme

$$t_1^2\, t_3 + 1 = 0.$$

On détermine au moyen de cette équation la valeur que t prend au point de contact de la courbe avec la tangente qui passe par le point où ce paramètre a la valeur donnée t_3 ;

ou, réciproquement, la valeur que t prend au point où la cubique est coupée par la tangente au point où le même paramètre prend la valeur donnée t_1.

105. Pour déterminer l'aire comprise entre un arc du folium, l'axe de cette courbe et les parallèles à l'axe des ordonnées passant par les points dont les abscisses sont X_0 et X_1, on peut employer la formule

$$A = \int_{X_0}^{X_1} X \sqrt{\frac{3a - \sqrt{2}\,X}{a + \sqrt{2}\,X}}\, dX,$$

qui, en posant

$$\frac{3a - \sqrt{2}\,X}{a + \sqrt{2}\,X} = z$$

et en intégrant, donne cette autre:

$$A = -\frac{4a^2}{\sqrt{3}} \left[\frac{z_1^3}{(1 + z_1^2)^2} - \frac{z_0^3}{(1 + z_0^2)^2} \right],$$

où z_0 e z_1 représentent les valeurs que z prend aux points dont les abscisses sont égales à X_0 et X_1.

En faisant $X_0 = 0$ et $X_1 = \frac{3}{2}\,a\sqrt{2}$, et par suite $z_0 = \sqrt{3}$ et $z_1 = 0$, on trouve que la valeur A_1 de l'aire de la boucle est celle-ci:

$$A_1 = \frac{3a^2}{2}.$$

En posant $X_0 = 0$ et $X_1 = -\frac{1}{2}\,a\sqrt{2}$, et par suite $z_0 = \sqrt{3}$ et $z_1 = \infty$, on voit que la valeur de l'aire comprise entre la courbe et l'a asymptote est aussi égale à $\frac{3}{2}\,a^2$.

En partant de l'équation (1) on obtient aussi aisément la valeur de l'aire B comprise entre un arc du folium, l'une des tangentes au point double et deux droites parallèles à l'autre.

En posant, en effet, $y = \frac{x^2}{u^2}$ dans l'équation (1), on trouve

$$x^3 + u^6 = 3au^4, \quad 2u^5\, du + x^2 dx = 4a\, u^3\, du,$$

et, par conséquent,

$$\int y\, dx = \int \frac{x^2}{u^2}\, dx = \int (4au - 2u^3)\, du = 2a\, u^2 - \frac{1}{2}\, u^4$$

$$= 2\,\frac{ax^2}{y} - \frac{1}{2} \cdot \frac{x^4}{y^2} = \frac{1}{2}\, xy + \frac{1}{2}\, a\, \frac{x^2}{y}.$$

Donc, en représentant par $(x_0,\ y_0)$ et $(x_1,\ y_1)$ les coordonnées des extremités de l'arc considéré, on trouve le résultat suivant:

$$B = \frac{1}{2}\,(x_1\,y_1 - x_0\,y_0) + \frac{1}{2}\,a\left(\frac{x_1^2}{y_1} - \frac{x_0^2}{y_0}\right),$$

obtenu par Huygens (l. c.), par L'Hospital (l. c.) et par Jean Bernoulli (l. c.).

106. Le volume du solide limité par la surface de révolution engendrée par l'arc du folium compris entre l'origine des coordonnées et le point $(X, 0)$, quand il tourne autour de OX, et par un plan perpendiculaire à cet axe en ce point est exprimé par la formule

$$V = \frac{\sqrt{2}}{3}\,\pi a^3 \log \frac{X\sqrt{2} + a}{a} - \frac{\pi}{3}\left(\frac{X^3}{3} - a\,\sqrt{2}\,X^2 + 2a^2\,X\right),$$

d'où résulte, en posant $X = \frac{3}{2}\,a\sqrt{2}$, l'expression suivante le volume du solide engendré par la feuille :

$$V = \frac{2\sqrt{2}}{3}\,\pi a^3 \log 2 - \frac{\pi}{4}\,a^3\sqrt{2}.$$

Le problème qu'on vient de considérer a été résolu par Huygens, qui a communiqué sa solution à L'Hospital dans une lettre du 23 juillet 1693 (*Oeuvres de Huygens*, t. x, p. 461).

II.

Les courbes quarrables algébriquement. Le trèfle.

107. On a vu au n.° 105 que le folium de Descartes est une courbe quarrable algébriquement, et ce résultat suggère l'idée de chercher toutes les cubiques qui satisfont à cette condition. Cette question a été étudiée par Maximilien Marie dans les *Nouvelles Annales de Mathématiques* (3.ᵉ série, t. x, 1890) par une méthode fondée sur une représentation géométrique des imaginaires, qui l'a amené aux courbes représentées par l'équation

$$y = x\sqrt{\frac{a\,(x - 3\beta)}{x + \beta}},$$

rapportée à des axes orthogonaux ou obliques.

Mais cette solution du problème énoncé est incomplète; nous allons, en effet, démontrer qu'existent d'autres courbes qui lui satisfont. Mais, avant cela, nous dirons quelques mots sur la classification des cubiques donnée par Newton dans son *Enumeratio linearum tertii ordinis,* ouvrage publié en 1701, dans laquelle nous nous baserons pour étudier la question mentionnée.

108. Considérons l'équation générale des cubiques

$$Ax^3 + Bx^2y + Cxy^2 + Dy^3 + Ex^2 + Fxy + Gy^2 + Hx + Ky + L = 0.$$

En remarquant qu'on a

$$Ax^3 + Bx^2y + Cxy^2 + Dy^3 = A\,(x - a_1y)\,(x - a_2y)\,(x - a_3y),$$

a_1, a_2 et a_3 étant les racines de l'équation

$$At^3 + Bt^2 + Ct + D = 0,$$

on peut mettre l'équation considérée sous la forme

$$A\,(x - a_1y)\,(x - a_2y)\,(x - a_3y) + Ex^2 + Fxy + Gy^2 + Hx + Ky + L = 0,$$

ou encore, en remarquant qu'une, au moins, des racines considérées est réelle, a_1 par exemple, et en prenant une parallèle à la droite représentée par l'équation $x = a_1y$ pour axe des ordonnées,

$$(A) \qquad x\,(x^2 + mxy + ny^2) = E_1x^2 + F_1xy + G_1y^2 + H_1x + K_1y + L_1.$$

Transportons maintenant l'origine des coordonnées à un point $(h,\ k)$ et prenons pour nouvel axe des abscisses une droite qui fasse avec l'axe primitif un angle égal à ω. En changeant pour cela x et y en

$$x \cos \omega + h, \quad y + k + x \sin\omega,$$

et en déterminant h, k et ω par les équations

$$2n \operatorname{tang} \omega + m = 0,$$

$$nh - G_1 = 0, \quad 2n^2k + 2m\,G_1 - nF_1 = 0,$$

qui expriment les conditions pour que soient nuls les coefficients de x^2y, y^2 et xy dans la nouvelle équation, on obtient un résultat de la forme

$$(\text{I}) \qquad xy^2 + ey = ax^3 + bx^2 + cx + d.$$

Ce qui précède n'a pas lieu quand $n = 0$, ce qui arrive lorsque deux ou trois des racines a_1, a_2, et a_3 sont égales. On évite le premier de ces cas en représentant par a_1 la racine simple. Dans le second cas on a aussi $m = 0$ et l'équation (A) prend la forme

$$x^3 = E_1 x^2 + F_1 xy + G_1 y^2 + H_1 x + K_1 y + L_1 ;$$

or cette équation peut être réduite à la forme

$$(\text{II}) \qquad y^2 = ax^3 + bx^2 + cx + d,$$

en faisant disparaître les termes dépendantes de xy et y au moyen d'un changement de l'origine des coordonnées et de la direction de l'axe des abscisses, quand G_1 n'est pas nul ; et, quand $G_1 = 0$, la même équation peut être réduite à la forme

$$(\text{III}) \qquad xy = ax^3 + bx^2 + cx + d,$$

si F_1 est différente de zéro. Si $F_1 = 0$ et $G_1 = 0$, l'équation considérée a la forme

$$(\text{IV}) \qquad y = ax^3 + bx^2 + cx + d.$$

Les équations (I), (II), (III) et (IV) sont les quatre formes canoniques auxquelles Newton a réduit l'équation générale des cubiques.

Cela posé, les cubiques représentées par l'équation (I) furent disposées par Newton en trois classes, à savoir : 1.º celles qui correspondent à $a > 0$, c'est-à-dire celles qui ont trois asymptotes réelles non parallèles, qu'il a nommé *hyperboles redondantes*; 2.º celles qui correspondent à $a < 0$, c'est-à-dire celles qui ont deux asymptotes imaginaires non parallèles, qu'il a nommé *hyperboles défectives;* 3.º celles qui correspondent à $a = 0$ et $b \gtreqless 0$, lesquelles ont une seule asymptote à distance finie, qu'il a nommé *hyperboles paraboliques,* et celles qui correspondent à $a = 0$ et $b = 0$, dites les *hyperbolismes des coniques,* par un motif qu'on verra plus tard. Les cubiques circulaires et le folium de Descartes appartiennent à la deuxième classe.

La cubique représentée par l'équation (III) est connue par le nom de *trident,* et les cubiques représentées par l'équation (II) furent appellées par Newton *paraboles divergentes;* ces courbes seront étudiées bientôt.

A la cubique représentée par l'équation (IV) on a donné le nom de *parabole cubique* et celui de *parabole de Wallis,* et elle sera considérée plus loin.

109. Cela posé, pour chercher les cubiques quarrables algébriquement, nous allons examiner séparément les équations des quatre classes de cette énumeration.

1.º Les aires des cubiques représentées par l'équation (1) dépendent de l'intégrale

$$ U = \frac{1}{2} \int \left[-\frac{e}{x} \pm \frac{\sqrt{4x(ax^3 + bx^2 + cx + d) + e^2}}{x} \right] dx \, ; $$

on voit donc que, pour que le calcul soit indépendant des logarithmes et des fonctions elliptiques, il faut que la constante e soit nulle, et, en outre, qu'une, au moins, des racines de l'équation

$$ ax^3 + bx^2 + cx + d = 0 $$

soit égale à 0 ou que deux de ces racines soient égales l'une à l'autre et différentes de zéro. Dans le premier cas, on a $d = 0$, et l'équation (1) représente un droite et une conique ; dans le deuxième cas, U prend la forme

$$ U = \sqrt{a} \int (x - \beta) \sqrt{\frac{x - \alpha}{x}} \, dx, $$

et, en faisant $\alpha - x = t^2 x$, on trouve

$$ U = \frac{a\sqrt{-a}}{4} \left[\frac{2at}{(1 + t^2)^2} - (4\beta + \alpha) \frac{t}{1 + t^2} + (4\beta - \alpha) \arctang t \right]. $$

Cette formule fait voir que U est une fonction algébrique de x quand $\alpha = 4\beta$ et que, par conséquent, la courbe représentée par l'équation

$$ y = (x - \beta) \sqrt{\frac{a(x - 4\beta)}{x}} $$

est quarrable algébriquement. Cette équation peut être réduite à la forme

$$ y = x \sqrt{\frac{a(x - 3\beta)}{x + \beta}} $$

en transportant l'origine des coordonnées au point $(\beta, 0)$, et représente, quand $a < 0$, le *folium de Descartes* et les courbes *affines*.

Soit maintenant $a = 0$. On voit alors que, pour que le calcul des aires des courbes représentées par l'équation (1) soit indépendante des fonctions elliptiques, il faut que U prenne la forme

$$ U = \sqrt{b} \int (x - \beta) \frac{dx}{\sqrt{x}} \, ; $$

la courbe correspondante

$$y = \sqrt{b}\,\frac{x - \beta}{\sqrt{x}}$$

est quarrable algébriquement, comme on le voit immédiatement.

Si l'on a $a = 0$ et $b = 0$, les cubiques représentées par l'équation (I) sont quarrables algébriquement lorsque $c = 0$, c'est-à-dire quand cette équation a la forme

$$xy^2 = d.$$

Considérons maintenant les cubiques représentées par l'équation (II). Pour que le calcul de leurs aires ne dépende pas des fonctions elliptiques, il faut que l'équation

$$ax^3 + bx^2 + cx + d = 0$$

ait des racines égales. On a alors

$$y = a\,(x - \beta)\sqrt{x - \alpha},$$

et, comme l'intégrale $\int y\,dx$ est exprimible par des fonctions algébriques, on conclut que les courbes représentées par cette équation satisfont au problème proposé.

On voit immédiatement que les cubiques (III) ne satisfont pas au problème, et que les courbes représentées par (IV) lui satisfont.

De tout ce qui précède il résulte que les courbes quarrables algébriquement sont représentées par las équations

$$y = x\sqrt{\frac{a\,(x - 3\beta)}{x + \beta}}, \quad y = k\,\frac{x - \beta}{\sqrt{x}}, \quad xy^2 = d, \quad y = (x - \beta)\sqrt{x - \alpha}, \quad y = ax^3 + bx^2 + cx + d.$$

110. La première des équations qu'on vient d'écrire donne lieu à quelques remarques. Les autres seront retouvées dans cet Ouvrage plus tard.

Si $a = -\dfrac{1}{3}$, cette équation représente le *folium de Descartes,* quand les axes des coordonnées auxquels elle est rapportée sont orthogonaux; si ces axes sont obliques, la même équation représente une courbe dont la forme ne diffère pas de la forme de celle-là que par la circonstance de posséder un diamètre conjugé aux cordes parallèles à l'asymptote, au lieu d'un axe perpendiculaire à cette asymptote, et dont la théorie est une généralisation facile de celle du folium de Descartes. On pourrait nommer la nouvelle courbe *folium obliquum.* Si a est un nombre negatif différent de $-\dfrac{1}{3}$, l'équation considérée représente une courbe *affine* des précédentes; la *trisectrice de Maclaurin* est comprise dans ce cas.

Les courbes correspondantes aux valeurs positives de a furent désignées par Maximilien

Marie par le nom de *trèfles*. Il est facile de voir que chacune de ces courbes est composée d'un *point isolé,* qui coïncide avec l'origine des coordonnées, et de trois branches infinies ayant pour asymptotes les droites représentées par les équations

$$x = -\beta, \quad y = h\,(x - 2\beta), \quad y = -h\,(x - 2\beta),$$

où $h = \sqrt{a}$, et qu'elle a *trois points d'inflexion à l'infini*. Les droites représentées par l'équation $y = \pm\, hx + \mathrm{A}$ coupent le trèfle en deux points dont les abscisses x' et x'' satisfont à la condition $x' + x'' = \mp\, \dfrac{\mathrm{A}}{2h}$; donc la courbe a deux diamètres conjugués aux cordes parallèles aux asymptotes représentées par les deux dernières équations, et ces diamètres, dont les équations sont, respectivement, $y = -hx$ et $y = hx$, passent par le point isolé. L'axe des abscisses est aussi un diamètre conjugué aux cordes parallèles à l'asymptote représentée par la première equation.

Supposons maintenant que les axes des coordonnées sont orthogonaux. Alors, en désignant par L_1, L_2 et L_3 les distances des points où la deuxième et la troisième asymptote coupent l'axe des abscisses aux points où rencontrent la première, et la distance des points où le première coupe les deux dernières, on a

$$L_1 = L_2 = 3\beta\,\sqrt{1 + h^2}, \quad L_3 = 6h\beta.$$

On voit donc que le triangle formé par les trois asymptotes est *équilatère* quand $h = \sqrt{\dfrac{1}{3}}$, c'est-à-dire quand l'équation de la cubique est

$$y = x\sqrt{\frac{x - 3\beta}{3(x + \beta)}},$$

et par ce motif cette courbe fut alors nommée *trèflle equilatère* par M. Cazamian (*Nouvelles Annales de Mathématiques*, 3.º série, t. XIII, 1894).

Ce trèfle particulier fut étudié par G. de Longchamps en une Note insérée au *Mathesis* (t. VIII, 1888, p. 5), où il a démontré que cette courbe est la polaire réciproque d'une quartique qui sera considérée plus loin sous le nom de *hypocycloïde tricuspidale,* et qu'elle est une *trisectrice* de l'angle. L'équation polaire de la courbe

$$\rho \cos 3\theta = 3\beta$$

rend évidente cette propriété et fait voir que la cubique appartient à une classe de courbes que nous trouverons plus tard sous le nom d'*épis*. Nous ajouterons encore que le trèfle équilatère est compris dans une classe de cubiques remarquées par Euler dans le tome II, n.º 351, de l'*Introductio in Analysin infinitorum,* lesquelles possèdent trois asymptotes formant un triangle équilatère.

III.

L'anguinea. Les hyperbolismes des coniques.

111. Newton, dans son *Enumeratio linearum tertii ordinis*, ouvrage publié en 1701, a donné le nom d'*anguinea (anguinée* ou *serpentine)* à la courbe représentée par l'équation suivante, rapportée à deux axes formant un angle arbitraire ω:

$$x^2 y + aby - a^2 x = 0,$$

où $ab > 0$: courbe qui est une des *soixante-douze* espèces de cubiques énumerées par le grand géomètre dans ce travail célèbre. Cette cubique avait été considérée antérieurement par L'Hospital et par Huygens, en connexion avec la *logarithmique,* comme auxiliaire pour la rectification de cette dernière courbe, en des lettres adressées par l'un à l'autre en 1692, où sont étudiés les problèmes de sa quadrature et de la détermination du centre de gravité de ses aires (*Oeuvres de Huygens,* t. x, p. 314, 326 et 342).

En mettant l'équation précédente sous la forme

$$y = -\frac{a^2 x}{x^2 + ab}$$

et en tenant compte de l'égalité

$$y' = \frac{a^2 (ab - x^2)}{(x^2 + ab)^2},$$

on voit que la courbe *(fig. 13)* passe par l'origine des coordonnées et qu'elle s'étend jusqu'à l'infini dans le sens des abscisses positives et négatives; qu'elle a un centre en O; que ses ordonnées ont une valeur *maxime* et une valeur *minime* aux points A et B, où $x = \sqrt{ab}$ et $x = -\sqrt{ab}$; qu'elle a une asymptote réelle, laquelle coïncide avec l'axe des abscisses, et deux asymptotes imaginaires, dont les équations sont $x = \pm i \sqrt{ab}$; et qu'elle a un point double, situé à l'infini.

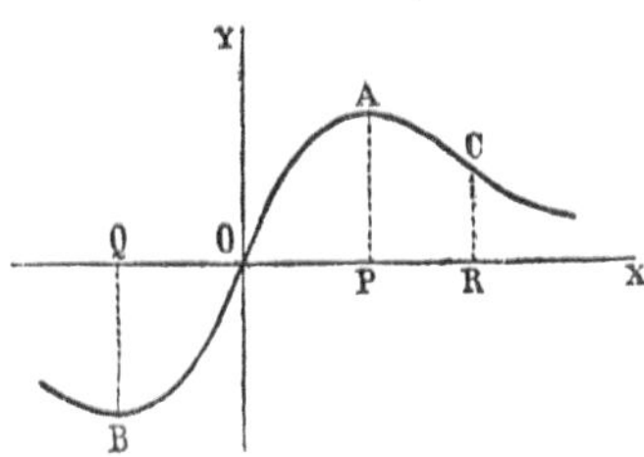

Fig. 13

On voit aussi, au moyen de l'équation

$$y'' = \frac{2a^2 (x^2 - 3ab) x}{(x^2 + ab)^3},$$

que la cubique considérée a un point d'inflexion à l'origine O des coordonnées, et deux autres dont les abscisses sont égales à $\sqrt{3ab}$ et $-\sqrt{3ab}$. Au premier de ces points on a $y' = \dfrac{a}{b}$, et par conséquent la tangente à la cubique en ce point passe par le point (b, a); au point d'inflexion C on a $y' = -\dfrac{a}{8b}$, et par conséquent la tangente à la cubique en ce point est parallèle à la droite qui coupe les axes des coordonnées aux points $(0, a)$ et $(8b, 0)$.

La tangente à la cubique donnée au point (x, y) a pour équation

$$a^2 x^2\, Y - (ab - x^2) y^2\, X = 2 y^2\, x^3 ;$$

et l'expression du rayon de courbure est, quand $\omega = \dfrac{\pi}{2}$,

$$R = \frac{N^3\, a^4\, x^2}{2\,(x^2 - 3ab)\, y^6},$$

où N représente la longueur de la normale au point (x, y).

112. L'aire A comprise entre la courbe, l'axe des abscisses et une droite parallèle à l'axe des ordonnées est déterminée par la formule

$$A = \sin \omega \int_0^x y\, dx = \frac{a^2}{2} \sin \omega \log \frac{x^2 + ab}{ab} \cdot$$

En particulier, l'aire A_1 comprise entre la courbe, l'axe des abscisses et la parallèle AP à l'axe des ordonnées menée par le point où l'ordonnée est maxime, est déterminée par la formule

$$A_1 = \frac{a^2}{2} \sin \omega \log 2 ;$$

et l'aire A_2 comprise entre la courbe, l'axe des abscisses et la parallèle CR à l'axe des ordonnées qui passe par le point d'inflexion C, est donnée par la formule

$$A_2 = a^2 \sin \omega \log 2.$$

On voit donc que l'aire de OAP est égale à celle de ACRP.

113. Si a et b ont des signes contraires, la forme de la courbe est différente de celle qu'on vient de voir, et le nom d'anguinea ne lui convient pas. Alors elle a trois asymptotes réelles représentées par les équations $y = 0$, $x = \sqrt{-ab}$ et $x = -\sqrt{-ab}$, un point d'inflexion réel au centre O, et deux points d'inflexion imaginaires. Sa forme est indiquée dans la figure 14, où $OP = \sqrt{-ab}$, $OQ = -\sqrt{-ab}$.

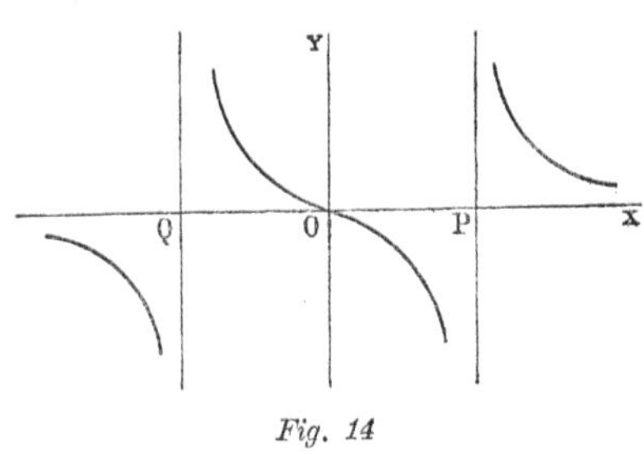

Fig. 14

114. Les courbes qu'on vient de considérer appartiennent à la classe des cubiques nommées par Newton les *hyperbolismes des coniques,* que nous étudierons ici d'une manière succinte. Mais, d'abord, nous allons dire quelques mots sur la transformation qui fait correspondre à une courbe (C) une autre (C′) telle que les coordonnées (x, y) de la première soient liées aux coordonnées (X, Y) de la deuxième par les relations

$$(1) \qquad X = \frac{xy}{\alpha}, \quad Y = y.$$

Cette transformation fut employée par Newton, qui a nommé la courbe (C) l'*hyperbolisme* de (C′). On peut construire les points et les tangentes d'une de ces courbes au moyen des points et des tangentes de l'autre par une méthode très simple, que nous allons indiquer, laquelle a lieu quelle que soit la direction des axes des coordonnées auxquelles les courbes soient rapportées.

Soient *(fig. 15)* KL la droite représentée par l'équation $y = OL = \alpha$, M et m deux points situés sur une parallèle MP à l'axe OX et Bm une parallèle à l'axe OY. Les triangles POM et LOB donnent les relations

$$\frac{OP}{OL} = \frac{PM}{LB} = \frac{PM}{Pm},$$

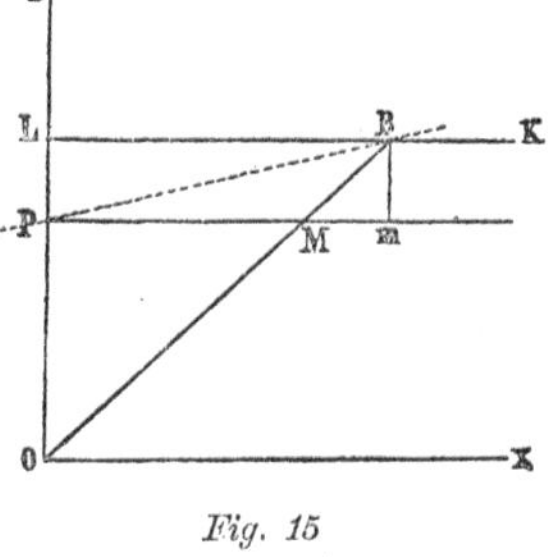

Fig. 15

par lesquelles on voit que les coordonnées (x, y) et (X, Y) des points m et M satisfont aux équations (1).

Donc, si la courbe (C) est donnée, on obtient le point M de (C′) correspondant au point m de la première, en menant par m les parallèles mB et mP aux axes et en traçant ensuite la droite OB, qui coupe Pm au point cherché. Réciproquement, si l'on donne le point M de (C′), on obtient le point correspondant m de (C), en menant par le point B où OM coupe LK une parallèle à OY et par M une parallèle à OX.

Nous allons maintenant voir comme on peut obtenir la tangente à l'une de ces courbes au moyen de la tangente à l'autre.

Les équations des tangentes à (C′) au point M et à (C) au point m correspondant sont, respectivement,

$$X_1 - X = \frac{dX}{dy}(Y_1 - y),$$

$$X_1 - x = \frac{dx}{dy}(Y_1 - y);$$

et les coefficients angulaires de ces équations satisfont à la condition

$$\alpha \frac{dX}{dy} = x + y \frac{dx}{dy},$$

qu'on obtient en différentiant l'équation $X = \dfrac{xy}{\alpha}$. En éliminant X, $\dfrac{dX}{dy}$ et $\dfrac{dx}{dy}$ entre ces trois équations, on obtient celle-ci :

$$(y - \alpha) X_1 + x Y_1 = xy,$$

que les coordonnées du point d'intersection des deux tangentes considérées doivent vérifier. Or, cette équation représente une droite passant par les points $(0, y)$ et (x, α), c'est-à-dire par les points P et B ; et par suite le point où les tangentes considérées se coupent est situé sur la droite PB. Nous avons donc le théorème suivant:

Les tangentes à (C) *et* (C') *aux points correspondants m et* M *coupent la droite qui passe par les projections de m sur* LK *et sur* OY *à un même point.*

115. Cela posé, considérons une conique quelconque et supposons que son équation, rapportée à deux axes formant un angle ω et passant par un de ses points, soit

$$(2) \qquad AX^2 + BXY + CY^2 + DX + EY = 0.$$

En faisant $X = \dfrac{xy}{\alpha}$, $Y = y$, et en supposant $A = 1$, on trouve l'équation

$$x^2 y + B\alpha xy + C\alpha^2 y + D\alpha x + E\alpha^2 = 0,$$

ou, en transportant l'origine des coordonnées au point $\left(-\dfrac{B\alpha}{2}, 0\right)$,

$$(3) \qquad x^2 y + Kx + Hy + L = 0,$$

où

$$(4) \qquad K = D\alpha, \quad H = -\frac{\alpha^2}{4}(B^2 - 4C), \quad L = \frac{\alpha^2}{2}(2E - BD),$$

laquelle représente l'*hyperbolisme* de la conique donnée correspondante aux axes auxquels l'équation de cette conique est rapportée et à la droite $Y = \alpha$. La cubique représentée par cette équation a trois asymptotes, dont les équations sont

$$y = 0, \quad x = \alpha\sqrt{-H}, \quad x = -\alpha\sqrt{-H}.$$

Les deux dernières asymptotes déterminent un *noeud,* situé à l'infini, quand H est différent de zéro ; ce noeud est réel quand $H < 0$, c'est-à-dire quand l'équation donnée représente une *hyperbole,* et est imaginaire quand $H > 0$, c'est à-dire quand l'équation donnée représente une *ellipse;* si $H = 0$, c'est-à-dire si cette équation représente une *parabole,* ces asymptotes coïncident et la cubique a un *point de rebroussement* à l'infini.

116. Réciproquement, si la cubique représentée par l'équation (3) est donnée, on peut déterminer au moyen des équations (4), d'une infinité de manières, une conique dont elle soit un hyperbolisme. Il est utile de remarquer quelques-unes.

1.⁰ Faisons $B = 0$, $\alpha = 1$; l'équation de la conique dont la cubique considérée est un hyperbolisme prend alors la forme

$$AX^2 + HY^2 + KX + LY = 0,$$

et les axes des coordonnées auxquels la conique et la cubique sont rapportées, sont alors parallèles à un diamètre de la conique et aux cordes conjuguées correspondantes.

2.⁰ Voyons, en second lieu, si la même cubique (3) peut être un hyperbolisme d'un cercle, et, par cela, considérons l'équation

$$(5) \qquad X^2 + Y^2 + 2XY\cos\omega - 2(x_1 + y_1\cos\omega)X - 2(y_1 + x_1\cos\omega)Y = 0,$$

qui représente un cercle passant par l'origine des coordonnées et ayant le centre au point (x_1, y_1). Les équations (4) donnent alors les relations

$$K = -2(x_1 + y_1\cos\omega)\alpha, \quad H = \alpha^2\sin^2\omega, \quad L = -2\alpha^2 y_1\sin^2\omega,$$

qui déterminent α, x_1 et y_1, quand les constantes H, K et L sont données. On peut donc déterminer, et de deux manières différentes, un cercle dont la cubique (3) soit un hyperbolisme ; ce cercle est réel quand la constante H est positive, et les axes auxquels son équation (5) est rapportée sont parallèles à ceux auxquels l'équation de la cubique est rapportée et passent par le point ayant pour coordonnées, dans ce dernier système d'axes, $(\alpha\cos\omega, 0)$.

On voit de même que l'hyperbole équilatère représentée par l'équation

$$X^2 + Y^2\cos 2\omega + 2XY\cos\omega - 2(x_1 + y_1\cos\omega)X - 2(x_1\cos\omega + y_1\cos 2\omega)Y = 0$$

est un hyperbolisme de la cubique (3), lorsque α, x_1 et y_1 vérifient les relations

$$K = - 2(x_1 + y_1 \cos \omega)\,\alpha, \quad H = - \alpha^2 \sin^2 \omega, \quad L = 2\alpha^2 y_1 \sin^2 \omega;$$

cette hyperbole est réelle quand $H < 0$.

Il résulte de tout ce qui précède cette proposition, qui n'a pas encore été remarquée, croyons-nous:

La cubique représentée par l'équation (3) est, et de deux manières différentes, un hyperbolisme réel d'un cercle quand $H > 0$, et d'une hyperbole équilatère quand $H < 0$.

On doit encore remarquer que, si dans l'équation (2) on a $A = 0$, l'hyperbolisme correspondant est une autre conique; et que, si l'origine des coordonnées n'est pas située sur la conique, c'est-à-dire si l'équation de cette courbe a la forme

$$(6) \qquad AX^2 + BXY + CY^2 + DX + EY + F = 0,$$

l'équation de l'hyperbolisme correspondant est celle-ci:

$$A\alpha^2 y^2 + B\alpha xy^2 + C\alpha^2 y^2 + D\alpha xy + E\alpha^2 y + F\alpha^2 = 0,$$

qui représente une *quartique,* quand A est different de zero, et une *cubique* quand $A = 0$.

Dans ce dernier cas, en transportant l'origine des coordonnées au point $\left(-\dfrac{C}{B}\,\alpha, \ -\dfrac{D}{2B} \right)$, on obtient encore une équation de la forme (3).

117. En appliquant cette doctrine à l'anguinea, on voit que cette cubique est l'hyperbolisme de chacun des cercles représentés par l'équation

$$\pm \sqrt{ab}\,(X^2 + Y^2 + 2XY) - a^2(X + Y \cos \omega) \sin \omega = 0,$$

par rapport aux droites $Y = \pm \dfrac{\sqrt{ab}}{\sin \omega}$.

De même, la courbe considérée au n.° 113 est l'hyperbolisme de chacune des hyperboles équilatères définies par l'équation

$$\pm \sqrt{-ab}\,(X^2 + Y^2 \cos 2\omega + 2XY \cos \omega) - a^2(X + Y \cos \omega) \sin \omega = 0$$

par rapport aux droites $Y = \pm \dfrac{\sqrt{-ab}}{\sin \omega}$.

118. Une autre question qui se rattache à celle qu'on vient de considérer aux n.°ˢ précédents, est celle qui a pour but de chercher les courbes dont les coniques sont les hyperbolismes; nous nommerons ces courbes les *antihyperbolismes* des coniques. Pour la résoudre, posons dans l'équation (6)

$$X = \frac{\alpha x}{y}, \quad Y = y.$$

On trouve ainsi l'équation suivante:

$$A\alpha^2 x^2 + B\alpha x y^2 + C y^4 + D\alpha x y + E y^3 + F y^2 = 0,$$

qui représente une quartique quand A et C sont différents de zéro, une cubique dans le cas contraire. L'équation de cette cubique est, quand $C = 0$,

$$y^2 (B\alpha x + E y) + A\alpha^2 x^2 + D\alpha x y + F y^2 = 0 ;$$

et, quand $A = 0$,

$$C y^3 + B\alpha x y + D\alpha x + E y^2 + F y = 0 ;$$

cette courbe est donc *unicursale,* dans les deux cas, et a une asymptote à distance finie quand B n'est pas nul.

Si B n'est pas nul, la dernière équation qu'on vient d'obtenir peut être réduite à la forme

$$xy = my^3 + ny^2 + py + q,$$

en transportant l'origine des coordonnées au point $\left(0, -\dfrac{D}{B}\right)$; cette cubique sera considérée au n.° suivant. Si $B = 0$, la même équation représente une *parabole cubique* (n.° 108).

IV.

Le trident. La parabole de Descartes.

119. On donne le nom de *trident* à la courbe représentée par l'équation

$$xy = ax^3 + bx^2 + cx + d,$$

laquelle est une des quatre formes canoniques (n.° 108) auxquelles Newton a réduit l'équation générale des cubiques dans l'*Enumeratio linearum tertii ordinis,* ouvrage déjà mentionné.

Pour déterminer la forme de cette courbe, supposons d'abord que les constants a et d soient positives. Alors elle est composée de deux branches qui ont, par rapport aux axes des coordonnées, la situation indiquée dans les figures 16 et 17. Ces deux branches ont pour asymptote l'axe des ordonnées, et la branche située à droite de OY s'étend jusqu'au point (∞, ∞) et

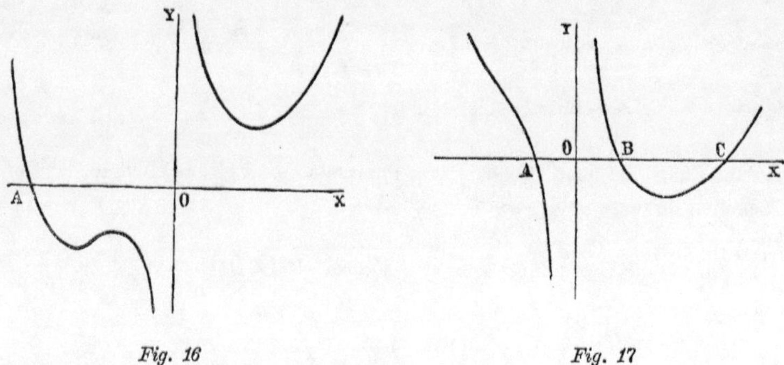

Fig. 16　　　　　　　　　　　Fig. 17

l'autre jusqu'au point $(-\infty, \infty)$. Cette asymptote est tangente à la cubique au point de rebroussement qu'elle a à l'infini.

La droite représentée par l'équation $y = k$ coupe le trident en trois points réels ou en un point réel et deux imaginaires. Un de ces points réels est situé toujours à gauche de OY, les deux autres sont situés à la même branche, à droite au à gauche de OY. En effet, l'équation qui détermine les abscisses de ces points est

$$ax^3 + bx^2 + (c - k)\,x + d = 0,$$

et, puisque a et d sont positifs, elle a deux racines imaginaires et une racine réelle négative, ou trois racines réelles négatives, ou deux racines réelles positives et une négative.

Les abscisses des points où l'ordonnée y prend une valeur maxime ou minime sont données par l'équation

$$2ax^3 + bx^2 - d = 0,$$

qui a deux racines imaginaires et une racine réelle positive, ou deux racines réelles négatives et une positive, puisque le produit des racines de cette équation est positif et la somme des produits de ces racines prises deux à deux est nulle. Donc l'un de ces points est placé sur la branche située à droite de OY, et les deux autres, quand ils sont réels, sont placés sur la branche située à gauche de cette droite.

On voit au moyen de l'équation

$$y'' = \frac{2\,(ax^3 + d)}{x^3}$$

que la cubique considérée a un point d'inflexion réel et deux imaginaires, dont les coordonnées sont données par les équations

$$x = -\sqrt[3]{\frac{d}{a}}, \quad y = c - b\sqrt[3]{\frac{d}{a}}.$$

Le point d'inflexion réel existe sur la branche située à gauche de OY.

Nous avons supposé dans ce qui précède que les quantités a et d sont positives. Si l'une de ces quantités est positive et l'autre négative, ou si l'une et l'autre sont négatives, on voit aisément que le trident conserve la même forme, et qu'il change seulement de situation par rapport aux axes des coordonnées.

120. Nous avons vu au n.º 118 que le trident est un antihyperbolisme d'une conique; on peut donc tracer cette cubique et ses tangentes au moyen de cette conique et de ses tangentes, en appliquant la méthode indiquée au n.º 114. Pour trouver la conique qui correspond à un trident dont l'équation est donnée, transportons l'origine des coordonnées au point $(h, 0)$, h représentant une racine réelle de l'équation

$$ah^3 + bh^2 + ch + d = 0,$$

ce qui réduit l'équation de la cubique considérée à la forme

$$xy = ax^3 + (3ah + b) x^2 + (3ah^2 + 2bh + c) x - hy,$$

et posons ensuite

$$y = XY, \quad x = X,$$

ce qui donne

$$(X + h) Y = aX^2 + (3ah + b) X + 3ah^2 + 2bh + c.$$

Cette équation représente une hyperbole dont le trident considérée est un antihyperbolisme.

121. Nous allons indiquer encore une autre méthode pour construire le trident, donnée par G. de Longchamps dans son *Essai sur la Géométrie de la règle* (Paris, 1890, p. 110), dans laquelle on fait usage d'une parabole.

Remarquons d'abord qu'on peut réduire l'équation de cette courbe à la forme

$$y = \frac{ax^3 + bx^2 + d}{x},$$

en transportant l'origine des coordonnées au point $(0, c)$.

Cela posé, traçons la parabole *(fig. 18)* représentée par l'équation

$$Y = aX^2$$

et signalons sur son plan un point B dont les coordonnées α et β aient les valeurs

$$\alpha = -\frac{b}{a}, \quad \beta = -\frac{ad}{b}.$$

Traçons ensuite la droite AB, parallèle à l'axe des abscisses, la droite de direction arbitraire AC, la droite CM, parallèle à l'axe des ordonnées, et la droite BM, parallèle à AC. Le lieu décrit par M, quand la direction de AC varie, est la courbe demandée.

En effet, en représentant par x' et y' les coordonnées du point C, et par x et y celles du point M, et en exprimant que M est situé sur la droite BM et que C est situé sur la parabole, on trouve

$$x = x', \quad y' = ax'^2, \quad (y - \beta)x' = (y' - \beta)(x - \alpha),$$

et par suite, en éliminant x' et y',

$$y = \frac{a(x^3 - ax^2) + \alpha\beta}{x} = \frac{ax^3 + bx^2 + d}{x}.$$

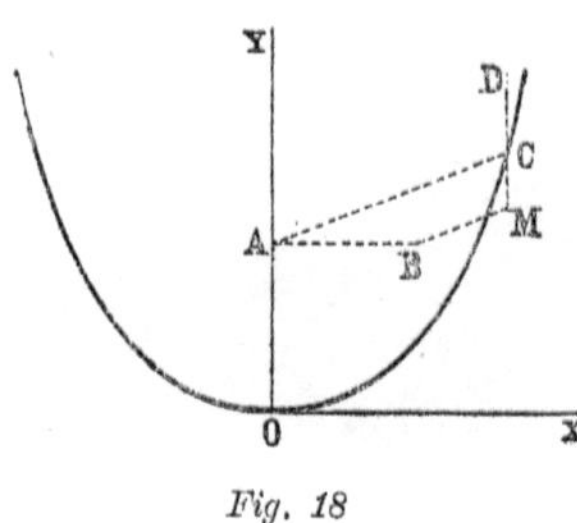

Fig. 18

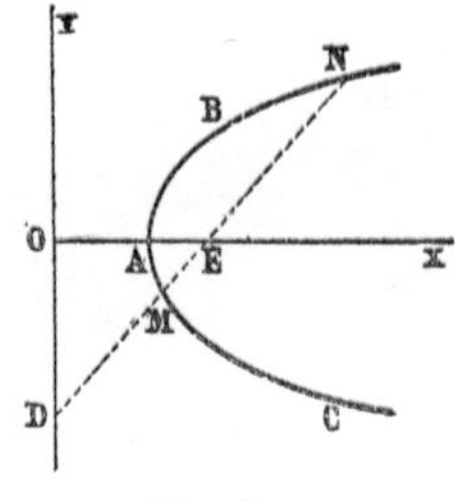

Fig. 19

122. Considérons une parabole BAC variable *(fig. 19)* dont l'axe coïncide avec l'axe des abscisses, un point E de cet axe et un point D situé sur l'axe des ordonnées, et supposons que cette parabole varie de position de manière que son axe coïncide toujours avec OX et que E varie aussi de manière que la distance AE reste constante. La droite DE, qui passe par le point fixe D et par le point variable E, coupe la parabole NAC en deux points M et N qui, quand la parabole varie, décrivent une courbe considérée par Descartes dans sa *Géométrie,* publiée en 1637, où il a indiqué le rôle qu'elle joue dans la construction des courbes du 5.ᵉᵐᵉ et du 6.ᵉᵐᵉ degré, et nommée *conchoïde parabolique* par ce grand géomètre, à cause de l'analogie de sa définition avec une des manières de définir la *conchoïde de Nicomèdes.* À cette même courbe a été ensuite donné le nom de *conchoïde parabolique de Descartes* par Montucla dans son *Histoire des mathématiques* (t. II, p. 340), et celui de *parabole de Descartes* par Roberval dans ses *Observations sur la composition des mouvements (Mémoires de l'Académie des Sciences de Paris,* t. VI, 1730), où il s'est occupé de la détermination de ses tangentes, et par Newton dans quelques fragments sur l'énumération des cubiques, publiées par M. Rouse Ball dans les *Proceedings of the London Mathematical Society*, t. XXII; cette dernière désignation fut aussi employée par Chasles dans son *Aperçu historique* (2.ème éd., p. 60).

Pour trouver l'équation de la courbe considérée, faisons

$$OA = b, \quad AE = h, \quad OD = -c,$$

et supposons que les équations de la parabole NAC et de la droite DE sont

$$y^2 = a\,(x-b), \quad Y = \frac{c}{b+h}\,X - c.$$

La condition pour que la droite coupe la parabole au point (x, y) est

$$y = \frac{c}{b+h}\,x - c,$$

et, par conséquent, on trouve l'équation demandée en éliminant le paramètre b entre cette équation et celle de la parabole. Cette équation est donc

$$x = \frac{(y+c)\,(y^2 - ah)}{ay};$$

ou, en transportant l'origine des coordonnées au point $(b, 0)$,

$$axy = y^3 + cy^2 - ahc,$$

et elle fait voir que la *conchoïde parabolique* et le *trident* coïncident.

Quelques auteurs, comme, par exemple, A. Comte (*Nouvelles Annales de Mathématiques*, 1894, p. 414), donnent aussi le nom de conchoïde parabolique de Descartes à la courbe qu'on obtient en prenant sur les droites qui passent par le foyer d'une parabole, à partir du point où elles coupent cette courbe, des segments de longueur constante. Mais la courbe qu'on obtient de cette manière, dont l'équation polaire est

$$\rho = \frac{a}{2\,(1 - \cos\theta)} + k,$$

et dont l'équation cartésienne est

$$4\,(x^2 + y^2 + kx)^2 = (a + 2k + 2x)^2\,(x^2 + y^2),$$

ne coïncide avec celle qui a été considérée par le célèbre inventeur de la *Géométrie analytique*.

*

V.

La versiera.

123. Traçons un cercle *(fig. 20)* de centre C et rayon égal à $\frac{1}{2}\,a$, une droite OA passant par ce centre et une tangente AK à cercle. Menons ensuite par O la droite ON et par les points M et N où elle coupe le cercle et la droite AK, tirons les droites Nm et MP, parallèles à OA et AK. Ces droites se rencontrent à un point m, qui, quand ON varie, en tournant autour de O, décrit une courbe dont l'équation, rapportée à O comme origine des coordonnées et à OA comme axe des abscisses, résulte de la relation

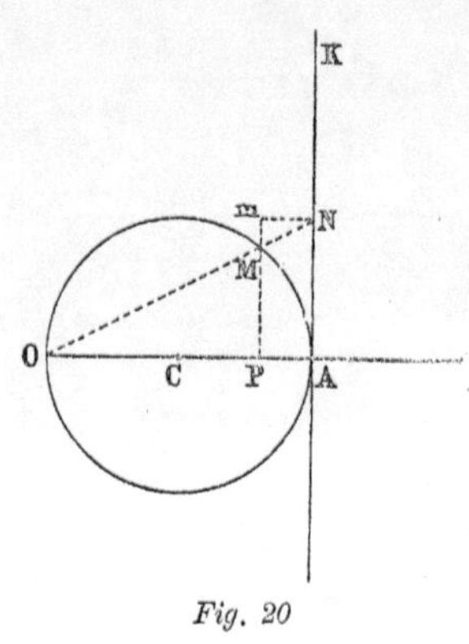

Fig. 20

$$\frac{m\mathrm{P}}{\mathrm{MP}} = \frac{a}{\mathrm{OP}}$$

en y posant OP $= x$, mP $= y$, et est donc celle-ci:

$$(1) \qquad\qquad xy^2 = a^2\,(a - x).$$

Cette courbe est nommée *cubique d'Agnesi,* pour avoir été étudiée par cette femme illustre dans ses *Instituzioni analitiche ad uso della gioventù italiana* (Milano, 1748, t. I, p. 380–381 et 391–393), où elle lui a donné le nom de *versiera.* Mais, la même cubique avait déjà été considérée par Fremat (*Oeuvres,* t. I, p. 279; t. III, p. 233), qui avait remarqué que sa quadrature dépend de celle du cercle, et par J. Gregory (*Exercitationes geometricae,* 1668), qui l'avait rencontrée dans le problème de la quadrature de la cissoïde de Dioclès. Elle avait été considérée, en outre, par Huygens (*Oeuvres,* t. X, p. 41 et 370), qui s'était occupé aussi de sa quadrature, et, d'après une Note de M. Vacca insérée au *Bolletino di bibliografia e storia delle scienze matematiche* (t. IV, 1901), le nom par lequel elle a été désignée par Agnesi lui avait déjà été donné en 1718 par Guido Grandi.

On voit au moyen de l'équation de la courbe et au moyen de l'équation

$$y' = -\frac{a^2 + y^2}{2xy} = -\frac{a^3}{2x^2 y}$$

que la versiera a la forme $A_1\,AA_1$ indiquée dans la figure 21. Elle est symétrique par rapport à l'axe des abscisses et a pour asymptote l'axe des ordonnées; la tangente au point A est parallèle à cet axe; et elle a deux points d'inflexion à distance finie, dont les coordonnées sont $\left(\dfrac{3}{4}a, \ \pm\dfrac{\sqrt{3}}{3}a\right)$, et un autre à l'infini. Elle a encore deux asymptotes imaginaires, représentées par l'équation $y=\pm\,ai$, et un point double à l'infini.

En posant

$$X=x, \quad Y=\frac{xy}{a}$$

dans l'équation

$$X^2+Y^2-aX=0,$$

qui représente le cercle AMO *(fig. 20)*, on trouve l'équation (1). Donc, *la versiera est l'hyperbolisme du cercle* AMO *par rapport à la droite* AK. La méthode qu'on a suivie précédemment pour construire cette courbe coïncide d'ailleurs avec celle qui résulte d'appliquer à ce cercle et à cette droite la doctrine générale exposée au n.º 114.

Il résulte encore de ce qui précède une manière facile de tracer les tangentes à la cubique considérée. En effet, la tangente à cette courbe au point m et la tangente au cercle AMO au point M coupent la droite PN au même point (n.º 114).

124. Le rayon de courbure de la versiera au point (x, y) est déterminé par la formule

$$R=\frac{(a^4+4ax^3-4x^4)^{\frac{3}{2}}}{2a^2x^2(3a-4x)};$$

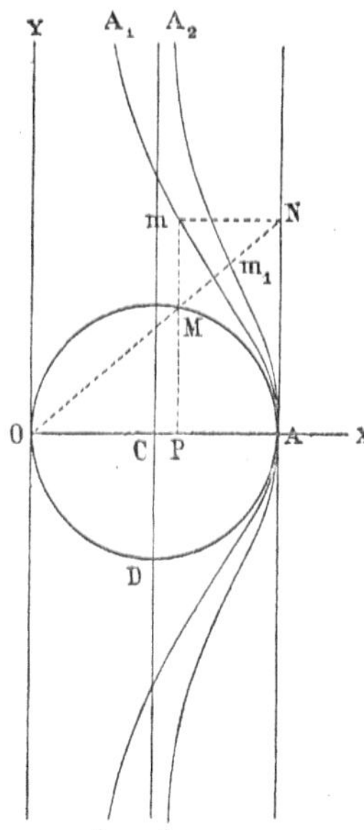

Fig. 21

la valeur que cette quantité prend au point A est donc égale au rayon CA du cercle employé au n.º 123 pour construire la courbe.

125. L'aire limitée par un arc de la cubique d'Agnesi, par l'axe des ordonnées et par deux parallèles à l'axe des abscisses menées par les points dont les ordonnées sont égales à y_0 et y_1 est déterminée par la formule

$$A=a^3\int_{y_0}^{y_1}\frac{dy}{a^2+y^2}=a^2\left[\operatorname{arc\,tang}\frac{y_1}{a}-\operatorname{arc\,tang}\frac{y_0}{a}\right].$$

En posant dans cette formule $y_0=-\infty$ et $y_1=\infty$, on trouve

$$A=\pi a^2.$$

Donc, *l'aire comprise entre la cubique d'Agnesi et son asymptote est égale à quatre fois l'aire du cercle* AMO.

Le volume du solide engendré par la versiera, quand elle tourne autour de son asymptote, est déterminé par l'égalité

$$V = \pi \int_{-\infty}^{\infty} x^2 \, dy = \frac{\pi^2 a^3}{2}.$$

126. On a rattaché au nom d'Agnesi deux autres cubiques, liées à celle qu'on vient de considérer par des relations simples, mais dont on ne trouve pas mention dans son ouvrage. L'une, représentée par l'équation

$$(2) \qquad xy^2 = a^2 (2a - x),$$

a été nommée par plusieurs auteurs *cubique d'Agnesi* et *versiera d'Agnesi,* et par M. Loria *pseudo-versiera (Bibliotheca mathematica,* 1897, p. 7). L'autre, représentée par l'équation

$$(2x - a)(x^2 + y^2) = ax^2,$$

a été nommée par M. Peano *visiera d'Agnesi* dans ses *Applicazioni geometriche del Calcolo infinitesimale* (Torino, 1887, p. 87).

La *pseudo-versiera* fut employée par Leibnitz pour obtenir le développement bien connu

$$(3) \qquad \frac{\pi}{4} = 1 - \frac{1}{2} + \frac{1}{3} - \frac{1}{5} + \ldots,$$

comme on le voit par une lettre qui lui a été adressée par Huygens le 7 novembre 1674, publiée dans le tome VII, p. 394, des *Oeuvres* de ce dernier géomètre. Cette dernière courbe est *affine* de la versiera; on voit aussi aisément qu'elle est l'hyperbolisme du cercle de rayon égal à a ayant le centre au point A, par rapport à la droite représentée par l'équation $x = a$, en supposant encore que l'origine est le point O de la circonférence de ce cercle et que l'axe des abscisses est la droite OA passant par son centre.

Leibnitz a employé pour construire la courbe (2) un procédé différent de ceux qui résultent de ce qu'on vient de dire, et qui, d'après M. Aubry (*Journal de Mathématiques spéciales,* 1896, p. 180), avait été déjà suivi en 1668 par J. Gregory pour construire la même courbe dans l'ouvrage intitulé *Geometriae pars universalis;* nous allons indiquer ce procédé.

Considérons un cercle de rayon égal à a, passant par l'origine des coordonnées et ayant le centre sur l'axe des abscisses, et prenons sur ce cercle un point quelconque (x_1, y_1). Traçons ensuite la tangente en ce point et par celui où elle rencontre la droite représentée par l'équation $x = 2a$ menons une parallèle à l'axe des abscisses. Cette dernière droite et la parallèle à l'axe des ordonnées passant par (x_1, y_1) s'interceptent en un point qui appartient à la cubique (2). En effet, (x, y) représentant les coordonnées de ce dernier point, on trouve aisément les équations

$$x_1 = x, \quad yy_1 = a(2a - x_1), \quad (x_1 - a)^2 + y_1^2 = a^2,$$

dont résulte, par l'élimination de x_1 et y_1, l'équation (2). Il convient de remarquer que la construction qu'on vient d'employer est un cas particulier d'une transformation dans laquelle à chaque point (x_1, y_1) d'une courbe C correspond un point d'une autre courbe C' déterminé par l'intersection de la parallèle à une droite donnée D, menée par (x_1, y_1), avec la parallèle à une autre droite D_1, menée par le point d'intersection de D avec la tangente à C au point (x_1, y_1); cette transformation fut considérée par Roberval, qui a donné un théorème par lequel on peut calculer l'aire d'une des courbes considérées, quand on connait celle de l'autre, et, par ce motif, la courbe C' fut appelée par Torricelli *robervallienne* de la courbe C.

127. La valeur A de l'aire comprise entre la courbe (2), les axes des coordonnées et une parallèle à l'axe des abscisses passant par le point $(0, a)$ peut être calculée par la formule

$$A = \int_0^a x\,dy = 2a^3 \int_0^a \frac{dy}{a^2 + y^2} = \frac{a^2}{2}\,\pi,$$

ou par la série

$$A = 2a \int_0^a \left(1 - \frac{y^2}{a^2} + \frac{y^4}{a^4} - \dots\right) dy = 2a^2 \left(1 - \frac{1}{3} + \frac{1}{5} - \frac{1}{7} + \dots\right),$$

dont résulte le développement de π écrit ci-dessus. Cette démonstration de la formule (3) est équivalente à la démonstration employée par Leibnitz pour le même but, avant l'invention du *Calcul intégral;* il est arrivé à la première expression de A au moyen du théorème de Roberval mentionné au n.º précédent, retrouvé par lui même, et, pour obtenir la deuxième, il a développé x en série au moyen d'une division algébrique et a appliqué ensuite le théorème pour la quadrature des paraboles qui avait été donné par Fermat, Cavalieri et Wallis.

128. La *visera* A_2AA_2 *(fig. 21)* est une *cissoïde acnodale* (n.º 30) dont l'asymptote passe par le centre C du cercle AMO. Elle a été définie par M. Peano comme le lieu des points qu'on obtient en prenant sur chacune des droites qui passent par O un point m_1 tel que $Mm_1 = m_1N$. Nous pouvons ajouter que cette cubique est un *antihyperbolisme* (n.º 118) de la versiera. En posant, en effet, dans son équation

$$x = X, \quad y = \frac{2XY}{a},$$

on trouve celle-ci:

$$\left(X - \frac{1}{2}a\right)(a^2 + 4Y^2) = \frac{1}{2}a^3,$$

ou, en faisant $X - \frac{1}{2}a = X_1$,

$$X_1 Y^2 = \frac{a^2}{4}\left(\frac{1}{2}a - X_1\right),$$

laquelle représente une versiera qui a son sommet au point A et qui a pour asymptote la perpendiculaire à OA qui passe par C.

129. La *pseudo-versiera* est liée à la *cissoïde de Dioclès* par une relation simple que nous allons indiquer.

Soient C un point fixe *(fig. 22)* situé sur l'axe des abscisses à la distance $2a$ de l'origine O et KL une droite passant par le milieu du segment OC.

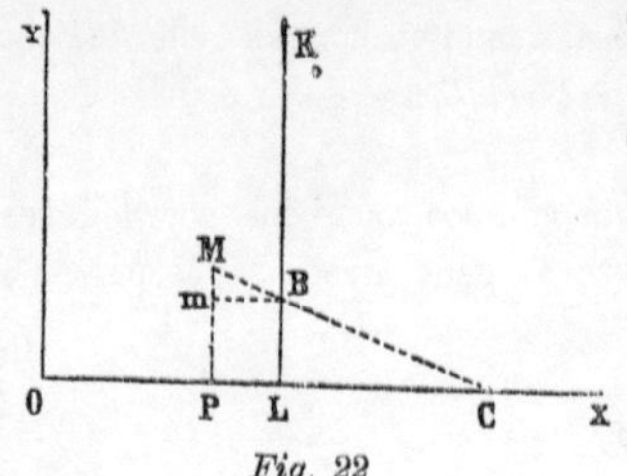

Fig. 22

En posant dans l'équation de la pseudo-versiera $x = 2a - x_1$, pour rapporter la courbe à C comme origine des coordonnées et à CO comme axe des abscisses positives, cette équation prend la forme

$$y^2 (2a - x_1) = a^2 x_1,$$

et, en faisant

$$y_1 = \frac{y x_1}{a},$$

se transforme dans celle-ci :

$$y_1^2 = \frac{x_1^3}{2a - x_1},$$

qui représente la *cissoïde de Dioclès*.

On conclut de ce qui précède que la cissoïde de Dioclès ayant son point double à C et ayant pour asymptote la droite OY est l'*antihyperbolisme* de la pseudo-versiera considérée par rapport au point C et à la droite KL ; et, par conséquent, si M représente un point de cette cissoïde et si MP et mB sont deux droites parallèles aux axes des coordonnées, le point m, où elles se coupent, est un point de la pseudo-versiera.

130. La transformation appliquée au n.° précédent peut être aussi employée pour dériver de la *pseudo-versiera* le *folium de Descartes*.

Soit O′ un point *(fig. 23)* situé sur l'axe des abscisses auquel est rapportée la pseudo-versiera, à distance $\frac{1}{2} a$ de l'origine O. En faisant dans l'équation de cette courbe $x = \frac{1}{2} a + x_1$, pour prendre O′ pour nouvelle origine des coordonnées, on trouve l'équation

$$(a + 2x_1) y^2 = a^2 (3a - 2x_1)$$

qui, en posant

$$y_1 = \frac{y x_1}{a \sqrt{3}}$$

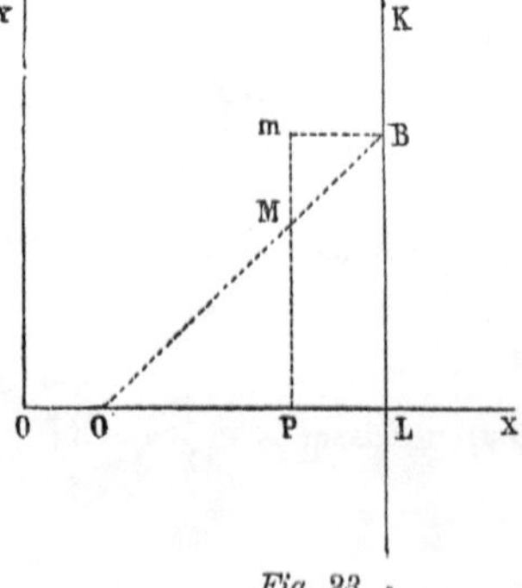

Fig. 23 .

se réduit à cette autre:

$$y_1 = \frac{x_1}{\sqrt{3}} \sqrt{\frac{3a - 2x_1}{2x_1 + a}} = \frac{x_1}{\sqrt{3}} \sqrt{\frac{3b - \sqrt{2}\,x_1}{b + \sqrt{2}\,x_1}},$$

où $b = \dfrac{a}{\sqrt{2}}$, qui représente le *folium de Descartes* (n.º 100).

Donc, le *folium de Descartes* ayant pour axe O'L, pour asymptote OY et pour point double O' est l'*antihyperbolisme* de la pseudo-versiera par rapport au point O' et à la droite KL, parallèle à OY, dont la distance à O' est égale à $a\sqrt{3}$; et, par conséquent, si m est un point de la pseudo-versiera et si les droites mB et mP sont parallèles aux axes des coordonnées, le point M, où mP coupe O'B, est un point du *folium*.

131. De la *pseudo-versiera* on peut aussi dériver une *anguinea* au moyen de la transformation qu'on vient d'employer.

L'équation de la pseudo-versiera

$$x = \frac{2a^3}{y^2 + a^2}$$

et l'équation

$$x_1 = \frac{2a^2 y_1}{y_1^2 + a^2},$$

qui représente une *anguinea*, montrent, en effet, que, à chaque point de la première de ces courbes, correspond un point de l'autre dont les coordonnées (x_1, y_1) sont liées à celles du premier par les relations

$$\frac{x}{x_1} = \frac{a^3}{a^2 y_1}, \quad y = y_1.$$

L'anguinea est donc l'antihyperbolisme de la pseudo-versiera par rapport à l'origine des coordonnées et à la droite représentée par l'équation $y = \dfrac{a^3}{a^2}$; et, par conséquent, si KL (*fig. 15,* n.º 114) est la droite représentée par cette équation et m un point de la pseudo-versiera, et si les droites mB et mM sont parallèles aux axes des coordonnées, M est un point de l'anguinea correspondante.

132. Il convient d'approcher de la versiera la courbe qu'on obtient quand on remplace dans la construction donnée au n.º 123 le cercle par une hyperbole équilatère ayant pour axe OA *(fig. 20)* et pour centre le point C, c'est-à-dire par l'hyperbole dont l'équation, rapportée au point O comme origine et à OA comme axe des abscisses, est

$$y^2 = x(x - a).$$

La cubique qu'on obtient de cette manière, qui est donc l'hyperbolisme de la conique mentionnée par rapport à la droite AK, a pour équation

$$xy^2 = a^2(x-a);$$

elle est formée d'une branche symétrique par rapport à l'axe des abscisses qui s'étend depuis le point $(a, 0)$ jusqu'aux points $(\infty, \pm a)$ et qui a pour asymptotes les droites représentées par l'équation $y = \pm a$; et par deux branches situées symétriquement par rapport au même axe, qui ont pour asymptotes les droites correspondantes aux équations $x = 0$ et $y = \pm a$, et qui s'étendent, respectivement, de $(0, \infty)$ à $(-\infty, a)$ et de $(0, -\infty)$ à $(-\infty, -a)$. La même courbe possède deux points d'inflexion imaginaires, un autre réel à l'infini, où elle est tangente à l'axe des ordonnées, et un noeud à l'infini.

La courbe qu'on vient de définir fut considérée par Huygens et Leibnitz en des lettres qu'ils se sont adressées l'un à l'autre en 1691 (*Oeuvres de Huygens,* t. x, p. 9 et 17), ayant été amenés à en chercher la quadrature par le problème du mouvement des graves dans un milieu résistant. Ils s'y rapportent à l'expression de son aire par un logarithme et par un série, à la série qui résulte de la comparaison de ces expressions, et à la relation de cette dernière série avec celle de Mercator. On a, en effet, A représentant l'aire comprise entre la courbe, l'axe des ordonnées et les points dont les ordonnées sont égales à 0 et y,

$$A = -\int_0^y \frac{a^3}{y^2 - a^2}\, dy = \frac{a^2}{2} \log \frac{a+y}{a-y},$$

et, en intégrant par séries,

$$A = a\left[y + \frac{y^3}{3a^2} + \frac{y^5}{5a^4} + \frac{y^7}{7a^6} + \ldots \right],$$

d'où il résulte

$$\log \frac{a+y}{a-y} = 2\left[\frac{y}{a} + \frac{y^3}{3a^3} + \frac{y^5}{5a^5} + \frac{y^7}{7a^7} + \ldots \right].$$

133. Avant de terminer cette doctrine, nous remarquerons encore que les équations de la versiera et de la pseudo-versiera sont des cas particuliers de l'équation

$$(4) \qquad\qquad xy^2 = b^2(a-x),$$

considérée par M. Wieleitner dans le *Monatshefte für Mathematik* (t. xviii, p. 132). La courbe représentée par cette équation est l'hyperbolisme du cercle considéré au n.º 123 par rapport à la droite dont l'équation est $x = b$, comme on le voit immédiatement en posant dans l'équation du cercle $X = x$, $Y = \frac{xy}{b}$; elle peut donc être construite par la méthode employée au n.º 123, en remplaçant la droite AK *(fig. 20)* par une parallèle à cette droite passant par le point $(b, 0)$.

De même, l'équation considérée au n.º 132 est un cas particulier de celle-ci :

$$(5) \qquad xy^2 = b^2 (x - a),$$

qui est l'hyperbolisme de l'hyperbole équilatère mentionnée en cet endroit, par rapport à la droite qui a pour équation $x = b$.

En transportant l'origine des coordonnées au sommet $(a, 0)$ de chacune des deux courbes qu'on vient de mentionner, et en rapportant ensuite ces courbes aux coordonnées polaires, ce sommet étant pris pour pôle, on obtient les équations

$$\rho^2 \cos \theta \sin^2 \theta + a\rho \sin^2 \theta \pm b^2 \cos \theta = 0,$$

d'où il résulte qu'une droite arbitraire passant par le sommet d'une quelconque de ces cubiques rencontre la même courbe à deux autres points A_1 et A_2 tels que, si ρ', ρ'' et ρ_1 représentent, respectivement, les vecteurs de ces points et du point où la droite coupe l'asymptote, on a

$$\rho' + \rho'' = - \frac{a}{\cos \theta} = \rho_1 .$$

Donc, *les cubiques représentées par les équations (4) et (5) sont cissoïdales d'elles-mêmes et de leur asymptote.*

Il résulte de cette proposition et du théorème démontré au n.º 21 que *les tangentes à ces cubiques aux points* A_1 *et* A_2 *coupent l'asymptote à deux points équidistants de celui où cette droite est rencontrée par la droite* $A_1 A_2$.

On voit aisément, au moyen de l'analyse employée au n.º 109, que les courbes dont l'équation peut être réduite à la forme (4), en prenant pour axes des coordonnées deux droites perpendiculaires ou obliques convenablement choisies, sont les seules cubiques dont la quadrature dépend seulement des fonctions circulaires.

VI

Courbe de Rolle.

134. On donne le nom de *courbe de Rolle* à la cubique représentée par l'équation

$$(1) \qquad xy^2 = a (y + x)^2, \quad a > 0,$$

ou

$$(2) \qquad y = \frac{ax \pm x\sqrt{ax}}{x-a} = \frac{a^{\frac{1}{2}}x}{\pm x^{\frac{1}{2}} - a^{\frac{1}{2}}}\,.$$

La forme de cette cubique peut être obtenue aisément au moyen de cette équation et de ces autres :

$$(3) \qquad y' = \frac{a^{\frac{1}{2}}\left(\pm x^{\frac{1}{2}} - 2a^{\frac{1}{2}}\right)}{2\left(\pm x^{\frac{1}{2}} - a^{\frac{1}{2}}\right)^2}, \qquad y'' = \frac{a^{\frac{1}{2}}\left(-1 \pm 3a^{\frac{1}{2}} x^{-\frac{1}{2}}\right)}{4\left(\pm x^{\frac{1}{2}} - a^{\frac{1}{2}}\right)^3}\,.$$

On voit d'abord que la courbe a un point de rebroussement à O *(fig. 24)*, où la tangente forme un angle de (— 45°) avec l'axe des abscisses. Au signe supérieur de l'expression de y correspond une branche OC, où les ordonnées croissent indéfiniment, en valeur absolue, quand x varie depuis O jusqu'à a, et une branche EGM, où les coordonnées sont positives, et qui s'étend depuis (a, ∞) jusqu'à (∞, ∞). Ces deux branches ont pour asymptote la droite AB, représentée par l'équation $x = a$, et la deuxième branche a un point G, dont les coordonnées sont $(4a, 4a)$, où l'ordonnée acquiert une valeur minime, et un point d'inflexion, dont les coordonnées sont $\left(9a, \dfrac{9}{2}a\right)$.

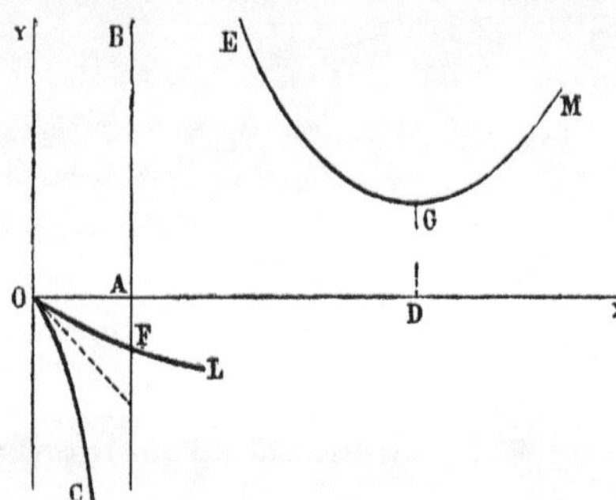

Fig. 24

Au signe inférieur de l'expression de y correspond une branche OL de la courbe qui s'étend jusqu'au point $(\infty, -\infty)$ et qui coupe l'asymptote au point $\left(a, -\dfrac{1}{2}a\right)$. Dans cette branche il n'existe aucun point où l'ordonnée ait un valeur maxime ou minime.

L'équation de la tangente à la courbe de Rolle est

$$Y - y = \frac{a^{\frac{1}{2}}\left(\pm \dfrac{1}{2}x^{\frac{1}{2}} - a^{\frac{1}{2}}\right)}{\left(\pm x^{\frac{1}{2}} - a^{\frac{1}{2}}\right)^2}(X - x),$$

et il en résulte que cette droite coupe l'axe des ordonnées à un point dont l'ordonnée a pour expression

$$Y = \frac{\pm x^{\frac{1}{2}} y}{\pm x^{\frac{1}{2}} - a^{\frac{1}{2}}} = \pm \frac{y^2}{2\sqrt{ax}}\,.$$

135. En appliquant à l'équation (1) la doctrine exposée au n.º 22, on voit que la cubique considérée est la cissoïdale de la parabole et de la droite représentées par les équations

$$y^2 + ax + 2ay = 0, \quad x = a.$$

Il en résulte une manière de construire cette cubique et ses tangentes.

En posant dans l'équation de la même cubique $x = \dfrac{x_1\, y_1}{a}$, $y = y_1$, on trouve celle-ci :

$$x_1\, y_1 = (a + x_1)^2,$$

et on voit donc que la courbe de Rolle est l'*antihyperbolisme* de l'hyperbole représentée par cette équation, par rapport à la droite $y = a$. On peut donc construire la même cubique et ses tangentes au moyen de cette conique.

136. L'aire comprise entre la courbe de Rolle, l'axe des abscisses et les parallèles à l'axe des ordonnées menées par les points dont les abscisses sont égales à x_0 et x_1, est déterminée par la formule

$$A = 2\sqrt{a}\left[\pm \frac{1}{3}\left(x_1^{\frac{3}{2}} - x_0^{\frac{3}{2}}\right) + \frac{(x_1 - x_0)\sqrt{a}}{2} \pm a\left(\sqrt{x_1} - \sqrt{x_0}\right)\right.$$

$$\left. + a^{\frac{3}{2}} \log \frac{\sqrt{x_1} \mp \sqrt{a}}{\sqrt{x_0} \mp \sqrt{a}} \right].$$

137. L'équation (1), qu'on vient de considérer, est un cas particulier de celle-ci :

$$xy^2 = a\,(y - mx)^2,$$

étudiée par M. Elgé dans une Note *Sur la courbe de Rolle* insérée au *Journal de Mathématiques spéciales* (1896, p. 32). Cette courbe est la cissoïdale de la droite $x = a$ et de la parabole

$$y^2 + am\,(mx - 2y) = 0;$$

elle est aussi l'hyperbolisme de la conique

$$x_1\, y_1 = (a - mx_1)^2,$$

par rapport à la droite $y = a$.

VII.

La cubique mixte.

138. La courbe définie par l'équation

$$y^2 x = a x^2 + b y^2$$

a été nommée *cubique mixte* par G. de Longchamps dans son *Essai sur la Géométrie de la règle et de l'équerre* (Paris, 1890, p. 116). La forme de cette cubique peut être obtenue aisément au moyen des expressions

$$y = x \sqrt{\frac{a}{x-b}}, \quad y' = \sqrt{\frac{a}{x-b}} \cdot \frac{x-2b}{2\,(x-b)}, \quad y'' = \sqrt{\frac{a}{x-b}} \cdot \frac{4b-x}{4\,(x-b)^2}.$$

Si $a > 0$ et $b > 0$, la cubique a la forme indiquée dans la figure 25. Elle a une asymptote AB, dont l'équation est $x = b$, et deux autres, parallèles à l'axe des abscisses, à l'infini; chaque branche de la courbe a donc la forme hyperbolique à l'une des extrémités et la forme parabolique à l'autre. Les ordonnées passent par une valeur maxime et minime aux points B et D, dont les coordonnées sont $(2b,\ \pm 2\sqrt{ab})$. La même cubique a deux points d'inflexion E et F, dont les coordonnées sont $\left(4b,\ \frac{4}{3}\sqrt{3ab}\right)$, un autre à l'infini, et un point isolé à l'origine O.

Si $a < 0$ et $b > 0$, la courbe a la forme indiquée dans la figure 26. Les points où l'or-

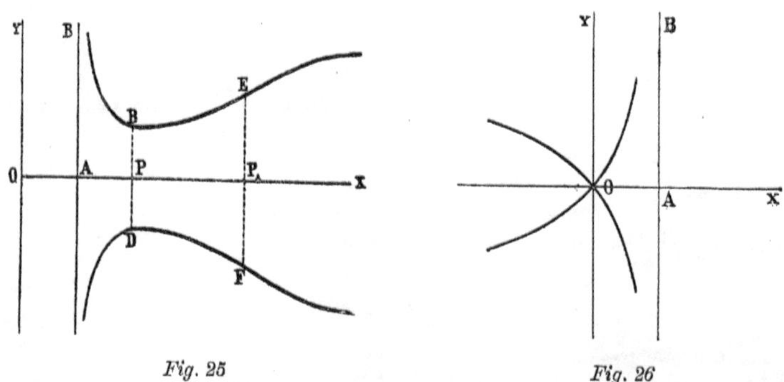

Fig. 25   Fig. 26

donnée est maxime et minime et les points d'inflexion situés à distance finie sont alors imaginaires, et, au lieu d'un point isolé, elle a un noeud à l'origine.

Quand on a $a < 0$ et $b < 0$, ou $a > 0$ et $b < 0$, la cubique a la même forme que dans les cas précédents.

139. En appliquant la doctrine du n.º 22, on voit que la cubique mixte est la *cissoï-dale* de la droite et de la parabole représentées par les équations

$$x = b, \quad y^2 = -ax.$$

On peut donc construire la courbe considérée et ses tangentes au moyen de cette parabole.

En faisant $x = \dfrac{XY}{a}$, $y = Y$, on voit aussi que la cubique considérée est un antihyperbolisme de la conique représentée par l'équation

$$XY = X^2 + ab\,;$$

on peut donc construire encore la même cubique et ses tangentes au moyen de cette conique (n.º 114).

140. La rectification de la cubique qu'on vient d'étudier depend des intégrales elliptiques. En effet, en posant $y = tx$, cette courbe peut être représentée par les équations

$$x = \frac{a + bt^2}{t^2}, \quad y = \frac{a + bt^2}{t},$$

et on a

$$ds = \frac{1}{t^3}\sqrt{b^2 t^6 - 2abt^4 + a^2 t^2 + 4a^2}\,dt,$$

et par suite, en posant $t^2 = z$,

$$ds = \frac{1}{2} \cdot \frac{b^2 z - 2ab + \dfrac{a^2}{z} + \dfrac{4a^2}{z^2}}{\sqrt{b^2 z^3 - 2abz^2 + a^2 z + 4a^2}}\,dz.$$

Mais

$$\frac{4a^2\,dz}{z^2\sqrt{F(z)}} = -d\left[\frac{\sqrt{F(z)}}{z}\right] - \frac{a^2}{2}\cdot\frac{dz}{z\sqrt{F(z)}} + \frac{b^2}{2}\cdot\frac{dz}{\sqrt{F(z)}},$$

où

$$F(z) = b^2 z^3 - 2abz^2 + a^2 z + 4a^2.$$

Donc

$$ds = \frac{1}{2}\cdot\frac{b^2 z - \left(2ab - \dfrac{b^2}{2}\right) + \dfrac{a^2}{2z}}{\sqrt{F(z)}} - \frac{1}{2}\,d\left[\frac{\sqrt{F(z)}}{z}\right].$$

En faisant maintenant

$$z = u + h, \quad h = \frac{2a}{3b}, \quad \Delta u = \sqrt{4u^3 - g_1 u - g_2},$$

l'expression de ds prend encore la forme

$$ds = b \frac{u\,du}{\Delta u} - \left(\frac{4}{3}a - \frac{1}{2}b \right) \frac{du}{\Delta u} + \frac{a^2}{2b} \cdot \frac{du}{(u+h)\,\Delta u} - \frac{b}{4} d \left(\frac{\Delta u}{u+h} \right),$$

où

$$g_1 = \frac{4a^2}{3b^2}, \quad g_2 = -8 \left(\frac{a}{27b} + 2 \right) \frac{a^2}{b^2}.$$

Donc, la rectification de la cubique mixte dépend des intégrales elliptiques de première, deuxième et troisième espèce

$$\int \frac{du}{\sqrt{4u^3 - g_1 u - g_2}}, \quad \int \frac{u\,du}{\sqrt{4u^3 - g_1 u - g_2}}, \quad \frac{du}{(u+h)\sqrt{4u^3 - g_1 u - g_2}},$$

qui ont la forme normale adoptée par Weierstrass.

141. La cubique qu'on vient de considérer n'est pas la seule qui ait des branches de forme parabolique à l'une des extrémités et hyperbolique à l'autre. Cette propriété appartient aussi au *trident*, comme on a vu au n.º 119; et les cubiques exprimées par l'équation

$$xy^2 + ey = bx^2 + cx + d$$

jouissent de la même propriété en quelques cas que nous allons déterminer. En résolvant, pour cela, cette équation par rapport à x on voit aisément que la courbe correspondante est formée par deux branches infinies de forme parabolique à l'une des extrémités et hyperbolique à l'autre et par un ovale, quand les racines de l'équation

$$(y^2 - c)^2 + 4b\,(ey - d) = 0$$

sont réelles et inégales, et que l'ovale disparaît mais les branches infinies subsistent, quand deux des racines deviennent imaginaires. Si toutes ces racines sont imaginaires, la courbe a encore deux branches infinies, mais l'une a la forme parabolique et l'autre la forme hyperbolique aux deux extrémités. Si cette équation a deux racines égales, la cubique est unicursale et on en peut réduire l'équation à la forme

$$xy^2 = Mx^2 + Pxy + Qy^2,$$

par laquelle on voit que la courbe a encore dans ce cas deux branches hyperboliques à l'une des extrémités et paraboliques à l'autre.

Nous nous arrêterons un moment sur la courbe représentée par cette dernière équation, pour faire les remarques suivantes. Cette courbe est la *cissoïdale* (n.º 22) de la parabole et de la droite correspondantes aux équations

$$y^2 + \mathrm{M}x + \mathrm{P}y = 0, \quad x = \mathrm{Q};$$

elle est aussi un *antihyperbolisme* de la conique ayant pour équation

$$xy = \mathrm{M}x^2 + \mathrm{P}x + \mathrm{Q}.$$

Si $\mathrm{P} = 0$, elle possède un diamètre et coïncide avec l'une des solutions du problème étudié au n.º 109; et, si les axes des coordonnées sont orthogonaux, elle a un axe et coïncide avec la cubique étudiée ci-dessus.

VIII.

Le folium parabolique. Les paraboles divergentes unicursales.

142. On a donné le nom de *folium parabolique* à la cubique représentée par l'équation (G. de Longchamps : *Essai sur la Géométrie de la règle et de l'équerre*, Paris, 1890, p. 120):

$$(1) \qquad x^3 - a\,(x^2 - y^2) - bxy = 0.$$

Quand $b = 0$, cette courbe est symétrique par rapport à l'axe des abscisses, et elle est nommée *folium droit;* quand b est différent de 0, elle est nommée *folium oblique*.

En mettant l'équation précédente sous la forme

$$y = x\,\frac{b \pm \sqrt{b^2 - 4a\,(x - a)}}{2a}\,,$$

et en tenant compte de l'égalité

$$y' = \frac{b}{2a} \pm \frac{b^2 - 6ax + 4a^2}{2a\sqrt{b^2 - 4a\,(x - a)}}\,,$$

on voit que la courbe a la forme indiquée dans la figure 27. Elle est formée d'une seule branche, qui s'étend jusqu'à l'infini en deux sens différents, et elle n'a pas d'asymptotes à distance finie. Elle a un *noeud* à l'origine O, et ses tangentes à ce point sont déterminées par la formule

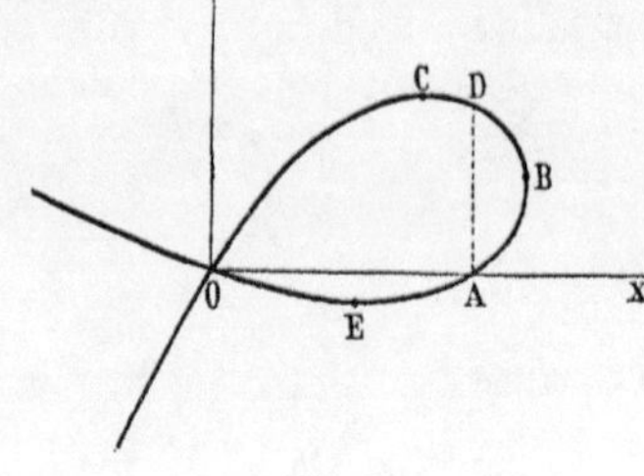

Fig. 27

$$y' = \frac{b \pm \sqrt{b^2 + 4a^2}}{2a},$$

laquelle fait voir que ces droites se coupent orthogonalement. L'abscisse du point A, où la cubique coupe OX, est égale à *a*, et l'ordonnée AD du point D, correspondant à cette même abscisse, est égale à *b*.

Les coordonnées du point B, où la tangente est parallèle à l'axe des ordonnées, sont données par les équations

$$x = \frac{4a^2 + b^2}{4a}, \quad y = \frac{b\,(4a^2 + b^2)}{8a^2}.$$

143. Le *folium parabolique* est une cubique *unicursale*. En posant dans l'équation de cette cubique $y = tx$, on trouve ces autres :

$$x = a\,(1 - t^2) + bt, \quad y = a\,(1 - t^2)\,t + lt^2,$$

qui déterminent les coordonnées des points de la même courbe en fonction du paramètre *t*, et qui donnent

$$\frac{dy}{dx} = \frac{3at^2 - 2bt - a}{2at - b}.$$

On voit donc que la cubique considérée a deux points C et E où l'ordonnée passe par une valeur maxime et minime, et que les coordonnées de ces points correspondent aux valeurs de *t* suivantes :

$$t = \frac{b \pm \sqrt{b^2 + 3a^2}}{3a}.$$

Les coordonnées du point B, que nous avons déjà déterminées, correspondent à $t = \dfrac{b}{2a}$. Le rayon de courbure de la cubique au point *t* est donné par la formule

$$R = \frac{[9a^2 t^4 - 12abt^3 - 2\,(a^2 - 2b^2)\,t^2 + a^2 + b^2]^{\frac{3}{2}}}{2\,(3a^2 t^2 - 3abt + a^2 + b^2)},$$

au moyen de laquelle on voit que cette courbe a deux points d'inflexion imaginaires à distance finie.

144. La cubique qu'on vient de considérer peut être construite par une méthode très simple que nous allons indiquer (G. de Longchamps, l. c.).

Soit OABC *(fig. 28)* un rectangle dont les côtés OA et OC sont égaux à a et b. En menant par le point O la droite arbitraire OD, par D la perpendiculaire DE à cette droite, ensuite par E la perpendiculaire EF à DE, et enfin par F la perpendiculaire FM à OD, on obtient le point M, qui appartient à la cubique considérée.

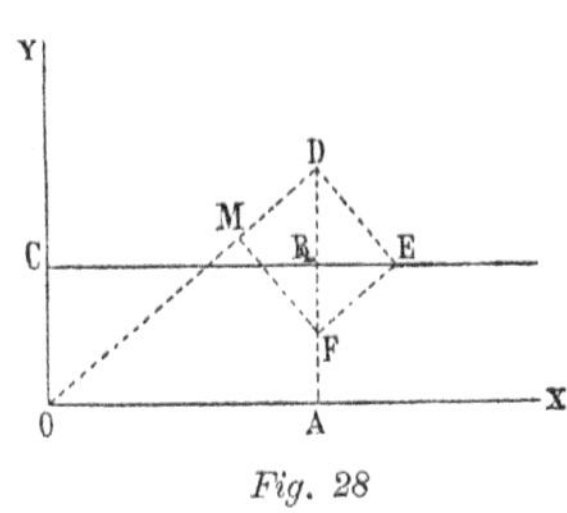

Fig. 28

En effet, en représentant par θ et ρ les coordonnées polaires MOA et OM du point M, on a les relations

$$OD = \frac{a}{\cos\theta}, \quad DB = DA - BA = a\,\text{tang}\,\theta - b.$$

$$MD = FE = DE\,\text{tang}\,\theta = \frac{DB}{\cos\theta}\,\text{tang}\,\theta = \frac{a\,\text{tang}\,\theta - b}{\cos\theta}\,\text{tang}\,\theta,$$

et

$$\rho = OM = OD - MD,$$

d'où il résulte l'équation suivante:

$$\rho = \frac{a}{\cos\theta} - \frac{a\,\text{tang}\,\theta - b}{\cos\theta}\,\text{tang}\,\theta,$$

qui coïncide avec l'équation qu'on obtient en posant dans l'équation cartésienne du folium considéré $x = \rho\cos\theta$, $y = \rho\sin\theta$.

145. Prenons sur la droite OD *(fig. 28)* un point M' symétrique de M par rapport à D ; on a, en représentant par (ρ_1, θ), les coordonnées polaires de M',

$$\rho_1 = OD + MD = \frac{a}{\cos\theta} + \frac{a\,\text{tang}\,\theta - b}{\cos\theta}\,\text{tang}\,\theta.$$

On vient d'obtenir l'équation polaire du lieu décrit par M', quand M parcourt la courbe (1); l'équation cartésienne du même lieu est donc

$$(2) \qquad x^3 - a(x^2 + y^2) + bxy = 0.$$

Cette dernière courbe est formée, comme celle qui précède, d'une branche de forme parabolique aux deux extrémités, et a une boucle lorsque $b^2 > 4a^2$, un point isolé quand $b^2 < 4a^2$, un point de rebroussement quand $b^2 = 4a^2$. Dans le premier cas, la somme des angles formés par les tangentes au noeud avec l'axe des abscisses est égale à $\dfrac{\pi}{2}$.

Si $b = 0$, on a la courbe employée par G. de Longchamps (l. c., p. 93) pour résoudre le problème de la duplication du cube ; en effet, si l'on coupe cette courbe par le cercle défini par l'équation

$$x^2 + y^2 = 2a^2,$$

on obtient deux points réels dont l'abscisse satisfait à la condition $x^3 = 2a^3$. L'équation polaire de la même cubique est $\rho \cos^3 \theta = a$; donc cette courbe appartient à la classe des courbes nommées par M. Haton de la Goupillière *spirales sinusoïdes,* lesquelles seront étudiées plus loin.

146. Les cubiques qu'on vient de considérer ne sont pas les seules qui aient une branche unique de forme parabolique aux deux extrémités avec une boucle. Cette propriété appartient à toutes les paraboles divergentes à noeud, c'est-à-dire aux cubiques correspondantes à l'équation (n.º 108)

$$y^2 = ax^3 + bx^2,$$

ou, en coordonnées orthogonales,

$$(3) \qquad\qquad x^3 = Mx^2 + Pxy + Qy^2,$$

quand $b > 0$ ou $P^2 > 4MQ$. L'angle ω formé par les tangentes à ces cubiques à leur noeud est alors déterminé par l'équation

$$\tan \omega = \frac{-P \pm \sqrt{P^2 - 4MQ}}{2Q},$$

d'où il résulte que le folium parabolique particulier considéré précédemment est le seul où ces tangentes sont perpendiculaires l'une à l'autre.

Quand $P^2 = 4MQ$ ou $P^2 < 4MQ$, les cubiques représentées par l'équation précédente ont encore une branche infinie de forme parabolique aux deux extrémités, mais, au lieu d'une boucle, elles ont alors un point de rebroussement ou un point isolé.

En posant en (3)

$$y = \frac{x_1 y_1}{\alpha}, \quad x = x_1,$$

on obtient l'équation

$$\alpha^2 x_1 = M\alpha^2 + P\alpha y_1 + Q y_1^2 ;$$

les cubiques qu'on vient de considérer sont donc les antihyperbolismes des paraboles représentées par cette équation, par rapport à la droite $x = \alpha$.

L'équation (3) représente les *paraboles divergentes unicursales.* En remarquant que cette équation peut être réduite à la forme:

$$x^3 - a\,(a^2 \mp k^2\,y^2) \mp bxy = 0,$$

on voit que *à toute parabole divergente unicursale correspond une autre, représentée par une équation de la forme* (1) *ou* (2), *telle que les deux cubiques sont affines.* Il résulte de cette relation une méthode pour construire aisément ces paraboles.

IX.

Les paraboles divergentes droites.

147. Les cubiques représentées par l'équation

$$(1) \qquad\qquad y^2 = ax^3 + bx^2 + cx + d,$$

rapportée à des axes orthogonaux, sont comprises entre les cubiques nommées (n.º 108) *paraboles divergentes* par Newton dans son *Enumeratio linearum tertii ordinis,* et sont dites *paraboles divergentes droites.* Ces courbes jouent un rôle très important dans la théorie générale des cubiques, à cause de ce beau théoréme, donné par le grand géomètre dans l'ouvrage cité: *l'équation* (1) *peut représenter la perspective de toutes les cubiques.*

On ne sait pas quelle voie a été suivie par Newton pour obtenir cette intéressante propriété, car il n'en a pas publié la démonstration. Cette démonstration a été donnée plus tard par Clairaut et ensuite par Nicole, en 1731, dans les *Mémoires de l'Académie des Sciences de Paris.*

Le théorème qu'on vient d'énoncer équivaut à cet autre, que nous allons démontrer d'abord:

A toute cubique correspond une parabole divergente droite qui en dérive par une transformation homographique.

Pour démontrer cette proposition, remarquons d'abord que toute cubique a un point d'inflexion réel, au moins, à distance finie ou à l'infini. On voit cela immédiatement au moyen de la formule de Plücker

$$t = 3m\,(m-2) - 6\delta - 8\nu,$$

où m représente l'ordre de la courbe, δ le nombre de ses noeuds, ν le nombre des points de rebroussement et t le nombre des points d'inflexion, laquelle fait voir que, dans le cas des cubiques, le nombre des points d'inflexion est *impair,* et que, par conséquent, un de ces points, au moins, est réel.

Cela posé, considérons une cubique quelconque (C), représentée par l'équation $F\,(X, Y) = 0$, et, dans le plan de cette cubique, un triangle dont les côtés Δ, Δ' et Δ'' soient formés par une droite tangente à la cubique à un point d'inflexion réel M, par une autre droite de direction arbitraire passant par ce même point, et par une troisième droite dont nous déterminerons ensuite la position. En désignant par (X, Y) les coordonnées d'un point quelconque de la courbe considérée et par z_i, x_i et y_i les distances respectives de ce point aux côtés Δ, Δ' et Δ'' du triangle mentionné, c'est-à-dire les coordonnées trilinéaires du point (X, Y), rapportées à ce triangle, on a

$$x_i = a_1\, \mathrm{X} + b_1\, \mathrm{Y} + c_1, \quad y_i = a_2\, \mathrm{X} + b_2\, \mathrm{Y} + c_2, \quad z_i = a_3\, \mathrm{X} + b_3\, \mathrm{Y} + c_3,$$

où a_1, b_1, c_1, a_2, b_2, c_2, a_3, b_3, c_3 représentent des quantités indépendantes de X et Y, mais dépendantes des paramètres des droites Δ, Δ' et Δ'', dont les expressions, indiquées aux traités de Géométrie analytique, nous n'écrirons pas ici.

En substituant dans l'équation de la cubique considérée les valeurs de X et Y qui résultent des équations qu'on obtient en divisant, membre à membre, les deux premières équations précédentes par la dernière, il vient une équation homogène par rapport à x_i, y_i et z_i, du troisième degré, qui est l'équation de la courbe considérée en *coordonnées trilinéaires,* et dont nous allons déterminer la forme. Pour cela, remarquons que la droite Δ rencontre la cubique en trois points coïncidant avec l'intersection de Δ et Δ', dont les distances à Δ' sont par conséquent nulles; et que par suite l'équation en coordonnés trilinéaires de la cubique doit donner pour x_i trois valeurs égales à zéro, quand $z_i = 0$. Cette équation doit donc avoir la forme

$$a x_i^3 = z_i\,(\mathrm{A} x_i^2 + \mathrm{E} x_i z_i + \mathrm{C} z_i^2) + y_i z_i\,(y_i + \mathrm{D} x_i + \mathrm{F} z_i).$$

Remarquons maintenant que, en appliquant l'équation

$$x_0 f'_{x_i} + f'_{y_i} + z_0 f'_{z_i} = 0,$$

qui représente la *polaire* du point (x_0, y_0, z_0) par rapport à la courbe $f(x_i, y_i, z_i) = 0$, et en supposant que ce point coïncide avec l'intersection des droites Δ et Δ', où $x_0 = 0$ et $z_0 = 0$, on obtient l'équation

$$y_0 z_i\,(2 y_i + \mathrm{D} x_i + \mathrm{F} z_i) = 0,$$

d'où il résulte que cette polaire est formée par les droites représentées par les équations $z_i = 0$ et $2 y_i + \mathrm{D} x_i + \mathrm{F} z_i = 0$, dont la première est tangente à la cubique et la deuxième a été nommée par Salmon *polaire harmonique* du point d'inflexion considéré.

Cette dernière équation doit se réduire à $y_i = 0$, si l'on complète la détermination du triangle de référence de manière que Δ'' coïncide avec cette polaire; et on a alors $\mathrm{D} = 0$ et $\mathrm{F} = 0$.

Il résulte de tout ce qui précède que, si l'on choisit les droites qui forment le triangle de référence comme l'on vient de voir, l'équation de la cubique considérée prend la forme

$$(2) \qquad ax_1^3 + bx_1^2 z_1 + cx_1 z_1^2 + dz_1^3 = y_1^2 z_1.$$

En posant maintenant

$$(3) \qquad x = \frac{x_1}{z_1} = \frac{a_1 X + b_1 Y + c_1}{a_3 X + b_3 Y + c_3}, \quad y = \frac{y_1}{z_1} = \frac{a_2 X + b_2 Y + c_2}{a_3 X + b_3 Y + c_3},$$

et en remarquant que l'équation (2) se réduit à l'équation (1) quand on remplace dans la première $\frac{x_1}{z_1}$ par x et $\frac{y_1}{z_1}$ par y, on conclut que, à chaque point (X, Y) de la cubique (C) correspond un point (x, y) d'une des cubiques représentées par l'équation (1) dont les coordonnées sont liées à celles du premier point par les relations (3), c'est-à-dire par les relations qui définissent la *transformation homographique*.

Si le point d'inflexion par lequel passe Δ est à l'infini, il faut modifier cette démonstration. Alors, si l'on suppose que l'équation de la cubique (C) est $F_1(X_1, Y_1) = 0$, on doit y faire (n.º 85) $X_1 = \frac{1}{X}$ et $Y_1 = \frac{Y}{X}$, ou, si l'asymptote qui passe par ce point est parallèle à l'axe des ordonnées, $Y_1 = \frac{1}{Y}$, $X_1 = \frac{X}{Y}$. On obtient ainsi une transformée qui a un point d'inflexion réel à distance finie et à laquelle on peut appliquer la doctrine précédente. En éliminant enfin X et Y entre les équations précédentes et les équations (3), on obtient les relations qui lient x et y avec X_1 et Y_1, lesquelles ont encore la forme qui définit les transformations homographiques.

148. Pour completer la démonstration du théorème de Newton, nous allons entrer quelques moments dans le domaine de la Géométrie générale, pour établir la proposition suivante: *toute transformée homographique d'une courbe représente une perspective de la même courbe.*

Considérons deux courbes (C) et (C') telles que les coordonnées (x, y) et (X, Y) de ses points soient liées par les relations

$$x = \frac{aX + bY + c}{X + pY + q}, \quad y = \frac{a'X + b'Y + c'}{X + pY + q},$$

et remarquons d'abord que ces relations peuvent être mises sous la forme suivante:

$$x = \beta \left[\frac{X \cos \alpha - Y \sin \alpha + h}{X + pY + q} + x_0 \right],$$

$$Y = \beta \left[\frac{X \sin \alpha + Y \cos \alpha + k}{X + pY + q} + y_0 \right].$$

En effet, les conditions pour l'identité de ces formules et des précédentes sont

(a)
$$\beta\,(\cos\alpha + x_0) = a\,, \quad \beta\,(px_0 - \sin\alpha) = b\,,$$

(b)
$$\beta\,(\sin\alpha + y_0) = a'\,, \quad \beta\,(py_0 + \cos\alpha) = b'\,,$$

(c)
$$\beta\,(qx_0 + h) = c\,, \quad \beta\,(qy_0 + k) = c'.$$

Or les quatre premières donnent les relations

$$ap - b = \beta\,(p\cos\alpha + \sin\alpha), \quad a'p - b' = \beta\,(p\sin\alpha - \cos\alpha),$$

qui déterminent α et β, ensuite les équations (a) ou (b) déterminent x_0 et y_0, et enfin l équations (c) donnent les valeurs de h et k.

Cela posé, je change les axes auxquels la courbe (C') est rapportée, en posant

$$h + X\cos\alpha - Y\sin\alpha = X_1$$
$$k + X\sin\alpha + Y\cos\alpha = Y_1,$$

et je trouve des expressions de la forme

$$x = \frac{X_1}{a'\,X_1 + b'\,Y_1 + c'} + x_0', \quad y = \frac{Y_1}{a'\,X_1 + b'\,Y_1 + c'} + y_0'.$$

Posons encore

$$a' = \lambda\cos\alpha_1\,, \quad b' = \lambda\sin\alpha_1\,, \quad c' = \lambda e,$$

et

$$X_2 = X_1\cos\alpha_1 + Y_1\sin\alpha_1 + e, \quad Y_2 = Y_1\cos\alpha_1 - X_1\sin\alpha_1,$$

ce qui correspond à un second changement d'axes pour (C'). On trouve

$$x = \frac{(X_2 - e)\cos\alpha_1 - Y_2\sin\alpha_1}{\lambda X_2} + x_0'$$

$$y = \frac{(X_2 - e)\sin\alpha_1 + Y_2\cos\alpha_1}{\lambda X_2} + y_0'.$$

Changeons maintenant les axes auxquels la courbe (C) est rapportée, en faisant

$$x = x_0' + \frac{\cos\alpha_1}{\lambda} - x_2\cos\alpha_1 - y_2\sin\alpha_1,$$

$$y = y_0' + \frac{\sin\alpha_1}{\lambda} - x_2\sin\alpha_1 + y_2\cos\alpha_1\,;$$

il vient

(4)
$$x_2 = \frac{e}{\lambda X_2}, \quad y_2 = \frac{Y_2}{\lambda X_2}.$$

Pour achever la démonstration, considérons trois axes rectangulaires OX_2, OY_2 et OZ_2 *(fig. 29)*, un plan $x_2\,O'y_2$, perpendiculaire à l'axe OX_2, et un cône dont le sommet P soit situé

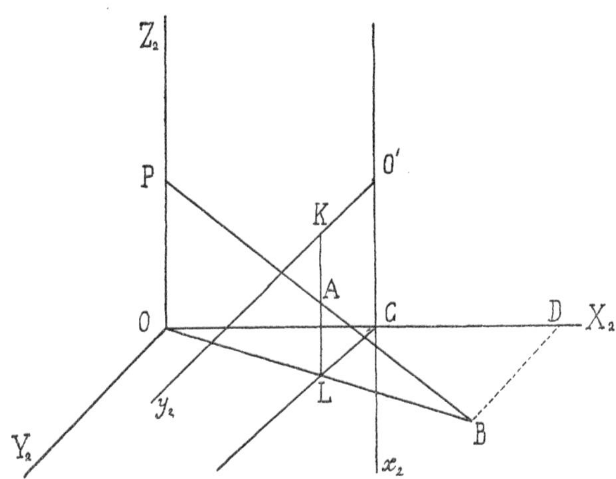

Fig. 29

sur l'axe OZ_2 et qui passe par la courbe (C), située au plan $x_2\,O'y_2$, et supposons que A est un point de cette courbe, que B est le point où la génératrice PA du cône coupe le plan $X_2\,Y_2$, que O'C est égal à OP, que $O'x_2$ et KL sont parallèles à OZ_2 et que $O'y_2$ et BD sont parallèles à OY_2. On a

$$\frac{AL}{PO} = \frac{BL}{BO} = \frac{CD}{OD}, \quad \frac{BD}{LC} = \frac{OD}{OC},$$

et par conséquent, en représentant par x_2 et y_2 les coordonnées AK et LC du point A par rapport aux axes $O'x_2$ et $O'y_2$, et par X_2 et Y_2 les coordonnées OD et BD du point B par rapport aux axes OX_2 et OY_2, et en posant $OP = e$ et $OC = \dfrac{1}{\lambda}$,

$$\frac{e - x_2}{e} = \frac{Y_2 - \lambda^{-1}}{X_2}, \quad \frac{Y_2}{y_2} = \lambda X_2.$$

Ces équations coïncident avec les équations (4), et, par conséquent, la courbe qui résulte de l'intersection du cône considéré avec le plan $X_2\,Y_2$ coïncide avec (C').

La transformation définie par les équations (4) a été considérée déjà au n° 85. Elle fut donnée par Newton dans le lemme XXII du livre I des *Principia mathematica*. La transformation définie par les équatious (2) fut indiquée par Waring dans sa *Miscellanea analytica*. On vient de voir que cette dernière transformation est équivalente à une transformation de Newton et à des changements des axes des coordonnées auxquels sont rapportées les deux courbes. Cette proposition a été établie par Chasles dans son important *Mémoire sur deux principes généraux de la science: la dualité et l'homographie,* où les transformations homographiques sont étudiées d'une manière profonde. Nous venons d'employer, pour démontrer la même proposition, une méthode très élémentaire que nous avons publiée au volume correspondant à 1906 du *Mathesis*.

149. Pour étudier les courbes représentées par l'équation (1), nous transporterons d'abord l'origine des coordonnées au point $\left(-\dfrac{b}{3a},\, 0\right)$, en réduisant ainsi l'équation de ces cubiques à la forme

$$(5) \qquad y^2 = ax^3 + cx + d.$$

Pour déterminer la forme des courbes représentées par cette équation, nous allons considérer divers cas, en supposant, pour fixer les idées, que $a > 0$. On peut toutefois remarquer déjà que, en tous les cas, l'axe des abscisses est un axe de la cubique, et que la courbe n'a pas d'asymptotes à distance finie.

1.° Supposons que les racines α, β et γ de l'équation

$$ax^3 + cx + d = 0$$

soient réelles et inégales et que $\alpha > \beta > \gamma$.

La courbe coupe alors l'axe des abscisses en trois points *(fig. 30)* A, B et C, dont les abscisses sont égales à α, β et γ, et l'ordonnée y est réelle et croît indéfiniment avec x quand $x > \alpha$, est imaginaire quand x est comprise entre α et β, est réelle et finie quand x est comprise entre β et γ, et est imaginaire quand $x < \gamma$. Donc, la courbe est formée par un ovale CLBM et par une branche infinie NAP.

On voit au moyen de l'équation

$$(6) \qquad y' = \frac{3ax^2 + c}{2y}$$

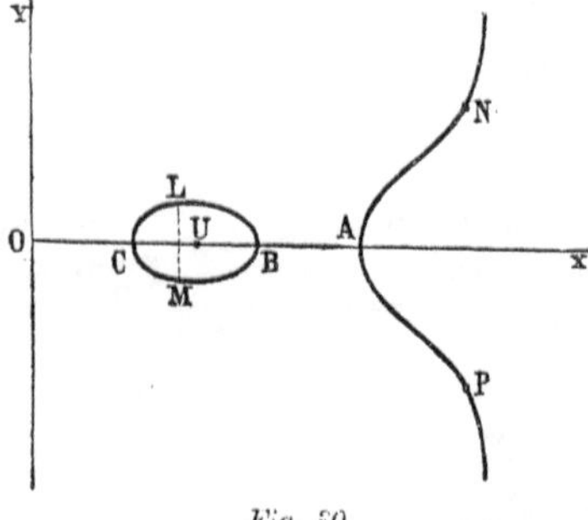

Fig. 30

que les tangentes aux points A, B et C sont perpendiculaires à l'axe de la courbe, et que les abscisses des points où la tangente est parallèle à cette axe sont données par l'équation

$$3ax^2 + c = 0,$$

qui, en vertu du théorème de Rolle, doit avoir une racine entre β et α, à laquelle correspond une valeur imaginaire de y, et une autre entre β et γ, à laquelle correspondent les points L et M de la courbe.

Remarquons encore que, en mettant l'équation de la cubique sous la forme

$$y^2 = a\,(x - \alpha)\,(x - \beta)\,(x - \gamma),$$

on trouve

$$y' = \frac{a\,[3x^2 - 2\,(\alpha + \beta + \gamma)\,x + \alpha\beta + \alpha\gamma + \beta\gamma]}{2y},$$

et que par conséquent l'abscisse des points L et M vérifie l'équation

$$3x^2 - 2\,(\alpha + \beta + \gamma)\,x + \alpha\beta + \alpha\gamma + \beta\gamma = 0.$$

En remplaçant au premier membre de cette équation x par γ et ensuite par $\frac{1}{2}\,(\beta + \gamma)$, on obtient des résultats de signes contraires, ce qui indique que les points L et M se projettent sur l'axe de la cubique à un point compris entre le milieu U de CB et le sommet C.

2.° Si $\alpha = \beta$, ou

$$y^2 = a\,(x - \alpha)^2\,(x - \gamma),$$

la variable y est réelle et croît indéfiniment avec x quand $x > \alpha$, est réelle et finie dans l'intervalle de $x = \alpha$ à $x = \gamma$, et est imaginaire quand $x < \gamma$. La cubique est alors *unicursale* et a la forme indiquée dans la figure 31. Le sommet C et le noeud A correspondent aux abscisses γ et α; les points L et M où la valeur de y est maxime et minime correspondent à l'abscisse $\frac{2\gamma + \alpha}{3}$. Les tangentes trigonométriques des angles formés par les tangentes à la cubique à son noeud avec l'axe des abscisses sont égales à $\pm\sqrt{a\,(\alpha - \gamma)}$.

3.° Si $\beta = \gamma$, et par suite

$$y^2 = a\,(x - \alpha)\,(x - \beta)^2,$$

y est réelle quand $x > \alpha$. Alors la courbe est aussi unicursale, et a un point isolé B, dont les coordonnées sont $(\beta,\ 0)$, et une branche infinie NAP (*fig. 32*).

4.° Si les racines α et β sont imaginaires, on a, en posant $\alpha = p + iq$ et $\beta = p - iq$,

$$y^2 = a\,[(x - p)^2 + q^2]\,(x - \gamma).$$

*

La cubique a alors une branche infinie semblable à la branche infinie de la figure 30, et n'a pas de point double. Cette branche passe par le point $(\gamma, 0)$.

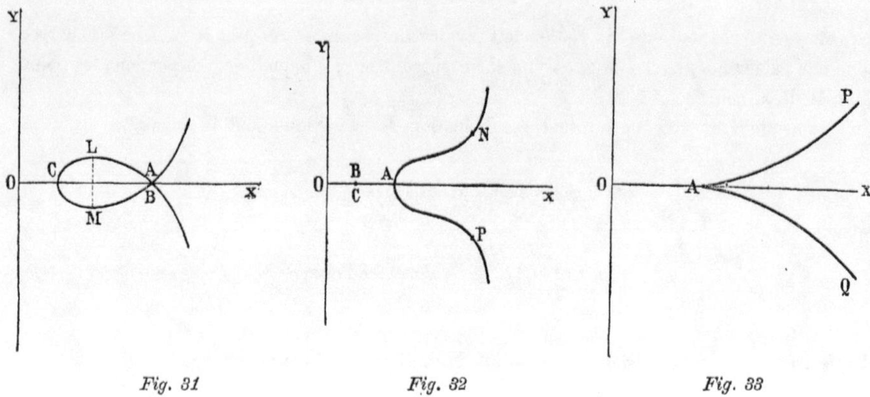

5.° Si $\alpha = \beta = \gamma$, la cubique a la forme indiquée dans la figure 33, comme on le voit au moyen des équations

$$y = a^{\frac{1}{2}} (x - \alpha)^{\frac{3}{2}}, \quad y' = \frac{3}{2} a^{\frac{1}{2}} (x - \alpha)^{\frac{1}{2}}.$$

Elle a dans ce cas un point de rebroussement, dont les coordonnées sont $(\alpha, 0)$. La courbe est alors nommée *parabole semi-cubique* et sera retrouvée et étudiée plus tard, quand nous nous occuperons des *paraboles*.

150. Les paraboles divergentes à noeud furent nommées *cubiques de Tschirnhausen* par M. Archibald, dans sa Dissertation sur la cardioïde (Strasbourg, 1900), pour avoir été rencontrées par l'inventeur de la théorie des caustiques comme solution du problème suivant : *déterminer les caustiques par réflexion dans une parabole des rayons lumineux perpendiculaires à l'axe* (*Acta eruditorum*, 1690, p. 63). Ce problème, considéré aussi par Jean Bernoulli (*Opera*, t. III, p. 471) et par L'Hospital (*Analyse des infiniment petits*, 1696, p. 109), peut être résolu de la manière suivante.

Considérons la parabole représentée par l'équation

$$y^2 = 2p (x + \frac{1}{2} p),$$

le foyer étant l'origine des coordonnées, et prenons sur cette courbe un point quelconque (x, y) ; ensuite menons par ce point un droite D formant avec la normale à la parabole au même point un angle égal à celui que cette normale forme avec l'axe des ordonnées. L'équation de la droite D est

$$2py\,(Y-y) = (p^2-y^2)\,(X-x),$$

ou, en tenant compte de l'équation de la parabole,

$$4p^2yY + 2p\,(y^2-p^2)\,X = (y^2+p^2)^2\,;$$

et l'enveloppe des positions qu'elle prend, quand y varie, est déterminée par cette équation et par cette autre :

$$p^2Y + pyX = y\,(y^2+p^2)$$

qui donnent

$$(7)\qquad X = \frac{3y^2-p^2}{2p}\,,\quad Y = \frac{(3p^2-y^2)\,y}{2p^2}\,.$$

Ces équations déterminent les coordonnées des points de l'enveloppe considérée, et par suite de la *caustique* mentionnée ci-dessus, en fonction du paramètre y, et font voir que cette courbe est unicursale. En éliminant maintenant y entre ces équations, on obtient enfin l'équation cartésienne de la même courbe, à savoir :

$$27p\,Y^2 = 2\left(X+\frac{1}{2}\,p\right)(X-4p)^2.$$

La caustique considérée est donc une parabole divergente, tangente à la parabole donnée à son sommet et ayant un noeud au point $(4p,\,0)$.

En mettant cette équation sous la forme

$$27p\,(X^2+Y^2) = 2\,(X+2p)^3,$$

on voit aisément, en tenant compte de la relation

$$\cos\theta = 4\cos^3\frac{\theta}{3} - 3\cos\frac{\theta}{3}\,,$$

que l'équation polaire de la cubique considérée est

$$2\rho\cos^3\frac{\theta}{3} = -p\,;$$

cette cubique appartient donc à la classe des courbes désignées par le nom de *spirales sinusoïdes*, laquelle sera étudiée plus loin.

On voit encore aisément, au moyen des formules (7), que la podaire de la cubique qu'on vient de considérer, par rapport au foyer de la parabole donnée, est cette même parabole.

151. Nous allons nous occuper maintenant de la détermination des points d'inflexion des paraboles divergentes, et, pour cela, nous considérerons d'abord celles qui ne sont pas unicursales.

En formant l'équation $y'' = 0$, on voit que chacune de ces cubiques a *huit* points d'inflexion à distance finie, dont les abscisses sont déterminées par l'équation

$$(8) \qquad (3ax^2 + c)^2 - 12\,ax\,(ax^3 + cx + d) = 0,$$

et dont les ordonnées sont déterminées par l'équation (5). Elle a, en outre, un point d'inflexion à l'infini. Nous allons démontrer que *deux* des premiers points sont réels et que les autres *six* sont imaginaires.

En posant, pour cela, $x = \alpha$ et $x = \infty$ dans l'équation (8), on trouve des résultats de signes contraires, ce qui fait voir que, dans l'intervalle compris entre α et ∞, existe une valeur réelle de x qui satisfait à cette équation; à cette valeur de x correspondent par suite *deux points d'inflexion réels* N et P de la courbe *(fig. 30 et 32)*.

En posant dans la même équation $x = \gamma$ et $x = -\infty$, on voit qu'elle a une racine réelle entre ces deux nombres; mais à cette racine correspondent deux points d'inflexion imaginaires, car y est imaginaire dans l'intervalle de $x = \gamma$ à $x = -\infty$.

Les autres racines sont imaginaires, comme on le voit aisément en formant le discriminant de l'équation, et en remarquant que ce discriminant est négatif.

Donc, *les paraboles divergentes non unicursales ont trois points d'inflexion réels et six imaginaires*.

Considérons maintenant le cas où la cubique proposée est *unicursale*. Alors, comme les coordonnées du point double de la courbe satisfont aux équations

$$y = 0, \quad 3ax^2 + c = 0,$$

l'équation (8) est satisfaite non seulement par les abscisses des points d'inflexion, mais encore par l'abscisse du point double. Mais on peut dans ce cas obtenir aisément une équation qui donne immédiatement les abscisses des premiers points, comme on va voir.

1.º Supposons qu'on ait $\alpha = \beta$, et par suite

$$y^2 = a\,(x - \alpha)^2\,(x - \gamma).$$

Alors l'équation

$$y'' = \sqrt{a}\,\frac{3x - 4\gamma + \alpha}{4\,(x - \gamma)^{\frac{3}{2}}}$$

fait voir que la cubique considérée a un point d'inflexion à l'infini et deux à distance finie, dont les coordonnées sont données par les équations

$$x = \frac{1}{3}(4\gamma - \alpha), \quad y^2 = \frac{16}{27}a(\gamma - \alpha)^3.$$

En remarquant maintenant que $\alpha > \gamma$, on conclut que les paraboles divergentes *à noeud (crunodales) ont deux points d'inflexion imaginaires à distance finie et un réel à l'infini.*

2.º Si $\beta = \gamma$, on a, pour déterminer les points d'inflexion, l'équation $x = \infty$ et les équations suivantes:

$$x = \frac{1}{3}(4\alpha - \beta), \quad y^2 = \frac{16}{27}a(\alpha - \beta)^3,$$

dont il résulte que *les paraboles divergentes à point isolé (acnodales) ont deux points d'inflexion réels à distance finie et un autre à l'infini.*

3.º Si $\alpha = \beta = \gamma$, on a

$$y'' = \frac{3\sqrt{a}}{4(x-a)^{\frac{1}{2}}}.$$

Les paraboles divergentes à point de rebroussement (cuspidales) ont donc un seul point d'inflexion, qui est situé à l'infini.

152. En passant maintenant à l'étude de la disposition des points d'inflexion des paraboles divergentes, nous allons démontrer le théorème suivant:

La droite qui passe par deux points d'inflexion d'une parabole divergente coupe cette courbe à un troisième point d'inflexion.

Mettons l'équation (8) sous la forme

$$(9) \qquad x^4 + 2\frac{c}{a}x^2 + 4\frac{d}{a}x - \frac{c^2}{3a^2} = 0,$$

et représentons par α_1, α_2, α_3 et α_4 ses racines.

La condition pour que la droite correspondante à l'équation

$$y = Ax + B$$

passe ~ ⋯ its de la cubique ayant pour abscisses α_2, α_3 et α_4, c'est que ces nombres

$$ax^3 - A^2x^2 + (c - 2AB)x + d - B^2 = 0,$$

et que, par conséquent, on ait, quelle que soit la valeur de x,

$$x^4 + 2\,\frac{c}{a}\,x^2 + 4\,\frac{d}{a}\,x - \frac{c^2}{3a^2} = (x - \alpha_1)\left(x^3 - \frac{A^2}{a}\,x^2 + \frac{c - 2AB}{a}\,x + \frac{d - B^2}{a}\right).$$

Cette condition est donc exprimée par les relations

$$A^2 = -a\alpha_1, \quad c = -2AB - a\alpha_1^2, \quad 3d = -B^2 - c\alpha_1 + 2\alpha_1 AB, \quad c^2 = 3a\alpha_1\,(d - B^2).$$

Mais, en éliminant A et B de la deuxième de ces équations au moyen de la première et de la quatrième, on trouve

$$\alpha_1^4 + 2\,\frac{c}{a}\,\alpha_1^2 + 4\,\frac{d}{a}\,\alpha_1 - \frac{c^2}{3a^2} = 0,$$

résultat qui coïncide avec celui qu'on obtient en éliminant AB et B^2 de la troisième au moyen de la deuxième et de la dernière; cette égalité représente donc la condition pour que trois des points dont les abscisses sont α_2, α_3 et α_4 soient situés sur la droite considérée.

Pour achever la démonstration du théorème énoncé, il suffit de remarquer que α_1 vérifie, par hypothèse, l'équation (9) et que le résultat qu'on vient d'obtenir coïncide avec celui qu'on trouve quand on remplace dans cette équation x par α_1. Les six points de la cubique ayant pour abscisses α_2, α_3 et α_4 sont donc situés sur deux droites dont les paramètres A et B sont déterminés par deux des équations écrites ci-dessus.

La démonstration précédente n'est pas applicable aux droites parallèles à l'axe des ordonnées passant par deux points d'inflexion. Mais il suffit de remarquer que ces droites coupent la cubique au point d'inflexion situé à l'infini, pour conclure que le théorème énoncé a encore lieu.

Les équations des droites qui lient les point d'inflexion de la courbe considérée trois à trois sont

$$x = \mu, \quad \pm 2\sqrt{-a\mu}\,y + 2a\mu\,x + c + a\mu^2 = 0,$$

où $\mu = \alpha_1$, α_2, α_3 et α_4. Le nombre de ces droites est donc égal à 12. Deux des droites représentées par la première équation, correspondantes aux deux racines réelles, l'une positive et l'autre négative, de (9), et deux des droites représentées par la deuxième équation, correspondantes à la racine négative de (9), sont réelles; les autres sont imaginaires. Les droites passant par l'un ou l'autre des points où l'abscisse est, par exemple, égale à α_1, sont déterminées par les équations qu'on obtient en remplaçant μ par α_1 dans la première des équations précédentes et par α_2, α_3 et α_4 dans la deuxième; donc, par chaque point d'inflexion passent 4 droites, dont deux sont réelles quand ce point est réel. Les trois points d'inflexion réels sont situés sur la même droite.

153. On peut étudier au moyen des paraboles divergentes la nature et la disposition des points d'inflexion de toutes les cubiques, en se fondant sur le théorème de Newton énoncé plus haut et sur les propriétés de la transformation homographique. On trouve ainsi que les cubiques non unicursales possèdent *trois* points d'inflexion réels et *six* imaginaires, et que les cubiques à *noeud,* à *point isolé* et à *point de rebroussement* possèdent, respectivement, *trois* points d'inflexion réels, *un* point d'inflexion réel et *deux* imaginaires, *un* point d'inflexion réel.

Aux théorèmes sur la disposition de ces points dans les paraboles divergentes correspondent les propriétés suivantes de toutes les cubiques:

Les points d'inflexion des cubiques non unicursales sont situés, trois à trois, sur douze droites, quatre réelles et huit imaginaires. Par chacun de ces points passent quatre de ces droites, dont deux sont réelles quand le point est réel. Les trois points d'inflexion réels sont situés sur la même droite.

Les trois points d'inflexion d'une cubique à noeud ou à point isolé sont situés sur une même droite.

L'étude de la disposition des points d'inflexion des cubiques a été ouverte par De Gua en 1740 dans l'ouvrage intitulé: *Usage de l'Analyse de Descartes,* où il a démontré que, si une droite passe par deux points d'inflexion réels, elle rencontre la cubique à un troisième point d'inflexion réel. Cette proposition a été retrouvée par Maclaurin, qui l'a énoncée en 1748 dans l'ouvrage intitulé: *De linearum geometricarum proprietatibus generalibus tractatus.*

154. L'étude de la théorie générale des cubiques n'entre pas dans notre plan; toutefois, pour qu'on évalue l'importance du rôle que les paraboles divergentes jouent dans cette étude, nous allons indiquer encore quelques autres théorèmes importants de la même théorie qu'on déduit, au moyen des propriétés de la transformation homographique, de quelques propriétés évidentes des paraboles considérées. Pour cela, remarquons d'abord: 1.° que le point d'inflexion que la parabole (5) possède à l'infini correspond au point d'inflexion M de la cubique représentée par l'équation (2), considéré au n.° 147, puisque les formules (3) donnent $x = \infty$ et $y = \infty$ quand $z_1 = 0$; 2.° que l'axe de cette parabole correspond à la polaire harmonique de ce point, car on a $y = 0$ quand $y_1 = 0$; 3.° que les droites perpendiculaires à l'axe de la même parabole correspondent aux droites passant par le point M de la cubique (2).

Cela posé, nous pouvons énoncer les théorèmes suivants:

1.° *Les tangentes à une cubique aux deux points* A *et* B *où elle est coupée par une droite passant par un point d'inflexion* M *coupent la polaire harmonique à un même point.*

Ce théorème correspond à cette propriété évidente des paraboles divergentes: les tangentes aux extrémités d'une corde perpendiculaire à son axe coupent cet axe au même point.

2.° *Les droites joignant deux à deux les points d'intersection d'une cubique avec deux cordes issues d'un point d'inflexion* M *se coupent à deux nouveaux points situés sur la polaire harmonique.*

Ce théorème correspond à la propriété dont jouissent évidemment les quatre droites qui passent par les extrémités des cordes perpendiculaires à l'axe d'une parabole divergente, de se couper à deux points de cet axe.

3.º *Les polaires harmoniques de* M *et de deux autres points d'inflexion situés sur une droite passant par* M *s'interceptent à un même point.*

En effet, les polaires harmoniques de deux points d'inflexion d'une parabole divergente symétriquement situés par rapport à son axe coupent évidemment cet axe, c'est-à-dire la polaire harmonique du point d'inflexion situé à l'infini, à un même point; or, les polaires harmoniques de la cubique (2) mentionées sont les transformées de ces droites.

4.º *Les coniques osculatrices d'une cubique aux points non singuliers où elle est coupée par la polaire harmonique de* M, *ont un contact du cinquième ordre avec cette courbe.*

En effet, le contact d'une cubique avec la conique osculatrice est, en générale, du quatrième ordre et ne peut pas être d'ordre supérieur au cinquième; or, aux sommets des paraboles divergentes ce contact est du cinquième ordre, et à ces points correspondent les points mentionnés dans la proposition énoncée.

155. La quadrature de l'aire comprise entre un arc d'une parabole divergente, l'axe des abscisses et deux parallèles à l'axe des ordonnées dépend, dans les cases 2.º et 3.º (n.º 149), des intégrales

$$\int (x - \alpha)(x - \gamma)^{\frac{1}{2}} dx, \quad \int (x - \alpha)^{\frac{1}{2}} (x - \beta) dx,$$

qui sont égales aux quantités

$$2\left[\frac{(x - \gamma)^{\frac{5}{2}}}{5} + (\gamma - \alpha) \frac{(x - \gamma)^{\frac{3}{2}}}{3} \right], \quad 2\left[\frac{(x - \alpha)^{\frac{5}{2}}}{5} + (\alpha - \beta) \frac{(x - \alpha)^{\frac{3}{2}}}{3} \right];$$

dans le premier de ces cas l'aire A de la boucle est déterminée par la formule

$$A = \frac{8}{15} (\alpha - \gamma)^{\frac{5}{2}}.$$

Mais, si la cubique n'est pas unicursale, la quadrature de l'aire considérée dépend des intégrales elliptiques, comme on le va voir.

En effet, on a

$$A = \int y \, dx = \int \sqrt{ax^3 + cx + d} \, . \, dx,$$

ou, en posant $g_1 = -4 \dfrac{c}{a}$, $g_2 = -4 \dfrac{d}{a}$,

$$A = \frac{\sqrt{a}}{2} \int \sqrt{4x^3 - g_1 x - g_2} \, . \, dx.$$

Mais

$$\int \sqrt{4x^3 - g_1 x - g_2} \, . \, dx = \frac{1}{3} \int \frac{12x^3 - 3g_1 x - 3g_2}{\sqrt{4x^3 - g_1 x - g_2}} \, dx,$$

ou, en faisant

$$4x^3 - g_1 x - g_2 = F(x),$$

$$\int \sqrt{F(x)}\, dx = \frac{1}{3} \int \frac{x\, F'(x) - 2g_1 x - 3g_2}{\sqrt{F(x)}}\, dx.$$

Si l'on remarque maintenant qu'on a, en intégrant par parties,

$$\int x\, \frac{F'(x)}{F(x)}\, dx = 2x\, \sqrt{F(x)} - 2 \int \sqrt{F(x)}\, dx,$$

on trouve

$$\int \sqrt{F(x)}\, dx = \frac{2}{3}\, x\, \sqrt{F(x)} - \frac{2}{3} \int \sqrt{F(x)}\, dx - \frac{2}{3}\, g_1 \int \frac{x\,dx}{\sqrt{F(x)}} - g_2 \int \frac{dx}{\sqrt{F(x)}}\,,$$

et par conséquent

$$\int \sqrt{F(x)}\, dx = \frac{2}{5}\, x\, \sqrt{F(x)} - \frac{2}{5}\, g_1 \int \frac{x\,dx}{\sqrt{F(x)}} - \frac{3}{5}\, g_2 \int \frac{dx}{\sqrt{F(x)}}\,.$$

On voit donc que A *dépend de deux intégrales elliptiques, l'une de première et l'autre de deuxième ordre,* auxquelles on vient de donner la forme normale adoptée par Weierstrass.

Quand $c = 0$ ou $d = 0$, l'une de ces intégrales disparaît.

156. Quand la parabole divergente considérée n'est pas unicursale, on peut exprimer ses coordonnées (x, y) par des fonctions elliptiques d'un paramètre u. En réduisant alors l'équation (5) à la forme

$$y^2 = \frac{a}{4}\, (4x^3 - g_1 x - g_2)$$

et en employant la fonction $\mathrm{p}\,(u)$ de Weierstrass, on trouve

$$(11) \qquad\qquad x = \mathrm{p} u, \quad y = \frac{1}{2}\, \sqrt{a}\, \mathrm{p}' u.$$

En partant de cette représentation des coordonnées des paraboles divergentes non unicursales, on peut construire la théorie de ces courbes par une méthode très ingénieuse, inventée par Clebesch (*Leçons sur la Géométrie,* tome II), basée principalement sur le théorème suivant de la théorie des fonctions doublement périodiques:

Si $f(u)$ est une fonction doublement périodique méromorphe, ayant dans un parallélogramme des périodes les zéros a_1, a_2, $\ldots$ et les pôles b_1, b_2, $\ldots$, on a

$$m_1\, a_1 + m_2\, a_2 + \ldots - (n_1\, b_1 + n_2\, b_2 + \ldots) = 2k_1\, \omega_1 + 2k_2\, \omega_2,$$

$2\omega_1$ et $2\omega_2$ *étant les périodes de la fonction,* k_1 *et* k_2 *deux nombres entiers positifs,* m_1, m_2, ... *les degrés de multiplicité des pôles.*

En appliquant ce théorème à la fonction

$$A\,pu + B\,p'u + C = 0,$$

et en remarquant que cette fonction a pour pôle unique le point 0, on conclut immédiatement que les valeurs u_1, u_2, u_3 prises par u aux points d'intersection de la cubique avec la droite

$$Ax + By + C = 0$$

vérifient la condition

$$u_1 + u_2 + u_3 = 2k_1\,\omega_1 + 2k_2\,\omega_2.$$

Réciproquement, si les valeurs que u prend à trois points de la même cubique satisfont à cette condition, ces points sont situés sur une droite. En effet, la droite passant par les points correspondants à u_1 et u_2 coupent la cubique à un point où u prend une valeur u' qui satisfait à l'équation

$$u' + u_1 + u_2 = 2k_1'\,\omega_1 + 2k_2'\,\omega_2\,;$$

et on a par conséquent la relation

$$u_3 = u' + 2\,(k_1 - k_1')\,\omega_1 + 2\,(k_2 - k_2')\,\omega_2,$$

qui exprime que u_3 et u' diffèrent par des multiples des périodes, et d'où il résulte par suite que les valeurs prises par x et y quand on fait $u = u_3$ ou $u = u'$ sont égales.

Nous avons donc ce corollaire du théorème précédent:

C'est condition nécessaire et suffisante pour que les trois points de la cubique considérée correspondants aux valeurs u_1, u_2 *et* u_3 *du paramètre* u *soient placés sur une même droite, qu'on ait*

$$(12) \qquad u_1 + u_2 + u_3 = 2k_1\,\omega_1 + 2k_2\,\omega_2.$$

On déduit aisément du théorème énoncé ci-dessus d'autres corollaires analogues relatifs aux points d'intersection de la même cubique avec un cercle ou avec une conique.

On obtient au moyen de la proposition qu'on vient d'énoncer plusieurs propriétés des paraboles divergentes non unicursales, qu'on étend ensuite à toutes les cubiques non unicursales au moyen du théorème de Newton démontré plus haut. Nous en indiquerons ici deux, pour donner une idée succincte de cette manière d'étudier la théorie générale des cubiques.

I. En posant $u_1 = u_2 = u_3$ dans l'équation (12), pour exprimer que la droite considérée coupe la cubique en trois points coïncidants, on obtient cette autre :

$$3u_1 = 2k_1\,\omega_1 + 2k_2\,\omega_2,$$

qui détermine les valeurs que u prend aux points d'inflexion de la cubique. Ces valeurs **sont**

$$0, \qquad \frac{2}{3}\,\omega_2, \qquad \frac{4}{3}\,\omega_2,$$

$$\frac{2}{3}\,\omega_1, \qquad \frac{2}{3}\,\omega_1 + \frac{2}{3}\,\omega_2, \qquad \frac{2}{3}\,\omega_1 + \frac{4}{3}\,\omega_2,$$

$$\frac{4}{3}\,\omega_1, \qquad \frac{4}{3}\,\omega_1 + \frac{2}{3}\,\omega_2, \qquad \frac{4}{3}\,\omega_1 + \frac{4}{3}\,\omega_2 \,;$$

aux autres valeurs de u que la même équation détermine ne correspondent pas des points de la cubique différents de ceux qui correspondent à celles qu'on vient d'écrire.

En examinant ce tableau, on voit que la somme des nombres situés dans une même ligne est une quantité de la forme $2k_1\,\omega_1 + 2k_2\,\omega_2$; donc les points correspondants sont situés sur une même droite. De même les points correspondants aux nombres placés sur une même colonne sont aussi situés sur une même droite, ainsi que les points correspondants à chacune des combinaisons de trois nombres appartenant à des lignes et à des colonnes différentes. Donc, *le nombre des points d'inflexion des cubiques non unicursales est égal à neuf et ces points sont situés sur douze droites, dont chacune en contient trois ; trois de ces points sont réels.*

Nous venons de retrouver un théorème qu'on avait déjà obtenu par une voie plus élémentaire.

II. Comme deuxième application de la doctrine exposée, nous allons démontrer le théorème suivant, dû à Salmon, lequel a une importance considérable dans la théorie générale des cubiques :

Les quatre tangentes menées à une cubique non unicursale d'un point de la courbe, différentes de celle qui a le point de contact à ce point, ont un rapport anharmonique constant.

Pour démontrer ce théorème, il suffit de considérer les paraboles divergentes ; il se généralise ensuite à toutes les cubiques non unicursales au moyen de cette proposition bien connue : le rapport anharmonique de quatre droites concurrantes est égal à celui des transformées homographiques des mêmes droites.

Considérons un point donné d'une parabole divergente non unicursale, où u prenne la valeur u_0, et représentons par u_1, u_2, u_3 et u_4 les valeurs que u prend aux points de contact des tangentes issues du point donné. On a, en vertu de la formule (12),

$$2u_1 + u_0 = 2k_1\,\omega_1 + 2k_2\,\omega_2, \quad 2u_2 + u_0 = 2k_1'\,\omega_1 + 2k_2'\,\omega_2, \quad \cdots ;$$

d'où il résulte que les valeurs de u_1, u_2, u_3 et u_4 sont

$$u_1 = -\frac{u_0}{2}, \quad u_2 = -\frac{u_0}{2} + \omega_1, \quad u_3 = -\frac{u_0}{2} + \omega_2, \quad u_4 = -\frac{u_0}{2} + \omega_1 + \omega_2,$$

Les valeurs h_1, h_2, h_3 et h_4 des coefficients angulaires des mêmes tangentes sont donc déterminées par les formules

$$h_1 = \frac{dy}{dx} = -\frac{\sqrt{a}}{2}\,\frac{\mathbf{p}''\frac{u_0}{2}}{\mathbf{p}'\frac{u_0}{2}}, \quad h_2 = -\frac{\sqrt{a}}{2}\,\frac{\mathbf{p}''\left(\frac{u_0}{2} + \omega_1\right)}{\mathbf{p}'\left(\frac{u_0}{2} + \omega_1\right)}, \quad k_3 = -\frac{\sqrt{a}}{2}\,\frac{\mathbf{p}''\left(\frac{u_0}{2} + \omega_2\right)}{\mathbf{p}'\left(\frac{u_0}{2} + \omega_2\right)},$$

$$h_4 = -\frac{\sqrt{a}}{2}\,\frac{\mathbf{p}''\left(\frac{u_0}{2} + \omega_1 + \omega_2\right)}{\mathbf{p}'\left(\frac{u_0}{2} + \omega_1 + \omega_2\right)}.$$

Mais, d'un autre côté, si e_1, e_2 et e_3 représentent les racines de l'équation

$$4x^3 - g_1 x - g_2 = 0,$$

on a (Halphen : *Traité des fonctions elliptiques*, t. I, p. 37 et 75),

$$\mathbf{p}\,(u + \omega) = e_1 + \frac{(e_1 - e_2)\,(e_1 - e_3)}{\mathbf{p}u - e_1},$$

et par conséquent

$$\frac{\mathbf{p}''(u + \omega)}{\mathbf{p}'(u + \omega)} = \frac{\mathbf{p}''u}{\mathbf{p}'u} - \frac{2}{\mathbf{p}u - e_1}.$$

Donc

$$h_2 = h_1 + \frac{\sqrt{a}}{\mathbf{p}\,\frac{u_0}{2} - e_1}.$$

On trouve de même

$$h_3 = h_1 + \frac{\sqrt{a}}{\mathbf{p}\,\frac{u_0}{2} - e_3}, \quad h_4 = h_1 + \frac{\sqrt{a}}{\mathbf{p}\,\frac{u_0}{2} - e_2}.$$

Donc

$$\frac{h_3 - h_1}{h_3 - h_2} = \frac{\mathbf{p}\,\frac{u_0}{2} - e_1}{e_3 - e_1}, \quad \frac{h_4 - h_1}{h_4 - h_2} = \frac{\mathbf{p}\,\frac{u_0}{2} - e_1}{e_2 - e_1},$$

et par suite

$$\frac{h_3 - h_1}{h_3 - h_2} : \frac{h_4 - h_1}{h_4 - h_2} = \frac{e_2 - e_1}{e_3 - e_1}.$$

Le théorème qu'on vient de démontrer a été publié pour la première fois en 1850 par Salmon dans le tome XLII du *Journal de Crelle* et reproduit dans son ouvrage sur les *Courbes planes* (1884, p. 207, 284), où il en a donné une démonstration géométrique et une autre algébrique. M. Jamet a donné une autre démonstration algébrique du même théorème dans une Note publiée aux *Comptes rendus du deuxième Congrès de Mathématiciens* (Paris, 1902, p. 339). La démonstration que nous venons d'exposer est peut-être nouvelle.

Nous ne nous arrêterons plus sur l'application de la théorie des fonctions elliptiques à la théorie des cubiques. Pour une étude plus développée de cette intéressante doctrine on doit consulter l'ouvrage de Clebesch mentionné plus haut et le tome II du *Traité des fonctions elliptiques* de G. Halphen. Dans le premier de ces ouvrages sont employées les fonctions elliptiques de Jacobi et dans l'autre celles de Weierstrass.

X.

Les cubiques des Chasles.

157. Les paraboles divergentes ne constituent pas l'unique classe des cubiques qui puissent représenter la perspective de toutes les autres courbes du troisième ordre. De la même propriété remarquable jouit une classe de cubiques indiquée par Chasles dans son *Aperçu historique* (2.ᵉᵐᵉ éd., p. 146 et 348), dont l'équation résulte de cette autre, considérée au n.° 147 :

$$ax_1^3 + bx_1^2 z_1 + cx_1 z_1^2 + dz_1^3 = y_1^2 z_1,$$

en y faisant

$$x = \frac{x_1}{y_1} = \frac{a_1\,X + b_1\,Y + c_1}{a_2\,X + b_2\,Y + c_2}, \quad y = \frac{z_1}{y_1} = \frac{a_3\,X + b_3\,Y + c_3}{a_2\,X + b_2\,Y + c_2}.$$

L'équation de ces cubiques est donc

$$(1) \qquad y = ax^3 + bx^2 y + cxy^2 + dy^3.$$

Les cubiques de Chasles et les paraboles divergentes sont liées d'ailleurs par une relation très simple. En appliquant, en effet, à l'équation (1) la transformation de Newton :

$$(2) \qquad X = \frac{X_1}{Y_1}, \quad y = \frac{1}{Y_1}$$

on obtient cette autre:

$$(3) \qquad \qquad Y_1^2 = aX_1^3 + bX_1^2 + cX_1 + d,$$

qui coïncide avec celle des paraboles divergentes. Il en résulte d'abord que le théorème de Chasles, qu'on vient d'établir directement, peut être déduit du théorème de Newton démontré aux n.ºs 147 et 148, en se basant sur cette propriété des transformations homographiques: si deux courbes sont transformées homographiques d'une troisième, elles sont aussi transformées homographiques l'une de l'autre. Il en résulte, en outre, que les conditions auxquelles les coefficients de l'équation (1) doivent satisfaire pour que la courbe qu'elle représente ait un noeud ou un point de rebroussement, coïncident avec celles qui expriment que la parabole (3) a l'un ou l'autre de ces points, et que les coordonnées des points d'inflexion des cubiques de Chasles peuvent être obtenues au moyen des formules données au n.° 151, pour la détermination des points d'inflexion des paraboles divergentes, et des formules (2).

158. En représentant par α, β et γ les racines de l'équation

$$at^3 + bt^2 + ct + d = 0,$$

on peut mettre l'équation (1) sous la forme:

$$(4) \qquad \qquad y = a\,(x - \alpha y)\,(x - \beta y)\,(x - \gamma y),$$

et déterminer ensuite la forme des cubiques de Chasles, en considérant les mêmes cas que dans l'étude analogue des paraboles divergentes. Mais on doit remarquer déjà que toutes ces cubiques ont un *centre,* qui coïncide avec l'origine des coordonnées, et qui est en même temps un *point d'inflexion,* et que la tangente à la cubique en ce point coïncide avec l'axe des abscisses.

1.° Si les racines α, β et γ sont réelles et inégales, la courbe est formée par trois branches distinctes *(fig. 34)*. Les droites KL, K_1L_1 et K_2L_2, représentées par les équations

$$x - \alpha y = 0, \quad x - \beta y = 0, \quad x - \gamma y = 0$$

sont les asymptotes de la courbe. La branche AOB a trois points d'inflexion, en A, O et B, situés sur une même droite. Les autres branches n'ont pas de points d'inflexion.

2.° Si $\alpha = \beta$ et $\alpha > \gamma$, la cubique a encore trois asymptotes réelles, dont deux sont parallèles. Les équations de ces droites sont

$$x = \gamma y, \quad x = \alpha y \pm \sqrt{\frac{1}{a\,(\alpha - \gamma)}}\,.$$

Ce cas correspond au second des cas considérés dans l'étude des paraboles divergentes n.º 149); la cubique a donc un point d'inflexion réel, deux points d'inflexion imaginaires et un *noeud* à l'infini. Sa forme est indiquée dans la figure 35.

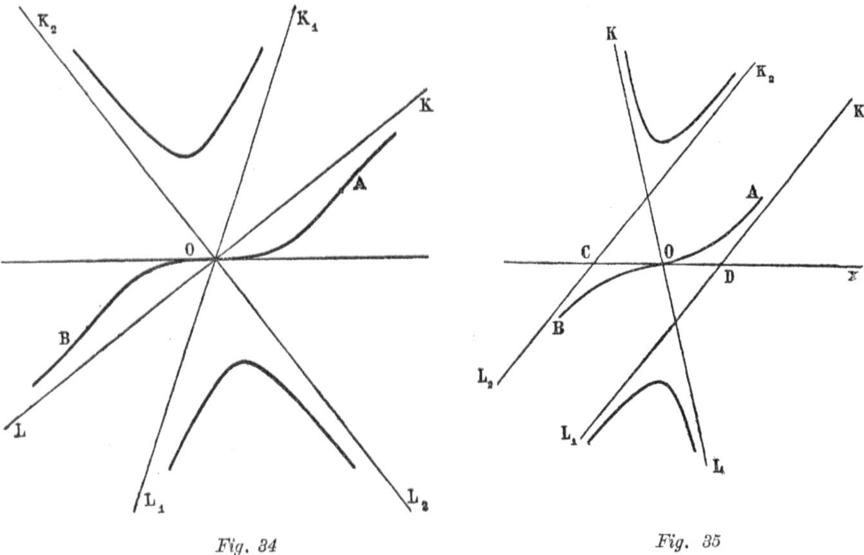

Fig. 34   Fig. 35

3.º Si $\alpha = \beta$ et $\alpha < \gamma$, la courbe a une *asymptote réelle* et deux *imaginaires,* un *noeud* à l'infini et *trois points d'inflexion réels*. Elle a alors une seule branche, de forme semblable à la branche AOB de la figure 34.

4.º Si $\alpha = \beta = \gamma$, la courbe n'a pas d'asymptotes à distance finie, et a un *point de rebroussement* à l'infini et un *point d'inflexion* à l'origine. Elle a alors une seule branche, semblable à la branche AOB de la figure 35.

5.º Si α et β sont imaginaires, la courbe a *une* asymptote réelle, représentée par l'équation $x = \gamma y$, et *deux* imaginaires. Elle a une branche avec trois points d'inflexion réels, situés sur une même droite, comme la branche AOB de la figure 34, et elle n'a pas de point double.

159. On pourrait obtenir aisément au moyen des cubiques de Chasles les théorèmes généraux de la théorie des courbes du troisième ordre qu'on a trouvés précédemment au moyen des paraboles divergentes, en remarquant qu'au point d'inflexion considéré au n.º 147 correspond maintenant le centre O et qu'à la polaire harmonique du premier point correspond une droite située à l'infini. Mais nous ne nous arrêterons pas à cette application, ni à l'indication des exemples instructifs de la manière comme on considère les points et les droites situées à l'infini dans l'étude des propriétés projectives des courbes, qui résultent de la comparaison des formes que prennent les paraboles divergentes et les cubiques de Chasles correspondantes à chacun des cinq cas considérés.

Aux cinq formes des cubiques de Chasles qu'on vient de considérer et aux cinq formes des paraboles divergentes considérées au n.° 149 correspondent cinq cônes distincts sur lesquels, d'après les théorèmes de Newton et de Chasles démontrés précédemment, peuvent être placées toutes les cubiques. Les propriétés de ces cônes furent étudiées par Mobiüs dans le volume correspondant à 1853 des *Abhand. der K. Sächs Ges. zu Leipzig,* et par Cayley dans le volume correspondant à 1866 des *Transactions of the Cambridge Philosophical Society.*

XI.

Généralisation de la théorie des cubiques circulaires.

160. Les cubiques circulaires peuvent jouer dans la théorie générale des cubiques un rôle analogue à celui des paraboles divergentes et des cubiques de Chasles. Elles peuvent, en effet, représenter, et d'une infinité de manières différentes, la perspective des autres cubiques.

Envisageons une cubique quelconque, rapportée à un triangle de référence arbitraire, et supposons que son équation soit celle-ci:

$$(1) \quad Ax_1^3 + Bx_1^2 y_1 + Cx_1 y_1^2 + Dy_1^3 + Ex_1^2 z_1 + Fx_1 y_1 z_1 + Gy_1^2 z_1 + Hx_1 z_1^2 + Ky_1 z_1^2 + Lz_1^3 = 0.$$

L'équation de la polaire du point $(x_1 = 0,\ z_1 = 0)$ est

$$Bx_1^2 + 2Cx_1 y_1 + 3Dy_1^2 + Fx_1 z_1 + 2Gy_1 z_1 + Kz_1^2 = 0.$$

Cela posé, supposons qu'on prenne pour côté des z_1 la tangente à la cubique considérée à un point M, pour côté des x_1 une droite passant par M et par deux points quelconques A_1 et A_2 de la même cubique, et pour côté des y_1 la tangente à la polaire de M au point N où cette conique, dont l'équation a été écrite ci-dessus, coupe la droite $A_1 A_2$. Alors les équations de la cubique et de la conique doivent donner pour x_1 deux valeurs égales à zéro, quand on fait dans la première $z_1 = 0$ et dans l'autre $y_1 = 0$. On a donc dans ce cas $D = 0$, $C = 0$, $F = 0$, $K = 0$; et l'équation de la cubique prend par suite la forme

$$z_1 (Gy_1^2 + Lz_1^2) + Ax_1^3 + Bx_1^2 y_1 + Ex_1^2 z_1 + Hx_1 z_1^2 = 0,$$

où G et L ont les signes contraires quand les points A_1 et A_2 sont réels et les mêmes signes quand ces points sont imaginaires.

Remarquons maintenant que cette équation fait voir que, quand $G = 0$, le point M, où $x_1 = 0$ et $z_1 = 0$, est double et que, quand $L = 0$, les points A_1 et A_2, où la droite $x_1 = 0$ coupe la cubique, coïncident. Donc, si la droite AA_1A_2 ne coupe pas la cubique donnée en des points coïncidants, on peut poser

$$x = \frac{y_1}{x_1}, \quad y = \frac{z_1}{x_1} \sqrt{\frac{G}{L}},$$

et on a une équation de la forme

$$(2) \qquad y(x^2 + y^2) + H_1 y^2 + E_1 y + B_1 x + A = 0,$$

laquelle représente une *cubique circulaire* (n.º 76) qui est donc une perspective de la cubique donnée. L'asymptote réelle de la cubique circulaire correspond à la tangente à la cubique donnée au point M.

Il convient de remarquer que, si G et L ont les signes contraires, aux points réels de la cubique proposée correspondent des points imaginaires de sa transformée. On doit remarquer encore que, si M est un point d'inflexion, le côté des z_1 doit couper la cubique en trois points coïncidants, et qu'on a donc $B = 0$ et par suite $B_1 = 0$; la cubique circulaire est par conséquent alors symétrique par rapport à l'axe des ordonnées. Dans ce cas le côté des y_1 dans le triangle de référence est (n.º 147) la *polaire harmonique* du point M.

161. Nous avons exposé quelques conséquences de cette doctrine dans un article inséré aux *Nieuw Archief voor Wiskunde* (2.º série, t. VII). Nous allons les transcrire ici et joindre quelques autres, qui n'ont été pas encore données, croyons-nous.

Ainsi, en tenant compte de la correspondance entre les points A_1, A_2 et M de la cubique donnée et les points de la cubique (2) situés, respectivement, à l'infini sur les deux asymptotes imaginaires et sur l'asymptote réelle, en remarquant qu'à un cercle quelconque du plan de la cubique (2) correspond une conique située dans le plan de la cubique donnée et passant par A_1 et A_2 et qu'au centre de ce cercle correspond le point d'intersection des tangentes à cette conique aux points A_1 et A_2, et en se fondant sur les propriétés des courbes (2) et sur celles de la transformation homographique, on obtient les théorèmes suivants:

1.º *Une cubique non unicursale quelconque* (C) *peut être considérée de quatre manières différentes comme l'enveloppe d'une série de coniques bitangentes passant par deux points fixes* A_1 *et* A_2 *de la même cubique.*

Cette proposition correspond au premier théorème du n.º 78.

2.º *A chacun de ces systèmes de coniques correspond une autre conique qui est le lieu des points d'intersection des tangentes en* A_1 *et* A_2 *à chaque conique du système considéré.*

Cette proposition découle du deuxième théorème du n.º 78. Aux asymptotes de chacun des cercles dont la cubique circulaire est l'enveloppe correspondent les tangentes à la conique qui en est la transformée aux points A_1 et A_2, et par conséquent au centre de ce cercle correspond le point d'intersection de ces tangentes, et aux quatre lieux (n.º 78) des centres des systèmes de cercles dont la cubique est l'enveloppe correspondent quatre coniques.

Nous représenterons les quatre coniques qu'on obtient ainsi par K_1, K_2, K_3 et K_4.

Si M est un point d'inflexion de la cubique considérée, la cubique circulaire correspondante possède un axe (n.º 161), qui correspond à la polaire harmonique de M. Alors, comme l'un des lieux des centres des cercles bitangents à la cubique circulaire est l'axe de cette cubique, *l'une des coniques correspondantes est remplacée par la polaire harmonique de M.*

3.º *Les droites passant par les points de contact des coniques bitangentes de chaque série se rencontrent à un même point, et les quatre points* B_1, B_2, B_3 *et* B_4 *qu'on obtient ainsi, coïncident avec les points d'intersection de la cubique avec la polaire du point M.*

La première partie de cette proposition découle du premier théorème du n.º 82. Les points B_1, B_2, B_3 et B_4 correspondent aux centres des cercles directeurs de la cubique circulaire, et, comme ces centres coïncident (n.º 83) avec les points de contact des tangentes parallèles à l'asymptote réelle de cette cubique, les points correspondants de la cubique donnée coïncident avec les points de contact des tangentes à cette cubique issues de M.

4.º *Si la cubique* (C) *est unicursale, le nombre des séries de coniques bitangentes dont elle est l'enveloppe se réduit à deux, si elle a un noeud, à un, si elle a un point de rebroussement. Dans ce cas, elle est, en outre, l'enveloppe d'une série de coniques simplement tangentes passant par le point double et par les points* A_1 *et* A_2.

Cette modification que subit le théorème 1.er quand la cubique donnée est unicursale, est une conséquence de ce qu'on a dit au n.º 84 à l'égard des cubiques circulaires unicursales.

5.º *Les tangentes à une cubique non unicursale aux points* A_1 *et* A_2 *déterminent par leurs intersections 16 points situés sur quatre coniques* H_1, H_2, H_3 *et* H_4 *passant par* A_1 *et* A_2, *et chaque conique en contient 4.*

Les points qu'on vient de mentionner sont aussi situés sur les coniques K_1, K_2, K_3 *et* K_4, *et chacune de ces coniques en contient aussi quatre.*

Si M est un point d'inflexion, quatre de ces points sont situés sur la polaire harmonique de M, *qui remplace l'une des coniques* H_i *et l'une des coniques* K_i.

Ces théorèmes résultent de ce qu'on a dit aux n.ºs 86 et 87. Les coniques H_1, H_2, H_3 et H_4 correspondent aux cercles directeurs de la cubique circulaire.

6.º *Les tangentes en* A_1 *et* A_2 *à chacune des coniques* H_1, H_2, H_3 *et* H_4 *déterminent par leur intersection quatre points coïncidant avec les points* $(B_1$, B_2, B_3, $B_4)$ *de contact des tangentes à la cubique issues du point M.*

7.º *Les points de contact des tangentes à la cubique* (C) *issues des points* B_1, B_2, B_3, B_4 *sont situés, respectivement, sur les coniques* H_1, H_2, H_3, H_4.

Cette proposition et celle qui suit correspondent à deux propriétés des cubiques circulaires démontrées au n.º 82.

8.º *Les points où une conique passant par* A_1 *et* A_2 *a avec la cubique un contact du troisième ordre coïncident avec les points d'intersection de la cubique avec les coniques* H_1, H_2, H_3, H_4.

Si M *est un point d'inflexion, une de ces coniques est remplacée par la polaire harmonique de* M.

9.° L'équation des asymptotes imaginaires de la cubique circulaire (2) est

$$x = \pm i \left(y + \frac{H}{2} \right);$$

ces droites coupent donc l'axe des ordonnées au point $\left(0, \ -\frac{H}{2} \right)$. En remarquant maintenant que cet axe correspond au côté $y_1 = 0$ du triangle de référence, on conclut *que les tangentes à la cubique donnée aux points* A_1 *et* A_2 *coupent à un même point la tangente à la polaire de* M *au point où cette ligne rencontre la droite* $A_1 A_2$. Le théorème 1.ᵉʳ du n.° 154 est un corollaire de ce qui précède.

162. Si les tangentes à la cubique donnée (C) aux points A_1 et A_2 se rencontrent à un point U situé sur cette courbe, les asymptotes de la cubique circulaire correspondantes à ces tangentes se rencontrent aussi à un point situé sur cette dernière courbe, et elle appartient donc alors à la classe des cubiques circulaires considérées au n.° 52.

Donc, *le focales de Van Rees peuvent représenter la perspective de toutes les cubiques non unicursales et de celles qui ont un noeud ou un point isolé.*

En particulier, *la strophoïde peut représenter la prespective de toutes les cubiques qui ont un noeud ou un point isolé.*

Il résulte de ce théorème et de la doctrine exposée aux n.°ˢ 54 à 58 et au n.° 65, en tenant compte de la correspondance entre le point U et le foyer singulier de la cubique circulaire et entre le point M et le point de cette cubique situé à l'infini sur l'asymptote réelle, les conséquences suivantes :

1.° *Si par le point* U *on mène deux droites quelconques et si l'on représente, respectivement, par* P, P' *et par* Q, Q' *les points où elles coupent la cubique; et si par* M *on mène les droites* MP *et* MQ' *et l'on représente par* P_1, Q_1 *les nouveaux points où elles coupent la même cubique : le point* S_1 *où les droites* PQ *et* $P_1 Q_1$ *se rencontrent est situé sur la cubique, ainsi que le point* S *d'intersection des droites* PQ_1 *et* $P_1 Q$ (n.°ˢ 54 et 57). *La droite* AS *coupe la cubique à un point placé sur* US_1 (n.°ˢ 54 et 57). *Les tangentes aux points* P, Q *et* S *coupent, respectivement, les tangentes aux points* P_1, Q_1 *et* S_1 *en des points placés sur la cubique* (n.° 58).

Si, en particulier, les points P *et* Q *sont situés sur une droite passant par* M, *la droite* P'Q' *passe aussi par* M (n.° 55).

2.° *Si de* U *on mène deux tangentes à la cubique, différentes de* UA_1 *et* UA_2, *les points de contact* B_1 *et* B_2 *sont placés sur une droite passant par* M (n.° 58).

Le point d'intersection des tangentes aux points M *et* U *est situé sur la cubique* (n.° 58).

En changeant le rôle des quatre tangentes qu'on peut mener à une cubique non unicursale d'un point de la courbe, et en tenant compte de ces théorèmes, on conclut que *les droites passant par les quatre points de contact des tangentes menées à une cubique d'un de* ses points U *se coupent à trois nouveaux points de la courbe, et que les tangentes à la cubique en ces points coupent la tangente en U à un même point de la courbe.*

3.° *La cubique donnée est le lieu des tangentes menées du point U aux coniques qui passent par A_1 et A_2 et par les deux autres points où cette cubique est coupée par le polaire de U (n.° 65).*

Les deux premiers théorèmes se rapportent à la théorie des *points correspondants* des cubiques, fondée par Maclaurin dans l'ouvrage intitulé: *De linearum geometricarum proprietatibus generalibus tractatus;* et on vient d'indiquer une nouvelle voie pour aborder l'étude de cette théorie. Nous avons publié le dernier théorème dans le travail mentionné ci-dessus.

163. Ces théorèmes sont applicables aux cubiques non unicursales et aux cubiques à noeud ou à point isolé *(cubiques nodales).* On peut déduire, par la même méthode, des propriétés de la strophoïde d'autres propriétés applicables seulement aux dernières classes de cubiques.

Ainsi, par exemple, on déduit des théorèmes 3ᵉ, 5ᵉ et 6ᵉ du n.° 50 les propriétés suivantes des cubiques nodales.

1.° Supposons que d'un point U d'une cubique nodale on mène deux droites tangentes à cette courbe aux points A_1 et A_2 et que la droite $A_1 A_2$ coupe la cubique à un autre point M; supposons encore que B et B_1 sont, respectivement, le nouveau point où la même courbe est interseptée par MU et le point où elle est interseptée par la tangente en M. Cela posé, *les tangentes à la cubique en les points B et B_1 se rencontrent à un même point de cette courbe.*

2.° *Les coniques qui passent par deux points A_1 et A_2 d'une cubique nodale et qui ont un contact du deuxième ordre avec cette courbe en trois points situés sur une droite, coupent la cubique en trois nouveaux points situés sur une conique passant par A_1 et A_2 et par le point où la cubique est coupée par la tangente au point d'intersection de cette courbe avec la droite $A_1 A_2$.*

3.° *Les coniques passant par deux points A_1 et A_2 d'une cubique nodale et ayant un contact de deuxième ordre avec cette courbe en quatre points situés sur une conique passant par A_1 et A_2 coupent la même courbe en quatre nouveaux points, situés sur une conique passant aussi par A_1 et A_2.*

Si la cubique donnée a un point de rebroussement *(cubique cuspidale)* la cubique circulaire correspondante est la cissoïde considérée au n.° 13. On peut donc étendre à tous les cubiques à point de rebroussement les propriétés projectives de cette cissoïde.

On trouve ainsi, par exemple, au moyen des théorèmes donnés au n.° 17, la propriété suivante des cubiques cuspidales:

Le lieu des points d'où l'on peut mener à une cubique cuspidale quelconque trois tangentes dont les points de contact soient sur une même droite, est une droite qui passe par son point de rebroussement. Les droites qui passent par les points de contact coupent toutes la tangente à la cubique au point de rebroussement à un même point.

On voit encore, au moyen des théorèmes 5ᵉ et 6ᵉ du n.° 16, que les propriétés 3ᵉ et 2ᵉ des cubiques nodales démontrées ci-dessus appartiennent aussi aux cubiques cuspidales.

XII.

Notice succinte sur la bibliographie de la théorie générale des cubiques.

164. Nous venons de terminer la partie de ce travail consacrée aux cubiques spéciales remarquables. L'exposition de la théorie générale des courbes de troisième ordre est incompatible avec le plan de cet ouvrage; toutefois il ne sera peut-être inutile de donner ici quelques indications bibliographiques succintes sur ce sujet.

Les fondements de cette théorie ont été posés par Newton dans son *Enumeratio linearum tertii ordinis* (1706), dont on a déjà fait mention précédemment, où ce grand géomètre a donné une énumeration et classification des courbes représentées par l'équation générale du troisième degré à deux variables, sur laquelle nous avons déjà dit quelques mots au n.º 108, et où il a indiqué les formes des 72 espèces de cubiques y considérées. Ce travail célèbre a été ensuite commenté et continué par Stirling, dans un écrit intitulé: *Lineae tertii ordinis newtonianae* (1717), et par Nicole dans son *Traité des lignes du troisième ordre* (1720 et 1731), qui ont completé l'énumération donnée par Newton et ont démontré les théorèmes relatifs à cette énumération, que ce grand géomètre avait énoncés, sans indiquer la voie qu'il avait suivie pour les obtenir. La théorie des cubiques a été continuée par Maclaurin, dans l'ouvrage intitulé *De linearum geometricarum proprietatibus tractatus* (1720), qui l'a enrichie de nouveaux et importants théorèmes; par Euler, qui lui a consacré un chapitre de son *Introductio in analysin infinitorum* (1748); par Cramer, dans son *Introduction à l'Analyse des lignes courbes* (1750); etc. On peut voir dans l'ouvrage magistrale de M. M. Cantor: *Vorlesungen über Geschichte der Mathematik* (Leipzig, t. III, 1898) quelle est la partie avec laquelle chacun de ces géomètres éminents a contribué pour le développement de ce beau et important chapitre de la Géométrie des courbes planes.

Plusieurs années plus tard, en 1835, une nouvelle et plus parfaite classification des cubiques, où les propriétés projectives de ces courbes jouent un rôle plus étendu, fut donnée par Plücker dans son *System der analytischen Geometrie;* cette classification fut étudiée de nouveau par Cayley dans un important mémoire intitulé: *On the Classification of cubic Curves* (*Mathematical Papers*, t. V, p. 354). Ensuite diverses questions relatives à ces courbes ont été considérées par Steiner, Cayley, Salmon, Sylvester, Chasles, Hesse, Clebesch, etc; mais le nombre des travaux qui ont été consacrés à ces questions, dès lors jusqu'à présent, est très considérable et nous ne pouvons pas les mentionner ici; on en peut voir le titre et l'objet dans l'ouvrage historique et bibliographique de M Loria intitulé: *Il passato ed il presente delle principale teorie geometriche* (Torino, 1896, p. 61). Nous nous bornerons à indiquer, pour l'étude générale de la théorie de ces courbes, l'ouvrage classique de Salmon, *Courbes planes* (Paris, 1884); celui de Durege, *Die ebene Curven dritter ordenung* (Leipzig, 1871); les remarquables *Leçons de Géométrie* de Clebesch (Paris, 1879–80–83). Dans le premier de ces ouvrages est consacré à la théorie des cubiques un long chapitre, et dans la dernière une grande partie du second volume; l'autre ouvrage est spécialement consacré à cette théorie.

CHAPITRE III.

QUARTIQUES REMARQUABLES.

I.

Les spiriques de Perseus.

165. On désigne par le nom de *spiriques de Perseus* les courbes qu'on obtient en coupant le *tore* par des plans parallèles à l'axe, car, d'après Proclus, qui en a fait mention dans son *Commentaire sur le premier livre d'Euclides* (ed. *Taylor*, p. 139 et 146), elles ont été considérées pour la première fois par Perseus, géomètre qui a vêcu au deuxième siècle avant J. C. Ces courbes sont aussi mentionnées, d'après une Note de Chasles à son *Aperçu historique* (1875, p. 271), dans un ouvrage intitulé *Nomenclatura vocabulorum geometricarum,* plus ancien que celui de Proclus, attribué à Héron d'Alexandrie, mais on n'y indique pas le nom de leur inventeur.

On sait que le *tore* est représenté par l'équation

$$(l \pm \sqrt{x^2 + z^2})^2 = R^2 - y^2,$$

quand on prend son centre pour l'origine des coordonnées et son axe pour l'axe de y, R représentant le rayon des cercles méridiens et l la distance des centres de ces cercles à l'axe de la surface.

Les courbes qu'on obtient quand on coupe cette surface par des plans parallèles à son axe et équidistants de cette droite, sont toutes égales; il suffit donc de considérer celles qui sont situées sur les plans perpendiculaires à l'axe des z dans les points où cette coordonnée est positive. Comme l'équation de ces plans est $z = c$, où $c > 0$, l'équation de chacune des courbes mentionnées, rapportée à deux axes parallèles à celles de x et des y passant par le point où son plan est coupé par l'axe des z, est

$$(1) \qquad (l \pm \sqrt{x^2 + c^2})^2 = R^2 - y^2$$

ou

$$(2) \qquad (x^2 + y^2 + l^2 + c^2 - R^2)^2 = 4l^2 (x^2 + c^2).$$

Les *spiriques de Perseus* sont donc des courbes du *quatrième ordre,* dont on détermine aisément la forme, comme on le va voir.

166. Il résulte d'abord de l'équation de ces courbes, ou de leur définition géométrique, qu'elles n'ont pas de branches infinies et qu'elles sont symétriques par rapport aux axes des coordonnées.

On voit ensuite, au moyen des équations

$$(y^2 + x^2 - l^2 + c^2 - R^2)\, x = 0, \quad (y^2 + x^2 + l^2 + c^2 - R^2)\, y = 0,$$

qu'on obtient en différentiant l'équation 2) par rapport à x et à y, que les courbes considérées ont un *point double* à l'origine des coordonnées, quand

$$(3) \qquad\qquad l \pm c = \pm R,$$

et que, si cette condition n'est pas satisfaite, elles n'ont pas de point double à distance finie. Les équations (3) coïncident avec les conditions pour que les plans des spiriques soient tangents au tore, et ces courbes sont imaginaires quand $c = l + R$. Dans les autres cas l'équation (2) prend la forme

$$(x^2 + y^2)^2 = a^2 y^2 + b^2 x^2,$$

où

$$a^2 = 4lc, \quad b^2 = 4l(l + c),$$

quand $l + c = R$; ou la forme

$$(x^2 + y^2)^2 = b^2 x^2 - a^2 y^2,$$

où

$$a^2 = 4\, lc, \quad b^2 = 4l(l - c),$$

quand $l - c = R.$

Dans ces deux cas singuliers, qui seront étudiés plus loin, les *spiriques* sont nommées *lemniscates.*

167. Les spiriques qui ne satisfont pas à la condition (3) sont formées par deux branches fermées, séparées l'une de l'autre. Pour déterminer la forme et la position de ces branches, nous allons chercher premièrement les points où les abscisses et les ordonnées ont une valeur maxime ou minime.

En différentiant pour cela l'équation (2), on trouve

$$(x^2 + y^2 + l^2 + c^2 - R^2)\, y\, dy + (x^2 + y^2 - l^2 + c^2 - R^2)\, x\, dx = 0,$$

d'où il résulte que y est maxime ou minime quand $x = 0$, et quand $x^2 + y^2 - l^2 + c^2 - R^2 = 0$.

Les coordonnées des points, réels ou imaginaires, qui satisfont à ces conditions sont

$$x = 0, \quad y = \pm \sqrt{R^2 - (l \pm c)^2},$$

et

$$x = \pm \sqrt{l^2 - c^2}, \quad y = \pm R.$$

On voit au moyen de la même équation que x est maxime ou minime quand $y = 0$, et quand $x^2 + y^2 + l^2 + c^2 - R^2 = 0$. Les points qui satisfont à la première condition ont pour coordonnées

$$x = \pm \sqrt{(\pm R - l)^2 - c^2}, \quad y = 0,$$

et peuvent être réels ou imaginaires; ceux qui satisfont à la deuxième condition sont imaginaires.

Cela posé, nous allons considérer divers cas, correspondants aux différentes distances du plan de la spirique considérée à l'axe du tore; les trois premiers concernent le tore *ouvert* ($l > R$), et les autres le tore *fermé* ($l < R$).

Cas. 1.er Supposons qu'on ait $l > R$ *(tore ouvert)* et $l \gtreqless c < l + R$. Alors la courbe possède deux points où l'ordonnée est maxime ou minime, dont les coordonnées sont

$$[0, \pm \sqrt{R^2 - (l - c)^2}],$$

et deux points où l'abscisse est maxime ou minime, dont les coordonnées sont

$$[\pm \sqrt{(R + l)^2 - c^2}, \ 0].$$

La courbe a donc alors la forme d'un ovale *(fig. 36)*, dont les axes DB et EC sont égaux à $2\sqrt{R^2 - (l - c)^2}$ et $2\sqrt{(R + l)^2 - c^2}$.

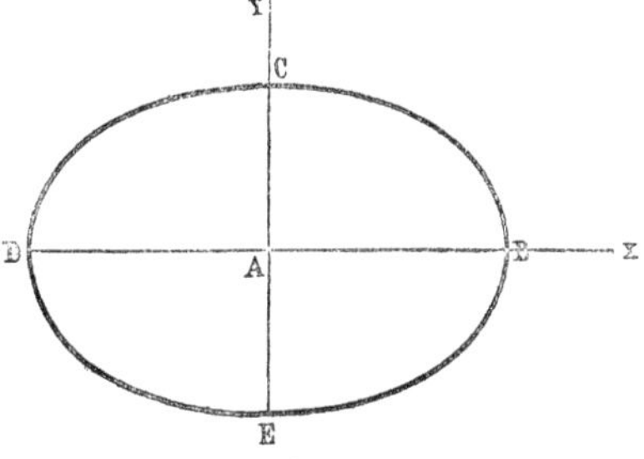

Fig. 36

Cas 2e. Si l'on a $l > R$ et $l - R < c < l$, les coordonnées des points où y est maxime ou minime sont

$$[0, \pm \sqrt{R^2 - (l - c)^2}], \quad [\pm \sqrt{l^2 - c^2}, \ \pm R],$$

et celles des points où x est maxime ou minime sont

$$[\pm \sqrt{(R + l)^2 - c^2}, \ 0].$$

La courbe a donc la forme indiquée dans la figure 37, où

$$FB = 2\sqrt{(R + l)^2 - c^2}, \quad HD = 2\sqrt{R^2 - (l - c)^2}, \quad PQ = 2\sqrt{l^2 - c^2}, \quad AC = 2R.$$

*

Cas 3ᵉ. Si $l > R$ et $c < l - R$, l'ordonnée y est maxime ou minime aux points

$$[\pm \sqrt{l^2 - c^2}, \quad \pm R]$$

et l'abscisse x aux points

$$[\pm \sqrt{(\pm R - l)^2 - c^2}, \quad 0].$$

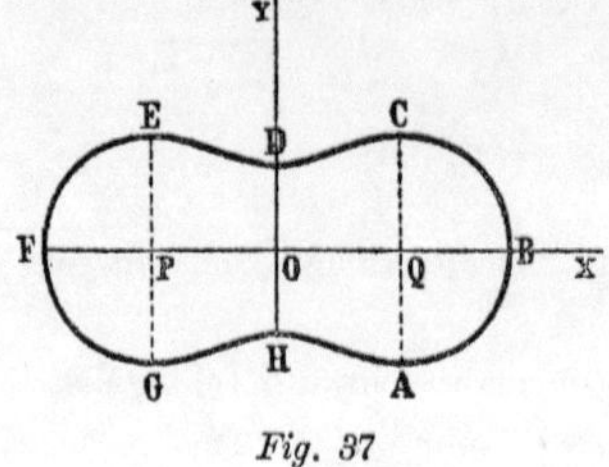

Fig. 37

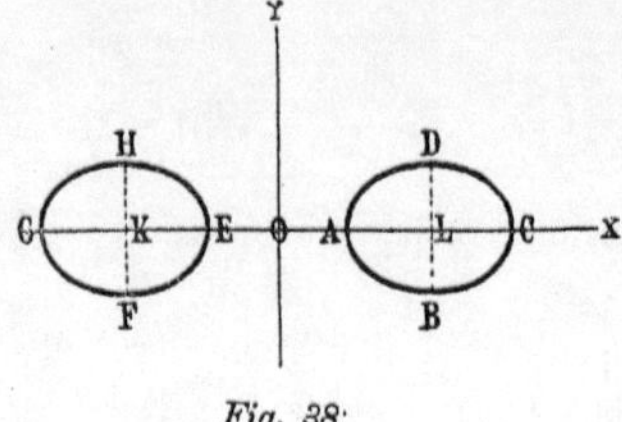

Fig. 38

Donc la courbe a la forme indiquée dans la figure 38, où

$$OA = \sqrt{(R - l)^2 - c^2}, \quad OC = \sqrt{(R + l)^2 - c^2}, \quad DB = 2R, \quad OL = \sqrt{l^2 - c^2}.$$

Cas 4ᵉ. Supposons maintenant qu'on ait $l < R$ *(tore fermé)* et $l < c < R + l$. Dans ce cas la variable y est maxime ou minime aux points

$$[0, \quad \pm \sqrt{R^2 - (l - c)^2}],$$

si $c > R - l$; et elle est maxime ou minime à ces points et aux points

$$[0, \quad \pm \sqrt{R^2 - (l + c)^2}],$$

quand $c < R - l$.

La variable x est maxime ou minime aux points

$$[\pm \sqrt{(R + l)^2 - c^2}, \quad 0],$$

si $c > R - l$; et elle est maxime ou minime à ces points et aux points

$$[\pm \sqrt{(R - l)^2 - c^2}, \quad 0],$$

quand $c < R - l$.

Dans le premier de ces cas la courbe est formée par un ovale unique, dont les axes sont égaux à

$$2\sqrt{R^2-(l-c)^2}, \quad 2\sqrt{(R+l)^2-c^2},$$

et dans le deuxième cas elle est composée de deux ovales, dont les axes sont égaux à

$$2\sqrt{R^2-(l\pm c)^2}, \quad 2\sqrt{(R\mp l)^2-c^2}.$$

Ces ovales ont la forme indiquée dans la figure 36, et l'un est à l'intérieur de l'autre.

Cas 5ᵉ. Si $l<R$ et $R-l<c<l$, les coordonnées des points où y est maxime ou minime sont

$$[\pm\sqrt{l^2-c^2}, \quad \pm R], \quad [0, \quad \pm\sqrt{R^2-(l-c)^2}];$$

et celles des points réels où x est maxime ou minime sont

$$[\pm\sqrt{(R+l)^2-c^2}, \quad 0].$$

La courbe a donc une forme semblable à celle qu'elle avait dans le second cas.

Cas 6ᵉ. Si, enfin, $l<R$, $c<R-l$ et $c<l$, les points où y est maxime ou minime sont déterminés par les coordonnées

$$[0, \quad \pm\sqrt{R^2-(l\pm c)^2}], \quad [\pm\sqrt{l^2-c^2}, \quad \pm R];$$

et les points où x est maxime ou minime par celles-ci :

$$[\pm\sqrt{(\pm R-l)^2-c^2}, \quad 0].$$

La courbe est donc composée d'un ovale semblable à celui de la figure 37 et d'un autre semblable à celui de la figure 36, situé à l'intérieur du premier, dont les axes sont égaux à

$$2\sqrt{R^2-(l\pm c)^2}, \quad 2\sqrt{(\pm R-l)^2-c^2}.$$

168. En cherchant les asymptotes des spiriques par la méthode générale connue, on trouve que chacune de ces courbes a quatre asymptotes imaginaires, représentées par les équations

$$y=i(x\pm l), \quad y=-i(x\pm l);$$

on voit ensuite que cette courbe a deux *noeuds* imaginaires, qui coïncident avec les points circulaires de l'infini.

Pour déterminer les *foyers* des spiriques, remarquons d'abord que les asymptotes, dont on vient d'écrire les équations, se coupent en quatre points, lesquels sont (n.º 85) les *foyers singuliers* de la courbe considérée. Deux de ces foyers sont *réels* et leurs coordonnées sont $(\pm l, 0)$; les autres ont pour coordonnées $(0, \pm il)$ et ils sont donc imaginaires.

On détermine aussi aisément les *foyers ordinaires* de la même quartique par la méthode suivante.

Considérons la droite représentée par l'équation

$$y = ix + k$$

et remarquons qu'elle coupe la courbe représentée par (2) en deux points dont les abscisses sont déterminées par l'équation

$$4\,(k^2 + l^2)\,x^2 - 4ki\,(k^2 + l^2 + c^2 - \mathrm{R}^2)\,x + 4l^2\,c^2 - (k^2 + l^2 + c^2 - \mathrm{R}^2)^2 = 0.$$

La condition pour que cette droite soit tangente à la courbe considérée, c'est que ces deux points coïncident, et que, par conséquent, les racines de la dernière équation soient égales. Cette condition est donc exprimée par l'équation

$$k^2\,(k^2 + l^2 + c^2 - \mathrm{R}^2)^2 + (k^2 + l^2)\,[4l^2\,c^2 - (k^2 + l^2 + c^2 - \mathrm{R}^2)^2] = 0,$$

ou

$$(k^2 + l^2)^2 - 2\,(k^2 + l^2)\,(c^2 + \mathrm{R}^2) + (c^2 - \mathrm{R}^2)^2 = 0,$$

ou enfin

$$k^2 = (c \pm \mathrm{R})^2 - l^2.$$

L'équation des tangentes à la spirique représentée par l'équation (2) ayant i pour coefficient angulaire est par suite

$$y = ix \pm \sqrt{(c \pm \mathrm{R})^2 - l^2}.$$

On voit de même que l'équation des tangentes à la même quartique ayant $-i$ pour coefficient angulaire est

$$y = -ix \pm \sqrt{(c \pm \mathrm{R})^2 - l^2}.$$

Les quatre droites représentées par cette équation coupent les quatre droites représentées par celle qui précède en *seize* points, qui sont les *foyers ordinaires* de la spirique considérée. *Quatre* de ces points, correspondants aux intersections des droites de l'un de ces groupes avec les droites respectivement *conjuguées* de l'autre, sont *réels;* nous allons déterminer leurs coordonnées.

1.º Si $l^2 < (\mathrm{R} - c)^2$, les racines qui figurent dans les équations des deux groupes de droites sont réelles, et les coordonnées des quatre *foyers réels* de la spirique sont donc

$$[0, \ \pm \sqrt{(c \pm \mathrm{R})^2 - l^2}].$$

2.º Si $l^2 > (R + c)^2$, les racines mentionnées sont imaginaires, et, en écrivant les équations des droites considérées de la manière suivante:

$$y = i\,[x \pm \sqrt{l^2 - (c \pm R)^2}], \quad y = -i\,[x \pm \sqrt{l^2 - (c \pm R)^2}],$$

on voit que les quatre *foyers réels* ont pour coordonnées

$$[\pm \sqrt{l^2 - (c \pm R)^2}, \quad 0].$$

3.º Si $(R - c)^2 < l^2 < (R + c)^2$, on voit de même que les coordonnées des foyers réels sont

$$[\pm \sqrt{l^2 - (R - c)^2}, \ 0], \quad [0, \ \pm \sqrt{(R + c)^2 - l^2}].$$

169. Les résultats qu'on vient d'obtenir doivent être modifiés quand on a $l = R \pm c$, c'est-à-dire quand (n.º 166) la courbe a un *point double* à l'origine des coordonnées.

En effet, si $l = R - c$, les droites qui coupent la courbe donnée en deux points coïncidents et qui ont pour coefficients angulaires i ou $-i$, sont représentées par les équations

$$y = ix, \quad y = -ix, \quad y = ix \pm 2\sqrt{Rc}, \quad y = -ix \pm 2\sqrt{Rc}.$$

Alors les deux premières droites se coupent au *point double,* et les autres déterminent par leurs intersections *quatre foyers ordinaires,* dont *deux,* définis par les coordonnées $(0, \pm 2\sqrt{Rc})$, sont réels.

Si $l = R + c$, la courbe a aussi *quatre foyers ordinaires,* dont deux, déterminés par les coordonnées $(\pm 2\sqrt{Rc}, 0)$, sont réels.

170. Les spiriques de Perseus peuvent être construites par une méthode donnée par Sluse dans une lettre adressée à Huygens en 1657 (*Oeuvres de Huygens,* t. II, p. 52), que nous allons indiquer.

Posons dans l'équation des spiriques

$$(4) \qquad\qquad x = x_1, \quad y = \sqrt{(2R - y_1)\, y_1}.$$

On obtient l'équation

$$(x_1^2 - y_1^2 + 2Ry_1 + l^2 + c^2 - R^2)^2 - 4l^2\,(x^2 + c^2) = 0,$$

équivalente à cette autre:

$$[x_1^2 - y_1^2 + 2R\,y_1 + c^2 - l^2 - R^2]^2 - 4l^2\,(R - y_1)^2 = 0,$$

et qui peut par suite être remplacée par ces deux autres :

$$(5) \qquad x_i^2 - y_i^2 + 2\,(R - l)\,y_i + c^2 - l^2 - R^2 + 2lR = 0,$$

$$(6) \qquad x_i^2 - y_i^2 + 2\,(R + l)\,y_i + c^2 - l^2 - R^2 - 2lR = 0,$$

qui représentent deux hyperboles équilatères, dont les axes sont égaux à $2c$, la première ayant le centre au point $(0,\ R - l)$ et l'autre au point $(0,\ R + l)$.

Il résulte de ce qui précède qu'on peut déduire chaque point $(x,\ y)$ d'une spirique du point correspondant d'une de ces hyperboles au moyen de la construction d'une moyenne géométrique entre y_i et $2R - y_i$. On peut même employer seulement la première de ces hyperboles, parceque, quand on remplace en (4) et (5) y_i par $2R - y_i$, la valeur de y ne change pas et l'équation (5) se transforme dans l'équation (6).

Voici maintenant quelques remarques sur cette construction :

1.º Il résulte des relations (4) que les points de l'hyperbole (5) auxquels correspondent les points réels de la spirique sont compris entre les droites représentées par les équations

$$y_i = 0, \quad y_i = 2R.$$

Donc : si les deux droites coupent une même branche de l'hyperbole, la courbe est formée par deux ovales extérieurs l'un à l'autre ; si une seule de ces droites coupe l'hyperbole, la spirique se réduit à un ovale ; si l'une des deux droites coupe la branche supérieure et l'autre la branche inférieure de l'hyperbole, la spirique est formée par deux ovales dont l'un est à l'intérieur de l'autre. Dans tous ces cas les sommets de la spirique correspondent aux points où les droites coupent l'hyperbole, et aux sommets de cette conique compris entre les droites.

2.º Si la spirique a deux points à ordonnée *maxime* non situés sur l'axe des y, l'hyperbole considérée passe par ces points. En effet, il résulte de la deuxième des équations (4) que ces deux courbes se rencontrent aux points où $y_i = R$, et que les points où les ordonnées de la spirique passent par une valeur maxime sont déterminés par l'équation

$$(y_i - R)\,y_i' = 0,$$

dont une solution est $y_i = R$.

3.º On peut déterminer la sous-normale de la spirique au point $(x,\ y)$, quand on connait la sous-normale de l'hyperbole au point $(x_i,\ y_i)$, au moyen de la relation

$$y y' = R y_i' - y_i y_i'.$$

171. On peut encore construire les spiriques et leurs tangentes par une méthode plus facile que celle de Sluse que nous avons donnée dans une Note insérée aux *Archiv der Ma-*

thematik und Physik (3.ᵉ série, t. XI, 1906). En effet, si l'on pose dans l'équation (2)

$$(7) \qquad x^2 = x_2^2 - c^2, \quad y = y_2,$$

on trouve

$$(8) \qquad (x_2 \mp l)^2 + y_2^2 = \mathrm{R}^2,$$

d'où il résulte qu'on peut déduire chaque point (x, y) de la spirique d'un point (x_2, y_2) des cercles représentés par cette équation au moyen de la construction d'une moyenne géométrique entre $x_2 - c$ et $x_2 + c$. Il suffit même d'employer, pour construire la spirique, un seul des cercles (8), puisque cette courbe est symétrique par rapport à l'axe des ordonnées.

Nous ferons sur cette construction les remarques suivantes, qui se rapportent au cercle correspondant au signe supérieur de (8):

1.º Si ce cercle ne coupe pas l'axe des ordonnées et si la droite représentée par l'équation $x = c$ est comprise entre cet axe et le cercle, la spirique est formée par deux ovales *(fig. 38)*; alors les points A, C, E et G correspondent aux points où le cercle coupe l'axe des abscisses et les points D, B, H et F aux points où les tangentes au même cercle sont parallèles à cet axe.

2.º Si le cercle ne coupe pas l'axe des ordonnées, mais coupe la droite $x = c$, la spirique a la forme indiquée dans la figure 37, quand la droite coupe le demi-cercle plus prochain de l'axe des ordonnées, et la forme indiquée dans la figure 36, dans le cas contraire. Dans les deux cas les sommets de la spirique situés sur l'axe des abscisses correspondent aux points où le cercle intersepte cet axe, et les sommets de la même quartique situés sur l'axe des ordonnées correspondent aux points où la droite $x = c$ coupe le cercle. Les points A, C, E et G de la figure 37 correspondent aux points du cercle où les tangentes sont parallèles à l'axe des abscisses.

3.º Si le cercle considéré rencontre l'axe des ordonnées, la spirique est formée par deux ovales quand les droites $x = c$ et $x = -c$ coupent le cercle considéré, par un ovale unique quand l'une seule de ces droites coupe le cercle, et elle est imaginaire si ni l'une ni l'autre ne la coupent pas. On détermine les sommets et les points où la tangente est parallèle à l'axe des abscisses comme dans les cas précédents.

4.º Les sous-normales de la spirique et du cercle, par rapport à l'axe des ordonnées, sont égales, puisqu'on a

$$x \frac{dx}{dy} = x_2 \frac{dx_2}{dy_2};$$

donc, *les normales à ces deux courbes aux points correspondants passent par le même point de l'axe des ordonnées*. Il résulte de cette proposition une manière facile de construire les normales et, par suite, les tangentes aux spiriques.

172. Pour calculer la valeur du rayon de courbure R_1 à un point quelconque de la spirique, on peut employer la formule

$$R_1 = \frac{(x'^2 + y'^2)^{\frac{3}{2}}}{x'y'' - y'x''} = \frac{\left[x_1^2\left[R^2 - (x_2 - l)^2\right] + (x_2 - l)^2(x_2^2 - c^2)\right]^{\frac{3}{2}}}{R^2(x_2^3 - c^2 l) - c^2(x_2 - l)^3},$$

où x' et y' représentent les dérivées de x et y par rapport à x_2, dont les valeurs sont déterminées par les équations (7) et (8).

On en conclut, en donnant à x_2 les valeurs $l \pm R$, c et l, que les valeurs que R_1 prend aux sommets de la courbe situés sur les axes des abscisses et des ordonnées, et aux points de contact des bitangentes parallèles à l'axe des abscisses sont, respectivement,

$$\frac{R\left[(l \pm R)^2 - c^2\right]^{\frac{1}{2}}}{l \pm R}, \quad \frac{c\left[R^2 - (c - l)^2\right]^{\frac{1}{2}}}{c - l}, \quad \frac{Rl^2}{l^2 - c^2}.$$

Une autre conséquence qui résulte de l'expression de R_1, c'est que chaque spirique a *douze points d'inflexion*, réels ou imaginaires, dont les coordonnées sont déterminées par les formules (7) en y substituant les racines de l'équation

$$(9) \qquad\qquad R^2(x_2^3 - c^2 l) - c^2(x_2 - l)^3 = 0.$$

On peut démontrer aisément que le nombre des points d'inflexion *réels* ne peut pas être supérieur à *quatre,* en remarquant que le discriminant

$$D = -\frac{27c^4 l^2}{(R^2 - c^2)^2}\left\{\left[c^2 l^2(3R^2 - c^2) + (R^2 - c^2)^2(l^2 - R^2)\right]^2 - 4c^2 l^4 R^6\right\}$$

de l'équation précédente peut être mis sous la forme

$$D = -27c^4 l^2 R^4 (l - R - c)(l + R + c)(l - R + c)(l + R - c).$$

En effet, en supposant premièrement $l > R$ *(tore ouvert),* on trouve les résultats suivants:

1.º Si $l < c < l + R$, c'est-à-dire dans le premier des cas considérés au n.º 167, le discriminant est positif et l'équation (9) a trois racines réelles; on voit au moyen des signes que prend le premier membre de cette équation quand on donne à x_2 les valeurs 0, l, c, $l + R$ et ∞, que ces racines sont comprises entre 0 et l, l et c, $l + R$ et ∞. Les points réels de la spirique correspondent aux valeurs de x_2 comprises entre c et $l + R$, et par conséquent dans ce cas la spirique n'a pas de points d'inflexion réels.

2.º Si $l - R < c < l$, c'est-à-dire dans le second des cas considérés au n.º 167, l'équation (9) a trois racines réelles comprises entre $-\infty$ et 0, 0 et c, c et l, si $c < R$, ou entre 0 et c, c

et l, l et ∞, lorsque $c > R$. La spirique a donc alors quatre points d'inflexion réels, correspondants à la racine comprise entre c et l. Quand $c = l$, deux de ces points sont réunis au point D et deux autres au point H; D et H sont alors des *points d'ondulation*.

3.° Si $c < l - R$, c'est-à-dire si la courbe est formée de deux ovales, deux des racines de (9) sont imaginaires, et l'autre est comprise entre 0 et $-\infty$, si $c < R$, ou entre $l + R$ et ∞, si $c > R$. La spirique n'a pas donc de points d'inflexion réels.

On démontre de la même manière que, si $l < R$ *(tore fermé)*, la spirique n'a pas aussi de points d'inflexion réels ou elle en a quatre.

Il est à remarquer encore que ce qu'on vient de dire n'est pas applicable au cas où $R = c$. Alors l'équation (9) se réduit à celle-ci :

$$3lx_2^2 - 3l^2x_2 + l(l^2 - c^2) = 0,$$

et par conséquent la spirique a seulement *huit* points d'inflexion à distance finie. On pourrait voir aisément, par une analyse semblable à celle qu'on vient d'employer précédemment, que la spirique a encore quatre points d'inflexion réels au deuxième des cas considérés au n.° 167, c'est-à-dire lorsque $c < l < 2c$, et que dans les autres cas elle n'a pas de points d'inflexion réels ; mais les spiriques qui satisfont à la condition $R = c$ seront spécialement étudiées bientôt.

173. Les problèmes de la quadrature des spiriques et de la cubature de leurs solides de révolution autour des axes des coordonnées peuvent être résolus aisément au moyen d'une des transformations considérées aux n.°ˢ précédents.

Ainsi, en appliquant la transformation considérée au n.° 171, on trouve que l'aire comprise entre la courbe, l'axe des abscisses et deux parallèlles à l'axe des ordonnées passant par les points $(a, 0)$ et $(b, 0)$ est déterminée par l'égalité

$$A = \int_a^b y\,dx = \int_\alpha^\beta x_2 \sqrt{\frac{R^2 - (x_2 - l)^2}{x_2^2 - c^2}}\,dx_2,$$

où α et β représentent les valeurs de x_2 correspondantes aux valeurs a et b de x. On voit donc que A dépend des fonctions élémentaires quand $l \pm c = \pm R$, c'est-à-dire dans le cas des lemniscates, et des fonctions elliptiques dans les autres cas.

Le volume du solide engendré par l'aire qu'on vient de considérer en tournant autour de l'axe des abscisses est donné par la formule

$$V_1 = \pi \int_a^b y^2\,dx = \pi \int_\alpha^\beta \frac{x_2\,[R^2 - (x_2 - l)^2]}{\sqrt{x_2^2 - c^2}}\,dx_2$$

$$= \pi \left\{ \sqrt{x_2^2 - c^2}\left[R^2 - l^2 - \frac{2}{3}c^2 + lx_2 - \frac{1}{3}x_2^2\right] + c^2 l \log\left(x_2 + \sqrt{x_2^2 - c^2}\right) \right\}\Big|_\alpha^\beta.$$

En particulier, pour obtenir le volume du solide engendré par un ovale en tournant autour de l'axe des abscisses, on doit poser $\alpha = l - R$, $\beta = l + R$ dans le cas de la figure 38, $\alpha = c$, $\beta = l + R$ dans les cas des figures 36 et 37.

Le volume du solide engendré par l'aire comprise entre la courbe, l'axe des ordonnées et les parallèles à l'axe des abscisses passant par les points $(0, u)$ et $(0, v)$ est donné par la formule

$$V_2 = \pi \int_u^v x^2 \, dy = \pi \int_{u_2}^{v_2} \frac{(x_2 - l)(x_2^2 - c^2)}{\sqrt{R^2 - (x_2 - l)^2}} \, dx_2$$

$$= \pi \left\{ \sqrt{R^2 - (x_2 - l)^2} \left[c^2 - \frac{2}{3} R^2 - \frac{1}{3} l^2 - \frac{1}{3} l x_2 - \frac{1}{3} x_2^2 \right] + R^2 l \arcsin \frac{x_2 - l}{R} \right\}_{u_2}^{v_2}.$$

174. *Le lieu des points par lesquels on peut mener à une conique à centre deux tangentes formant un angle donné α est une spirique.*

Soit

$$\frac{x^2}{a} + \frac{y^2}{b} = 1$$

l'équation de la conique. L'équation du lieu considéré, donnée par Garlin dans une Note insérée aux *Nouvelles Annales de Mathématiques* (1854, p. 415), est

$$(x^2 + y^2)^2 - 2(a + b + 2a \cot^2 \alpha) x^2 - 2(a + b + 2b \cot^2 \alpha) y^2$$
$$+ (a + b)^2 + 4ab \cot^2 \alpha = 0,$$

et les conditions pour qu'il soit identique à une spirique sont donc

$$l^2 + R^2 - c^2 = a + b + 2a \cot^2 \alpha,$$
$$R^2 - c^2 - l^2 = a + b + 2b \cot^2 \alpha,$$
$$(l^2 + c^2 - R^2)^2 - 4l^2 c^2 = (a + b)^2 + 4ab \cot^2 \alpha.$$

En éliminant maintenant $a + b$ entre les deux premières équations et $l^2 + c^2 - R^2$ entre les dernières, on obtient deux nouvelles équations qui, en tenant compte de la deuxième, donnent les relations suivantes:

$$l^2 = (a - b) \cot^2 \alpha, \quad c^2 = \frac{b^2}{(a - b) \sin^2 \alpha}, \quad R^2 = \frac{a^2}{(a - b) \sin^2 \alpha},$$

par lesquelles on détermine les paramètres l, c et R de la spirique, quand les paramètres a et b de la conique et l'angle α sont donnés. Les valeurs qu'on obtient par l, c et R sont réelles lorsque $a - b > 0$.

Garlin, à qui est dû le théorème qu'on vient de démontrer, n'a pas examiné la question inverse de la précédente; mais on voit aisément que les équations qu'on vient d'écrire donnent les relations

$$a^2 \cos^2 \alpha = R^2\, l^2 \sin^4 \alpha, \quad a - b = l^2 \tan^2 \alpha, \quad a + b = (R^2 - c^2) \sin^2 \alpha,$$

d'où résultent ces autres

$$(10) \qquad a = \frac{R l^2}{R \pm c} \tan^2 \alpha, \quad b = \mp \frac{c l^2}{R \pm c} \tan^2 \alpha, \quad \tan^2 \alpha = \frac{(R \pm c)^2 - l^2}{l^2},$$

qui déterminent a, b et α, quand les quantités R, l et c sont données. On a donc le théorème suivant, qui complète celui de Garlin:

Si les paramètres d'une spirique verifient la condition $R + c > l$, il existe une hyperbole réelle auquelle on peut mener par chacun de ses points deux tangentes formant un angle constant α. Les demi-axes a et b de cette conique et l'angle α sont déterminés par les équations (10).

Si ces paramètres vérifient aussi les conditions $R > c$ et $R - c > l$, il existe, en outre, une ellipse réelle auquelle on peut mener par chacun des points de la spirique deux tangentes formant un angle constant.

175. Les spiriques de Perseus font partie d'une classe plus générale de quartiques, nommées aussi *spiriques,* laquelle comprend toutes les sections planes du tore. Ces courbes furent étudiées par Pagani dans un Mémoire couronné en 1824 par l'Académie des Sciences de Bruxelles, et ensuite par M. Darboux (*Nouvelles Annales,* 1864, p. 156), par La Gournerie (*Journal de Liouville,* 1869, p. 9), etc. La classe des spiriques est encore comprise dans une autre classe plus générale de courbes dont nous nous occuperons bientôt.

II.

Les cassiniennes.

176. Le lieu des points d'un plan dont le produit des distances à deux points fixes, situés dans le même plan, est constant, est une courbe qui appartient à la classe des *spiriques de Perseus,* et que nous allons étudier spécialement. On la désigne par le nom d'*ovale de Cassini, ellipse de Cassini* ou *courbe de Cassini,* pour avoir été considérée par J. Dominique Cassini, qui a pretendu substituer cette courbe à l'ellipse dans la représentation approchée du mouvement de la Terre autour du Soleil (*Mémoires de l'Académie des Sciences de Paris,* t. VIII, p. 43). On fait mention de cette tentative dans le *Diccionnaire mathématique* de Ozanan et dans les *Élements d'Astronomie* de son fils Jacques Cassini. La même courbe fut étudiée plusieurs années après, au moyen des méthodes de la Géométrie pure, par Malfatti dans un travail intitulé: *Della curva cassiniana* (1781); et plus tard Vechtmann en a abordé la théorie analytique dans une Dissertation intitulée: *De curvis lemniscatis* (1843).

Soient $2l$ la distance des points fixes considérés F et F' *(fig. 39),* m une constante donnée et M un point quelconque de la courbe qu'on vient de définir. On a

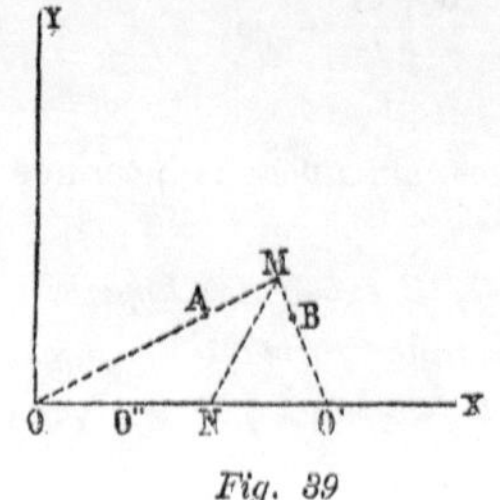

Fig. 39

$$MF . MF' = m,$$

et par suite, en prenant la droite FF' pour axe des abscisses et le milieu O du segment FF' pour origine des coordonnées,

$$[(x-l)^2 + y^2][(x+l)^2 + y^2] = m^2$$

ou, en faisant $m^2 = 4l^2 c^2,$

$$(1) \qquad (x^2 + y^2 + l^2)^2 = 4l^2(x^2 + c^2).$$

177. En comparánt cette équation à l'équation (2) du n.º 165, on voit que les courbes de Cassini coïncident avec les spiriques qu'on obtient en coupant le tore par un plan parallèle à son axe, dont la distance à cet axe soit égale au rayon du cercle générateur de la surface.

En posant donc R = c dans les résultats obtenus au n.º 165 pour les spiriques, on en conclut que les courbes de Cassini sans point double à distance finie ont trois formes différentes.

Cas 1er. Si $l > 2c$ (cas 3e des spiriques), la courbe est formée par deux ovales, comme dans la figure 33.

Cas 2e. Si $2c > l > c$ (cas 2e des spiriques), la courbe a la forme indiqué dans la figure 32.

Cas 3e. Si $l \lessgtr c$ (cas 4e des spiriques), la courbe a une forme semblable à celle d'une ellipse *(fig. 36).*

Si $l = 2c,$ la courbe a pour équation

$$(x^2 + y^2)^2 = 8c^2(x^2 - y^2),$$

et sera spécialement étudiée bientôt sous le nom de *lemniscate de Bernoulli.*

178. L'équation polaire des courbes de Cassini est

$$\rho^4 - 2l^2 \rho^2 \cos 2\theta + l^4 = 4l^2 c^2.$$

Au moyen de cette équation et des formules connues

$$\sin V = \rho\,\frac{d\theta}{ds}, \quad \cos V = \frac{d\rho}{ds},$$

où s représente la longueur des arcs de la courbe et V l'angle de la tangente avec le vecteur du point de contact, on obtient aisément l'expression du *rayon de courbure* des courbes considérées par la méthode suivante (Cesàro: *Lezioni di Geometria intrinseca,* Napoli, 1896, p. 42).

En différentiant d'abord l'équation polaire de la courbe et en tenant compte des relations précédentes, on trouve

(A) $$\rho^2 \cos V = l^2 (\cos 2\theta - V),$$

et, en éliminant ensuite ρ au moyen de l'équation de la courbe,

(B) $$l \sin 2\theta = 2c \cos V.$$

En différentiant cette dernière équation, on obtient cette autre :

$$l \cos 2\theta\,\frac{d\theta}{ds} = - c \sin V\,\frac{dV}{ds},$$

et par suite

$$\frac{dV}{ds} = -\frac{l}{c}\cdot\frac{\cos 2\theta}{\sin V}\cdot\frac{d\theta}{ds} = -\frac{l}{c}\cdot\frac{\cos 2\theta}{\rho}.$$

Remarquons maintenant que, si φ représente l'angle formé par la tangente à la courbe avec l'axe des abscisses, on a

$$\theta = \varphi + V,$$

et, par conséquent, en tenant compte de l'égalité connue $\dfrac{d\varphi}{ds} = \dfrac{1}{R}$, où R représente le rayon de courbure,

$$\frac{d\theta}{ds} = \frac{1}{R} - \frac{l}{c\rho}\cos 2\theta.$$

Remarquons encore que des relations (A) et (B) il résulte celle-ci :

$$\rho^2 = \frac{l^2 (\cos 2\theta \cos V + \sin 2\theta \sin V)}{\cos V} = l^2 \cos 2\theta + 2cl \sin V,$$

et que cette équation et celle de la courbe considérée donnent

$$\cos 2\theta = \frac{\rho^4 + l^4 - 4l^2 c^2}{2l^2 \rho^2}, \quad \sin V = \frac{\rho^4 - l^4 + 4l^2 c^2}{4cl \rho^2}.$$

On trouve donc enfin l'égalité

$$\frac{1}{R} = \frac{\sin V}{\rho} + \frac{1}{c\rho} \cos 2\theta = \frac{3\rho^4 + l^4 - 4l^2 c^2}{4 cl\rho^2},$$

qui détermine le rayon de courbure des courbes considérées en fonction du vecteur ρ du point donné. Cette formule a été obtenue par Vechtmann (*l. c.*) au moyen d'une analyse différente.

179. On peut déterminer aisément les points d'inflexion des courbes de Cassini au moyen de l'expression du rayon de courbure R qu'on vient d'obtenir. En posant, en effet, $R = \infty$, on voit que chacune de ces courbes possède *huit points d'inflexion* à distance finie, lesquels coïncident avec les points d'intersection de cette courbe avec les cercles représentés par l'équation

$$x^2 + y^2 = \rho^2 = \pm \sqrt{\frac{1}{3}(4l^2 c^2 - l^4)}.$$

L'un de ces cercles est imaginaire; l'autre est réel quand $l \lessgtr 2c$, et, pour qu'il coupe la courbe de Cassini en des points réels, il faut que le résultant de l'élimination de y entre son équation et celle de la courbe considérée donne pour x des valeurs réelles, c'est-à-dire qu'on ait

$$\sqrt{\frac{1}{3}(4l^2 c^2 - l^4)} + l^2 \gtrless 2lc,$$

ou

$$(l - 2c)(l - c) \lessgtr 0,$$

ou, simultanément, $l \lessgtr 2c$ et $l > c$. Donc les ovales de Cassini n'ont pas de points d'inflexion réels que dans le deuxième des cas considérés au n.º 167 et dans le cas de la lemniscate.

Nous ajouterons encore à ce qui précède que chacune des asymptotes d'une courbe de Cassini coupe cette courbe en quatre points coïncidant avec les points circulaires de l'infini; donc elle a, en outre, deux *inflexions* à chacun de ces points.

Nous rappelerons ici que nous avons déjà indiqué à la fin du n.º 176 une autre méthode pour déterminer les points d'inflexion des courbes qu'on vient d'envisager.

180. Les foyers des courbes considérées peuvent être obtenus au moyen des formules données au n.º 168 pour déterminer les foyers des spiriques, en y posant $R = c$. On trouve ainsi que les courbes de Cassini possèdent *deux foyers singuliers réels*, dont les coordonnées sont $(\pm\, l,\ 0)$, et *quatre foyers ordinaires réels*, dont les coordonnées sont

$$[x=\pm\, l,\ y=0],\quad [x=\pm\sqrt{l^2-4c^2},\ y=0],$$

quand $l>2c$, ou

$$[x=\pm\, l,\ y=0],\quad [x=0,\ y=\pm\sqrt{4c^2-l^2}],$$

si $l<2c$.

On voit donc que les points F et F' *(fig. 39)*, dont les coordonnées sont $(\pm\, l,\ 0)$, sont en même temps des *foyers singuliers* et des *foyers ordinaires de la courbe considérée*. On voit encore aisément, en formant l'expression du produit des distances d'un point $(x,\ y)$ aux deux autres foyers et en y éliminant ensuite x^2-y^2 au moyen de l'équation de la courbe, que *le rapport du produit des distances d'un point quelconque de la courbe à ces foyers et du carré de sa distance au centre est égal à la constante* $\dfrac{2c}{l}$.

181. En prenant pour origine des coordonnées le foyer F et en représentant par ρ et ρ' les distances d'un point quelconque d'un ovale de Cassini aux foyers F et F', on a

$$x^2+y^2=\rho^2,\quad (x-2l)^2+y^2=\rho'^2,$$

et par conséquent

$$x=\frac{\rho^2\,(\rho^2+4l^2)-m^2}{4l\rho^2},\quad y=\frac{\sqrt{16l^2\,\rho^6-[\rho^2\,(\rho^2+4l^2)-m^2]^2}}{4l\rho^2},$$

ou, en posant $\rho^2=t$,

$$x=\frac{t\,(t+4l^2)-m^2}{4lt},\quad y=\frac{\sqrt{16l^2\,t^3-[t\,(t+4l^2)-m^2]^2}}{4lt}.$$

Nous avons ainsi deux équations qui déterminent les coordonnées des points de la courbe en fonction d'un paramètre variable t.

Cela posé, cherchons les valeurs que t prend aux points d'intersection de la courbe avec la droite correspondante à l'équation

$$Ax+By+C=0.$$

En éliminant, pour cela, x et y entre ces équations, on trouve celle-ci:

$$(A^2+B^2)\,t^4+8\,[Al\,(Al+C)-l^2B^2]\,t^3+\ldots+(A^2+B^2)\,m^4=0,$$

qui détermine ces valeurs et fait voir qu'on a, en représentant par t_1, t_2, t_3 et t_4 ses racines et par ρ_1, ρ_2, ρ_3 et ρ_4 les valeurs correspondantes de ρ,

$$\rho_1^2 + \rho_2^2 + \rho_3^2 + \rho_4^2 = \frac{8\,[l^2\,\mathrm{B}^2 - \mathrm{A}l\,(\mathrm{A}l + \mathrm{C})]}{\mathrm{A}^2 + \mathrm{B}^2}\,, \qquad \rho_1\,\rho_2\,\rho_3\,\rho_4 = m^2.$$

On a donc les théorèmes suivants, que nous avons déjà indiqués dans une Note insérée dans la *Revista trimestral de Matematicas* (Zaragoza, t. I, 1901).

1.º *Les droites parallèles à* FF' *coupent la courbe de Cassini en quatre points tels que la somme des carrés de leurs distances à l'un des foyers* F *ou* F' *est constante.*

2.º *Le produit des distances à l'un des foyers* F *ou* F' *des points où une droite quelconque coupe la même courbe est constant.*

182. L'équation des ovales de Cassini peut être mise sous la forme

$$[(x + iy)^2 - l^2]\,[(x - iy)^2 - l^2] = 4l^2\,c^2,$$

ou encore

$$[(x + iy)^2 - l^2 + 2\lambda\,cl]\,[(x - iy)^2 - l^2 + 2\lambda'cl]$$

$$= \lambda\lambda'\left[(x + iy)^2 - l^2 + 2\,\frac{cl}{\lambda'}\right]\left[(x - iy)^2 - l^2 + 2\,\frac{cl}{\lambda}\right],$$

où λ et λ' représentent deux nombres arbitraires, comme on le peut vérifier aisément; et, sous cette forme, elle donne, comme M. Darboux l'a fait voir *(Sur une classe remarquable de courbes et de surfaces,* Paris, 1873, p. 80), les propriétés suivantes des courbes qu'elle représente.

1.º Donnons à λ et λ' les valeurs imaginaires conjugées $p + iq$ et $p - iq$, et posons dans l'équation précédente

$$l^2 - 2\lambda cl = (a_1 + ib_1)^2, \quad l^2 - 2\,\frac{cl}{\lambda} = (a_2 + ib_2)^2,$$

et par suite

$$l^2 - 2\lambda'cl = (a_1 - ib_1)^2, \quad l^2 - 2\,\frac{cl}{\lambda'} = (a_2 - ib_2)^2.$$

On trouve,

$$[x + iy + a_1 + ib_1]\,[x + iy - (a_1 + ib_1)]\,[x - iy + a_1 - ib_1]\,[x - iy - (a_1 - ib_1)]$$

$$= (p^2 + q^2)\,[x + iy + a_2 + ib_2]\,[x + iy - (a_2 + ib_2)]\,[x - iy + a_2 - ib_2]\,[x - iy - (a_2 - ib_2)],$$

et par conséquent

$$[(x + a_1)^2 + (y + b_1)^2]\,[(x - a_1)^2 + (y - b_1)^2]$$

$$= (p^2 + q^2)\,[(x + a_2)^2 + (y + b_2)^2]\,[(x - a_2)^2 + (y - b_2)^2].$$

Donc, *on peut former, et d'une infinité de manières, un parallélogramme tel que le rapport du produit des distances d'un point quelconque de la courbe aux extrémités d'une diagonale et du produit de ses distances aux extrémités de l'autre soit constant.*

2.º Posons maintenant

$$\lambda = e^{ih}, \quad \lambda' = e^{-ik}, \quad l^2 - 2\lambda cl = (\alpha + i\beta)^2, \quad l^2 - 2\lambda' cl = (\alpha' + i\beta')^2,$$

et par suite

$$l^2 - 2\frac{cl}{\lambda'} = (\alpha' - i\beta')^2, \quad l^2 - 2\frac{cl}{\lambda} = (\alpha - i\beta)^2.$$

Il vient

$$(2) \quad \begin{cases} [x + iy + \alpha + i\beta]\,[x + iy - (\alpha + i\beta)]\,[x - iy + \alpha' + i\beta']\,[x - iy - (\alpha' + i\beta')] \\ = e^{i\,(h+k)}\,[x + iy + \alpha' - i\beta']\,[x + iy - (\alpha' - i\beta')]\,[x - iy + \alpha - i\beta]\,[x - iy - (\alpha - i\beta)] \end{cases}$$

ou

$$(3) \quad \frac{x + \alpha + i(y+\beta)}{x + \alpha - i(y+\beta)} \cdot \frac{x - \alpha + i(y-\beta)}{x - \alpha + i(y-\beta)} = e^{i\,(h+k)} \cdot \frac{x + \alpha' + i(y-\beta')}{x + \alpha' - i(y-\beta')} \cdot \frac{x - \alpha' + i(y+\beta')}{x - \alpha' - i(y+\beta')}.$$

Représentons maintenant par R_1 la distance du point $(x,\,y)$ au point $(-\alpha,\,-\beta)$ et par ω l'angle que la droite qui joint le premier au deuxième de ces points forme avec l'axe des abscisses. On a

$$x + \alpha = R_1 \cos\omega, \quad y + \beta = R_1 \sin\omega,$$

et par conséquent

$$\frac{x + \alpha + i(y+\beta)}{x + \alpha - i(y+\beta)} = e^{2i\omega}.$$

On trouve de même, pour les points $(\alpha,\,\beta)$, $(-\alpha',\,\beta')$, $(\alpha',\,-\beta')$,

$$\frac{x - \alpha + i(y-\beta)}{x - \alpha - i(y-\beta)} = e^{2i\omega'}, \quad \frac{x + \alpha' + i(y-\beta')}{x + \alpha' - i(y-\beta')} = e^{2i\omega''}, \quad \frac{x - \alpha' + i(y+\beta')}{x - \alpha' - i(y+\beta')} = e^{2i\omega'''}.$$

L'équation (3) donne donc

$$e^{i\,(h+k)} = e^{2i\,(\omega + \omega' - \omega'' - \omega''')},$$

et par conséquent

$$\omega + \omega' - \omega'' - \omega''' = \frac{1}{2}\,(h+k) + n\pi.$$

Mais, en représentant par ω_1 et ω_2 les angles sous lesquels on voit du point $(x,\,y)$ de la courbe les segments compris entre les points $(-\alpha, -\beta)$, $(-\alpha', \beta')$ et les points (α, β), $(\alpha', -\beta')$, on a

$$\omega_1 = \omega - \omega'', \quad \omega_2 = \omega' - \omega'''.$$

Donc

$$\omega_1 + \omega_2 = \frac{1}{2}(h+k) + n\pi.$$

Les points $(-\alpha, -\beta)$, $(-\alpha', \beta')$, (α, β) et $(\alpha', -\beta')$ sont situés sur la courbe considérée, comme on le voit immédiatement au moyen de l'équation (2), et sont les sommets d'un parallélogramme dont le centre coïncide avec le centre de cette courbe.

On voit encore aisément que la propriété exprimée par la dernière équation a lieu pour tous les parallélogrammes inscrits dans la courbe de Cassini dont le centre coïncide avec celui de cette courbe, puisqu'on peut déterminer h et k de manière que $(-\alpha, -\beta)$ et $(-\alpha', \beta')$ représentent deux points quelconques de la courbe. En effet, l'équation

$$l^2 - 2cl(\cos h + i \sin h) = (\alpha + i\beta)^2$$

donne ces autres:

$$l^2 - 2cl \cos h = \alpha^2 - \beta^2, \quad cl \sin h = -\alpha\beta,$$

dont il résulte

$$(\alpha^2 + \beta^2)^2 - 2l^2(\alpha^2 - \beta^2) + l^4 - 4l^2 c^2 = 0,$$
$$\tan h = \frac{2\alpha\beta}{\alpha^2 - \beta^2 - l^2};$$

or, la première de ces équations indique que le point $(-\alpha, -\beta)$ est situé sur la courbe, ce qu'on savait d'ailleurs déjà, et la deuxième détermine h. On obtient de la même manière la valeur de k.

On peut donc énoncer le théorème suivant:

Si les sommets d'un parallélogramme sont situés sur une courbe de Cassini et son centre coïncide avec le centre de cette courbe, la somme algébrique des angles sous lesquels on voit les côtés opposés est constante.

Les propriétés des ovales de Cassini qu'on vient de démontrer furent données par Laguerre en 1868 dans un travail remarquable inséré au *Bulletin de la Société philomatique* de Paris (*Oeuvres,* t. II, p. 46). La méthode qu'on vient d'employer pour les démontrer est due, comme il a été dit, à M. Darboux.

183. Les *ovales de Cassini* appartiennent à une classe plus générale de courbes considérées par Laguerre dans le travail qu'on vient de mentionner, et nommées *cassiniennes* par cet éminent géomètre, lesquelles sont définies par l'équation

$$(4) \qquad\qquad rr_1 = \mathrm{K}\mathrm{R}\mathrm{R}_1,$$

r, r_1, R et R_1 représentant les distances d'un quelconque de ses points à deux couples de pôles et K une quantité constante.

On étend aisément à ces courbes les propriétés des ovales de Cassini qu'on vient de démontrer, au moyen de la méthode de M. Darboux employée ci-dessus.

En représentant, pour cela, par (e, f), (e', f'), (s, t), (s', t') les coordonnées des deux couples de pôles, on peut mettre l'équation des courbes (4) sous la forme

$$(5) \quad [(x-e)^2+(y-f)^2]\,[(x-e')^2+(y-f')^2] = \mathrm{K}^2\,[(x-s)^2+(y-t)^2]\,[(x-s')^2+(y-t')^2],$$

et on voit ainsi qu'elles sont du quatrième ordre, quand K^2 est différent de l'unité. Si $\mathrm{K}^2 = 1$, les courbes considérées sont du troisième ordre et coïncident avec les *focales* étudiées aux n.ºs 52 à 67, ou du deuxième ordre, lorsqu'on a en même temps

$$e+e' = s+s', \quad f+f' = t+t',$$

c'est-à-dire quand les pôles sont les sommets d'un parallélogramme. Dans ce dernier cas l'équation (4) représente une *hyperbole équilatère* (n.º 62).

En décomposant les facteurs qui entrent dans l'équation (5) en d'autres du premier degré et en posant, pour abréger,

$$x+iy = u, \quad x-iy = v, \quad e+if = u_1, \quad e-if = v_1, \quad \ldots,$$

cette équation prend la forme

$$(u-u_1)(v-v_1)(u-u_2)(v-v_2) = \mathrm{K}^2(u-u')(v-v')(u-u'')(v-v''),$$

et est donc équivalente à cette autre :

$$(6) \quad \begin{cases} [(u-u_1)(u-u_2) + \mathrm{K}\lambda\,(u-u')(u-u'')]\,[(v-v_1)(v-v_2) + \mathrm{K}\lambda'\,(v-v')(v-v'')] \\[2mm] = \lambda\lambda'\left[(u-u_1)(u-u_2) + \dfrac{\mathrm{K}}{\lambda'}\,(u-u')(u-u'')\right]\left[(v-v_1)(v-v_2) + \dfrac{\mathrm{K}}{\lambda}\,(v-v')(v-v'')\right], \end{cases}$$

λ et λ' étant deux nombres arbitraires.

1.º Cela posé, faisons $\lambda = p+iq$, $\lambda' = p-iq$ et décomposons ensuite les facteurs du deuxième degré qui entrent aux deux membres de cette équation en deux facteurs du premier degré. On trouve, en remarquant que les deux facteurs qui figurent en chaque membre de l'équation sont imaginaires conjugés, un résultat de la forme

$$[u-(a_1+ib_1)]\,[u-(a_1'+ib_1')]\,[v-(a_1-ib_1)\,[v-(a_1'-ib_2')]$$
$$= M\,[u-(a_2+ib_2)]\,[u-(a_2'+ib_2')]\,[v-(a_2-ib_2)\,[v-(a_2'-ib_2')],$$

où

$$M = \frac{(K+\lambda)\,(K+\lambda')}{(1+K\lambda)\,(1+K\lambda')},$$

ou

$$[(x-a_1)^2+(y-b_1)^2]\,[(x-a_1')^2+(y-b_1')^2] = M\,[(x-a_2)^2+(y-b_2)^2]\,[(x-a_2')^2+(y-b_2')^2].$$

On voit donc *qu'on peut déterminer, et d'une infinité de manières, deux nouveaux couples de pôles* (A_1, A_2), (B_1, B_2) *tels que les produits des distances d'un quelconque des points de la courbe considérée aux pôles* (A_1, A_2) *et aux pôles* (B_1, B_2) *soient dans un rapport constant.*

2.º Posons en (6) maintenant $\lambda = e^{-ih}$, $\lambda' = e^{-ik}$ et décomposons ensuite les deux membres en facteurs du premier degré. On obtient, en remarquant que à chaque facteur du deuxième degré du premier membre de cette équation correspond un facteur imaginaire conjugué du second membre, un résultat de la forme suivante:

$$[u-(\alpha_1+i\beta_1)]\,[u-(\alpha_1'+i\beta_1')]\,[v-(\alpha_2+i\beta_2)]\,[v-(\alpha_2'+i\beta_2')]$$
$$= M\,[v-(\alpha_1-i\beta_1)]\,[v-(\alpha_1'-i\beta_1')]\,[u-(\alpha_2-i\beta_2)]\,[u-(\alpha_2'-i\beta_2')].$$

On voit au moyen de cette équation, en procédant comme au n.º précédent, *qu'on peut déterminer, et d'une infinité de manières, deux cordes de la courbe considérée telles que la somme algébrique des angles sous lesquels elles sont vues d'un point de la courbe soit constante.*

On voit encore qu'on peut déterminer h et k de manière que l'une des cordes ait une position donnée d'avance.

184. *La courbe inverse d'une cassinienne est une autre cassinienne.*

La démonstration qu'on a donnée au n.º 63 d'un cas particulier de ce théorème y établi est applicable à tous les cas compris dans l'énoncé précédent.

Il résulte de ce théorème et de l'équation (4), mise sous la forme

$$(1-K^2)\,(x^2+y^2)^2+2\,(px+qy)\,(x^2+y^2)+Ax^2+Bxy+Cy^2+Dx+Ey+F=0,$$

que les courbes inverses d'une cassinienne sont d'autres cassiniennes du quatrième ordre, quand le centre d'inversion n'est pas pris sur la courbe, sont des focales, si $F=0$, c'est-à-dire si le centre d'inversion est un point de la courbe, et sont des hyperboles équilatères, lorsque $D=0$, $E=0$ et $F=0$, c'est-à-dire quand la courbe considérée a un point double à distance finie et le centre d'inversion coïncide avec ce point. Cette propriété dont jouissent les cassiniennes unicursales du troisième et du quatrième ordre, d'être inverses des hyperboles équilatères, fut profitée par M. Cazamian pour déduire quelques propriétés des premières courbes de celles des autres, dans un article inséré aux *Nouvelles Annales de Mathématiques* (3.e série, t. XIII, 1894, p. 265).

Les courbes qu'on vient de considérer appartiennent à une classe de courbes algébriques de tous les degrés étudiées par M. Darboux dans l'ouvrage mentionné ci-dessus.

185. La rectification des courbes de Cassini peut être obtenue au moyen des intégrales elliptiques de première espèce, comme Serret l'a démontré dans le *Journal de Liouville* (t. VIII, p. 145) et ensuite dans son *Cours de Calcul différentiel et intégral* (t. II, 1880, p. 260), auquel nous empruntons l'analyse pour résoudre cette question qui suit.

Supposons premièrement qu'on ait $l > 2c$, c'est-à-dire que la courbe considérée soit composée de deux ovales égaux, et, en considérant l'un de ces ovales, menons par l'origine des coordonnées deux droites qui le coupent et représentons par θ_0 et θ_1 les angles qu'elles forment avec l'axe des abscisses. Alors entre ces deux droites sont compris deux arcs de l'ovale considéré, dont nous allons déterminer les longueurs s et s_1.

Posons $2c = l \sin 2\alpha$ dans l'équation polaire de la courbe. On trouve

$$\rho^2 = l^2 \left[\cos 2\theta \pm \sqrt{\cos^2 2\theta - \cos^2 2\alpha}\right],$$

et par suite

$$\frac{d\rho}{d\theta} = \mp \frac{\rho \sin 2\theta}{\sqrt{\cos^2 2\theta - \cos^2 2\alpha}};$$

nous avons donc

$$\rho^2 + \frac{d\rho^2}{d\theta^2} = \rho^2 \frac{l - \cos^2 2\alpha}{\cos^2 2\theta - \cos^2 2\alpha} = \frac{4c^2 \rho^2}{l^2 (\cos^2 2\theta - \cos^2 2\alpha)}.$$

Les longueurs des arcs considérés sont donc déterminées par les formules

$$s = 2c \int_{\theta_0}^{\theta_1} \frac{\sqrt{\cos 2\theta + \sqrt{\cos^2 2\theta - \cos^2 2\alpha}}}{\sqrt{\cos^2 2\theta - \cos^2 2\alpha}} d\theta,$$

$$s_1 = 2c \int_{\theta_0}^{\theta_1} \frac{\sqrt{\cos 2\theta - \sqrt{\cos^2 2\theta - \cos^2 2\alpha}}}{\sqrt{\cos^2 2\theta - \cos^2 2\alpha}} d\theta,$$

qui donnent, en tenant compte de l'identité

$$\left[\sqrt{\cos 2\theta + \sqrt{\cos^2 2\theta - \cos^2 2\alpha}} \pm \sqrt{\cos 2\theta - \sqrt{\cos^2 2\theta - \cos^2 2\alpha}}\right]^2 = 2(\cos 2\theta \pm \cos 2\alpha),$$

les relations suivantes :

$$s + s_1 = 2c\,\sqrt{2} \int_{\theta_0}^{\theta_1} \frac{d\theta}{\sqrt{\cos 2\theta - \cos 2\alpha}},$$

$$s - s_1 = 2c\,\sqrt{2} \int_{\theta_0}^{\theta_1} \frac{d\theta}{\sqrt{\cos 2\theta + \cos 2\alpha}},$$

ou, en posant dans la première $\sin\theta = \sin\alpha \sin\varphi$ et dans la deuxième $\sin\theta = \cos\alpha \sin\psi$, et en représentant par φ_0 et φ_1, et par ψ_0 et ψ_1 les valeurs que prennent φ et ψ quand $\theta = \theta_0$ et $\theta = \theta_1$,

$$s + s_1 = 2c \int_{\varphi_0}^{\varphi_1} \frac{d\varphi}{\sqrt{1 - \sin^2\alpha \sin^2\varphi}},$$

$$s - s_1 = 2c \int_{\psi_0}^{\psi_1} \frac{d\psi}{\sqrt{1 - \cos^2\alpha \sin^2\psi}}.$$

Ces formules déterminent s et s_1 au moyen du calcul de deux *intégrales elliptiques de première espèce*.

Si $l < 2c$, on trouve, en posant $l = 2c \sin 2\alpha$ et en représentant par s et s_1 les longueurs de deux arcs tels que les vecteurs des extrémités de l'un de ces arcs soient perpendiculaires aux vecteurs des extrémités de l'autre,

$$s = 2c \int_{\theta_0}^{\theta_1} \frac{\sqrt{\cos 2\theta + \sqrt{\cos^2 2\theta + \cot^2 2\alpha}}}{\sqrt{\cos^2 2\theta + \cot^2 2\alpha}}\, d\theta,$$

$$s_1 = 2c \int_{\theta_0}^{\theta_1} \frac{\sqrt{-\cos 2\theta + \sqrt{\cos^2 2\theta + \cot^2 2\alpha}}}{\sqrt{\cos^2 2\theta + \cot^2 2\alpha}}\, d\theta,$$

et par suite, θ_1 et θ_2 étant compris entre 0 et $\dfrac{\pi}{4}$,

$$s - s_1 = 2c\,\sqrt{2} \int_{\theta_0}^{\theta_1} \frac{\sqrt{-\cot 2\alpha + \sqrt{\cos^2 2\theta + \cot^2 2\alpha}}}{\sqrt{\cos^2 2\theta + \cot^2 2\alpha}}\, d\theta,$$

$$s + s_1 = 2c\,\sqrt{2} \int_{\theta_0}^{\theta_1} \frac{\sqrt{\cot 2\alpha + \sqrt{\cos^2 2\theta + \cot^2 2\alpha}}}{\sqrt{\cos^2 2\theta + \cot^2 2\alpha}}\, d\theta,$$

En posant maintenant

$$\sqrt{\cos^2 2\theta + \cot^2 2\alpha} = \frac{1 - 2 \sin^2 \alpha \sin^2 \varphi}{\sin 2\alpha}$$

dans la deuxième de ces intégrales, et

$$\sqrt{\cos^2 2\theta + \cot^2 2\alpha} = \frac{1 - 2 \cos \alpha \sin^2 \psi}{\sin 2\alpha}$$

dans la première, on trouve enfin

$$s + s_1 = \sqrt{2cl} \int_{\varphi_0}^{\varphi_1} \frac{d\varphi}{\sqrt{1 - \sin^2 \alpha \sin^2 \varphi}},$$

$$s - s_1 = \sqrt{2cl} \int_{\psi_0}^{\psi_1} \frac{d\psi}{\sqrt{1 - \cos^2 \alpha \sin^2 \psi}},$$

et on voit que s et s_1 dépendent aussi dans ce cas de deux *intégrales elliptiques de deuxième espèce*.

186. Pour calculer l'aire A comprise entre un arc d'une courbe de Cassini et les vecteurs de ses extrémités, on peut recourir à la formule

$$A = \frac{1}{2} \int_{\theta_0}^{\theta_1} \rho^2 \, d\theta = \frac{l^2}{4} (\sin 2\theta_1 - \sin 2\theta_0) \pm \frac{l^2}{2} \int_{\theta_0}^{\theta_1} \sqrt{\frac{4c^2}{l^2} - \sin^2 2\theta} \; d\theta.$$

Si $l < 2c$ *(fig. 36 et 37)*, on doit employer dans cette formule le signe $+$; mais, si $l > 2c$, entre les deux droites qui forment avec l'axe des abscisses les angles θ_0 et θ_1 sont compris deux arcs de chaque ovale, et on doit alors employer le signe $-$ quand on considère les arcs plus prochains de l'origine, le signe $+$ quand on considère les arcs plus distants de ce point. Dans les deux cas l'intégrale qui figure dans l'expression de A dépend des intégrales elliptiques, comme on va le voir.

Supposons d'abord qu'on ait $l < 2c$. On a alors

$$\int \sqrt{\frac{4c^2}{l^2} - \sin^2 2\theta} \, d\theta = \frac{2c}{l} \int \sqrt{1 - \frac{l^2}{4c^2} \sin^2 2\theta} \, d\theta,$$

et on voit que *l'aire considérée dépend d'une intégrale elliptique de deuxième espèce*.

Si $l > 2c$, en posant

$$\tan 2\theta = \frac{2c}{\sqrt{l^2 - 4c^2}} \sec \varphi, \quad \frac{l^2 - 4c^2}{l^2} = k^2,$$

on trouve l'égalité

$$\int \sqrt{\frac{4c^2}{l^2} - \sin^2 2\theta}\, d\theta = \int \sqrt{\frac{4c^2}{l^2}\cos^2 2\theta - k^2 \sin^2 2\theta}\,.\, d\theta = -\frac{2c^2\, k^2}{l^2}\int \frac{\sin^2 \varphi\, d\varphi}{\left(1 - k^2 \sin^2 \varphi\right)^{\frac{3}{2}}}$$

$$= \frac{2c^2}{l^2}\left[\int \frac{d\varphi}{\sqrt{1 - k^2 \sin^2 \varphi}} - \int \frac{d\varphi}{\left(1 - k^2 \sin^2 \varphi\right)^{\frac{3}{2}}}\right],$$

qui, en tenant compte de la relation connue

$$\int \frac{d\varphi}{\left(1 - k^2 \sin^2 \varphi\right)^{\frac{3}{2}}} = \frac{1}{1 - k^2}\left[\int \sqrt{1 - k^2 \sin^2 \varphi}\, d\varphi - \frac{k^2 \sin \varphi \cos \varphi}{\sqrt{1 - k^2 \sin^2 \varphi}}\right],$$

donne

$$\int \sqrt{\frac{4c^2}{l^2} - \sin^2 2\theta}\, d\theta = \frac{2c^2}{l^2}\int \frac{d\varphi}{\sqrt{1 - k^2 \sin^2 \varphi}} - \frac{1}{2}\int \sqrt{1 - k^2 \sin^2 \varphi}\, d\varphi + \frac{k^2 \sin \varphi \cos \varphi}{2\sqrt{1 - h^2 \sin^2 \varphi}}.$$

Donc, l'aire A dépend, dans ce cas, des *intégrales elliptiques de première et seconde espèce*.

187. Les ovales de Cassini jouent un rôle important dans la théorie des fonctions analytiques; elles limitent les aires où une fonction d'une variable complexe x doit être holomorphe, pour que cette fonction soit développable en série ordonnée suivant les puissances entières et positives d'un produit $(x - a)\,(x - b)$, a et b étant deux nombres complexes, représentés par les foyers F et F' de la courbe (Voyez, par exemple, Hoüel: *Cours de Calcul infinitésimal,* t. IV, 1881, p. 42).

III.

Les lemniscates.

188. On a dit au n.º 166 qu'on donne le nom de *lemniscates* aux *spiriques* représentées par les équations

$$(x^2 + y^2)^2 = a^2 y^2 + b^2 x^2,$$
$$(x^2 - y^2)^2 = b^2 x^2 - a^2 y^2.$$

On verra bientôt que la première de ces équations représente les courbes *inverses* et les *podaires* de l'ellipse et la seconde celles de l'hyperbole, par rapport au centre de ces coniques; par ce motif J. Booth (*A Treatise on some new geometrical Methods*, London, t. II, 1877, p. 163) a nommé ces spiriques, respectivement, *lemniscate elliptique* et *lemniscate hyperbolique*.

En supposant dans la première des équations précédentes $b > a$, on peut déterminer par les formules (n.º 166)

$$R = l + c, \quad l = \frac{1}{2} \sqrt{b^2 - a^2}, \quad c = \frac{a^2}{4l}$$

le tore et la position que doit prendre le plan parallèle à son axe pour que la courbe qui résulte de l'intersection de ces surfaces soit une lemniscate elliptique donnée; on peut résoudre au moyen des formules

$$R = l - c, \quad l = \frac{1}{2} \sqrt{a^2 + b^2}, \quad c = \frac{a^2}{4l}$$

la même question pour la lemniscate hyperbolique. Dans le premier de ces cas le tore est *fermé*, et dans le second cas il est *ouvert*; et il est dans les deux cas tangent au plan considéré.

On obtient aussi les lemniscates quand on cherche les courbes qui satisfont à la condition (Booth, *l. c.*)

$$\rho^2 \rho_1^2 = c^4 \pm f^2 r^2,$$

où ρ, ρ_1 et r représentent les distances d'un quelconque de leurs points à trois points fixes F, F' et O, situés sur une droite, tels que les distances de F et F' à O soient égales à e, et où f désigne une constante *(fig. 39)*.

On a, en prenant le point O pour origine des coordonnées et la droite FF' pour axe des abscisses,

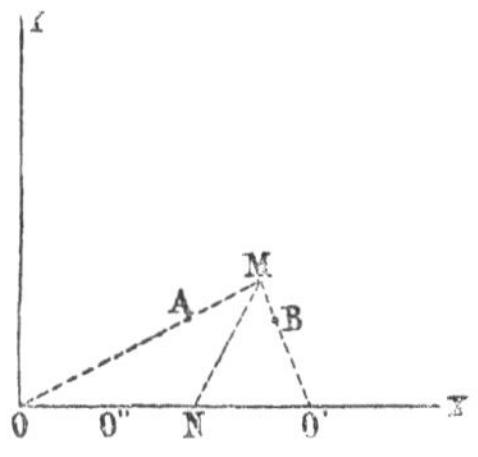

$$\rho^2 = y^2 + (x - e)^2, \quad \rho_1^2 = y^2 + (x + e)^2, \quad r^2 = x^2 + y^2;$$

donc l'équation cartésienne des courbes considérées est

$$(x^2 + y^2)^2 = (f^2 + 2e^2) x^2 + (f^2 - 2e^2) y^2,$$

et représente une *lemniscate elliptique*, dont les paramètres sont

$$a^2 = f^2 - 2e^2, \quad b^2 = f^2 + 2e^2,$$

quand $f^2 > 2e^2$, une *lemniscate hyperbolique*, dont les paramètres sont

$$b^2 = f^2 + 2e^2, \quad a^2 = 2e^2 - f^2,$$

si $f^2 < 2e^2$.

Fig. 39

Ces notions générales étant posées, nous allons maintenant étudier séparément chacune des deux lemniscates mentionnées.

189. *Lemniscate elliptique.* — L'équation

$$(x^2 + y^2)^2 = a^2 y^2 + b^2 x^2$$

de la lemniscate elliptique fait voir immédiatement que la courbe est symétrique par rapport aux axes des coordonnées; qu'elle rencontre l'axe des abscisses aux points $(\pm b, 0)$ et celui des ordonnées aux points $(0, \pm a)$; et qu'elle a un *point isolé, centre* de la courbe, qui coïncide avec l'origine des coordonnées. Il résulte de la même équation que la lemniscate elliptique ne possède pas de branches infinies et qu'elle est coupée en deux points, différents de O, par toute droite passant par l'origine des coordonnées.

On voit, en outre, au moyen de l'équation

$$y' = \frac{[b^2 - 2(x^2 + y^2)]\,x}{[2(x^2 + y^2) - a^2]\,y},$$

que la tangente est parallèle à l'axe des ordonnées aux points E et F et aux quatre points imaginaires où la courbe considérée est interseptée par le cercle correspondant à l'équation

$$x^2 + y^2 = \frac{1}{2}\,a^2\,;$$

et que la tangente est parallèle à l'axe des abscisses aux points C et D, et aux quatre points d'intersection de la courbe avec le cercle

$$x^2 + y^2 = \frac{1}{2}\,b^2,$$

c'est-à-dire aux points dont les coordonnées sont déterminées par les équations

$$x^2 = \frac{b^2\,(b^2 - 2a^2)}{4\,(b^2 - a^2)}, \quad y^2 = \frac{b^4}{4\,(b^2 - a^2)}\,;$$

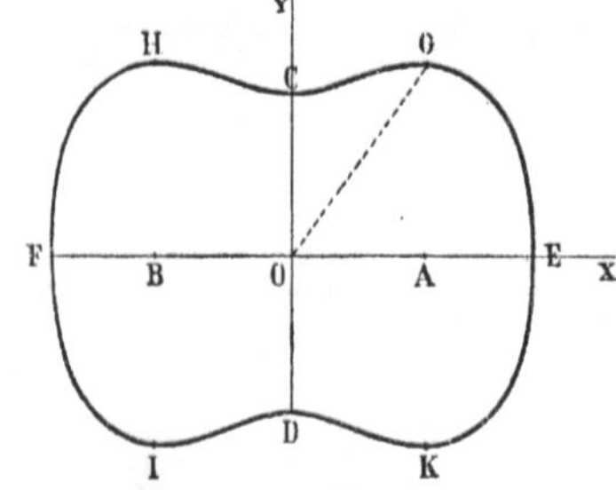

Fig. 40

ces derniers points sont réels et destincts quand $b^2 > 2a^2$ (fig. 40), imaginaires quand $b^2 < 2a^2$, et coïncident avec C et D quand $b^2 = 2a^2$. En posant dans l'équation de la spirique considérée $y = \pm a$, on voit que chacune des tangentes aux points C et D coupe cette courbe en deux autres points, dont les abscisses sont égales à $\pm \sqrt{b^2 - 2a^2}$, et que ces points sont réels au premier de ces cas, imaginaires dans le second, et qu'ils coïncident avec C ou D dans le troisième.

190. On a vu aux n.ºs 166 et 168 que la courbe dont nous nous occupons à present **a** *un point double* à l'origine des coordonnées et *deux* autres à l'infini ; elle est donc **unicursale**.

En posant, en effet, dans son équation $y = tx$ et ensuite

$$\sqrt{a^2 t^2 + b^2} = at + z,$$

on obtient les équations

$$x = \frac{2a^2 z (z^2 + b^2)}{z^4 + 2 (2a^2 - b^2) z^2 + b^4}, \quad y = \frac{a (z^2 + b^2) (b^2 - z^2)}{z^4 + 2 (2a^2 - b^2) z^2 + b^4},$$

qui déterminent x et y en fonction rationnelle de z.

191. L'équation polaire de la *lemniscate elliptique* est celle-ci :

$$\rho = \pm \sqrt{a^2 \sin^2 \theta + b^2 \cos^2 \theta}.$$

En partant de cette équation, on trouve, pour déterminer le rayon de courbure, la formule

$$R = \frac{\left[(a^2 + b^2) \rho^2 - a^2 b^2\right]^{\frac{3}{2}}}{\left[2 (a^2 + b^2) \rho^2 - 3a^2 b^2\right] \rho},$$

laquelle fait voir que la courbe a *deux points d'inflexion* réunis à son point isolé, et *quatre* autres coïncidant avec les points d'intersection de la courbe avec le cercle de rayon égal à

$$\rho = \sqrt{\frac{3a^2 b^2}{2 (a^2 + b^2)}},$$

ayant le centre à l'origine des coordonnées. Les valeurs que θ prend à ces derniers points sont données par l'égalité

$$\sin^2 \theta = \frac{b^2 (2b^2 - a^2)}{2 (b^4 - a^4)},$$

laquelle fait voir que ces valeurs sont réelles quand $b^2 > 2a^2$ *(fig. 40)*, imaginaires quand $b^2 < 2a^2$. Si $b^2 = 2a^2$, deux de ces points coïncident avec C et les deux autres avec D, et la courbe a une *ondulation* à chacun de ces deux points.

192. Les *foyers ordinaires* de la lemniscate elliptique sont déterminés immédiatement par les formules obtenues au n.° 169, en y substituant à R et c les valeurs

$$R = \frac{b^2}{2 \sqrt{b^2 - a^2}}, \quad c = \frac{a^2}{2 \sqrt{b^2 - a^2}},$$

qui résultent des égalités écrites ci-dessus:

$$R = l + c, \quad l = \frac{1}{2}\sqrt{b^2 - a^2}, \quad c = \frac{a^2}{4l} \cdot$$

On voit ainsi que la courbe a *quatre foyers ordinaires,* deux réels et deux imaginaires, déterminés par les intersections des droites

$$\pm\sqrt{b^2 - a^2}\,(Y + iX) + ab = 0, \quad \pm\sqrt{b^2 - a^2}\,(Y - iX) + ab = 0,$$

et que les coordonnées des *foyers réels* sont

$$x = 0, \quad y = \pm\frac{ab}{\sqrt{b^2 - a^2}} \cdot$$

La courbe considérée a encore *deux foyers singuliers réels,* dont les coordonnées sont

$$x = \pm\frac{1}{2}\sqrt{b^2 - a^2}, \quad y = 0,$$

et qui coïncident, par conséquent, avec les points F et F' de la figure 39.

193. *La lemniscate elliptique est la podaire de l'ellipse*

$$a^2 x^2 + b^2 y^2 = a^2 b^2$$

par rapport au centre (Serret: *Journal de Liouville,* 1843, p. 497).

En effet, les équations de la tangente à cette ellipse au point (x, y) et de la perpendiculaire menée de son centre à cette tangente sont, respectivement,

$$b^2\,yY + a^2\,xX = a^2 b^2, \quad a^2\,xY = b^2\,yX,$$

et donnent pour x et y les valeurs suivantes:

$$x = \frac{b^2 X}{X^2 + Y^2}, \quad y = \frac{a^2 Y}{X^2 + Y^2};$$

or, en éliminant x et y entre ces équations et celle de l'ellipse, on obtient une équation identique à celle de la lemniscate elliptique.

Entre la ellipse et la lemniscate elliptique existe une autre relation remarquable, qu'on va voir.

En appliquant, en effet, à l'équation de l'ellipse,

$$a^2 y^2 + b^2 x^2 = a^2 b^2,$$

la transformation par *rayons vecteurs réciproques* définie par les équations

$$x = \frac{abX}{X^2 + Y^2}, \quad y = \frac{abY}{X^2 + Y^2},$$

on obtient l'équation de la lemniscate elliptique. Donc, *la lemniscate elliptique est la courbe inverse de l'ellipse par rapport à son centre.*

Les foyers réels ordinaires de la lemniscate elliptique correspondent, dans cette transformation, aux foyers de l'ellipse dont la courbe est inverse, et, en procédant comme au n.° 29, on voit que, si r_0, r_1 et r_2 représentent les distances d'un point quelconque de la lemniscate à son centre et à ses foyers réels ordinaires, on a

$$\sqrt{b^2 - a^2}\,(r_1 + r_2) = 2b r_0.$$

194. À ce qu'on vient de dire sur la lemniscate elliptique nous ajouterons encore la déduction de l'équation de cette courbe en coordonnées tangentielles.

Pour cela, remarquons premièrement que l'équation de la tangente à cette lemniscate est

$$y\left[2\,(x^2 + y^2) - a^2\right](Y - y) = x\left[b^2 - 2\,(x^2 + y^2)\right](X - x)$$

et peut être écrite de la manière suivante:

$$uY + vX + 1 = 0,$$

où

$$u = \frac{\left[a^2 - 2\,(x^2 + y^2)\right]y}{(x^2 + y^2)^2}, \quad v = \frac{\left[b^2 - 2\,(x^2 + y^2)\right]x}{(x^2 + y^2)^2}.$$

Mais, en posant $x^2 + y^2 = r^2$ et en remarquant que cette équation et celle de la courbe donnent

$$x^2 = \frac{r^2\,(r^2 - a^2)}{b^2 - a^2}, \quad y^2 = \frac{r^2\,(b^2 - r^2)}{b^2 - a^2},$$

on peut réduire les expressions de u^2 et v^2 à la forme

$$u^2 = \frac{(2r^2 - a^2)^2\,(b^2 - r^2)}{(b^2 - a^2)\,r^6}, \quad v^2 = \frac{(b^2 - 2r^2)^2\,(r^2 - a^2)}{(b^2 - a^2)\,r^6},$$

d'où il résulte

$$(a^2v^2 + b^2u^2 + 4)\, r^4 = 4\,(a^2 + b^2)\, r^2 - 3a^2b^2,$$

$$(u^2 + v^2)\, r^6 = (a^2 + b^2)\, r^2 - a^2b^2.$$

En éliminant maintenant r entre ces équations, on trouve l'équation en coordonnées tangentielles de la lemniscate elliptique (Booth: l. c., t. I, p. 145):

$$a^2b^2\,(a^2v^2 + b^2u^2 + 4)^3 - (a^2 + b^2)^2\,(a^2v^2 + b^2u^2 + 4)^2$$

$$-18a^2b^2\,(u^2 + v^2)\,(a^2v^2 + b^2u^2 + 4) + 16\,(a^2 + b^2)\,(u^2 + v^2)$$

$$+27a^4 b^4\,(u^2 + v^2)^2 = 0.$$

195. On peut retrouver, au moyen de cette équation, les *foyers* de la courbe considérée, comme on va le voir.

Remarquons pour cela que la droite représentée par l'équation

$$u\mathrm{Y} + v\mathrm{X} + 1 = 0$$

est tangente à cette courbe et a pour coefficient angulaire $\pm i$, quand u et v satisfont à l'équation tangentielle de la courbe et à la condition $v = \pm iu$.

Mais, en posant dans cette équation $\pm iu$ au lieu de v, on obtient une autre qui, en séparant les termes réels des termes imaginaires, donne

$$(b^2 - a^2)\, u^2 + 4 = 0, \quad a^2b^2\,(4 - a^2u^2 + b^2u^2) - (a^2 + b^2)^2 = 0.$$

Aux valeurs de u données par la première de ces équations et aux valeurs de v données ensuite par la relation $v = \pm iu$ correspondent les droites représentées par les équations

$$2\mathrm{Y} \pm i\,(2\mathrm{X} \pm \sqrt{b^2 - a^2}) = 0,$$

qui coïncident avec les asymptotes de la courbe, et déterminent, par leurs intersections, les *foyers singuliers*.

Aux valeurs u et v données par la deuxième équation et par $v = \pm iu$ correspondent les droites représentées par les équations

$$\pm \sqrt{b^2 - a^2}\,(\mathrm{Y} \pm i\mathrm{X}) + ab = 0,$$

qui déterminent, par leurs intersections, les *foyers ordinaires* de la même courbe.

196. Pour rectifier la lemniscate elliptique, prenons la formule

$$\frac{ds^2}{d\theta^2} = \frac{a^4 \sin^2 \theta + b^4 \cos^2 \theta}{a^2 \sin^2 \theta + b^2 \cos^2 \theta},$$

ou, en posant $\theta = \dfrac{\pi}{2} - \omega$,

$$\frac{ds^2}{d\omega^2} = \frac{a^4 \cos^2 \omega + b^4 \sin^2 \omega}{a^2 \cos^2 \omega + b^2 \sin^2 \omega}.$$

En faisant alors

$$\tan \omega = \frac{a^2}{b^2} \tan \lambda,$$

et par suite

$$d\omega = \frac{a^2}{b^2} \cdot \frac{b^4 d\lambda}{a^4 \sin^2 \lambda + b^4 \cos^2 \lambda},$$

on obtient l'équation

$$ds = \frac{a^3}{b^2} \cdot \frac{d\lambda}{\left[1 - \dfrac{b^4 - a^4}{b^4} \sin^2 \lambda\right] \sqrt{1 - \dfrac{b^2 - a^2}{b^2} \sin^2 \lambda}}$$

laquelle fait voir que la longueur des arcs de la courbe considérée dépend d'une *intégrale elliptique de troisième espèce* (Booth: l. c., t. i, p. 196).

197. L'aire limitée par la lemniscate elliptique est déterminée par la formule

$$A = \frac{1}{2} \int_0^{2\pi} (a^2 \sin^2 \theta + b^2 \cos^2 \theta) \, d\theta = \frac{a^2 + b^2}{2} \cdot \pi;$$

elle est donc *égale à la moitié de la somme des aires de deux cercles de rayons égaux aux demi-axes de la courbe.*

198. *Lemniscate hyperbolique.* — Considérons maintenant la courbe représentée par l'équation

$$(x^2 + y^2)^2 = b^2 x^2 - a^2 y^2.$$

En comparant cette équation à celle de la lemniscate elliptique, on conclut immédiatement que les formules qui se rapportent à la lemniscate hyperbolique peuvent être déduites de celles qui sont applicables à la lemniscate elliptique, en remplaçant a^2 par $- a^2$.

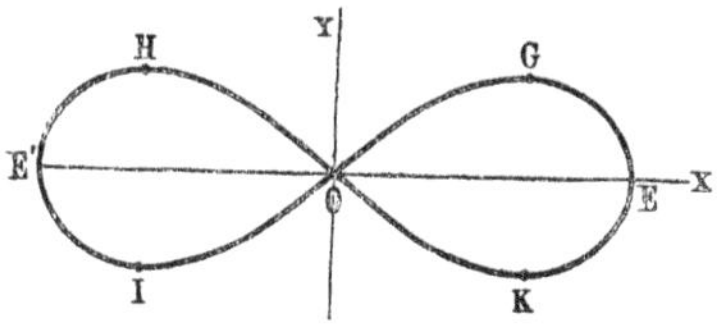

La lemniscate hyperbolique a la forme indiquée dans la figure 41. Elle est symétrique par rapport aux axes des coordonnées, et coupe l'axe des abscisses en deux points E et E' dont les coordonnées sont $(\pm b, 0)$; les droites qui passent par l'origine O rencontrent la courbe en ce point, qui est *double,* et

Fig. 41

en deux autres points réels, équidistants de O; elle a deux *inflexions* à ce dernier point et les tangentes y forment avec l'axe des abscisses deux angles ω et $-\omega$ déterminés par l'équation $\tang \omega = \pm \dfrac{b}{a} \cdot$

On voit encore, au moyen de l'égalité

$$y\left[2\left(x^2+y^2\right)+a^2\right]y' = x\left[b^2-2\left(x^2+y^2\right)\right],$$

que les tangentes sont parallèles aux axes des ordonnées aux points E et E', et qu'elles sont parallèles aux axes des abscisses aux points G, H, I et K où la courbe est coupée par le cercle correspondant à l'équation

$$x^2 + y^2 = \frac{1}{2}\,b^2;$$

les coordonnées de ces points sont données par les équations

$$x^2 = \frac{b^2\left(b^2+2a^2\right)}{4\left(a^2+b^2\right)}, \quad y^2 = \frac{b^4}{4\left(a^2+b^2\right)} \cdot$$

L'expression du rayon de courbure en coordonnées polaires est

$$R = \frac{\left[\left(b^2-a^2\right)\rho^2+a^2b^2\right]^{\frac{3}{2}}}{\left[2\left(b^2-a^2\right)\rho^2+3a^2b^2\right]\rho},$$

et fait voir, en tenant compte de l'équation polaire de la courbe, que la lemniscate hyperbolique a deux points d'inflexion réels à O, comme on a déjà dit, et quatre points d'inflexion *imaginaires,* qui tendent vers l'infini, quand b tend vers a.

199. La lemniscate hyperbolique possède, comme la lemniscate elliptique, deux *points doubles à l'infini,* et elle est aussi, par conséquent, *unicursale.* Les expressions de ses coordonnées x et y en fonction rationnelle de z peuvent être obtenues par les formules du n.º 190, en y remplaçant a^2 par $-a^2$; mais les formules auxquelles on arrive de cette manière contiennent des coefficients imaginaires, et il est préférable d'employer d'autres expressions qu'on obtient en posant dans l'équation de la courbe d'abord $y = tx$, et ensuite $\sqrt{b^2-at^2} = (b+at)z$, à savoir:

$$x = \frac{2ba^2\,z\left(1+z^2\right)}{\left(a^2+b^2\right)z^4+2\left(a^2-b^2\right)z^2+a^2+b^2},$$

$$y = \frac{2b^2\,az\left(1-z^2\right)}{\left(a^2+b^2\right)z^4+2\left(a^2-b^2\right)z^2+a^2+b^2} \cdot$$

200. Pour rectifier la lemniscate hyperbolique, nous partirons de l'équation polaire de cette courbe

$$\rho^2 = b^2 \cos^2 \theta - a^2 \sin^2 \theta,$$

d'où il résulte

$$\frac{ds^2}{d\theta^2} = \frac{a^4 \sin^2 \theta + b^4 \cos^2 \theta}{b^2 \cos^2 \theta - a^2 \sin^2 \theta};$$

en substituant maintenant à θ une nouvelle variable ω liée à θ par la relation (Booth., l. c , t. II, p. 164):

$$\sin^2 \theta = \frac{b^4 \sin^2 \omega}{a^2 b^2 + b^4 \sin^2 \omega + a^4 \cos^2 \omega},$$

on trouve d'abord

$$\frac{ds}{d\theta} = \frac{b}{\cos \omega}, \quad \frac{d\theta}{d\omega} = \frac{b^2 a (a^2 + b^2) \cos \omega}{(a^2 b^2 + b^4 \sin^2 \omega + a^4 \cos^2 \omega) \sqrt{b^2 + a^2 \cos^2 \omega}},$$

et ensuite

$$ds = \frac{b^3}{a \sqrt{a^2 + b^2}} \cdot \frac{d\omega}{\left[1 + \frac{b^2 - a^2}{a^2} \sin^2 \omega \right] \sqrt{1 - \frac{a^2}{a^2 + b^2} \sin^2 \omega}}.$$

La rectification des arcs des lemniscates hyperboliques depend donc d'une intégrale elliptique de troisième espèce, quand $b \gtrless a$; et d'une intégrale elliptique de première espèce, quand $a = b$ (Booth., l. c.).

201. L'aire limitée par la moitié OKEGO de la courbe considérée est donnée par la formule

$$A = \frac{1}{2} \int_{-\theta_1}^{\theta_1} (b^2 \cos^2 \theta - a^2 \sin^2 \theta)\, d\theta = \frac{b^2 - a^2}{2} \theta_1 + \frac{a^2 + b^2}{4} \sin 2\theta_1,$$

où $\theta_1 = \operatorname{arctang} \dfrac{b}{a}$; ou par conséquent

$$A = \frac{b^2 - a^2}{2} \operatorname{arctang} \frac{b}{a} + \frac{1}{2} ab.$$

202. La lemniscate hyperbolique considérée est la *polaire* et la *courbe inverse* de l'hyperbole représentée par l'équation

$$b^2 y^2 - a^2 x^2 = -a^2 b^2,$$

par rapport à son centre; les asymptotes de cette hyperbole forment un angle égal à celui que font les tangentes à la lemniscate à son centre.

203. En changeant a^2 en $-a^2$ dans les équations trouvées aux n.ºs 194 et 195, on obtient les coordonnées des *foyers* de la lemniscate hyperbolique et l'équation tangentielle de cette courbe. On trouve ainsi que les coordonnées de ses *foyers ordinaires réels* sont

$$x = \pm \frac{ab}{\sqrt{a^2 + b^2}}, \quad y = 0,$$

et que les coordonnées de ses *foyers singuliers réels* sont

$$x = \pm \frac{1}{2} \sqrt{a^2 + b^2}, \quad y = 0,$$

et que ces derniers points coïncident avec les points F et F' de la figure 39.

Les distances r_0, r_1 et r_2 d'un point quelconque de la courbe à son centre et à ses foyers ordinaires réels satisfont à la condition

$$\sqrt{a^2 + b^2}\,(r_1 + r_2) = 2b r_0.$$

204. Les lemniscates elliptique et hyperbolique peuvent être construites aisément de la manière suivante.

Considérons un cercle de rayon égal à $\frac{1}{2}b$ et un point O, situé dans son plan, dont la distance au centre C du cercle soit égale à l'un des nombres $\frac{1}{2}\sqrt{b^2 \pm a^2}$, et prenons ensuite sur chacune des droites OP qui passent par O, à partir de ce point, deux segments OM et OM' égaux à la corde comprise entre les points P et Q où cette droite coupe le cercle. Le lieu des points M et M' qu'on obtient de cette manière est une lemniscate hyperbolique, si la distance de O à C est égale à $\frac{1}{2}\sqrt{b^2 + a^2}$, et est une lemniscate elliptique si cette distance est égale à $\frac{1}{2}\sqrt{b^2 - a^2}$.

En effet, si l'on prend pour origine des coordonnées le point O et pour axe la droite passant par O et par le centre C du cercle, l'équation polaire du cercle est

$$\rho_1^2 - \sqrt{b^2 \pm a^2}\,\rho_1 \cos\theta \pm \frac{1}{4}a^2 = 0.$$

Or, cette équation donne pour OP et OQ les valeurs suivantes:

$$\mathrm{OP} = \frac{1}{2}\sqrt{b^2 \pm a^2}\cos\theta + \frac{1}{2}\sqrt{(b^2 \pm a^2)\cos^2\theta \mp a^2},$$

$$\mathrm{OQ} = \frac{1}{2}\sqrt{b^2 \pm a^2}\cos\theta - \frac{1}{2}\sqrt{(b^2 \pm a^2)\cos^2\theta \pm a^2},$$

dont il résulte

$$OM^2 = (OP - OQ)^2 = b^2 \cos^2\theta \mp a^2 \operatorname{sen}^2\theta.$$

Il convient de remarquer que le point O est à l'intérieur du cercle dans le cas de la lemniscate elliptique, et à l'extérieur dans le cas de la lemniscate hyperbolique, et que cette manière de construire ces courbes équivaut à considérer les lemniscates comme cissoïdales de deux cercles coïncidents.

IV.

La lemniscate de Bernoulli.

205. La lemniscate hyperbolique correspondante au cas où $a = b$, a été nommée *lemniscate de Bernoulli,* pour avoir été rencontrée par Jacques Bernoulli en cherchant la solution du problème de Leibniz qui a pour but de déterminer la courbe que doit décrire un point soumis à l'action du pésanteur, pour qu'il s'approche uniformement d'un point donné (*Acta eruditorum,* 1694, p. 336; *Opera,* t. I, p. 609). Les principales propriétés de cette courbe furent ensuite découvertes par Fagnano (*Produzione matematica,* t. II, 1750, p. 317), par des méthodes géométriques, et plus tard par Euler, qui en a donné la théorie analytique (*Mem. Acad. Petrop.,* t. V, p. 351).

L'équation de la lemniscate de Bernoulli rapportée aux coordonnées cartésiennes orthogonales est

$$(x^2 + y^2)^2 = a^2 (x^2 - y^2),$$

et l'équation de la même courbe rapportée aux coordonnées polaires est

$$\rho^2 = a^2 \cos 2\theta.$$

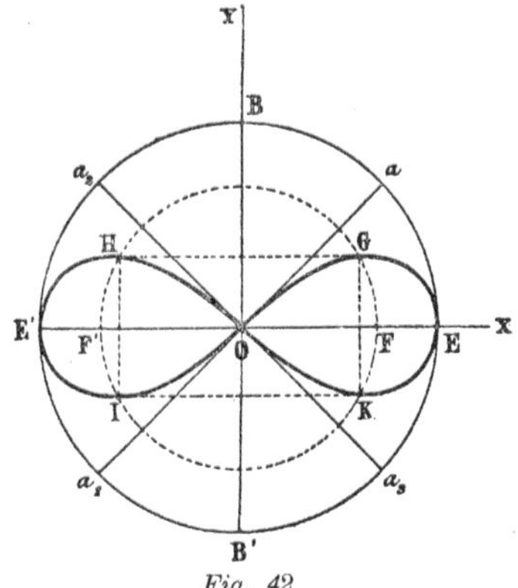

Fig. 42

On obtient directement, au moyen de ces équations, ou en posant $b = a$ dans les résultats obtenus précédemment pour les lemniscates hyperboliques, les propriétés suivantes de la lemniscate de Bernoulli.

La courbe a la forme indiquée dans la figure 42, où $OE = a$. Elle a un *point double* et deux *inflexions* à O, et les angles formés par les tangentes en ce point avec l'axe des abscisses sont égaux à $\frac{\pi}{4}$ et $-\frac{\pi}{4}$; elle a encore deux *points doubles* à l'infini, et à chacun *deux inflexions*.

En posant $f = 0$ et $a^2 = 2e^2$ dans l'égalité (1) du n.º 188, on trouve l'équation $\rho\rho_1 = \frac{1}{2}\,a^2$, dont il résulte qu'existent sur le plan de la lemniscate considérée deux points F et F' tels que le produit des distances d'un point quelconque de la courbe à ces points est constant, et que par suite elle est une *courbe de Cassini*. Les points F et F' sont, en même temps, les *foyers ordinaires* et les *foyers singuliers* de la courbe et leurs coordonnées sont $\left(\pm\frac{1}{2}\,a\sqrt{2},\ 0\right)$.

Les points G, H, I, K où la valeur absolue de y est maxime sont situés sur un cercle de rayon égal à $\frac{1}{2}\,a\sqrt{2}$, avec le centre en O ; donc, *les points où la valeur absolue des ordonnées est maxime et les foyers de la courbe sont situés sur la circonférence d'un même cercle.* Les coordonnées des points G, H, I et K sont

$$\left(\pm\frac{1}{4}\,a\sqrt{6},\quad \pm\frac{1}{4}\,a\sqrt{2}\right).$$

La lemniscate de Bernoulli est la *podaire* de l'hyperbole équilatère représentée par l'équation

$$x^2 - y^2 = a^2,$$

par rapport à son centre ; elle est aussi la courbe *inverse* de cette hyperbole, par rapport au même centre.

206. On voit au moyen de l'équation polaire de la courbe que l'angle V formé par la tangente à un point donné avec le vecteur de ce point est déterminé par la formule

$$\operatorname{tang} V = -\frac{\rho d\theta}{d\rho} = \cot 2\theta,$$

ou, par conséquent,

$$V = \frac{\pi}{2} - 2\theta.$$

Il résulte de cette relation une manière facile de construire les tangentes à la courbe considérée.

On peut encore obtenir aisément, au moyen de cette égalité, l'équation de la *podaire* de la lemniscate considérée par rapport à son centre. En représentant, en effet, par $(\rho',\,\theta')$ les coordonnées du point de cette podaire qui correspond au point $(\rho,\,\theta)$ de la lemniscate, on trouve

$$\theta' = \theta + \frac{\pi}{2} - V = 3\theta,\quad \rho' = \rho\sin V = a\cos^{\frac{3}{2}}2\theta,$$

et par suite

$$\rho' = a \cos^{\frac{3}{2}} \frac{2}{3}\, \theta';$$

la *podaire de la lemniscate de Bernoulli* appartient donc à une classe de courbes nommées *spirales sinusoïdes,* qui seront étudiées plus tard.

207. Le rayon de courbure de la lemniscate de Bernoulli a l'expression suivante:

$$R = \frac{a^2}{3\rho},$$

dont on déduit, en tenant compte de la relation $\sin V = \cos 2\theta = \dfrac{\rho^2}{a^2}$,

$$\rho = 3\,R \sin V.$$

Donc, *le vecteur d'un point quelconque de la courbe est égal à trois fois la projection sur ce vecteur du segment de droite compris entre ce point et le centre de courbure correspondant au même point.*

Il résulte de ce théorème une manière de déterminer aisément les centres de courbure de la lemniscate considérée. La *développée* de cette lemniscate est une courbe du *sixième ordre* que nous ne déduirons pas ici. On peut la voir dans l'opuscule de Vechtmann mentionné au n.° 176.

208. La lemniscate de Bernoulli est une courbe *unicursale;* ses coordonnées x et y peuvent être exprimées en fonction rationnelle d'une variable indépendant z par les relations (n.° 199)

$$x = a\,\frac{z^3 + z}{z^4 + 1}, \quad y = a\,\frac{z - z^3}{z^4 + 1},$$

employées par Em. Weyr pour l'étude de la courbe dans un travail intitulé: *Die Lemniscate in rationaler Behandlung (Abhandl. der K. böhm. Gesellschaft der Wissenschaften,* Prag, 1873), et dont nous allons déduire quelques propriétés des tangentes à cette quartique.

Substituons ces valeurs de x et y dans l'équation

$$(Y - y)\,dx = (X - x)\,dy;$$

on obtient celle des tangentes à la quartique considérée:

$$(1 - z^2)\,(z^4 + 4z^2 + 1)\,Y - (1 + z^2)\,(z^4 - 4z^2 + 1)\,X = 4az^3.$$

Donc, si l'on mène par un point quelconque (α, β) les tangentes à la lemniscate considérée, les valeurs que z prend aux points de contact sont déterminées par l'équation

$$(1) \qquad (\beta + \alpha)\, z^6 + 3\, (\beta - \alpha)\, z^4 + 4az^3 - 3\, (\beta + \alpha)\, z^2 - (\beta - \alpha) = 0,$$

laquelle a six racines, auxquelles correspondent les six tangentes, *réelles* ou *imaginaires, distinctes* ou *coïncidentes,* qui passent par le point donné.

Cela posé, cherchons la condition pour que quatre des ces points de contact soient situés sur une même droite.

La droite représentée par l'équation

$$ux + vy + 1 = 0$$

coupe la courbe en quatre points, correspondants aux valeurs de z données par l'équation

$$(2) \qquad z^4 + a\, (u - v)\, z^3 + a\, (u + v)\, z + 1 = 0.$$

On trouve donc les conditions pour que quatre des points de contact considérés soient situés sur cette droite, en exprimant que les racines de cette équation satisfont à (1), ou, par conséquent, que le reste de la division du premier membre de (1) par le premier membre de (2) est identiquement nul. Or, ce reste a pour expression

$$\left\{ \left[\frac{4a}{\beta + \alpha} - a\, (u + v) - 3\, \frac{\beta - \alpha}{\beta + \alpha}\, a\, (u - v) - a^3 (u - v)^3 \right] z^3 \right.$$

$$+ \left[a^2 (u^2 - v^2) - 4 \right] z^2 + \left[a\, (u - v) - 3\, \frac{\beta - \alpha}{\beta + \alpha}\, a\, (u + v) - a^3 (u - v)^2 (u + v) \right] z$$

$$\left. + \left[4\, \frac{\beta - \alpha}{\beta + \alpha} + a^2 (u - v)^2 \right] \right\} (\beta + \alpha),$$

et les conditions cherchées sont donc

$$\frac{4}{\beta + \alpha} - (u + v) - 3\, \frac{\beta - \alpha}{\beta + \alpha}\, (u - v) - a^2 (u - v)^3 = 0,$$

$$a^2 (u^2 - v^2) - 4 = 0,$$

$$u - v - 3\, \frac{\beta - \alpha}{\beta + \alpha}\, (u + v) - a^2 (u - v)^2 (u + v) = 0,$$

$$4\, \frac{\beta - \alpha}{\beta + \alpha} + a^2 (u - v)^2 = 0,$$

ou, en éliminant $(u - v)^2$ de la première et de la troisième au moyen de la dernière,

$$\frac{4}{\beta + \alpha} - (u + v) + \frac{\beta - \alpha}{\beta + \alpha}(u^2 - v) = 0, \quad a^2(u^2 - v^2) = 4,$$

$$u - v + \frac{\beta - \alpha}{\beta + \alpha}(u + v) = 0, \quad 4\frac{\beta - \alpha}{\beta + \alpha} + a^2(u - v)^2 = 0.$$

La première et la troisième de ces équations donnent

$$(3) \qquad u + v = \frac{2(\beta + \alpha)}{\beta^2 + \alpha^2}, \quad u - v = -\frac{2(\beta - \alpha)}{\beta^2 + \alpha^2};$$

et, en substituant les valeurs de $u - v$ et $u + v$ dans la troisième et dans la quatrième, on voit que ces deux équations ne sont pas destinctes et on trouve celle-ci:

$$(\beta^2 + \alpha^2)^2 = a^2(\alpha^2 - \beta^2),$$

dont il résulte que le point (α, β) doit être situé sur la lemniscate considérée.

Donc, *le lieu des positions du point d'où l'on peut mener quatre tangentes à la lemniscate de Bernoulli telles que les points de contact soient situés sur une droite, coïncide avec cette même courbe.*

Ce théorème fut donné par Em. Weyr dans un travail mentionné plus haut. M. Schoute en a exposé une démonstration géométrique dans les *Verslagen* de l'Académie des Sciences d'Amsterdam (2.ᵉ série, t. XIX, 1883, p. 220).

L'équation

$$a^2(u^2 - v^2) = 4,$$

qui résulte des égalités (3), représente, en coordonnées tangentielles, une courbe dont on obtient l'équation cartésienne en éliminant v, u et $\dfrac{dv}{du}$ entre cette équation et ces autres:

$$ux + vy + 1 = 0,$$

$$x + y\frac{dv}{du} = 0, \quad u - v\frac{dv}{du} = 0,$$

ce qui donne

$$x^2 - y^2 = \frac{1}{4}a^2.$$

On a donc le théorème suivant, dû aussi à Em. Weyr:

L'enveloppe de la droite passant par les quatre points de contact des tangentes à la lemniscate de Bernoulli issues d'un point variable de la courbe, est une hyperbole équilatère.

Nous ajouterons à ce qui précède que l'équation de la droite passant par les points de contact des tangentes considérées est

$$2\alpha x + 2\beta y + \alpha^2 + \beta^2 = 0;$$

elle passe donc aussi par les points d'intersection des parallèles aux asymptotes menées par le noeud réel et par le point $(-\alpha, -\beta)$.

209. Les conditions pour que les points de contact des tangentes à la lemniscate considérée, menées par le point (α, β), soient situés sur une conique, peuvent être déterminées par une méthode analogue à celle qu'on vient d'employer dans la question précédente. En supposant que l'équation de la conique est

$$ux^2 + vy^2 + wxy + hx + ky + 1 = 0,$$

on voit que les valeurs que z prend aux points où cette conique coupe la lemniscate, satisfont à l'équation

$$z^8 + Az^7 + Bz^6 + Cz^5 + Dz^4 + Az^3 + Ez^2 + Cz + 1 = 0,$$

où

$$A = a\,(h-k), \quad B = (u+v-w)\,a^2, \quad C = (h+k)\,a,$$
$$D = 2\,(a^2 u - a^2 v + 1), \quad E = a\,(u+v+w).$$

On obtient donc les conditions pour que les points de contact des tangentes à la lemniscate, menées par le point arbitraire (α, β), soient situés sur la conique considérée, en exprimant que le reste de la division du premier membre de la dernière équation par le premier membre de l'équation (1) soit identiquement nul; ces conditions sont donc celles-ci:

$$C - L - 3AK = 0, \quad D + 3 - AL - 3K\,(B - 3K) = 0,$$
$$4A - L\,(B - 3K) = 0, \quad E + K + 3\,(B - 3K) = 0, \quad C + AK = 0, \quad 1 + (B - 3K)\,K = 0,$$

où

$$K = \frac{\beta - \alpha}{\beta + \alpha}, \quad L = \frac{4a}{\beta + \alpha}.$$

En éliminant C de la première de ces équations au moyen de la cinquième, et $B - 3K$ de la troisième au moyen de la dernière, on obtient le même résultat; par conséquent une de ces équations n'est pas distincte des autres.

La première et la cinquième des mêmes équations déterminent les valeurs de C et A; ensuite les relations $A = a\,(h-k)$ et $C = a\,(h+k)$ déterminent h et k. Les équations deuxième, quatrième et sixième donnent les valeurs B, D et E, et les relations qui lient ces quantités à u, v et w, écrites ci-dessus, déterminent enfin les valeurs de ces trois coefficients de l'équation de la conique.

De tout ce qui précède on conclut le théorème suivant, dû à M. Schoute, qui l'a donné dans un travail intitulé, *Notiz über die Lemniscate*, inséré aux *Sitzungsber. der K. Akad. der Wissenschaften von Wien*, 1883, p. 1252:

Les six points de contact des tangentes à la lemniscate de Bernoulli menées par un point extérieur à la courbe, sont situés sur une conique, qu'on vient de déterminer.

210. En posant $a = b$ dans l'équation tangentielle des lemniscates hyperboliques, on obtient l'équation tangentielle de la lemniscate de Bernoulli, à savoir:

$$27a^4\,(u^2 + v^2)^2 = [4 + a^2\,(u^2 - v^2)]^3.$$

211. L'aire limitée par une boucle de la lemniscate de Bernoulli est égale à $\frac{1}{2}\,a^2$. La longueur des arcs de la même courbe est déterminée par la formule

$$s = a \int_0^\theta \frac{d\theta}{\sqrt{\cos 2\theta}} = \frac{1}{2}\,a\,\sqrt{2} \int_0^\varphi \frac{d\varphi}{\sqrt{1 - \frac{1}{2}\sin^2\varphi}},$$

où φ représente une quantité déterminée par la relation

$$\sin^2\theta = \frac{1}{2}\sin^2\varphi.$$

La longueur des arcs de la lemniscate de Bernoulli dépend donc d'une intégrale elliptique de première espèce (Fagnano, l. c.).

En appliquant les théorèmes de la théorie des intégrales elliptiques à l'expression des arcs de la lemniscate de Bernoulli qu'on vient d'obtenir, on trouve quelques propriétés importantes de ces arcs, dont nous allons indiquer succintement quelques-unes.

On voit d'abord, au moyen du théorème d'addition des intégrales elliptiques de première espèce, que, si s_1, s_2 et s_3 représentent les longueurs de trois arcs de la courbe, compris entre le sommet E et les points de EGO où l'amplitude φ prend les valeurs φ_1, φ_2 et β, s_1, s_2 et s_3 satisfont à la condition

$$s_3 = s_1 \pm s_2,$$

quand

$$\cos\beta = \cos\varphi_1 \cos\varphi_2 \mp \sin\varphi_1 \sin\varphi_2 \sqrt{1 - \frac{1}{2}\sin^2\beta};$$

on peut donc déterminer algébriquement, au moyen de cette dernière formule, un arc de la lemniscate considérée dont la longueur soit égale à la somme ou à la différence de deux arcs donnés de la même courbe.

En supposant, en particulier, $\varphi_1 = \varphi_2$, on trouve

$$s_3 = 2s_1, \quad \cos\beta = \cos^2\varphi_1 - \sin^2\varphi_1\sqrt{1 - \frac{1}{2}\sin^2\beta};$$

on peut donc déterminer algébriquement l'amplitude φ_1 d'un arc de la lemniscate dont la longueur soit égale à la moitié de celle d'un autre arc donné, dont l'amplitude soit égale à β.

Un cas particulier intéressant du problème qu'on vient de considérer est celui où l'on propose de diviser le quart OGE de la courbe en deux parties égales. En posant alors $\beta = \dfrac{\pi}{2}$, on voit d'abord que l'amplitude φ_1 de l'arc cherché est donnée par la formule $\operatorname{tang}\varphi_1 = \sqrt[4]{2}$. On trouve ensuite, en représentant par θ_1 et ρ_1 les coordonnées polaires du point qui divise en deux parties égales l'arc OGE considéré et en tenant compte de la relation $2\sin^2\theta_1 = \sin^2\varphi_1$,

$$\sin^2\theta_1 = 1 - \frac{1}{2}\sqrt{2}, \quad \cos^2\theta_1 = \frac{1}{2}\sqrt{2},$$

et par suite

$$\rho_1^2 = a^2\cos 2\theta_1 = (\sqrt{2} - 1)\,a^2;$$

donc, la valeur de l'abscisse x_1 du point $(\theta_1,\ \rho_1)$ cherché est celle-ci:

$$x_1 = \rho_1\cos\theta_1 = a\sqrt{1 - \frac{1}{2}\sqrt{2}}.$$

Ce résultat a été obtenu pour la première fois par Fagnano; cet éminent géomètre a aussi démontré que la courbe considérée peut être divisée, au moyen de la règle et du compas ordinaire, en 2^m, $3 \cdot 2^m$ et $5 \cdot 2^m$ parties égales, m étant un nombre entier.

Les travaux de Fagnano sur les propriétés des arcs de la lemniscate de Bernoulli ont eu une grande influence sur le progrès des sciences mathématiques, puisque ces travaux et ceux qu'il a consacrés à la theorie des arcs de l'ellipse ont ouvert la voie à la théorie des intégrales elliptiques. Ils ont été continués plus tard par Abel (*Oeuvres,* 1881, t. I, p. 361), qui démontra que la lemniscate considérée peut être divisée en n parties égales, au moyen de la règle et du compas, quand n est un nombre de la forme 2^m (m entier), ou un nombre premier de la forme $2^m + 1$, ou un produit de nombres premiers ayant ces formes. La même question a été étudiée par Gauss (*Weerk,* t. III, p. 404), par Liouville (*Journal de Mathématiques,* 1843, p. 507), par Schwering (*Journal de Crelle,* t. CVII et CX), par Kiepert (*Journal de Crelle,* t. CXXV, p. 255), et, sous une forme plus géométrique, par Mathews (*Procedings of the London mathematical Society,* t. XXVII, p. 367).

212. La lemniscate de Bernoulli a une application intéressante dans le problème de Mécanique qui a pour but de déterminer la courbe que doit parcourir sur un plan un point pesant, partant de l'origine O sans vitesse initiale, pour arriver à un autre point A dans le même temps qu'il mettrait à parcourir la corde OA. La courbe qui satisfait au problème est une *lemniscate de Bernoulli* qui a le centre au point O et dont l'axe forme un angle de 45° avec la verticale, comme on peut le voir dans le *Traité de Mécanique* (t. III, 1882, p. 104) de M. Collignon et dans la *Meccanica razionale* (1905, t. II, p. 81) de M. Marcolongo. Nous ajouterons que, d'après un renseignement que je dois à M. Marcolongo, ce problème fut considéré pour la première fois en 1780 dans la *Racolta ferrarese di opusculi scientifici* par Bonatti, qui a obtenu l'équation de la trajectoire et en a déterminé la forme; plus tard Malfatti a résolu la même question au moyen des méthodes de la géométrie ancienne dans l'ouvrage mentionné au n.º 176, où il a démontré que la courbe cherchée appartient à la classe des courbes de Cassini; et enfin le même problème a été étudié par Saladini en 1806 dans les Mémoires de l'Institut de Bologne, où il a démontré l'identité de cette cassinienne avec la lemniscate de Bernoulli.

Une autre application de la lemniscate, de nature différente de celle qui précède, que nous devons mentionner ici, est celle qu'elle reçoit dans la Géométrie des masses, où cette courbe a été employée par M. Haton de La Goupillière, dans sa belle Thèse: *Sur une théorie nouvelle de la Géométrie des masses* (Paris, 1857), sous le nom de *lemniscate équilatère,* conjointement avec l'hyperbole équilatère, pour représenter géométriquement quelques relations fondamentales de cette doctrine et rendre ainsi évidentes les variations des quantités qui y figurent.

CHAPITRE IV.

QUARTIQUES REMARQUABLES.

(Continuation).

I.

La limaçon de Pascal.

213. Envisageons un cercle de centre C et un point O de sa circonféence *(fig. 43)*, et pre-

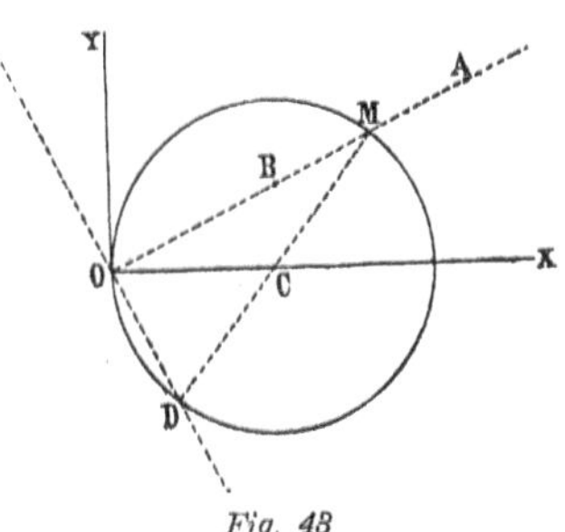

Fig. 43

nons sur chacune des cordes OM qui passent par ce point, deux segments MA et MB égaux à *h;* le lieu des points A et B qu'on obtient ainsi est une *conchoïde* du cercle considéré, qui a été nommée *limaçon de Pascal* par Roberval dans un Mémoire intitulé: *Observations sur la composition des mouvements et sur le moyen de trouver les touchantes des lignes courbes,* lequel fut inséré dans le tome VI des *Mémoires de l'Académie des sciences de Paris* (1730, p. 42). Dans ce travail célèbre, l'éminent géomètre a appliqué à cette courbe la méthode générale des tangentes, qui en est l'objet, et il a, en outre, démontré quelques-unes de ses propriétés, parmi lesquelles est comprise une qu'il attribue à Pascal; plus tard il a donné, dans son *Traité des indivibles* (l. c., p. 264), une méthode pour en calculer l'aire. On doit ajouter à ce qui précède que P. Tannery, en étudiant avec soin l'histoire de l'invention du limaçon, a remarqué que Roberval avait considéré cette courbe avant l'anné 1644 dans ses leçons de Géométrie, recueillies par un de ses éléves, leçons qui ont donné l'origine au premier des travaux mentionnés ci-dessus, et que le nom de Pascal mentionné dans ce travail ne se rapporte pas au célèbre géomètre et philosophe Blaise, mais à son père Étienne.

Plusieurs années après, Quetelet, ayant été amené à s'occuper du limaçon par un problème d'Optique sur lequel nous dirons quelques mots plus loin (à la fin de l'article qui se rapporte aux *ovales de Descartes*), a consacré à cette courbe quelques pages d'un travail remarquable inséré en 1823 au tome III des *Nouveaux Mémoires de l'Académie de Bruxelles,* où cet éminent géomètre a étudié quelques-unes des questions plus essentielles de sa théorie.

Dès lors jusqu'à présent on a publié un grand nombre de travaux où sont exposées des propriétés du limaçon et divers modes de l'engendrer. On a aussi inventé des appareils pour décrire mécaniquement cette courbe par un mouvement continu. Le premier de ces appareils, formé par des tiges articulées, a été imaginé par Peaucellier, qui l'a fait connaître en 1873 dans les *Nouvelles Annales de Mathématiques;* plus tard Hart a décrit dans les tomes IV et V du *Messenger of Mathematics* d'autres dispositifs pour le même but.

214. Représentons par a la longueur du diamètre du cercle considéré ci-dessus et par θ l'angle AOC. On a $\mathrm{OM} = a \cos \theta$, $\mathrm{MA} = \mathrm{MB} = h$; et par conséquent l'équation polaire du *limaçon de Pascal* est

$$\rho = a \cos \theta \pm h, \quad \left(-\frac{\pi}{2} \lessgtr \theta \lessgtr \frac{\pi}{2} \right).$$

L'équation cartésienne de la même courbe, rapportée aux axes orthogonaux OCX et OY, est

$$(x^2 + y^2 - ax)^2 = h^2 (x^2 + y^2).$$

215. Pour déterminer la forme de la courbe, nous allons considérer trois cas distincts; mais on doit remarquer déjà que, en tous ces cas, la courbe est symétrique par rapport à l'axe des abscisses.

Cas 1er. Soit $h < a$. Alors on voit, au moyen de l'équation

$$\rho = a \cos \theta + h,$$

que, quand θ varie depuis 0 jusqu'à $\frac{\pi}{2}$, ρ decroît depuis OA, égal à $a + h$ *(fig. 44)*, jusqu'à OD, égal à h, et le point générateur de la courbe décrit l'arc AMD. En considérant ensuite l'équation

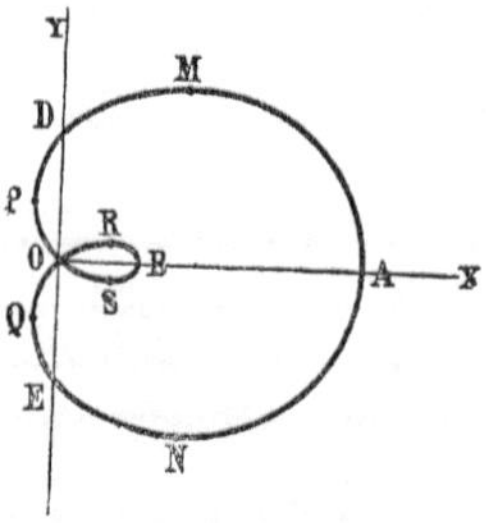

$$\rho = a \cos \theta - h,$$

on voit que, quand θ varie de 0 à arc cos $\frac{h}{a}$, ρ decroît depuis OB, égal à $a - h$, jusqu'à 0, et le point générateur de la courbe decrit l'arc BRO; et que, quand θ varie de arc cos $\frac{h}{a}$ à $\frac{\pi}{2}$, le vecteur ρ est négatif et varie de 0 à $-h$, et le point générateur de la courbe décrit l'arc OQE. Aux valeurs de θ comprises entre 0 et $-\frac{\pi}{2}$ correspondent des arcs du limaçon

Fig. 44

symétriques de ceux qu'on vient de considérer par rapport à l'axe des abscisses, et par conséquent la courbe a la forme indiquée dans la figure 44.

On voit encore, au moyen de l'équation

$$\frac{dy}{dx} = -\frac{a \cos 2\theta \pm h \cos \theta}{a \sin 2\theta \pm h \sin \theta},$$

que les points M et N où la tangente est parallèle à l'axe des abscisses sont déterminés par l'équation

$$a \cos 2\theta \pm h \cos \theta = 0,$$

et par celle de la courbe, lesquelles donnent, en considérant seulement les solutions auxquelles correspondent des valeurs de θ comprises entre $-\dfrac{\pi}{2}$ et $\dfrac{\pi}{2}$,

$$\cos \theta = \frac{\mp h + \sqrt{h^2 + 8a^2}}{4a}, \quad \rho = \frac{1}{4}\left(\pm 3h + \sqrt{h^2 + 8a^2}\right);$$

et que les points où la tangente est parallèle à l'axe des ordonnées sont déterminés par l'équation du limaçon et par cette autre:

$$a \sin 2\theta \pm h \sin \theta = 0,$$

qui donne, en considérant seulement, comme ci-dessus, les solutions auxquelles correspondent des valeurs de θ comprises entre $-\dfrac{\pi}{2}$ et $\dfrac{\pi}{2}$,

$$\sin \theta = 0, \quad \cos \theta = \frac{h}{2a}.$$

Les coordonnées polaires des points A, B, P et Q qui satisfont á cette dernière condition sont donc

$$(\theta = 0, \quad \rho = a \pm h), \quad \left(\theta = \pm \arccos \frac{h}{2a}, \quad \rho = -\frac{1}{2}h\right);$$

la droite qui passe par P et Q a pour équation $x = -\dfrac{h^2}{4a}$ et est la *bitangente* de la courbe.

Le point O est un *point double* du limaçon, et les angles des tangentes en ce point avec l'axe des abscisses sont égaux à $\pm \arccos \dfrac{h}{a}$.

Cas 2ᵉ. Supposons maintenant $h > a$. On voit de même que la courbe a alors la forme indiquée dans la figure 45, où OD $= h$, OA $= a + h$, OB $= h - a$, et où existent deux points

M et N, correspondants aux valeurs de θ et ρ données par les équations

$$\cos\theta = \frac{-h + \sqrt{h^2 + 8a^2}}{4a}, \quad \rho = \frac{1}{4}(3h + \sqrt{h^2 + 8a^2}),$$

où la tangente est parallèle à l'axe des abscisses.

Les tangentes à la courbe aux points A et B sont parallèles à l'axe des ordonnées; et, si $h < 2a$, il existe encore deux autres points P et Q où la tangente est aussi parallèle à cet axe; les coordonnées de ces derniers points sont déterminées par les équations

$$\cos\theta = \frac{h}{2a}, \quad \rho = \frac{1}{2}h.$$

La courbe a, en outre, *un point isolé* à l'origine O des coordonnées.

Cas 3e. Si, enfin, $h = a$, la courbe est nommée *cardioïde* et a la forme indiquée dans la

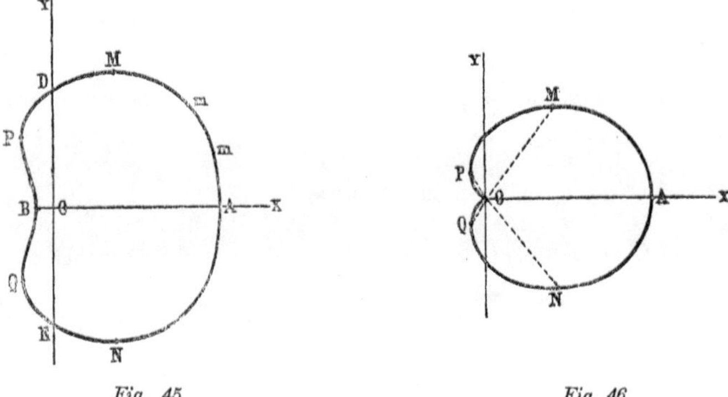

Fig. 45   Fig. 46

figure 46, où $OA = 2a$, et où O est un *point de rebroussement*. Les coordonnées des points M et N, où la tangente est parallèle à l'axe des abscisses, sont $\left(\theta = \pm\frac{1}{6}\pi, \ \rho = \frac{3}{2}h\right)$; et les coordonnées des points P et Q, où la tangente est parallèle à l'axe des ordonnées, sont $\left(\theta = \pm\frac{1}{6}\pi,\right.$ $\left.\rho = -\frac{1}{2}a\right)$. On voit donc que les points P, O et N sont situés sur une même droite, ainsi que les points Q, O et M.

216. Le rayon de courbure du limaçon est déterminé par la formule

$$R = \frac{(a^2 + 2ah\cos\theta + h^2)^{\frac{3}{2}}}{2a^2 + 3ah\cos\theta + h^2},$$

d'où il résulte que les valeurs de ce rayon aux points A, B et O sont, respectivement,

$$\frac{(a+h)^3}{2a^2+3ah+h^2}, \quad \frac{(a-h)^3}{2a^2-3ah+h^2}, \quad \frac{1}{2}(a^2-h^2)^{\frac{1}{2}}.$$

Il résulte de la même formule que la courbe a deux points d'inflexion, dont les coordonnées sont déterminées par les équations

$$\cos\theta = \frac{2a^2+h^2}{3ah}, \quad \rho = \frac{2(a^2-h^2)}{3h},$$

quand h est différent de a; que ces points coïncident et forment un point d'*ondulation* quand $h=2a$; et qu'elle n'a pas de point d'inflexion quand $h=a$.

Il est à remarquer que, pour que l'angle θ soit réel, il faut qu'on ait $\cos\theta \gtrless 1$, et par conséquent

$$2a^2+h^2-3ah = (a-h^2)\left(a-\frac{1}{2}h\right)\gtrless 0;$$

par conséquent les points d'inflexion considérés sont réels quand $a < h \gtrless 2a$, et imaginaires dans les autres cas.

217. L'égalité *(fig. 43)* $\rho = \mathrm{OM} \pm h$ donne $\dfrac{d\rho}{d\theta} = \dfrac{d.\mathrm{OM}}{d\theta}$. Donc, la sous-normale polaire du limaçon aux points A et B est égale à la sous-normale polaire du cercle OMD au point M. On peut donc construire les normales au limaçon aux points A et B en traçant la droite OD, perpendiculaire à OM, et la droite MC, qui coupe cette perpendiculaire au point D; le point D appartient aux normales cherchées.

218. *Le limaçon est la podaire du cercle par rapport à un point quelconque de son plan.*

Pour démontrer ce théorème, dû à Roberval (l. c., p. 47 e 267), prenons ce point pour origine des coordonnées et considérons un cercle de rayon égal à h ayant le centre au point $(a, 0)$. On a, en représentant par (x_1, y_1) les coordonnées d'un point quelconque de ce cercle,

$$(x_1-a)^2+y_1^2 = h^2.$$

L'équation de la tangente à ce cercle au point (x_1, y_1) est

$$y_1y+(x_1-a)x = y_1^2+x_1^2-ax_1 = ax_1+h^2-a^2,$$

et l'équation de la perpendiculaire à cette droite, menée par l'origine des coordonnées, est

$$(x_1-a)y-y_1x = 0.$$

En éliminant x_1 et y_1 entre ces équations, on obtient l'équation de la podaire du cercle par rapport à l'origine des coordonnées et on voit que cette équation coïncide avec celle du limaçon écrite au n.° 214.

Si le point donné est à l'intérieur du cercle considéré, on a $a < h$, et on obtient par conséquent le limaçon à point isolé; si ce point est à l'extérieur du même cercle, on a $a > h$, et on trouve le limaçon à noeud. La cardioïde correspond au cas où le point donné est situé sur la circonférence.

219. *La courbe inverse du limaçon, par rapport au point double* O, *est une conique ayant un foyer à* O. *Réciproquement, la courbe inverse d'une conique, par rapport à un foyer, est un limaçon ayant le centre d'inversion pour point double.*

En effet, l'équation de la courbe inverse du limaçon est

$$(h^2 - a^2)\, x^2 + h^2 y^2 + 2am^2 x - m^4 = 0,$$

m représentant le module de la transformation, et coïncide avec l'équation générale des coniques, rapportée à un foyer comme origine des coordonnées et à l'axe focal comme axe des abscisses. Cette conique est une *ellipse* quand $h > a$, une hyperbole quand $h < a$, une parabole quand $h = a$. Par ce motif le limaçon est appelé *elliptique* dans le premier cas, *hyperbolique* dans le deuxième cas.

220. Les asymptotes du limaçon sont imaginaires et peuvent être déterminées aisément par la méthode générale connue. En posant d'abord, pour cela, $y = ux$ dans l'équation de cette courbe et $x = \infty$, on trouve $\lim u = \pm i$; en posant ensuite $y = \pm ix + v$ dans la même équation et $x = \infty$, on trouve la relation

$$[\pm 2i \lim v - a]^2 = 0,$$

qui donne pour v deux valeurs égales à $\dfrac{1}{2} ai$ et deux autres égales à $-\dfrac{1}{2} ai$. Donc, le limaçon a deux asymptotes coïncidant avec la droite représentée par l'équation $y = i\left(x - \dfrac{1}{2} a\right)$, et deux autres coïncidant avec la droite représentée par l'équation $y = -i\left(x - \dfrac{1}{2} a\right)$. Chacune de ces droites est tangente à l'infini à deux branches imaginaires de la courbe, et par conséquent *le limaçon a deux points de rebroussement imaginaires à l'infini.*

221. Le limaçon de Pascal est une quartique *unicursale,* puisqu'il a trois points doubles; ses coordonnées x et y peuvent donc être représentées par des fonctions rationnelles d'un paramètre variable. Pour obtenir ces fonctions, remarquons d'abord que l'équation (1), où θ varie de $-\dfrac{\pi}{2}$ à $\dfrac{\pi}{2}$, peut être remplacée par celle-ci:

$$\rho = a \cos \theta + h,$$

où le deuxième terme est précédé d'un seul signe, à condition de faire varier θ de 0 à 2π.

Cela posé, faisons tang $\frac{1}{2}\,\theta = t$, et par suite

$$\sin\theta = \frac{2t}{1+t^2}, \quad \cos\theta = \frac{1-t^2}{1+t^2};$$

on trouve

$$x = \rho\cos\theta = \frac{h+a+(h-a)\,t^2}{(1+t^2)^2}\,(1-t^2), \quad y = \rho\sin\theta = 2\,\frac{h+a+(h-a)\,t^2}{(1+t^2)^2}\,t.$$

Ces formules ont été employées par G. Pittarelli pour étudier le limaçon dans un **travail** intitulé: *Li lumache di Pascal,* publié dans le *Giornale di Matematiche* (*Napoli,* t. **xxi**, 1883, p. 145 et 173). Nous nous bornerons ici à en déduire l'équation tangentielle de la courbe.

En partant de l'égalité

$$\frac{dy}{dx} = -\frac{h\cos\theta + a\cos 2\theta}{h\sin\theta + a\sin 2\theta},$$

on trouve que l'équation de la tangente au limaçon est

$$(h\cos\theta + a\cos 2\theta)\,\mathrm{X} + (h\sin\theta + a\sin 2\theta)\,\mathrm{Y} = (h+a\cos\theta)^2,$$

ou, en substituant à $\sin\theta$ et $\cos\theta$ leurs valeurs en fonction de t,

$$[h+a-6at^2-(h-a)\,t^4]\,\mathrm{X} + 2\,[h+2a+(h-2a)\,t^2]\,t\mathrm{Y} = [h+a+(h-a)\,t^2]^2.$$

Or, en comparant cette équation à cette autre:

$$u\mathrm{X} + v\mathrm{Y} + 1 = 0,$$

il vient

$$u = -\frac{h+a-6at^2-(h-a)\,t^4}{[h+a+(h-a)\,t^2]^2}, \quad v = -2\,\frac{h+2a+(h-2a)\,t^2}{[h+a+(h-a)\,t^2]^2}\,t,$$

et ensuite, en éliminant t entre ces dernières équations, on trouve *l'équation tangentielle* du limaçon (Pittarelli, l. c., p. 155), savoir:

$$(a^2-h^2)^3\,(u^2+v^2)^2 + \mathrm{K}\,(u^2+v^2) + \mathrm{L} = 0,$$

où

$$\mathrm{K} = 2\,(h^2-a^2)^2\,h^2u^2 - 2\,(h^2-a^2)\,a\,(4a^2+5h^2)\,u + 8\,(h^2-a^2)^2 - 36h^2\,(h^2-a^2) + 27h^4,$$

$$\mathrm{L} = (au+2)^3\,[a\,(h^2-a^2)\,u - 27a^2].$$

222. On peut déterminer aisément les *foyers* du limaçon au moyen de cette équation, en appliquant une méthode bien connue, employée déjà au n.º 195 pour déterminer les foyers des lemniscates. Mais nous allons chercher ces points par une procédé plus simple, qu'on va voir.

Considérons la droite représentée par l'équation

$$y = ix + k$$

et cherchons les valeurs que k doit prendre pour que cette droite soit tangente au limaçon. En éliminant pour cela y entre cette équation et celle de la courbe, on obtient celle-ci :

$$(2ki - a)^2 x^2 + 2k\left[(2ki - a)k - h^2 i\right]x + k^2(k^2 - h^2) = 0,$$

qui détermine les abscisses des points d'intersection des deux lignes considérées. On voit donc que ces points coïncident lorsque k satisfait à la condition

$$k^2\left[(2ki - a)k - h^2 i\right]^2 - (2ki - a)^2(k^2 - h^2)k^2 = 0,$$

ou

$$k^2(a^2 - k^2 - 2aki) = 0,$$

c'est-à-dire quand

$$k = 0, \quad k = \frac{h^2 - a^2}{2a}.$$

À la première de ces relations correspond une droite passant par le point double de la courbe, mais qui ne lui est pas tangente ; à la deuxième solution correspond la tangente représentée par l'équation

$$y = i\left[x + \frac{h^2 - a^2}{2a}\right].$$

De même, il n'existe qu'une tangente dont le coefficient angulaire soit égal à $-i$ et elle est représentée par l'équation

$$y = -i\left[x + \frac{h^2 - a^2}{2a}\right].$$

On voit donc que limaçon de Pascal a un seul *foyer ordinaire,* dont les coordonnées sont

$$x = \frac{a^2 - h^2}{2a}, \quad y = 0.$$

Nous ajouterons à ce qui précède que les asymptotes de la courbe, dont les équations ont été obtenues au n.º 220, déterminent par leur intersection un *foyer singulier* ayant pour coordonnées $\left(\dfrac{1}{2}\,a,\ 0\right)$.

223. Les distances ρ et ρ' des points du limaçon à l'origine des coordonnées et au foyer ordinaire sont liées par la relation linéaire

$$2h\rho + 2a\rho' = h^2 - a^2,$$

qu'on vérifie aisément, en substituant à ρ et ρ' les valeurs respectives

$$\rho = \sqrt{x^2 + y^2}, \quad \rho' = \sqrt{\left(x - \frac{a^2 - h^2}{2a}\right)^2 + y^2},$$

et qui peut être déduite de l'équation bipolaire de la conique inverse (n.º 219) par la méthode employée au n.º 29 dans une question analogue.

Il résulte de la relation qu'on vient d'écrire et de l'équation de la courbe considérée, mise sous la forme

$$x^2 + y^2 - ax = h\rho,$$

que *les distances ρ et ρ' du point double et du foyer du limaçon au point $(x,\ y)$ de cette courbe sont des fonctions rationnelles des coordonnées de ce point.*

224. L'équation polaire du limaçon, rapportée au foyer ordinaire comme origine, peut être obtenue aisément en éliminant x et ρ entre les équations

$$\rho^2 - ax = h\rho, \quad x = \frac{a^2 - h^2}{2a} + \rho' \cos \omega, \quad 2h\rho + 2a\rho' = h^2 - a^2,$$

$(\rho',\ \omega)$ représentant les nouvelles coordonnées des points de la courbe. On arrive ainsi à l'équation

$$a^2 \rho'^2 + a\,(a^2 - h^2 \cos \omega)\,\rho' + \frac{1}{4}\,(h^2 - a^2)^2 = 0,$$

dont les racines ρ_1' et ρ_2' vérifient les conditions

$$\rho_1' + \rho_2' = -\frac{1}{a}\,(a^2 - h^2 \cos \omega), \quad \rho_1' \rho_2' = \frac{(h^2 - a^2)^2}{4a^2}\cdot$$

Nous pouvons donc énoncer les théorèmes suivants:

1.º *Le lieu géométrique des milieux des cordes résultant de l'intersection du limaçon avec les droites passant par le foyer ordinaire est un autre limaçon, représenté par l'équation*

$$\rho' = \frac{h^2}{a} \cos \omega - a.$$

2.º *Le limaçon est une courbe anallagmatique par rapport au foyer ordinaire.*

225. *Le lieu des points d'où l'on peut mener à un limaçon quatre tangentes telles que les vecteurs des points de contact forment avec l'axe de la courbe des angles dont la somme soit constante, à multiples de 2π près, est une droite.*

En effet, les valeurs que t prend aux points de contact des tangentes passant par un point (α, β) sont données par l'équation (n.º 221)

$$[(a-h)\alpha - (a-h)^2]\,t^4 + 2(h-2a)\,\beta t^3 - 2[3a\alpha + h^2 - a^2]\,t^2$$
$$+ 2(h+2a)\,\beta t + (h+a)\alpha - (h+a)^2 = 0,$$

d'où il résulte, en représentant par t_1, t_2, t_3 et t_4 les racines de cette équation,

$$\Sigma t_i = -\frac{2(h-2a)\beta}{(a-h)\alpha - (a-h)^2}, \quad \Sigma t_i t_j = -\frac{2[3a\alpha + h^2 - a^2]}{(a-h)\alpha - (a-h)^2},$$

$$\Sigma t_i t_j t_k = -\frac{2(h+2a)\beta}{(a-h)\alpha - (a-h)^2}, \quad t_1 t_2 t_3 t_4 = \frac{(h+a)\alpha - (h+a)^2}{(a-h)\alpha - (a-h)^2},$$

et ensuite, en représentant par θ_1, θ_2, θ_3 et θ_4 les valeurs que θ prend aux points de contact des tangentes considérées et en tenant compte de l'égalité $t = \mathrm{tang}\,\frac{1}{2}\,\theta$,

$$\mathrm{tang}\,\frac{1}{2}(\theta_1 + \theta_2 + \theta_3 + \theta_4) = \frac{\Sigma t_i - \Sigma t_i t_j t_k}{1 + t_1 t_2 t_3 t_4 - \Sigma t_i t_j} = \frac{2\beta}{2\alpha - a}.$$

Donc, la condition pour que la somme $\theta_1 + \theta_2 + \theta_3 + \theta_4$ soit constante, c'est que (α, β) soit un point de la droite représentée par l'équation

$$2m\beta + 2\alpha = a,$$

où m représente une constante arbitraire. Cette droite passe par le point $\left(\frac{a}{2}, 0\right)$, c'est-à-dire par le centre du cercle considéré au n.º 213, et, comme son équation ne dépend pas de h, elle est constante pour toutes les conchoïdes du même cercle. En outre, comme, quand h se réduit à zéro, le limaçon se réduit à deux cercles coïncidant avec celui dont il est la conchoïde *(fig. 43)*, on conclut que, *si par un point (α, β) on mène quatre tangentes au limaçon et deux tangentes au cercle considéré, on a*

$$\theta_1 + \theta_2 + \theta_3 + \theta_4 = 2(\omega_1 + \omega_2),$$

ω_1 et ω_2 représentant les angles que forment avec OX les vecteurs des points de contact de ces dernières droites avec le cercle, le pôle étant le point O.

Nous croyons que les théorèmes qu'on vient de démontrer sont nouveaux.

226. *Le lieu des intersections des tangentes au limaçon aux points où il est coupé par chacune des droites passant par le point double O est une cissoïde crunodale droite si $a > h$, une cissoïde acnodale droite quand $a < h$ (n.º 24), un cercle si $h = a$.*

En effet, comme les valeurs que θ prend aux deux extrémités d'une corde passant par O sont θ_1 et $\theta_1 + \pi$, les équations des tangentes à ces points sont (n.º 221)

$$(a \cos 2\theta_1 + h \cos \theta_1)\, X + (a \sin 2\theta_1 + h \sin \theta_1)\, Y = (h + a \cos \theta_1)^2,$$

$$(a \cos 2\theta_1 - h \cos \theta_1)\, X + (a \sin 2\theta_1 - h \sin \theta_1)\, Y = (h - a \cos \theta_1)^2,$$

ou

$$aX \cos 2\theta_1 + aY \sin 2\theta_1 = h^2 + a^2 \cos^2 \theta_1, \quad X \cos \theta_1 + Y \sin \theta_1 = 2a \cos \theta_1.$$

En eliminant θ_1 entre ces équations, on obtient l'équation suivante :

$$aX (X^2 + Y^2) + (h^2 - 4a^2)\, X^2 + (h^2 - 3a^2)\, Y^2 + 4a (a^2 - h^2)\, X + 4a^2 h^2 = 0,$$

qui représente le lieu cherché. En transportant l'origine au point $(2a, 0)$, cette équation prend la forme

$$aX_1 (X_1^2 + Y_1^2) + (2a^2 + h^2)\, X_1^2 + (h^2 - a^2)\, Y_1^2 = 0,$$

d'où résulte le théorème énoncé.

Si $h = a$, cette équation se réduit à celle de la tangente au limaçon dans le sommet et à un cercle. Mais cette droite ne satisfait pas évidemment à la question, ce qui n'implique pas contradiction avec le calcul précédent, puisque ce calcul n'a pas lieu quand $\theta_1 = 0$.

227. Le *limaçon de Pascal* (1) peut être engendré par un point du plan d'un cercle de rayon égal à $\frac{1}{2}\, a$, auquel il soit lié invariablement, quand ce cercle roule sur un autre cercle fixe de rayon égal à celui du premier, c'est-à-dire sur le cercle considéré au n.º 213. Si le point est à l'extérieur du cercle mobile, on obtient le *limaçon à noeud (fig. 44);* quand il en est à l'intérieur, on obtient le *limaçon à point isolé (fig. 45),* quand il est situé sur la circonférence, on obtient la *cardioïde (fig. 46).* Le limaçon appartient donc à la classe de courbes nommées *épicycloïdes,* qui seront étudiées dans un autre chapitre, où sera donnée la démonstration de cette proposition.

228. La longueur des arcs du limaçon dépend d'une intégrale elliptique de deuxième espèce, quand $h > a$ on $h < a$. On a, en effet,

$$s = \int_0^\theta \sqrt{\rho^2 + \left(\frac{d\rho}{d\theta}\right)^2}\, d\theta = (a+h) \int_0^\theta \sqrt{1 - \frac{4ah}{(a+h)^2} \sin^2 \frac{1}{2}\theta}\, . d\theta,$$

ou, en posant $\frac{1}{2}\theta = \varphi$,

$$s = 2(a+h) \int_0^\varphi \sqrt{1 - \frac{4ah}{(a+h)^2} \sin^2 \varphi}\, . d\varphi.$$

Il résulte de la formule qu'on vient d'écrire qu'à chaque propriété des arcs de l'ellipse correspond une propriété analogue des arcs du limaçon. Nous allons chercher celle qui correspond au *théorème de Fagnano*.

Faisons

$$k^2 = \frac{4ah}{(a+h)^2}\,, \quad \int_0^\varphi \sqrt{1 - k^2 \sin^2 \varphi}\, d\varphi = \mathrm{E}(k, \varphi).$$

On a

$$\mathrm{E}(k, \varphi) + \mathrm{E}(k, \psi) - \mathrm{E}\left(k, \frac{\pi}{2}\right) = \frac{k^2 \sin \varphi \cos \varphi}{\sqrt{1 - k^2 \sin^2 \varphi}} = \frac{k^2 \sin \theta}{2\sqrt{1 - k^2 \sin^2 \frac{1}{2}\theta}}\,,$$

quand les angles φ et ψ sont liés par la relation

$$\cos \varphi \cos \psi = \sin \varphi \sin \psi \sqrt{1 - k^2}.$$

Considérons maintenant deux points m et m' *(fig. 45)* du limaçon, correspondants à deux amplitudes φ et ψ qui vérifient cette relation. On a

$$\text{arc } \mathrm{A}m = 2(a+h)\, \mathrm{E}(k, \varphi), \quad \text{arc } \mathrm{A}m' = 2(a+h)\, \mathrm{E}(k, \psi),$$

$$\text{arc } \mathrm{AB} = 2(a+h)\, \mathrm{E}\left(k, \frac{\pi}{2}\right).$$

Mais, d'un autre côté, en représentant par V l'angle formé par le vecteur du point m avec la tangente à la courbe en ce point, nous avons

$$\text{tang } \mathrm{V} = \rho\, \frac{d\theta}{d\rho} = -\frac{a \cos \theta + h}{a \sin \theta}\,,$$

et par suite

$$\cos \mathrm{V} = \frac{a \sin \theta}{(a+h)\sqrt{1 - k^2 \sin^2 \frac{1}{2}\theta}}\,.$$

Il vient donc

$$E(k, \varphi) + E(k, \psi) - E\left(k, \frac{\pi}{2}\right) = \frac{k^2(a+h)}{2a}\cos V,$$

et par suite

$$\text{arc } Am + \text{arc } Am' - \text{arc } AB = \text{arc } Am - \text{arc } Bm' = \frac{k^2(a+h)^2}{a}\cos V = 4h\cos V.$$

Donc, pour construire la différence des longueurs des arcs Am et Bm', il suffit de prendre sur le vecteur du point m un segment de longueur égale à $4h$, et de projeter ensuite ce segment sur la tangente à la courbe en ce point.

229. L'aire balayée par le vecteur d'un point du limaçon, quand la valeur correspondante de θ varie depuis 0 jusqu'à θ_1, est exprimée par la formule

$$A = \frac{1}{2}\left(h^2 + \frac{1}{2}a^2\right)\theta_1 + \frac{1}{8}a^2\sin 2\theta_1 + ah\sin\theta_1.$$

La valeur de l'aire limitée par la courbe est donc égale à $\left(h^2 + \frac{1}{2}a^2\right)\pi$. Ce résultat fut trouvé pour la première fois par Roberval (l. c., p. 265), au moyen de la méthode des indivisibles.

230. L'inventeur du limaçon a utilisé cette courbe pour résoudre le problème de la trisection de l'angle, d'après rapport de Roberval (l. c., p. 48). On peut, en effet, faire cela au moyen du limaçon particulier représenté par l'équation

$$\rho = h(2\cos\theta + 1),$$

comme on va le voir.

Soit α l'angle donné, que nous pouvons supposer inférieur à $\frac{\pi}{2}$. Menons par B une droite formant avec OA un angle égal à α et représentons par K le point on elle coupe l'arc OMA du limaçon *(fig. 44)* et par (θ, ρ) les coordonnées de ce point. Traçons ensuite la droite OK et considérons le triangle OKB. On a d'abord

$$\tan OKB = \frac{hy}{x^2 + y^2 - hx} = \frac{h\operatorname{sen}\theta}{\rho - h\cos\theta} = \frac{\operatorname{sen}\theta}{\cos\theta + 1} = \tan\frac{1}{2}\theta,$$

et, par conséquent, $OKB = \frac{1}{2}\theta$; et ensuite

$$\alpha = KOB + OKB = \frac{3}{2}\theta.$$

Donc OKB est l'angle cherché.

231. Le limaçon qu'on vient de considérer jouit encore d'une autre propriété remarquable, qu'on va voir.

Comme l'équation des tangentes au limaçon représenté par l'équation (1), à son point double, est

$$h^2 Y^2 = (a^2 - h^2)\, X^2$$

ces droites coupent la courbe aux points où l'on a

$$a^2 y^2 = 4h^2\, (a^2 - h^2).$$

D'un autre côté, la tangente à la même courbe au point B *(fig. 44)* est $x = a - h$ et coupe, par conséquent, la courbe aux points où l'on a

$$y^2 = 2ah - h^2.$$

La condition pour que ces derniers points coïncident avec les poins précédents est donc

$$4h^3 - 5a^2 h + 2a^3 = 0.$$

Or, les valeurs de $\dfrac{h}{a}$ déterminées par cette équation sont égales à $\dfrac{1}{2}$, $\dfrac{1}{4}\left(\sqrt{17} - 1\right)$ et $-\dfrac{1}{4}\left(\sqrt{17} + 1\right)$. Les points correspondants à la première et à la deuxième de ces valeurs sont réels, et nous avons donc le théorème suivant:

Quand $a = 2h$ et quand $4h = a\,(\sqrt{17} - 1)$, les tangentes au point double et au sommet B *du limaçon forment un triangle en même temps inscrit et circonscrit à cette courbe.*

Avec ce résultat on aborde le problème qui a pour but de chercher la condition pour qu'un polygone d'un nombre de côtés donné puisse être inscrit et circonscrit en même temps au limaçon, problème analogue à celui de Poncelet sur les polygones inscrits à une conique et circonscrits à une autre. Nous ne nous arrêterons pas à l'étude de cette question intéressante, sur laquelle on peut consulter un travail de M. F. Morley inséré aux *Proceedings of the London mathematical Society* (t. XXIX, p. 83), où sont considérés, en particulier, les polygones de 5, 6, 7, 8 et 10 côtés, et où l'on démontre que la condition correspondante au polygone de six côtés est encore $a = 2h$.

II.

La cardioïde.

232. Nous avons déjà dit au n.º 215 qu'on donne le nom de *cardioïde,* proposé par Castillon (*Phylosophical Transactions of the London Royal Society,* 1741), au limaçon de Pascal représenté par l'équation

$$\rho = a + a \cos\theta, \quad (\theta \gtreqless \theta \gtreqless 2\pi).$$

Nous avons dit aussi que la courbe a la forme indiquée dans la figure 46 ; qu'elle est la *podaire* de la parabole par rapport au foyer ; et qu'elle est inverse du cercle par rapport à un point de sa circonférence. Nous avons dit encore que la même courbe est une épicycloïde engendrée par un point d'une circonférence roulant sur une autre de rayon égal. La cardoïde, considérée comme courbe cycloïdale, fut l'objet d'un article du *Dictionnaire mathématique* de Ozanan, publié en 1691, et d'un travail de G. Carré, inséré en 1705 aux *Mémoires de l'Académie des Sciences de Paris.* Mais, avant la publication de ces écrits, cette courbe avait été déjà étudiée, sous le nom de *cycloïde circulaire,* par Vaumesle, qui s'était occupé de sa rectification et de sa quadrature et qu'en avait trouvé la développée, comme on voit par une lettre qu'il a adressée à Huygens en 29 octobre 1678 (*Oeuvres de Huygens,* t. VIII, p. 117. La coïncidence de cette épicycloïde avec un cas particulier du limaçon fut remarquée par La Hire en 1708 dans les *Mémoires de l'Académie des Sciences de Paris.*

Les nombreuses propriétés de la cardioïde ont été, dès lors jusqu'à présent, l'objet de plusieurs travaux, dont quelques-uns sont mentionnés ci-dessous ; un grand nombre de ces propriétés ont été réunies par M. Archibald dans une Dissertation publiée en 1900 sous ce titre: *The cardioïde and some of its related curves.*

233. Faisons dans les formules données au n.º 221, $h = a$. On obtient, pour déterminer les coordonnées x et y en fonction du paramètre $t,$ les formules

$$x = \frac{2a(1-t^2)}{(1+t^2)^2}, \quad y = \frac{4at}{(1+t^2)^2},$$

d'où il résulte que l'équation de la tangente à la cardioïde est

$$(1-3t^2)\,X + t(3-t^2)\,Y = 2a;$$

et on voit que l'équation tangentielle de cette courbe est

$$27a^2(u^2+v^2) - 2(au+2)^3 = 0,$$

qu'elle un *foyer singulier*, dont les coordonnées sont $\left(\frac{1}{2}\,a,\ 0\right)$, et qu'elle n'a pas de *foyers ordinaires*.

234. Les quatre points d'intersection de la droite ayant pour équation

$$ux + vy + 1 = 0$$

avec la cardioïde sont déterminés par l'équation

$$t^4 + 2\,(1 - au)\,t^2 + 4avt + 2au + 1 = 0,$$

qui résulte de substituer dans l'équation de la droite à x et y leurs valeurs en fonction de t.

D'un autre côté, les valeurs que t prend aux points de contact des tangentes à la courbe, menées du point $(\alpha,\ \beta)$, sont déterminées par l'équation

$$(1) \qquad t^3 + \frac{3\alpha}{\beta}\,t^2 - 3t + \frac{2a - \alpha}{\beta} = 0,$$

qui résulte de substituer dans l'équation de la tangente α et β à X et Y.

Divisons maintenant les premiers membres de ces équations l'un par l'autre et représentons par Q le quotient et par R le reste de cette division. On trouve

$$Q = t - 3\,\frac{\alpha}{\beta}\,,$$

$$R = \left(5 - 2au + 9\,\frac{\alpha^2}{\beta^2}\right)t^2 + \left(4\,av - 8\,\frac{\alpha}{\beta} - \frac{2a}{\beta}\right)t + 2au + 1 + \frac{3\alpha\,(2a - \alpha)}{\beta^2}\,.$$

Les conditions pour que les points de contact des tangentes à la courbe menées du point $(\alpha,\ \beta)$ soient situés sur une même droite, sont donc celles-ci :

$$(5 - 2au)\,\beta^2 + 9\alpha^2 = 0, \quad 2a\beta v - 4\alpha - a = 0,$$

$$\beta^2\,(2au + 1) + 3\alpha\,(2a - \alpha) = 0.$$

Les deux premières équations déterminent les paramètres u et v de la droite ; la troisième, en éliminant u au moyen de la première, se transforme dans l'équation suivante :

$$\beta^2 + \alpha^2 + a\alpha = 0,$$

qui, en considérant α et β comme variables, représente un cercle de rayon égal à $\frac{1}{2}a$, ayant le centre au point $\left(-\frac{1}{2}a,\ 0\right)$. Nous avons donc le théorème suivant:

C'est condition nécessaire et suffisante pour que les points de contact des trois tangentes menées à la cardioïde d'un point de son plan soient placés sur une même droite, que ce point soit situé sur le cercle de rayon égal à $\frac{1}{2}a$ ayant le centre au point $\left(-\frac{1}{2}a,\ 0\right)$. Ce cercle passe par les points (fig. 46) O, P et Q (Lachlan: *Educational Times Reprint,* t. LVIII, 1893, p. 42).

Le quatrième point d'intersection de cette dernière droite avec la courbe est déterminé par l'équation $Q = 0$, qui donne $t = 3\dfrac{\alpha}{\beta}$.

235. En représentant par t_1, t_2 et t_3 les valeurs que t prend aux points de contact des tangentes menées du point $(\alpha,\ \beta)$ à la cardioïde, on déduit de l'équation (1) les relations

$$(2) \qquad t_1 + t_2 + t_3 = -3\,\frac{\alpha}{\beta}, \quad t_1 t_2 + t_1 t_3 + t_2 t_3 = -3, \quad t_1 t_2 t_3 = -\frac{\alpha - 2a}{\beta},$$

d'où résultent quelques conséquences remarquables, qu'on va voir.

$1.^{\circ}$ Puisque $t = \tan\frac{1}{2}\theta$, la condition pour que les bisectrices des angles formés avec l'axe de la courbe par les droites passant par le point de rebroussement O et par les points de contact de deux des tangentes considérées soient perpendiculaires l'une à l'autre, est $t_1 t_2 = -1$; et on a alors

$$t_3 = \frac{2a - \alpha}{\beta}, \quad t_1 + t_2 = -2\,\frac{a + \alpha}{\beta}.$$

En substituant maintenant dans la deuxième des équations (2) à $t_1 t_2$, $t_1 + t_2$ et t_3 ces valeurs, on trouve

$$\beta^2 + \alpha^2 - a\alpha = 2a^2.$$

Donc, *les points du plan d'une cardioïde tels que les points de contact de deux des tangentes menées de chacun de ces points à la courbe soient placés sur une droite passant par le point de rebroussement O, coïncident avec les points de la circonférence de rayon égal à* $\frac{3}{2}a$ *ayant le centre au point* $\left(\frac{1}{2}a,\ 0\right)$.

Les tangentes à la courbe considérée aux extrémités d'une corde quelconque passant par O forment avec cette corde des angles ω_1 et ω_2 déterminés par les équations

$$\tan\omega_1 = -\frac{1 + \cos\theta}{\sin\theta}, \quad \tan\omega_2 = \frac{1 - \cos\theta}{\sin\theta},$$

d'où il résulte la relation $\omega_2 = \omega_1 \pm \dfrac{\pi}{2}$. Nous pouvons ajouter par suite au théorème précédent celui-ci, qui le complète:

Les tangentes à la cardioïde aux extrémités d'une corde quelconque passant par le point de rebroussement O sont perpendiculaires l'une à l'autre.

236. Ces deux théorèmes ont été donnés par Wolstenholme dans le tome IV des *Proceedings of the London mathematical Society;* le premier avait été déjà démontré au n.° 226. Nous en allons maintenant indiquer trois autres qui n'ont pas encore été remarqués, croyons-nous.

1.° *Le lieu du point d'où l'on peut mener à une cardioïde deux tangentes telles que les points de contact soient placés symétriquement par rapport à la droite OY (fig. 46), est une hyperbole équilatère.*

En effet, en éliminant t_1, t_2 et t_3 entre les équations (2) et l'équation $t_1 t_2 = 1$, on trouve

$$2(\beta^2 - \alpha^2) + 5a\alpha = 2a^2.$$

On voit encore aisément que les angles aigus formés par les tangentes qu'on vient de considérer avec les vecteurs des points de contact sont complémentaires.

2.° *Le lieu du point (α, β) d'où l'on peut mener à une cardioïde deux tangentes telles que la bisectrice de l'angle formé par les droites passant par le point de rebroussement O et par chacun des points de contact soit constante, est une hyperbole équilatère.*

En effet, en éliminant t_1, t_2 et t_3 entre les équations (2) et l'équation

$$\frac{t_1 + t_2}{1 - t_1 t_2} = m,$$

laquelle exprime que la tangente trigonométrique de l'angle formé avec l'axe des abscisses par les vecteurs des points où t prend les valeur t_1 et t_2 est égale à une constante m, on trouve, au moyen d'un calcul que nous ne reproduirons pas ici, l'équation suivante:

$$2m(m^2 - 3)(\alpha^2 - \beta^2) + 4(1 - 3m^2)\alpha\beta$$

$$+ ma(3 - 5m^2)\alpha + (9m^2 + 1)a\beta + 2a^2m^3 = 0,$$

qui représente une hyperbole équilatère.

En divisant le premier membre de cette équation par m^3 et en posant ensuite $m = \infty$, on retrouve le théorème précédent.

3.° *Le lieu des positions du point d'où l'on peut mener à une cardioïde trois tangentes telles que les vecteurs des points de contact forment avec l'axe de la courbe des angles dont la somme soit constante, à multiples de 2π près, est une droite.*

On a, en effet, en représentant ces angles par θ_1, θ_2 et θ_3,

$$\operatorname{tang} \frac{1}{2}\,(\theta_1 + \theta_2 + \theta_3) = \frac{t_1 + t_2 + t_3 - t_1\,t_2\,t_3}{1 - (t_1\,t_2 + t_1\,t_3 + t_2\,t_3)} = \frac{a - 2\alpha}{2\beta}\,.$$

Par conséquent la condition pour que la somme $\theta_1 + \theta_2 + \theta_3$ soit constante, c'est que $(\alpha,\ \beta)$ soit un point de la droite représentée par l'équation

$$2m\beta + 2\alpha = a.$$

237. Les normales à la cardioïde jouissent, comme les tangentes, de propriétés intéressantes; nous indiquerons celles-ci, sans nous arrêter à leur demonstration :

1.º *C'est condition nécessaire et suffisante pour que les pieds des normales menées d'un point à la cardioïde soient situés sur une même droite, que ce point coïncide avec un point de la circonférence du cercle représenté par l'équation*

$$(3x + a)^2 + y^2 = \frac{1}{4}\,a^2.$$

2.º *Les normales à la cardioïde aux extrémités d'une corde quelconque passant par le point de rebroussement O sont perpendiculaires l'une à l'autre et rencontrent à un même point le cercle de rayon égal à $\dfrac{1}{2}\,a$ ayant pour centre le point $\left(0,\ \dfrac{1}{2}\,a\right)$.*

On peut voir d'autres propriétés intéressantes des tangentes et des normales à la cardioïde dans une Note de Laguerre insérée aux *Nouvelles Annales de Mathématiques* (1875) et réproduite dans tome II, p. 480, de ses *Oeuvres*.

238. *La développée de la cardioïde est une autre cardioïde ayant un paramètre égal au tiers de celui de la première.*

En effet, en partant des équations

$$x = a\,(1 + \cos\theta)\cos\theta, \quad y = a\,(1 + \cos\theta)\sin\theta,$$

on trouve, en représentant par x_1 et y_1 les coordonnées du centre de courbure et par x', x'', y', y'' les dérivées de x et y par rapport à θ,

$$x_1 = x + \frac{y'\,(x'^2 + y'^2)}{y'x'' - x'y''} = \frac{a}{3}\,[2 + \cos\theta\,(1 - \cos\theta)],$$

$$y_1 = y - \frac{x'\,(x'^2 + y'^2)}{y'x'' - x'y''} = \frac{a}{3}\,\sin\theta\,(1 - \cos\theta),$$

ou, en transportant l'origine des coordonnées au point $\left(\dfrac{2}{3}\,a,\ 0\right)$ et en remplaçant θ par $\theta+\pi$,

$$x_1 = -\frac{a}{3}\,(1+\cos\theta)\cos\theta, \quad y_1 = -\frac{a}{3}\,(1+\cos\theta)\sin\theta.$$

Or, ces équations représentent une cardioïde ayant le point double sur la droite OA *(fig. 46)*, à une distance de O égale à $\dfrac{2}{3}\,a$, et le sommet au point O.

239. La cardioïde est l'unique limaçon de Pascal dont la rectification ne dépend pas des intégrales elliptiques. On a, en effet,

$$s = 2a\int_0^\theta \sqrt{1-\sin^2\frac{1}{2}\,\theta}\ d\theta = 4a\sin\frac{1}{2}\,\theta,$$

d'où il résulte que la longueur totale de la courbe est égale à $8a$.

III.

Les ovales de Descartes.

240. Soient r et r' les distances d'un point variable M à deux *pôles* fixes O et O' *(fig. 47)*, et supposons que ces distances soient liées par la relation

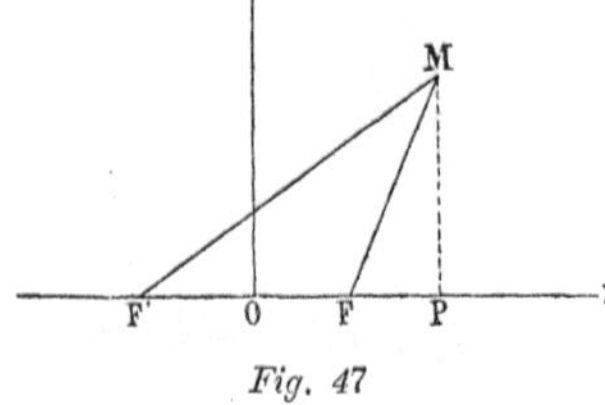

Fig. 47

$$(1) \qquad\qquad r \pm hr' = \pm k,$$

h et k étant deux quantités constantes. Le lieu décrit par M, quand r et r' varient, est une courbe composée d'un ou deux ovales, comme on le verra bientôt, désignés par le nom d'*ovales de Descartes*, parcequ'ils ont été rencontrés par ce grand géomètre quand il cherchait la solution du problème d'Optique qui a pour but de déterminer la forme que doit avoir la sur·face de séparation de deux milieux transparents, de densité différente, pour que les rayons émis par un point lumineux, situé à l'un de ces milieux, et refractés dans le passage à l'autre, vont se rencontrer à un point fixe. Ce problème a été résolu par Descartes dans sa *Dioptrica*, et l'étude géométrique de la courbe dont il dépend a été faite plus tard par le même auteur dans le livre II de sa célèbre *Géométrie,* publiée en 1637.

Le problème d'Optique qu'on vient de mentionner fut étudié aussi par Roberval dans un Mémoire intitulé: *De resolutione aequationum,* publié pour la première fois en 1693 et réproduit en 1730, après la mort de l'auteur, dans le tome VI, p. 157, des *Mémoires de l'Académie des Sciences de Paris.* Il est probable que les recherches de cet illustre géomètre sur ce sujet soient antérieures à publication des résultats de celles de Descartes, puisque Roberval ne fait pas mention dans son Mémoire du nom du grand philosophe, et il affirme même explicitement que les courbes étudiées dans son travail n'avaient pas encore été considérées.

Les courbes définies par l'équation (1) ont attiré aussi l'attention de Newton, qui leur a consacré la proposition CXVII du livre I des *Principia mathematica,* où il a donné un mode remarquable de les engendrer.

L'étude des mêmes ovales fut reprise au XIXe siècle par Quetelet et Chasles, qui en ont trouvé les premières propriétés et ont donné de nouveaux modes de les décrire; en outre, Sturm et le premier des géomètres mentionnés ont rencontré ces courbes dans une question d'Optique différente du problème de Descartes rapporté ci-dessus, laquelle sera considérée plus loin.

Ces premiers travaux sur les courbes de Descartes, connues aussi par le nom de *courbes aplanétiques,* employé par J. Herschel, ont été suivis de plusieurs autres, ou spécialement consacrés à ces courbes ou consacrés à des classes de courbes où elles sont comprises comme cas particulier; Liguine en a donné un liste dans le *Bulletin des Sciences mathématiques* (2.e série, t. VI, 1882, p. 40) et plus tard M. Brocard a présenté une autre dans l'*Intermédiaire des mathématiciens* (t. III, 1896, p. 238).

241. Pour obtenir l'équation cartésienne de la courbe qu'on vient de définir, prenons pour origine des coordonnées le pôle O et pour axe des abscisses la droite OO'; on a alors, en désignant par a la distance OO',

$$r^2 = x^2 + y^2, \quad r'^2 = (x - a)^2 + y^2,$$

d'où il résulte

$$r'^2 = r^2 - 2ax + a^2,$$

et par suite, en tenant compte de l'équation (1),

$$(2) \qquad (1 - h^2)\, r^2 + 2h^2 ax + k^2 - a^2 h^2 = \pm\, 2kr,$$

et enfin, en remplaçant r par sa valeur,

$$(3) \qquad [(1 - h^2)\,(x^2 + y^2) + 2ah^2 x + k^2 - a^2 h^2]^2 = 4k^2\,(x^2 + y^2).$$

Il résulte immédiatement de l'équation (2) que les points des ovales de Descartes coïncident avec les points d'intersection des cercle de rayon variable r, ayant le centre au point O, avec les parallèles à l'axe des ordonnées, correspondantes à la même valeur de r, déterminées par l'équation (2).

On peut faire ici une remarque dont nous profiterons bientôt. On peut déduire des formules rapportées à l'origine O celles qui ont lieu quand on transporte cette origine au pôle O', en remplaçant dans les premières h par $\dfrac{1}{h}$ et k par $\dfrac{k}{h}$.

Les *limaçons de Pascal* à noeud et à point isolé sont compris, comme cas particulier, entre les ovales de Descartes. On a vu, en effet, au n.° 223 que ces limaçons peuvent être représentés par une équation bipolaire de la forme (1); le point double coïncide alors avec O ou O'. En comparant l'équation (3) à l'équation cartésienne du limaçon, on voit que l'équation (1) représente un limaçon avec le point double à O quand $k^2 = a^2 h^2$; on obtient la condition pour que cette équation représente un limaçon avec le point double à O' en remplaçant dans celle-là h par $\dfrac{1}{h}$ et k par $\dfrac{k}{h}$, ce qui donne $k = a$.

242. Voyons maintenant si la courbe définie par l'équation (1) peut être représentée par une autre équation de la même forme, rapportée à l'un des pôles O ou O' et à un nouveau pôle O''. Pour résoudre cette question, remarquons d'abord: que, si un tel pôle existe, il doit être situé évidemment sur la droite OO'; que les coefficients h_1 et k_1 de l'équation correspondante

$$r \pm h_1 r'' = \pm k_1$$

et la distance a_1 de O'' à O doivent satisfaire à l'équation

$$(1 - h_1^2)\, r^2 + 2 a_1 h_1^2 x + k_1^2 - a_1^2 h_1^2 = \pm 2 k_1 r\,;$$

et enfin que cette équation doit coïncider avec l'équation (2). Les conditions pour que le pôle O'' existe sont donc

$$\frac{a h^2}{1 - h^2} = \frac{a_1 h_1^2}{1 - h_1^2}\,, \quad \frac{k^2 - a^2 h^2}{1 - h^2} = \frac{k_1^2 - a_1^2 h_1^2}{1 - h_1^2}\,, \quad \frac{k}{1 - h^2} = \frac{k_1}{1 - h_1^2}\,.$$

En éliminant de la deuxième équation k_1 et a_1 au moyen de la première et de la troisième, on obtient cette autre:

$$k^2 h_1^4 - (a^2 + k^2)\, h^2 h_1^2 + a^2 h^4 = 0,$$

d'où résultent por h_1 les valeurs

$$h_1 = \pm h, \quad h_1 = \pm \frac{a h}{k}\,.$$

Aux deux premières valeurs de h_1 ne correspondent pas de pôles différents de O', puisque les valeurs qu'alors prennent k_1 et a_1 sont k et a; mais aux deux autres correspondent les valeurs suivantes de a_1 et k_1:

$$a_1 = \frac{k^2 - a^2 h^2}{(1 - h^2)\, a}, \quad k_1 = \pm \frac{k^2 - a^2 h^2}{k\,(1 - h^2)} \cdot$$

Donc, la courbe définie par l'équation bipolaire (1) peut être représentée encore par cette autre:

$$(1') \qquad\qquad r \pm \frac{ah}{k}\, r'' = \pm \frac{k^2 - a^2 h^2}{(1 - h^2)\, k} \,,$$

rapportée au pôle O et à un nouveau pôle O″, dont la distance à O est égale à a_1.

Remarquons encore que des équations (1) et (1′) il résulte, par l'élimination de r, une relation linéaire entre r' et r''.

Nous pouvons donc énoncer le théorème suivant, dû à Chasles (*Aperçu historique,* 1837, *Note* XXI):

La courbe représentée par l'équation (3) *peut être définie de trois manières différentes comme lieu des points dont les distances à deux pôles fixes sont liées par une relation linéaire.*

On doit remarquer que le pôle O″ coïncide avec O ou O′ dans le cas où l'équation (3) représente un limaçon.

Il est à remarquer encore que, pour passer des formules qui ont lieu quand on prend le pôle O pour origine des coordonnées cartésiennes à celles qui les doivent remplacer quand on transporte cette origine au pôle O″, on doit substituer dans les premières à h, k et a les valeurs.

$$(4) \qquad\qquad \frac{k}{ah}, \quad \frac{k^2 - a^2 h^2}{ah\,(1 - h^2)}, \quad \frac{a^2 h^2 - k^2}{a\,(1 - h^2)} \cdot$$

243. Pour déterminer la forme de la courbe représentée par l'équation (3), nous allons résoudre d'abord quelques questions préliminaires.

1.° Cherchons en premier lieu les points où la courbe rencontre l'axe des abscisses.

En faisant pour cela $y = 0$ dans l'équation (3), on trouve celle-ci:

$$(1 - h^2)\, x^2 + 2ah^2 x + k^2 - a^2 h^2 = \pm 2kx,$$

qui donne, en prenant dans le deuxième membre le signe supérieur,

$$x = \frac{(k \pm ah)(1 \mp h)}{1 - h^2} = \frac{k \pm ah}{1 \pm h} \,,$$

et, en prenant le signe inférieur,

$$x = \frac{(k \mp ah)(\pm h - 1)}{1 - h^2} = -\frac{k \mp ah}{1 \pm h} \cdot$$

La courbe cou e donc l'axe OO′ en quatre points réels, dont les abscisses sont

$$x = \frac{k \pm ah}{1 \pm h}, \quad x = \frac{-k \pm ah}{1 \pm h}.$$

Deux de ces points coïncident quand $h^2 = 1$, ou $k^2 = a^2$, ou $k^2 = a^2h^2$, c'est-à-dire quand l'équation (3) représente un système de deux coniques homofocales ou un limaçon; dans les autres cas ils sont tous distincts.

2.º Cherchons, en deuxième lieu, les points multiples de la courbe considérée.

Pour cela, déterminons les valeurs de x et y qui vérifient l'équation (3) et celles-ci:

$$[(1 - h^2)(x^2 + y^2) + 2ah^2x + k^2 - a^2h^2][(1 - h^2)x + ah^2] = 2k^2x,$$

$$[(1 - h^2)(x^2 + y^2) + 2ah^2x + k^2 - a^2h^2](1 - h^2)y = 2k^2y.$$

Or, la dernière équation se décompose dans ces deux autres:

$$y = 0, \quad (1 - h^2)(x^2 + y^2) + 2ah^2x + k^2 - a^2h^2 = \frac{2k^2}{1 - h^2},$$

dont la deuxième est incompatible avec la première de celles-là. Donc, si la courbe représentée par l'équation (3) a des points doubles à distance finie, ils doivent être placés sur l'axe OO′, et elle est alors un limaçon.

Voyons maintenant si la courbe considérée a des points doubles à l'infini, et, pour cela, cherchons les asymptotes. En posant $y = zx$ dans l'équation de cette courbe et ensuite $x = \infty$, on trouve $\lim z = \pm i$; en posant après cela dans la même équation $y = \pm ix + u$ et ensuite $x = \infty$, on trouve celle-ci:

$$[\pm 2i(1 - h^2)\lim_{x = \infty} u + 2ah^2]^2 = 0,$$

qui donne pour $\lim u$ deux couples de valeurs égales. La courbe a donc deux asymptotes représentées par l'équation

$$y = \pm i\left[x + \frac{ah^2}{1 - h^2}\right]$$

et chacune de ces asymptotes est *double*. Ces asymptotes déterminent *deux points de rebroussement, qui coïncident avec les points circulaires de l'infini.*

3.º Il résulte de tout ce qui précède que la courbe n'a pas de branches infinies et qu'elle possède deux ovales symétriques par rapport à la droite OO′, qu'ils coupent en quatre points déterminés ci-dessus. Nous pouvons ajouter qu'elle ne possède que ces deux ovales; en effet, si elle en avait d'autres, un cercle passant par trois points placés à l'intérieur de trois de ces ovales couperait la quartique considérée en six points situés à distance finie, ce qui implique contradition, puisque un cercle quelconque coupe la courbe représentée par (3) en quatre points situés à distance finie et aux points circulaires de l'infini.

Les deux ovales dont est composé chaque courbe (3) sont dits *conjugués*. On verra bientôt qu'ils peuvent être définis par une même construction géométrique. Descartes a étudié la courbe au moyen de l'équation (1), et pour cela il n'a pas remarqué cette connexion des ovales.

Si l'équation (3) représente un limaçon à noeud, les deux ovales ont un point commun, dans les autres cas ils sont séparés ; si la même équation représente un limaçon à point isolé, l'un des ovales se réduit à un point. Le cas où (3) définit un limaçonne sera pas considéré dans ce qui suit, car cette courbe a déjà été spécialement étudiée.

4.° Les ordonnées des points où les tangentes à un ovale coupent l'autre sont détérminées par l'équation (3), en y substituant à x les valeurs

$$\frac{k \pm ah}{1 \pm h}, \quad \frac{-k \pm ah}{1 \pm h}.$$

On trouve ainsi

$$y^2 = \pm \frac{4hk(k \pm ah - a)}{(1-h^2)^2}, \quad y^2 = \mp \frac{4hk(-k \pm ah - a)}{(1-h^2)^2}.$$

On peut démontrer au moyen de ces formules qu'un des ovales est à l'intérieur de l'autre. En effet, les quantités

$$\frac{4hk(k + ah - a)}{(1-h^2)^2}, \quad -\frac{4hk(-k + ah - a)}{(1-h^2)^2}$$

sont positives, la première quand $h > 1$, l'autre quand $h < 1$. Par conséquent la tangente à un ovale au sommet correspondant à l'une de ces valeurs de l'abscisse coupe l'autre ovale en deux points réels ; le premier ovale est donc à l'intérieur de l'autre.

Ce résultat est, d'ailleurs, géométriquement évident. En effet, quand h et k varient, a restant constante, les ovales considérés varient aussi ; mais, comme ils ne peuvent pas se couper, l'un de ces ovales ne peut pas passer ni de l'extérieur à l'intérieur ni de l'intérieur à l'extérieur de l'autre sans se réduire à un point situé sur celui-ci. Or, le limaçon à point isolé est l'unique des courbes (3) qui est composée d'un ovale et d'un point, mais ce point est placé à l'intérieur de l'ovale. Donc dans tous les cas un ovale est à l'intérieur de l'autre.

4.° Pour déterminer les points où y prend une valeur maxime ou minime, nous partirons des équations

$$(2') \qquad (1-h^2)r^2 + 2ah^2x + k^2 - a^2h^2 = 2kr, \quad x^2 + y^2 = r^2,$$

qui déterminent x et y en fonction de la quantité positive ou négative r, que nous prendrons pour variable indépendante. Ces équations donnent

$$\frac{dy}{dx} = \frac{r - x\,\dfrac{dx}{dr}}{y\,\dfrac{dx}{dr}}\,;$$

et par suite les valeurs de r auxquelles correspondent les valeurs maximes ou minimes de y sont déterminées par l'équation

$$r - x\,\frac{dx}{dr} = 0,$$

ou, en vertu de l'équation (2′), par cette autre :

$$(1 - h^2)^2\,r^3 - 3\,(1 - h^2)\,kr^2 - (a^2h^2 + k^2h^2 - 3k^2 + a^2h^4)\,r - k\,(k^2 - a^2h^2) = 0.$$

En substituant dans les formules (2′) les valeurs de r déterminées par cette équation, on obtient les équations qui déterminent les valeurs des coordonnées des points cherchés. Ces points peuvent être réels ou imaginaires, et leur nombre est égale à *six*. En tenant compte de cette circonstance et en remarquant que le nombre des points considérés que chaque ovale peut avoir d'un côté de l'axe OO′ est évidemment impair, on conclut que chacun des ovales en a seulement un de chaque côté de cet axe.

Les points où x passe par une valeur maxime ou minime sont déterminés par l'équation de la courbe et par chacune des équations $y = 0$ et $\dfrac{dx}{dr} = 0$. À la première de ces deux équations correspondent les quatre points où la courbe coupe l'axe des abscisses, dont on a déterminé ci-dessus les coordonnées. La deuxième équation donne pour r la valeur

$$r = \frac{k}{1 - r^2}$$

auquelle correspondent ces valeurs des coordonnées des points cherchés :

$$x = \frac{a^2 + k^2 - a^2h^2}{2a\,(1 - h^2)}\,, \quad y = \frac{1}{2a\,(1 - h^2)}\sqrt{4a^2k^2 - (a^2 + k^2 - a^2h^2)^2}\,;$$

Le nombre des points qui satisfont à la question est égale à *deux,* et ces points sont imaginaires quand

$$4a^2k^2 < (a^2 + k^2 - a^2h^2)^2,$$

et réels dans les autres cas.

5.º Les points où la courbe (3) coupe l'axe des ordonnées sont déterminés par l'équation

$$(5) \qquad y = \frac{\pm k \pm h \sqrt{a^2 + k^2 - a^2h^2}}{1 - h^2},$$

d'où il résulte que ces points sont imaginaires quand $a^2 + k^2 < a^2h^2$, et qu'ils sont réels dans le cas contraire.

Il résulte de ce qui précède que le pôle O ne peut pas être situé entre les ovales; il est placé à l'intérieur ou à l'extérieur des deux ovales. On détermine aisément les conditions pour que ce point soit à l'intérieur des deux ovales. L'inégalité $a^2 + k^2 > a^2h^2$ est une de ces conditions; on obtient les autres en exprimant que le point O soit placé entre deux sommets de la courbe. En examinant les valeurs de l'abscisse de ces points, obtenues ci-dessus, et en supposant que la quantité a est positive ou négative, on voit que deux de ces abscisses sont positives et les autres négatives quand $h^2 < 1$ et quand on a, en même temps, $h^2 > 1$ et $a^2h^2 < k^2$, et qu'elles sont toutes positives si $h^2 > 1$ et $a^2h^2 > k^2$. Les conditions nécessaires et suffisantes pour que le point O soit placé à l'intérieur des deux ovales sont donc

$$a^2 + k^2 > a^2h^2, \quad h^2 < 1$$

ou

$$a^2 + k^2 > a^2h^2, \quad h^2 > 1, \quad a^2h^2 > k^2.$$

Les conditions pour que le point O' soit situé à l'intérieur des deux ovales résultent de celles qui précèdent en y remplaçant h par $\dfrac{1}{h}$ et k par $\dfrac{k}{h}$. Ces conditions sont donc

$$a^2h^2 + k^2 > a^2, \quad h^2 > 1$$

ou

$$a^2h^2 + k^2 > a^2, \quad h^2 < 1, \quad a^2 > k^2.$$

De même, les conditions pour que le pôle O'' soit placé à l'intérieur des ovales résulte de celles qui se rapportent au point O en remplaçant h, k et a par les valeurs (4); ces conditions sont donc

$$a^2h^2 + a^2 > k^2, \quad k^2 < a^2h^2,$$

ou

$$a^2h^2 + a^2 > k^2 \quad k^2 > a^2h^2, \quad k^2 > a^2.$$

Comme conséquence de tout ce qui précède on peut fixer la forme de la courbe représentée par l'équation (3). On voit qu'elle est composée de deux ovales distincts, symétriques par rapport à la droite OO', et situés l'un à l'intérieur de l'autre. L'ovale intérieur n'a pas de points d'inflexion, parceque, s'il en avait quelqu'un, la tangente à ce point couperait cet ovale en trois points coïncidentes et l'ovale extérieur en deux autres, ce qui est incompatible avec le degré de l'équation de la courbe; et il possède de chaque côté de l'axe un point où la tangente est parallèle à cette droite et deux points placés sur ce même axe où les tangentes lui sont perpendiculaires. L'ovale extérieur a cette même forme ou une forme analogue à celle de la figure 45 (n.º 215); il possède dans ce dernier cas une bitangente perpendiculaire à la droite OO' et, comme dans l'autre cas, deux points sur cette droite où la tangente lui est perpendiculaire, et un point de chaque côté de la même droite où les tangentes lui sont parallèles.

244. On peut déterminer les normales aux ovales de Descartes par une construction facile qu'on va voir; cette construction est d'ailleurs une conséquence d'une méthode générale, applicable quand les courbes sont rapportées aux coordonnées bipolaires.

Dans le cas où l'on veut obtenir la normale à la courbe representée par l'équation (1) à un point M auquel correspondent les signes supérieurs de cette équation, on doit prendre sur les vecteur OM et O'M deux segments MA et MB égaux respectivement à 1 et h *(fig. 48)*; la normale à la courbe au point M sera la diagonale MN du parallélogramme construit sur ces segments.

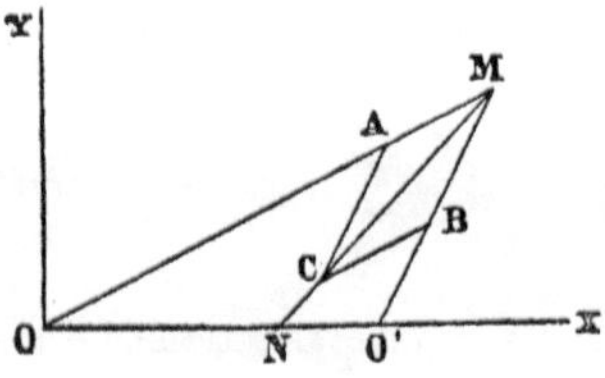

Pour démontrer cela, il suffit de remarquer que l'équation de la normale à la courbe considérée au point $(x\ y)$, est

$$\frac{X-x}{\dfrac{dr}{dx}+h\dfrac{dr'}{dx}} = \frac{Y-y}{\dfrac{dr}{dy}+h\dfrac{dr'}{dy}},$$

Fig. 48

où

$$\frac{dr}{dx}=\frac{x}{r}=\cos\omega, \qquad \frac{dr'}{dx}=\frac{x-a}{r'}=\cos\omega',$$

$$\frac{dr}{dy}=\frac{y}{r}=\sin\omega, \qquad \frac{dr'}{dy}=\frac{y}{r'}=\sin\omega',$$

ω et ω' représentant les angles MOX et MO'X; ou

$$\frac{X-x}{\cos\omega+h\cos\omega'} = \frac{Y-y}{\sin\omega+h\sin\omega'}.$$

En remarquant maintenant que les coordonnées x_1 et y_1 du point C sont déterminées par les formules

$$x_1=x-(\cos\omega+h\cos\omega'), \qquad y_1=y-(\sin\omega+h\sin\omega'),$$

et que ces valeurs verifient l'équation qu'on vient d'obtenir, on conclut que la normale coïncide avec la diagonale MC du parallélogramme considéré.

Si le point donné satisfait à l'équation $r - hr' = \pm k$, on doit prendre dans cette construction le segment MB dans la direction opposée à MO′.

Il résulte immédiatement de cette propriété des normales aux ovales de Descartes que ces courbes résolvent le problème d'Optique mentionné au n.º 240; un rayon de lumière quelconque OM partant d'un pôle O d'un ovale de Descartes, séparant deux milieux transparents de densité différente et dont l'indice de réfraction soit égale à h, se réfracte, quand il rencontre la courbe, suivant une droite MO′ passant par l'autre pôle O′; en effet, la relation

$$\frac{\sin \text{OMN}}{\sin \text{O}'\text{MN}} = \frac{\sin \text{OMN}}{\sin \text{ACM}} = h,$$

qui résulte de la considération du parallélogramme AMBC, coïncide avec celle qui, d'après la *loi de la réfraction*, lie les deux directions du rayon lumineux considéré.

245. Si l'on pose dans l'équation (3)

$$\text{V} = (1 - h^2)(x^2 + y^2) + 2ah^2x + k^2 - a^2h^2, \quad \text{U} = x^2 + y^2,$$

cette équation prend la forme
$$\text{V}^2 = 4k^2\text{U},$$

et on voit que la courbe qu'elle représente est l'enveloppe du système de cercles correspondants à l'équation

$$(6) \qquad\qquad 4k^2t^2 + 2t\text{V} + \text{U} = 0,$$

où t est le paramètre arbitraire; ces cercles ont le centre sur l'axe de la courbe.

246. Chacune des droites imaginaires correspondantes à l'équation $y = \pm ix$ rencontre la courbe (3) en deux points situés à l'infini et en deux points coïncidentes, dont les abscisses sont déterminées par l'équation

$$(2ah^2x + k^2 - a^2h^2)^2 = 0;$$

ces droites sont donc tangentes à la courbe considérée, et cette courbe a par suite un *foyer ordinaire* au point O. Comme on peut prendre pour origine des coordonnées les points O′ ou O″ et la forme de l'équation (3) ne varie pas avec cette transformation, on voit que les pôles O′ et O″ sont aussi des *foyers ordinaires* de la courbe. Nous pouvons ajouter que la courbe n'a pas d'autres foyers ordinaires *réels*. On demontrera, en effet, plus loin, comme conséquence d'un théorème applicable à la classe de courbes nommées *quartiques bicirculaires*, classe qui contient les ovales de Descartes, que ces ovales possèdent 9 foyers ordinaires, dont 3 sont réels et 6 imaginaires. Ces derniers points sont déterminés par l'intersection des tangentes imaginaires

$$y = ix, \quad y = i(x-a), \quad y = i(x-a_1),$$

qui passent par les foyers réels, avec ces autres:

$$y = -ix, \quad y = -i(x-a), \quad y = -i(x-a_1).$$

Nous ajouterons encore à ce qui précède que la courbe considérée a un *foyer singulier réel*, déterminé par l'intersection des asymptotes; les coordonnées de ce point sont

$$x = \frac{ah^2}{h^2-1}, \quad y = 0.$$

247. En posant dans l'équation (3) $x = r\cos\theta$, $y = r\sin\theta$, on voit que l'équation polaire de la courbe qu'elle représente est

$$(7) \qquad\qquad (1-h^2)\,r^2 + 2\,(ah^2\cos\theta - k)\,r + k^2 - a^2h^2 = 0.$$

On obtient au moyen de cette équation quelques propriétés remarquables des ovales de Descartes, comme on va le voir.

1.º En représentant par r_1 et r_2 les valeurs du vecteur r qui correspondent à chaque valeur de θ et par ρ le vecteur du milieu de la corde qui joint les points que ces vecteurs déterminent, on a d'abord

$$\rho = \frac{1}{2}\cdot(r_1 + r_2) = -\frac{(ah^2\cos\theta - k)}{1-h^2};$$

par conséquent le lieu des points ainsi obtenus est un *limaçon de Pascal*.

2.º On a aussi (Quetelet: *Correspondance mathématique*, t. v, 1829, p. 4):

$$r_1 r_2 = \frac{k^2 - a^2h^2}{1-h^2} = aa_1;$$

donc, *la courbe est anallagmatique par rapport à chaque foyer réel, le module de la transformation étant égal au produit des distances de ce foyer aux deux autres.*

3.º En éliminant $\cos\theta$ entre l'équation (7) et l'équation

$$r\,(\mathrm{A}\cos\theta + \mathrm{B}\sin\theta) + \mathrm{C} = 0,$$

on obtient, pour déterminer les vecteurs r_1, r_2, r_3 et r_4 des points où la droite représentée par cette équation coupe la courbe, l'égalité

$$(h^2 - 1)^2 (A^2 + B^2) r^4 + 4k (h^2 - 1) (A^2 + B^2) r^3 + \ldots$$

$$+ (a^2h^2 - k^2)^2 (A^2 + B^2) + 4a^2h^4 C^2 + 4ah^2 (a^2h^2 - k^2) AC = 0,$$

d'où

$$r_1 + r_2 + r_3 + r_4 = - \frac{4k}{h^2 - 1} ,$$

$$r_1 r_2 r_3 r_4 = \frac{(a^2h^2 - k^2)^2}{(h^2 - 1)^2} + \frac{4 a^2h^4 C}{(A^2 + B^2)(h^2 - 1)^2} \left[C + A \frac{a^2h^2 - k^2}{ah^2} \right].$$

Il résulte de la première de ces relations le théorème suivant:

Une droite quelconque rencontre la courbe considérée en quatre points tels que la somme algébrique de leurs distances à un foyer est constante (Salmon: *Courbes planes*, 1884, p. 354).

La deuxième relation, en y posant

$$C = - A \frac{a^2h^2 - k^2}{ah^2} ,$$

donne cette autre:

$$r_1 r_2 r_3 r_4 = \frac{(a^2h^2 - k^2)^2}{(h^2 - 1)^2} ,$$

auquelle doivent satisfaire les vecteurs des points où la droite représentée par l'équation

$$A \left(x - \frac{a^2h^2 - k^2}{ah^2} \right) + By = 0$$

coupe la courbe. Donc, on a le théorème suivant, que nous avons donné dans un article inséré au *Mathesis* (t. XXII, 1902):

Il existe sur l'axe OO' de la courbe considérée un point f tel que toute droite menée par ce point coupe cette courbe en quatre points dont le produit des distances au foyer O est constant.

L'abscisse de ce point-là est égale à $\frac{a^2h^2 - k^2}{ah^2}$.

Aux foyers O' et O'' correspondent deux points f' et f'' qui jouissent d'une propriété analogue. Les abscisses de ces points sont, respectivement,

$$\frac{k^2 - a^2}{a} , \quad \frac{(a^2 - k^2)(a^2h^2 - k^2)}{ak^2 (h^2 - 1)} ,$$

et les valeurs correspondants du produit $r_1 r_2 r_3 r_4$ sont

$$\frac{(a^2 - k^2)^2}{(h^2 - 1)^2} , \quad \frac{(a^2h^2 - k^2)^2 (k^2 - a^2)^2}{a^4 (h^2 - 1)^2} .$$

Je vais encore généraliser ce théorème. Posons $A = -\tang \omega$ et $B = 1$. La condition pour que le produit $r_1\, r_2\, r_3\, r_4$ prenne la forme

$$(8) \qquad\qquad r_1\, r_2\, r_3\, r_4 = K + L \cos^2 \omega,$$

K et L étant constantes et ω représentant l'angle que la droite considérée fait avec l'axe des abscisses, est

$$C^2 - C \frac{a^2 h^2 - k^2}{a h^2} \tang \omega = c,$$

c représentant une quantité constante. L'équation de la droite considérée prend alors la forme

$$a c h^2 x - a h^2\, C^2 x + C\,(a^2 h^2 - k^2)\, y + C^2\,(a^2 h^2 - k^2) = 0,$$

et l'équation de l'enveloppe des positions que cette droite prend quand C varie est

$$4 c x \left(x - \frac{a^2 h^2 - k^2}{a h^2} \right) + \frac{(a^2 h^2 - k^2)^2}{a^2 h^4}\, y^2 = 0.$$

Or, cette équation représente une infinité de coniques, correspondantes aux diverses valeurs de c, lesquelles passent par le point f, mentionné ci-dessus, et ont un axe de longueur constante, qui coïncide en direction avec l'axe des ovales; *les tangentes à chacune de ces coniques coupent la courbe considérée en quatre points tels que le produit de leurs distances au foyer* F *vérifie une relation de la forme (8), où* K *et* L *sont indépendantes de* ω *et* K *est, en outre, indépendante de* c.

Par les points f' et f'' passent deux autres faisceaux d'ellipses qui jouissent d'une propriété analogue.

L'équation polaire des ovales de Descartes, qu'on vient de considérer, fut employée par Genocchi (*Comptes rendus de l'Académie des Sciences de Paris*, 1875) pour obtenir la longueur des arcs de ces courbes; il a démontré, en partant de cette équation, que la rectification de ces ovales dépend de la rectification de trois arcs de trois ellipses différentes. L'explication géométrique de cette réduction a été donnée par M. Darboux dans une communication faite à l'Académie des Sciences de Paris en 1878, insérée au t. LXXXVII des *Comptes rendus*.

248. Les ovales de Descartes peuvent être définis et tracés de plusieurs modes, dont nous mentionnerons ceux qui suivent:

1.º *Le lieu des points dont les distances à deux cercles sont dans un rapport constant, est un ovale de Descartes.*

En représentant, en effet, par R et R' les rayons de ces cercles, par r et r' les distances d'un point quelconque du lieu considéré à leurs centres et par h une constante, on a

$$\pm \frac{r - \mathrm{R}}{r' - \mathrm{R}'} = h \quad \text{ou} \quad r \mp hr' = \mathrm{R} \mp h\mathrm{R}',$$

où le signe dépend de la position du point par rapport aux cercles.

Cette manière de construire les ovales de Descartes fut donnée par Newton dans les *Principia mathematica* (l. c.).

2.º Les ovales de Descartes se présentent dans le problème qui a pour but de déterminer la courbe qui provient de l'intersection de deux cônes droits de base circulaire dont les axes sont parallèles ; ils résultent de la projection de cette courbe sur un plan perpendiculaire aux axes des cônes. En éliminant, en effet, z entre les équations

$$z^2 = h^2\left[(x - a)^2 + y^2\right], \quad (z - k)^2 = x^2 + y^2,$$

on obtient l'équation (3). Cette remarque fut faite por Quetelet dans le tome v, p. 112, de la *Correspondance mathématique*.

3.º Considérons deux cercles de centre C et C' et un point fixe K *(fig. 49)*, placé sur

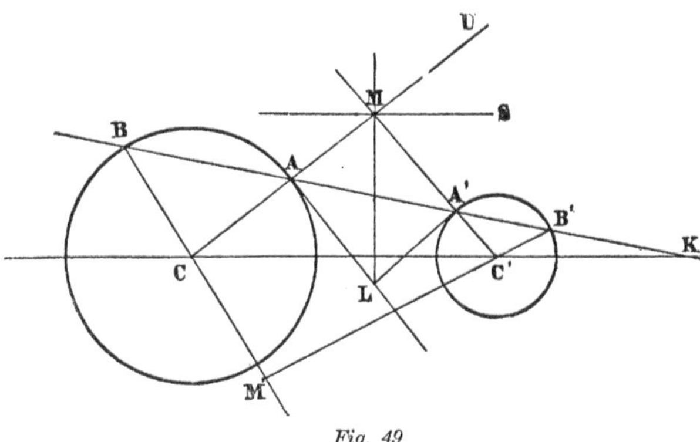

Fig. 49

la droite qui passe par ces centres, et menons par ce point une droite KB coupant des deux cercles ; traçons ensuite les droites CA, CB, C'A', C'B' passant par les centres des cercles et par les points où ils sont coupés par la droite KB. Cela posé, le lieu des positions que prennent les points M et M' où ces droites se coupent, quand la droite KB varie, en tournant autour de K, est un couple d'ovales de Descartes, et les centres des cercles en sont deux foyers. Cette construction simple de ces courbes fut suggerée à Chasles par le théorème de Quetelet énoncé ci-dessus ; il en a donné une démonstration dans le tome v, p. 119, de la *Correspondance mathématique*, et plus tard, dans le Note xxi à l'*Aperçu historique*, il a exposé une autre, fondée sur le *théorème de Menelaus*.

En appliquant, en effet, ce théorème au triangle CMC' et à la transversale KA, on a la relation

$$\frac{\mathrm{CA}}{\mathrm{AM}} \cdot \frac{\mathrm{MA'}}{\mathrm{A'C'}} \cdot \frac{\mathrm{C'K}}{\mathrm{CK}} = 1,$$

d'où il résulte, en représentant par R et R′ les rayons CA et C′A′ des cercles, par r et $r′$ les distances de M à C et à C′, et par h la constante $\dfrac{R}{R′} \cdot \dfrac{KC′}{KC}$,

$$r - hr' = R - hR'.$$

De même, en appliquant le théorème mentionné au triangle CM′C′ et à la transversale KA, on trouve

$$r - hr' = -(R - hR').$$

Comme complément à cette construction si simple des ovales de Descartes, l'éminent géomètre auquel elle est due a encore ajouté que la tangente à la courbe ainsi obtenue au point M coïncide avec la droite LM, qui passe par le point L où se coupent les tangentes aux deux cercles aux points A et A′. Pour voir cela, il suffit de remarquer qu'on a

$$AM = ML \cdot \cos AML, \quad A'M = ML \cdot \cos A'ML,$$

et par suite

$$\frac{\cos AML}{\cos A'ML} = \frac{AM}{A'M} = \frac{r - R}{r' - R'} = h,$$

ou, MS étant une droite perpendiculaire à ML,

$$\frac{\sin UMS}{\sin SMA'} = h \, ;$$

donc MS est la normale (n.º 244) à la courbe au point M et, par conséquent, ML en est la tangente au même point. On peut déterminer du même mode la tangente au point M′.

4.º Considérons un cercle fixe C et un cercle mobile c, placés sur un même plan, et supposons que le centre de c est situé sur la circonférence de C et que le rayon varie proportionnellement à la distance D de ce centre à un point fixe A ; l'enveloppe de c est un couple d'ovales de Descartes conjugués.

En effet, en prenant pour origine des coordonnées le centre de C et pour axe des abscisses la droite passant par le centre de C et par A, et en représentant par R le rayon de C, par φ l'angle formé par le vecteur du centre de c avec cette axe, par a l'abscisse du point A et par h une constante, l'équation du cercle c prend la forme

$$(x - R \cos \varphi)^2 + (y - R \sin \varphi)^2 = h^2 D^2 = h^2 (R^2 + a^2 - 2a R \cos \varphi) \, ;$$

et l'équation de l'enveloppe de ce cercle résulte de l'élimination de φ entre cette équation et celle-ci :

$$x \sin \varphi - y \cos \varphi = ah^2 \sin \varphi \, ;$$

cette équation est donc

$$[x^2 + y^2 + \mathrm{R}^2 - h^2(\mathrm{R}^2 + a^2)]^2 = 4\mathrm{R}^2[(x - ah^2)^2 + y^2],$$

ou, en transportant l'origine des coordonnées au point $(ah^2, 0)$,

$$[x^2 + y^2 + 2ah^2x + a^2h^4 + \mathrm{R}^2 - h^2(\mathrm{R}^2 + a^2)]^2 = 4\mathrm{R}^2(x^2 + y^2).$$

Cette équation peut être mise sous la forme

$$[(1 - h^2)(x^2 + y^2) + 2a_1h^2x + k_1^2 - a_1^2h^2]^2 = 4k_1^2(x^2 + y^2),$$

où

$$k_1^2 = \mathrm{R}^2(1 - h^2)^2, \quad a_1 = a(1 - h^2),$$

et en résulte le théorème suivant:

L'enveloppe d'un cercle variable dont le centre parcourt la circonférence d'un autre cercle donné et dont le rayon varie proportionnellement à la distance de son centre à un point fixe est un couple d'ovales de Descartes.

249. Le problème d'Optique qui a donné l'origine à l'invention des ovales de Descartes n'est pas la seule question de cette science où figurent ces courbes. Quetelet (*Correspondance mathématique*, t. v, p. 1 et 109; *Nouvelles Mémoires de l'Académie de Bruxelles*, t. v) et Sturm (*Annales de Gergonne*, t. xv, p. 205) ont rencontré ces mêmes courbes dans la solution du problème qui a pour but de déterminer la *caustique par réfraction du cercle*. Il résulte, en effet, immédiatement du théorème qu'on vient de démontrer et d'une proposition générale de la théorie des caustiques, que *la caustique par réfraction du cercle* C *est la développée de l'ovale de Descartes représenté par léquation*

$$[x^2 + y^2 + 2ah^2x + a^2h^4 + \mathrm{R}^2 - h^2(\mathrm{R}^2 + a^2)]^2 = 4\mathrm{R}^2(x^2 + y^2),$$

h étant l'*indice de réfraction*.

En posant $h = 1$ et en appliquant une autre proposition générale d'Optique, on voit que la *caustique par réflexion du cercle* C *est la développée du limaçon de Pascal représenté par l'équation* (Quetelet: *Mémoires de l'Académie de Bruxelles*, t. iii)

$$(x^2 + y^2 + 2ax)^2 = 4\mathrm{R}^2(x^2 + y^2).$$

Si $\mathrm{R} = a$, c'est-à dire si le point lumineux est sur le cercle, cette équation représente une *cardioïde*; donc (n.º 238) *la caustique par réflexion d'un cercle* C *est une cardioïde, quand le point lumineux est sur la circonférence. Le centre du cercle dont cette cardioïde est la conchoïde coïncide avec le centre de* C, *et le rayon du même cercle est égal au tiers du rayon de celui-là.* Cette proposition est due à Jacques Bernoulli, qui l'a publiée en 1692 dans les *Acta eruditorum.*

IV.

Les quartiques bicirculaires.

250. Les points de chaque *ovale de Descartes* satisfont à une équation de la forme

$$(1) \qquad r \pm hr' \pm kr'' = 0,$$

qui résulte des deux équations de cette courbe

$$r \pm h_1 r' = \pm k_1, \quad r \pm h_2 r'' = \pm k_2,$$

où r, r' et r'' représentent les distances de ces points à trois pôles. Cette circonstance nous mène naturellement à étudier les courbes définies par l'équation (1).

Prenons, pour cela, pour origine des coordonnées un des pôles, pour axe des abscisses une droite passant par un autre et supposons que la distance du deuxième pôle au premier soit égale à a et que les coordonnées du troisième pôle soient (α, β). On a alors les relations

$$r^2 = x^2 + y^2, \quad r'^2 = x^2 + y^2 - 2ax + a^2, \quad r''^2 = (x - \alpha)^2 + (y - \beta)^2,$$

d'où il résulte que l'équation cartésienne de la courbe considérée est

$$(2) \qquad \begin{cases} [(1 + h^2 - k^2)(x^2 + y^2) - 2(ah^2 - ak^2)x + 2\beta k^2 y + h^2 a^2 - (\alpha^2 + \beta^2)k^2]^2 \\ = 4h^2(x^2 + y^2)(x^2 + y^2 - 2ax + a^2), \end{cases}$$

ou

$$(x^2 + y^2 + px + qy + l)^2 = A^2(x^2 + y^2)(x^2 + y^2 - 2ax + a^2),$$

où

$$p = \frac{2(ak^2 - ah^2)}{1 + h^2 - k^2}, \quad q = \frac{2\beta k^2}{1 + h^2 - k^2}, \quad l = \frac{a^2 h^2 - (\alpha^2 + \beta^2)k^2}{1 + h^2 - k^2},$$

$$A = \frac{2h}{1 + h^2 - k^2}.$$

La courbe représentée par (1) est donc du *quatrième ordre,* sauf dans le cas où h et k satisfont à la condition $1 \pm h \pm k = 0$; dans ce cas cette équation représente une *cubique circulaire* (n.° 76).

251. Voyons maintenant s'il existe une autre équation de la forme (2), ayant des para·mètres différents, savoir :

$$(2') \quad \begin{cases} [(1 + h_1^2 - k_1^2)(x^2 + y^2) - 2(ah_1^2 - \alpha_1 k_1^2)x + 2\beta_1 k_1^2 y + a^2 h_1^2 - (\alpha_1^2 + \beta_1^2) k_1^2]^2 \\ = 4h_1^2 (x^2 + y^2)(x^2 + y^2 - 2ax + a^2), \end{cases}$$

qui puisse représenter une courbe identique à celle qui est déterminée par l'équation (2).

Pour cela il faut que les paramètres qui entrent dans les deux équations soient liés par les relations

$$p = \frac{2(\alpha_1 k_1^2 - ah_1^2)}{1 + h_1^2 - k_1^2}, \quad q = \frac{2\beta_1 k_1^2}{1 + h_1^2 - k_1^2}, \quad l = \frac{a^2 h_1^2 - (\alpha_1^2 + \beta_1^2) k_1^2}{1 + h_1^2 - k_1^2},$$

$$A = \frac{2h_1}{1 + h_1^2 - k_1^2},$$

ou

$$(3) \quad \begin{cases} \alpha_1 k_1^2 - ah_1^2 = \dfrac{h_1 p}{A}, \quad k_1^2 \beta_1 = \dfrac{h_1 q}{A}, \\[2ex] a^2 h_1^2 - (\alpha_1^2 + \beta_1^2) k_1^2 = \dfrac{2k_1 l}{A}, \quad k_1^2 = 1 + h_1^2 - \dfrac{2h_1}{A}. \end{cases}$$

Or, ces équations donnent, en éliminant α_1, β_1 et k_1^2, cette autre :

$$2A(a^2 + ap + l)h_1^2 + (p^2 + q^2 - 4l - a^2 A^2)h_1 + 2lA = 0,$$

dont résultent deux valeurs pour h_1, auxquelles correspondent deux systèmes de valeurs de α_1, β_1 et k_1, déterminées par les équations (3), telles que l'équation $(2')$ coïncide avec l'équation (2). L'une des valeurs de h_1 est égale à h, et les valeurs correspondantes de α_1, β_1 et k_1 sont égales à α, β et k; donc à ce système de valeurs il ne correspond pas de nouvelle équation de la courbe; mais à l'autre système de valeurs de h_1, α_1, β_1 et k_1 correspond une nouvelle équation de la forme (2), qui représente la même courbe.

Donc, *si une courbe satisfait à une équation de la forme* (1), *il existe un quatrième pôle tel que la courbe satisfait à une autre équation de la même forme, mais avec des coefficients différents*:

$$r \pm h_1 r' \pm k_1 r'' = 0,$$

r'' représentant maintenant la distance des points de la courbe au nouveau pôle.

Le théorème qu'on vient de démontrer fut donné par M. Darboux dans les *Nouvelles Annales de Mathématiques* (2.ᵉ série, 1864, t. III, p. 156).

On démontre aisément, en procédant comme dans le cas des ovales de Descartes (n.º 246), que les points $(0, 0)$, $(0, a)$, (α, β) et (α_1, β_1) sont des *foyers ordinaires* de la courbe consi-dérée; on verra bientôt qu'elle n'a pas d'autres foyers ordinaires réels.

Il est à remarquer que le théorème qu'on vient de démontrer n'a pas lieu quand le coeffi-cient de h_1^2 dans l'équation qui détermine h_1 est égal à zéro, ni quand les racines de cette équation sont égales. Les *ovales de Descartes* sont compris dans ces cas d'exception, puisqu'on a déjà vu que chaque couple d'ovales conjugués a seulement trois foyers réels.

En éliminant h_1 de la première et de la troisième des équatious (3) au moyen de la deu-xième, il vient d'abord

$$\alpha_1 - a\,\frac{A^2\,\beta_1^2}{q^2}\,k^2 = \frac{p\beta_1}{q}\,,\qquad \frac{A^2\,\beta_1^2\,a^2}{q^2}\,k^2 - (\alpha_1^2 + \beta_1^2) = \frac{2l\,\beta_1}{q}\,,$$

et ensuite, en éliminant k^2 entre ces équations,

$$\alpha_1^2 + \beta_1^2 - a\alpha_1 + \frac{ap+2l}{q}\,\beta_1 = 0.$$

On voit donc que le pôle (α_1, β_1) est placé sur la circonférence d'un cercle dont le rayon R est déterminé par la relation

$$R = \frac{1}{2}\left[a^2 + \frac{a\,(p+2l)^2}{q^2}\right]^{\frac{1}{2}},$$

et dont le centre a pour coordonnées

$$\left(\frac{1}{2}\,a,\quad \frac{ap+2l}{2q}\right).$$

On vérifie aisément que les coordonnées $(0, 0)$, $(0, a)$ et (α, β) des autres foyers de la courbe satisfont à la même équation; donc, *les quatre foyers réels de la courbe sont situés sur la circonférence du cercle qu'on vient de déterminer* (Darboux, l. c.).

252. Les quartiques que nous venons de considérer sont comprises dans l'importante classe de courbes représentées par l'équation

$$(4)\qquad (x^2+y^2)^2 + 2\,(mx+ny)\,(x^2+y^2) + A_1x^2 + B_1xy + C_1y^2 + D_1x + E_1y + F_1 = 0,$$

connues par le nom de *quartiques bicirculaires* et aussi par celui de *cycliques du quatrième ordre,* lesquelles ont été l'objet de beaux et importants travaux. Ainsi, d'après un renseigne-ment de Laguerre (*Oeuvres,* t. II, p. 136), Moutard en a fait connaître quelques propriétés importantes dès 1862 en des communications à la Société Philomatique de Paris sur les courbes anallagmatiques. Les mêmes courbes furent étudiées par M. Darboux, en connexion avec les cubiques circulaires et avec les courbes qui résultent de l'intersection d'une sphère avec une surface du deuxième ordre, comme on l'a déjà dit au n.º 98, en quelques écrits remarquables publiés dès 1864; dans le dernier de ces travaux, intitulé: *Sur une classe remarquable de courbes et de surfaces algébriques,* publié en 1873, sont réunis les résultats importants des recherches de cet éminent géomètre sur les courbes considérées et sur une classe de surfaces dont la théorie est rattachée étroitement à celles de ces courbes. Pendant ce temps les mêmes quartiques furent étudiées aussi en Angleterre par Casey, qui a consacré à leur théorie un Mémoire remarquable, publié en 1869 dans les *Transactions of the Royal Irish Academy,* par Hart, qui a étudié quelques manières de les engendrer dans un travail inséré aux *Proceedings of the London Mathematical Society* (t. XI, 1879, p. 143), etc.

Les quartiques bicirculaires à un axe de symétrie ont été spécialement étudiées par De la Gournerie dans un Mémoire remarquable publié dans le *Journal de Liouville* (2.º série, t. XIV, 1869, p. 2), par Laguerre dans une Note présentée en 1869 à la *Société Philomatique* (*Oeuvres*, t. II, p. 73), laquelle contient plusieurs théorèmes intéressants sur ces courbes, par Jeffery dans les *Proceedings of the London Mathematical Society* (t. XIV, 1883, p. 239), etc.

253. En abordant maintenant l'étude des quartiques bicirculaires, nous allons déterminer la nature des points situés à l'infini, et, pour cela, nous en allons chercher les asymptotes. En appliquant dans ce but la méthode générale connue, on trouve premièrement $\lim\limits_{x=\infty}\dfrac{y}{x}=\pm i$; et ensuite, en faisant $y=\pm ix+u,\ x=\infty,$

$$u^2+(n\mp mi)\,u-\frac{1}{4}\,(\mathrm{A}_1-\mathrm{C}_1\pm\mathrm{B}i)=0.$$

Or, si les racines de cette équation sont inégales, la quartique a quatre asymptotes, et par chaque point circulaire de l'infini en passent deux; elle a donc alors *deux noeuds* à l'infini. Si les racines de la même équation sont égales, par chaque point circulaire de l'infini passent deux asymptotes coïncidentes, et la courbe a *deux points de rebroussement* à l'infini. Ce dernier cas a lieu quand

$$(n\pm mi)^2+\mathrm{A}_1-\mathrm{C}_1\pm\mathrm{B}_1 i=0,$$

ou par suite

$$n^2-m^2+\mathrm{A}_1-\mathrm{C}_1=0,\quad 2mn+\mathrm{B}_1=0.$$

On voit aisément que ces conditions sont satisfaites lorsque l'équation (4) se réduit à celle des *ovales de Descartes* (n.º 241); ces courbes ont donc deux points de rebroussement à l'infini, comme d'ailleurs on avait déjà vu (n.º 241). Les quartiques bicirculaires à deux points de rebroussement à l'infini sont désignées par le nom de *cartésiennes;* les ovales de Descartes sont compris comme cas particulier dans cette classe de quartiques.

254. L'équation (4) des quartiques bicirculaires peut être réduite à une forme plus simple, en transportant l'origine des coordonnées au point $\left(-\dfrac{m}{2}, -\dfrac{n}{2}\right)$ et en changeant ensuite la direction des axes des coordonnées de manière à faire disparaître le terme qui contient le produit xy, à savoir:

$$(5) \qquad (x^2 + y^2)^2 - 4\,(Ax^2 + A'y^2 + 2Cx + 2C'y + D) = 0.$$

La condition pour que cette équation représente une *cartésienne* est $A = A'$; et alors elle a la forme

$$(x^2 + y^2)^2 - 4\,[A\,(x^2 + y^2) + 2Cx + 2C'y + D] = 0,$$

ou, en prenant pour axe des ordonnées la droite représentée par l'équation $Cx + C'y = 0$,

$$(5') \qquad (x^2 + y^2)^2 - 4\,[A\,(x^2 + y^2) + 2C_1 x + D] = 0;$$

on voit donc que les *cartésiennes* ont un axe, au moins, et qu'on peut toujours supposer dans l'étude de l'équation (5) que, quand $A = A'$, on a aussi $C' = 0$.

L'origine des coordonnées auxquelles est rapportée l'équation (5) jouit d'une propriété remarquable qu'on va voir.

La droite représentée par l'équation

$$y = px + q$$

coupe la quartique en quatre points dont les abscisses sont déterminées par l'équation

$$(1 + p^2)\,x^4 + 4pq\,(1 + p^2)\,x^3 + \ldots = 0;$$

l'abscisse du centre des moyennes distances de ces points est donc

$$x = -\frac{pq}{1 + p^2},$$

et par suite le lieu des centres correspondants aux droites ayant la même direction est représenté par l'équation

$$py + x = 0.$$

Nous avons donc le théorème suivant:

Les diamètres des quartiques bicirculaires sont perpendiculaires aux cordes et passent par le point qu'on a pris pour origine des coordonnées.

Ce théorème fut donné par M. Humbert dans le cahier LV du *Journal de l'École Polytechnique*.

255. Nous allons chercher maintenant les conditions pour que le cercle représenté par l'équation

$$\text{(A)} \qquad x^2 + y^2 = 2\,(\alpha x + \beta y + \gamma) = 2\mathrm{P}$$

soit bitangent à la quartique bicirculaire représentée par l'équation (5), et, pour cela, nous allons employer une méthode, due à M. Darboux (1. c., p. 114), que nous avons déjà appliquée dans la question analogue relative aux cubiques circulaires (n.° 78).

Les conditions pour que ce cercle et la courbe représentée par l'équation (5) soient bitangents coïncident avec les conditions pour que le même cercle et la conique représentée par l'équation

$$\text{(6)} \qquad \mathrm{P}^2 - (\mathrm{A}x^2 + \mathrm{A}'y^2 + 2\mathrm{C}x + 2\mathrm{C}'y + \mathrm{D}) = 0$$

le soient aussi. Or, comme l'équation

$$f = \mathrm{P}^2 - (\mathrm{A}x^2 + \mathrm{A}'y^2 + 2\mathrm{C}x + 2\mathrm{C}'y + \mathrm{D}) - h\,(x^2 + y^2 - 2\mathrm{P}) = 0,$$

où h est un paramètre arbitraire, représente toutes les coniques qui passent par les points d'intersection du cercle et de la conique (6), on obtient les conditions cherchées en exprimant que cette dernière équation représente deux droites coïncidentes, ce qu'on peut faire de la manière suivante.

Supposons d'abord que le coefficient $\mathrm{A}' + h - \beta^2$ de y^2 dans cette équation soit différent de zéro. Alors la même équation donne pour y les deux valeurs

$$\text{(B)} \qquad y = \frac{\alpha\beta x + \beta\gamma + \beta h - \mathrm{C}' \pm \sqrt{\mathrm{K}}}{\mathrm{A}' + h - \beta^2},$$

où

$$\mathrm{K} = (\mathrm{C}' - \beta h - \beta\gamma - \alpha\beta x)^2 - (\beta^2 - \mathrm{A}' - h)[(\alpha^2 - \mathrm{A} - h)\,x^2 + 2\,(\alpha\gamma + \alpha h - \mathrm{C})\,x - \mathrm{D} + 2\gamma h + \gamma^2],$$

et ces valeur sont égales lorsqu'on a, quelle que soit la valeur de x, $\mathrm{K} = 0$, et par suite

$$\text{(C)} \qquad \left\{ \begin{aligned} &(\mathrm{A}' + h)\,\alpha^2 + (\mathrm{A} + h)\,(\beta^2 - \mathrm{A}' - h) = 0, \\ &\alpha\beta\,(\mathrm{C}' - \beta h - \beta\gamma) + (\beta^2 - \mathrm{A}' - h)\,(\alpha\gamma - \mathrm{C} + \alpha h) = 0, \\ &(\mathrm{C}' - \beta h - \beta\gamma)^2 - (\beta^2 - \mathrm{A}' - h)\,(\gamma^2 - \mathrm{D} + 2\gamma h) = 0. \end{aligned} \right.$$

On déduit de la deuxième de ces équations, en éliminant β^2 au moyen de la première,

$$\gamma = -h + \frac{\mathrm{C}\alpha}{\mathrm{A} + h} + \frac{\mathrm{C}'\beta}{\mathrm{A}' + h},$$

et on déduit ensuite de la troisième, en éliminant γ et α^2 au moyen de celle qu'on vient d'obtenir et de la première,

$$h^2 + D - \frac{C^2}{A+h} - \frac{C'^2}{A'+h} = 0.$$

Si $A' + h - \beta^2 = 0$, on peut résoudre par rapport à x l'équation $f = 0$, où le coefficient de x^2 est alors différent de zéro, et on retrouve les mêmes relations qu'on vient d'obtenir.

Les équations au moyen desquelles on obtient la solution du problème proposé sont donc celles-ci :

$$(7) \qquad \frac{\alpha^2}{A+h} + \frac{\beta^2}{A'+h} = 1,$$

$$(8) \qquad \gamma - \frac{C\alpha}{A+h} - \frac{C'\beta}{A'+h} + h = 0,$$

$$(9) \qquad h^2 + D - \frac{C^2}{A+h} - \frac{C'^2}{A'+h} = 0.$$

De la dernière équation résultent pour h quatre valeurs, auxquelles correspondent quatre systèmes de valeurs de deux des paramètres α, β et γ du cercle cherché, le troisième restant arbitraire.

Donc, *il existe, en général, quatre séries de cercles bitangents à la quartique considérée; cette quartique est l'enveloppe des cercles de chacune de ces séries.*

L'équation (7) fait voir, en outre, que *les centres des cercles de chaque série sont situés sur une conique, et que les quatre coniques correspondantes aux quatre valeurs de h sont homofocales.*

L'équation générale des cercles bitangents à la quartique considérée résulte de l'équation (A) en y substituant à γ la valeur donnée par l'équation (8), ce qui donne

$$(10) \qquad x^2 + y^2 - 2\alpha x - 2\beta y - \frac{2C\alpha}{A+h} - \frac{2C'\beta}{A'+h} + 2h = 0,$$

où α représente une fonction de β, déterminée par l'équation (7), et β une quantité arbitraire.

Si les constantes C, C', A ou A' satisfont à une des conditions $C = 0$, $C' = 0$ ou $A = A'$, l'équation (9) donne seulement trois valeurs pour h, auxquelles correspondent trois séries de cercles bitangents. Mais, en remarquant que les équations (C) sont vérifiées quand $h = -A$ et $\alpha = 0$, dans le premier cas, quand $h = -A'$ et $\alpha = 0$ dans le deuxième, et quand $h = -A$ et $C'\alpha = C\beta$ dans le troisième, on conclut que, dans ces trois cas, *il existe une quatrième série de cercles bitangents à la quartique considérée, ayant les centres, respectivement, sur les droites représentées par les équations* $x = 0$, $y = 0$ *ou* $C'x = Cy$. On doit remarquer que la condition $A = A'$ est celle qui exprime que la quartique considérée est une *cartésienne*, et que les conditions $C = 0$ et $C' = 0$ expriment, respectivement, que la courbe est symétrique par rapport à l'axe des abscisses ou à celui des ordonnées. Le cas où $A = A'$ peut se réduire, d'ailleurs, à l'un des cas précédents, en prenant la droite représentée par l'équation $Cx + C'y = 0$ pour axe des ordonnées, comme on a dit au n.° 254.

Si l'on a en même temps $C = 0$ et $C' = 0$, l'équation (9) est du deuxième degré, et aux deux valeurs qu'elle donne pour h correspondent deux séries de cercles bitangents; mais on voit comme précédemment qu'il existe, en outre, deux autres séries de cercles bitangents ayant les centres sur les axes des coordonnées.

256. On voit aisément que tous les cercles représentés par l'équation (10) coupent orthogonalement le cercle défini par l'équation

$$(11) \qquad X^2 + Y^2 + \frac{2CX}{h+A} + \frac{2C'Y}{h+A'} - 2h = 0;$$

il suffit pour cela de substituer les valeurs des derivées Y' et y' de Y et y par rapport à X et x, déduites des équations (10) et (11), dans la relation $y'Y' + 1 = 0$, de faire ensuite $X = x$ et $Y = y$, et de tenir compte des mêmes équations (10) et (11).

Donc, *les cercles bitangents à la quartique, appartenant à une même série, coupent orthogonalement un cercle fixe, nommé cercle directeur.*

Ce théorème n'a pas lieu quand $h = -A$, ni quand $h = -A'$.

257. Les coordonnées (x_1, y_1) du centre et le rayon m de chaque cercle directeur sont déterminés par les formules

$$(D) \qquad x_1 = -\frac{C}{A+h}, \quad y_1 = -\frac{C'}{A'+h}, \quad m^2 = 2h + \frac{C^2}{(A+h)^2} + \frac{C'^2}{(A'+h)^2};$$

et l'équation de la quartique, quand on transporte l'origine des coordonnées au point (x_1, y_1), prend la forme

$$(12) \qquad \left[x'^2 + y'^2 - \frac{2C}{A+h}x' - \frac{2C'}{A'+h}y' + m^2 \right]^2 - 4\left[(A+h)x'^2 + (A'+h)y'^2 \right] = 0.$$

On peut voir que cette équation ne change pas quand on y remplace x' par $\dfrac{m^2 x'}{x'^2 + y'^2}$ et y' par $\dfrac{m^2 y'}{x'^2 + y'^2}$; nous avons donc le théorème suivant:

Les quartiques bicirculaires sont anallagmatiques par rapport à chacun des centres des cercles directeurs, le module de la transformation étant égal au rayon de ce cercle.

258. Il résulte de la formule (B) que l'équation de la droite passant par les points de contact de chaque cercle bitangent avec la quartique qui l'enveloppe, est

$$y = \frac{\alpha\beta x + \beta\gamma + \beta h - C'}{A' + h - \beta^2},$$

ou, en éliminant γ au moyen de l'équation (8),

$$(A' + h - \beta^2)\, y - \alpha\beta x = \frac{C\alpha\beta}{A + h} + \frac{(\beta^2 - A' - h)\, C'}{A' + h}\cdot$$

Cette équation est vérifiée par les coordonnées du centre du cercle directeur correspondant à la même valeur de h; nous avons donc le théorème suivant:

La droite passant par le point de contact d'un cercle bitangent avec la quartique, passe aussi par le centre du cercle directeur correspondant.

On peut déduire de ce théorème celui qui a été démontré au n.° 258, en procédant comme dans la question analogue relative aux cubiques circulaires (n.° 82). On peut démontrer aussi, comme dans le cas de ces cubiques, que *les centres des cercles directeurs sont les uniques centres d'inversion par rapport auxquels la quartique considérée est anallagmatique.*

On démontre aussi aisément, comme au n.° 82, les deux théorèmes suivants:

Les points où le cercle osculateur d'une quartique bicirculaire a un contact du troisième ordre avec cette courbe, coïncident avec les points d'intersection de la quartique avec les cercles directeurs ou avec les sommets de la courbe.

Si la quartique a un point double à distance finie, tous les cercles directeurs passent par ce point.

Le premier de ces théorèmes n'est pas applicable aux points doubles de la courbe.

259. La doctrine qu'on vient d'exposer est due à Moutard, qui, d'après un renseignement de Laguerre (*Oeuvres*, t. II, p. 136), en a communiqué les principaux théorèmes en 1862 à la Société philomatique de Paris. Nous ajouterons encore ceux qui suivent.

1.° *Il est nécessaire et suffisante pour que la courbe* (5) *ait un point double à distance finie, qu'une des racines de l'équation* (9) *vérifie la condition* $m^2 = 0$.

En effet, si la quartique considérée possède un point double à distance finie, une des séries de cercles bitangents est remplacée, comme dans le cas des cubiques circulaires (n.° 80), par une série de cercles simplement tangents passant par ce point, et par conséquent les droites d'un des faisceaux envisagés au n.° précédent s'interceptent au point double. Ce point doit pourtant coïncider avec un des points déterminés par les équations (D). En prenant le point double pour origine des coordonnèes, on doit donc obtenir une équation de la forme (12), qui soit satisfaite quand $x' = 0$ et $y' = 0$, et pour cela il faut qu'on ait $m^2 = 0$.

La proposition réciproque de celle qu'on vient de démontrer, résulte immédiatement de l'équation (12), laquelle fait voir que, quand $m^2 = 0$, l'origine des coordonnées est un point double.

Il résulte encore de ce qu'on vient de dire que *le point double qu'une quartique bicirculaire unicursale possède à distance finie, peut être considéré comme le centre d'un cercle directeur de rayon nul.*

2.° *Toute cartésienne unicursale est un limaçon de Pascal.*

En effet, en posant dans l'équation (12) $A = A'$ et $m^2 = 0$, et en prenant la droite représentée par l'équation $Cx + C'y = 0$ pour axe des ordonnées, on obtient l'équation du limaçon (n.° 214).

3.° *C'est condition nécessaire et suffisante pour que deux ou trois racines de l'équation (9) soient égales, que la quartique considérée ait, respectivement, un noeud ou un point de rebroussement à distance finie.*

Pour démontrer cette proposition, remarquons d'abord que la condition pour que l'équation (9) ait des racines égales est

$$2h + \frac{C^2}{(A+h)^2} + \frac{C'^2}{(A'+h)^2} = 0,$$

et qu'elle coïncide donc (n.° 257) avec celle qui exprime que le rayon m du cercle directeur correspondant à cette racine est nul.

Remarquons ensuite que les conditions qui expriment que la même équation (9) a trois racines égales sont celle qui précède et celle-ci :

$$(13) \qquad \frac{C^2}{(A+h)^3} + \frac{C'^2}{(A'+h)^3} = 1;$$

et que, d'un autre côté, la condition pour que la courbe représentée par l'équation (12) ait un point de rebroussement à l'origine des coordonnées résulte de la relation

$$\left(\frac{\partial^2 u}{\partial x'\, \partial y'}\right)^2 - \frac{\partial^2 u}{\partial x'^2} \cdot \frac{\partial^2 u}{\partial y'^2} = 0,$$

en remplaçant u par le premier membre de (12) et en faisant ensuite $x' = 0$ et $y' = 0$, et que cette condition coïncide avec l'équaion (13).

260. En passant maintenant à la détermination des *foyers* des *quartiques bicirculaires,* nous remarquerons d'abord que leur nombre peut être déterminé d'avance par la méthode employée au n.° 85 pour obtenir celui des foyers des cubiques circulaires.

En posant pour cela dans l'équation (5) $x = \dfrac{1}{x_1}$, $y = \dfrac{y_1}{x_1}$, on obtient une nouvelle équation qui représente une courbe de la même *classe* que la première ayant *deux points doubles,* dont les coordonnées sont $(0, \pm i)$, correspondants à ceux que la courbe donnée a à l'infini. Mais, en vertu d'un théorème général énoncé au n.° 85, on peut mener à la nouvelle courbe par chacun des points $(0, \pm i)$ $n - 2$ tangentes, n représentant la *classe* de cette courbe. Donc, la courbe définie par l'équation (5) possède $n - 2$ tangentes de coefficient angulaire i et un nombre égal de tangentes de coefficient angulaire $- i$.

Cela posé, si la quartique (5) a deux *noeuds* à l'infini, on voit au moyen de la formule de Plücker employée au n.º 85 que la courbe est de *8.ᵉ classe* et que le nombre des tangentes dont le coefficient angulaire est i est pourtant égal à 6; deux de ces tangentes coïncident avec deux asymptotes et les autres quatre ont les points de contact à distance finie. De même, le nombre des tangentes de coefficient angulaire $- i$ ayant le point de contact à distance finie est égal à 4. Ces deux faisceaux de tangentes déterminent par leurs intersections 16 points, qui sont les *foyers ordinaires* de la courbe.

Si la quartique considérée a deux *points de rebroussement* à l'infini, elle est de *6.ᵉ classe*, et par chaque point circulaire de l'infini passent alors 4 tangentes, dont une coïncide avec l'asymptote qui passe par le point considéré. Le nombre des *foyers ordinaires* de la courbe est donc alors égal à 9.

Nous avons donc le théorème suivant: *Si une quartique bicirculaire non unicursale a deux noeuds à l'infini, elle possède 16 foyers ordinaires, dont 4 sont réels; si elle a deux points de rebroussement à l'infini, le nombre des foyers ordinaires est égal à 9, dont 3 sont réels.*

On voit aisément que, *si la quartique considérée est unicursale, cette courbe possède quatre foyers ordinaires, si elle a trois noeuds; un seul foyer ordinaire, si elle a un noeud et deux points de rebroussement, ou deux noeuds et un point de rebroussement; et enfin que cette courbe n'a pas de foyers ordinaires, quand elle possède trois points de rebroussement.*

La quartique bicirculaire (5) possède, en outre, *deux foyers singuliers réels* aux points d'intersection des asymptotes conjuguées. Comme l'équation des asymptotes de cette courbe est

$$y = \pm\, ix \pm \sqrt{\mathrm{A} - \mathrm{A}'},$$

les coordonnées de ces foyers sont

$$x = 0, \quad y = \pm \sqrt{\mathrm{A} - \mathrm{A}'},$$

si $\mathrm{A} > \mathrm{A}'$; ou

$$y = 0, \quad x = \pm \sqrt{\mathrm{A}' - \mathrm{A}},$$

quand $\mathrm{A}' > \mathrm{A}$.

Donc, *les foyers singuliers coïncident avec les foyers des coniques* (7) (Casey: l. c.).

Si l'équation (5) représente une *cartésienne,* on a $\mathrm{A} = \mathrm{A}'$, et les deux foyers coïncident avec le centre des cercles (7).

261. Tous les foyers ordinaires de la quartique considérée doivent être situés sur les coniques représentées par l'équation (7), puisque ces points sont les centres de cercles bitangents de rayon nul.

Mais, d'un autre côté, si $(a,\ b)$ sont les coordonnées d'un foyer, il doit exister un système de valeurs de α et β telles qu'on ait

$$x^2 + y^2 - 2\alpha x - 2\beta y - \frac{2C\alpha}{A+h} - \frac{2C'\beta}{A'+h} + 2h = (x-a)^2 + (y-b)^2,$$

et par conséquent

$$\alpha = a, \quad \beta = b, \quad a^2 + b^2 + \frac{2Ca}{A+h} + \frac{2C'b}{A'+h} = 2h.$$

Nous avons donc le théorème suivant, dû à Hart (Salmon: *Courbes planes,* p. 342):

Si la quartique bicirculaire (5) *n'a pas de point double à distance finie, les points d'intersection de chacune des coniques représentées par l'équation* (7) *avec le cercle directeur correspondant à la même valeur de h sont des foyers ordinaires de la quartique.*

On obtient au moyen de ce théorème tous les foyers ordinaires de la quartique considérée, si C et C' sont différents de zéro e si A est différent de A'.

Si l'on a C' = 0, c'est-à-dire si la courbe est symétrique par rapport à l'axe des abscisses, cet axe est le lieu des centres d'une série de cercles bitangents, et la quartique y peut donc avoir des foyers ordinaires. On détermine les abscisses a de ces points au moyen de l'équation suivante, qu'on obtient en exprimant que la droite $y = i(x-a)$ coupe la quartique (5) en deux points coïncidents:

$$(14) \qquad (A - A')\,a^4 + 4Ca^3 + 4(AA' + D)\,a^2 + 8A'Ca + 4(C^2 - A + A') = 0.$$

De même, si C = 0, on obtient les ordonnées b des foyers de la quartique situés sur l'axe des y au moyen de l'équation qui résulte de celle qu'on vient d'obtenir en remplaçant a par b, C par C', A par A' et A' par A.

Si A = A', c'est-à-dire si l'équation (5) représente une *cartésienne,* on peut réduire cette équation à la forme (5') au moyen d'un changement de direction des axes des coordonnées, et appliquer ensuite l'équation (14), en y faisant d'abord A = A', pour déterminer les *trois* foyers situés sur l'axe qu'alors la courbe possède.

La méthode pour déterminer les foyers ordinaires des quartiques bicirculaires qu'on vient d'indiquer, est applicable au cas où la courbe a un point double à distance finie; mais alors elle détermine non seulement les foyers proprement dits, mais encore les points où les droites qui passent par le point double et par chacun des points circulaires de l'infini coupent les tangentes issues de ces derniers points.

262. Revenons maintenant au cas où l'équation (5) représente une *cartésienne,* et supposons qu'on ait réduit cette équation à la forme (5') par un changement de la direction des axes. Comme on a alors A = A' et C' = 0, l'équation (9) prend la forme

$$(h^2 + D)(h + A) - C_1^2 = 0,$$

et aux ses trois racines correspondent six foyers ordinaires, déterminés par l'intersection des cercles (7) avec les cercles directeurs correspondants. Les autres foyers ordinaires sont placés sur l'axe de la courbe, et on a obtenu précédemment l'équation qui détermine leurs abscisses ; mais nous allons retrouver cette équation par une autre voie.

Mettons l'équation de la courbe sous la forme

$$V^2 = 4U,$$

où

$$V = x^2 + y^2 - 2A, \quad U = 4(2C_1 x + A^2 + D),$$

et remarquons que la courbe considérée est l'enveloppe des cercles représentés par l'équation

$$4t^2 - 2Vt + U = 0,$$

t étant le paramètre arbitraire, et que les centres de ces cercles sont situés sur l'axe des abscisses. La condition pour que le point $(a, 0)$ soit le centre d'un cercle bitangent de rayon nul, situé sur cet axe, c'est donc qu'il existe une valeur de t telle qu'on ait

$$4t^2 - 2Vt + U = B[(x - a)^2 + y^2],$$

et par suite

$$B = -2t, \quad C_1 = -Ba, \quad 4(t^2 + At) + A^2 + D = Ba^2.$$

En éliminant maintenant B et t entre ces équations, on obtient celle-ci :

$$C_1 a^3 + (A^2 + D) a^2 + 2AC_1 a + C_1^2 = 0,$$

qui est d'accord avec l'équation (14), et dont il résulte que *trois des foyers ordinaires d'une cartésienne quelconque sont situés sur son axe.*

Un des foyers déterminés par l'équation précédente est nécessairement réél, les autres peuvent être réels ou imaginaires. Dans le cas où ils sont réels, on a, en représentant par a_1 et a_2 deux racines de la dernière équation et par t_1 et t_2 les valeurs correspondantes de t,

$$4t_1^2 - 2Vt_1 + U = -2t_1 \rho_1^2, \quad 4t_2^2 - 2Vt_2 + U = -2t_2 \rho_2^2,$$

ρ_1 et ρ_2 représentant les distances des points de la courbe aux foyers (a_1, b_1), (a_2, b_2) ; et par suite

$$4t_1^2 - 4t_1 \sqrt{U} + U = -2t_1 \rho_1^2, \quad 4t_2^2 - 4t_2 \sqrt{U} + U = -2t_2 \rho_2^2,$$

ou

$$2t_1 - \sqrt{U} = \sqrt{-2t_1} \cdot \rho_1, \quad 2t_2 - \sqrt{U} = \sqrt{-2t_2} \cdot \rho_2,$$

ou, en éliminant $\sqrt{\mathrm{U}}$,

$$\lambda_1\,\rho_1 + \lambda_2\,\rho_2 = \lambda_3,$$

λ_1, λ_2 et λ_3 représentant trois constantes. Donc, *les cartésiennes qui ont trois foyers réels sur l'axe coïncident avec les ovales de Descartes.*

Les cartésiennes qui ont deux foyers imaginaires sur l'axe furent l'objet d'un travail spécial de Cayley (*Mathematical Papers,* t. VII, p. 241).

263. On voit aisément, en appliquant la transformation par rayons vecteurs réciproques à l'équation général des coniques, que *la courbe inverse d'une conique par rapport à un point de son plan non situé sur la courbe est une quartique bicirculaire unicursale, et que le point double réel de cette quartique coïncide avec le centre d'inversion.* Si le centre d'inversion coïncide avec le foyer de la conique, la courbe inverse est (n.º 219) le *limaçon de Pascal.*

On voit aussi aisément (n.º 77) que la courbe inverse d'une cubique circulaire est une quartique bicirculaire, quand le centre d'inversion n'est pas situé sur la cubique, et qu'alors l'asymptote réelle de cette cubique est parallèle à la tangente à la quartique au centre d'inversion. Si ce centre coïncide avec un foyer ordinaire de la cubique, ce foyer doit disparaître, et la transformée est alors une *cartésienne.*

Réciproquement, on voit, en appliquant l'inversion à l'équation (4), que, si F_1 est différent de zéro, c'est à-dire si le centre d'inversion n'est pas sur la courbe, la courbe inverse de la quartique déterminée par cette équation est une autre quartique bicirculaire; on voit aussi, en faisant $F_1 = 0$, que la courbe inverse d'une quartique bicirculaire par rapport à l'un de ses points est une cubique circulaire; on voit enfin, en faisant $C_1 = 0$ et $D_1 = 0$, que la courbe inverse d'une quartique bicirculaire unicursale par rapport au point double situé à distance finie est une *ellipse,* quand le centre d'inversion en est un *point isolé,* une *hyperbole,* quand il en est un *noeud,* une *parabole,* quand il en est un *point de rebroussement.* Si la courbe (4) a deux noeuds à l'infini et le centre d'inversion coïncide avec un foyer réel de cette quartique, ce foyer disparaît, et la transformée est une cartésienne.

Parmi les conséquences des théorèmes précédents on doit remarquer celles-ci:

1.º *Si une quartique bicirculaire possède trois foyers réels sur la circonférence d'un même cercle directeur, les distances des points de la courbe à trois quelconques de ces foyers sont liées par une relation linéaire homogène.*

En effet, la courbe inverse de la quartique par rapport à l'un de ses points est une cubique circulaire ayant (n.ᵒˢ 27 et 28) aussi quatre foyers réels sur la circonférence d'un cercle inverse de celui-là. On peut donc déduire ce théorème de celui qu'on a démontré au n.º 90 par la méthode employée au n.º 29 dans une question analogue.

Il résulte de ce théorème que les courbes étudiées au n.º 251 sont les seules quartiques bicirculaires qui jouissent de la propriété de posséder quatre foyers sur une même circonférence.

2.º *Si une quartique bicirculaire unicursale a deux foyers réels, les distances des points de la courbe à ces foyers et au point double sont liées par une relation linéaire homogène.*

On déduit ce théorème de l'équation bipolaire de l'ellipse et de l'hyperbole, en procédant comme au n.º 29.

264. Les *droites bitangentes* aux quartiques bicirculaires peuvent être déterminées aisément au moyen des théorèmes demontrés au n.º 255, en considérant ces droites comme cercles bitangents ayant le centre à l'infini. Pour cela, remarquons que l'équation (7) donne

$$\lim_{\alpha=\infty} \frac{\beta}{\alpha} = \pm \sqrt{-\frac{A'+h}{A+h}}\,,$$

et que l'équation (10) se réduit alors à celle-ci:

$$\left(x+\frac{C}{A+h}\right)^2 + \frac{A'+h}{A+h}\left(y+\frac{C'}{A'+h}\right)^2 = 0,$$

qui représente les bitangentes cherchées.

On conclut de cette équation et des relations (D) que *par le centre de chaque cercle directeur passent deux droites bitangentes à la quartique considérée.*

La méthode précédente ne détermine pas toutes les bitangentes à la quartique donnée quand on a $C'=0$, $C=0$ ou $A=A'$. Dans ces cas il faut encore considérer les séries des cercles bitangents qui ont, respectivement, leurs centres sur l'axe des abscisses, sur l'axe des ordonnées ou sur la droite $C'x=Cy$, pour déterminer les droites vers lesquelles ils tendent quand le centre tend vers l'infini. Ces droites doivent donc être perpendiculaires, respectivement, à l'axe des abscisses, à l'axe des ordonnées ou à la droite $C'x=Cy$. On peut déterminer celles qui satisfont à la première condition, en exprimant que la droite $x=k$ coupe la courbe (5) en deux couples de points coïncidents, d'où résulte l'équation

$$4(A-A')k^2 + 2Ck + A'^2 + D = 0,$$

qui donne deux valeurs pour k, auxquelles correspondent deux bitangentes.

De même, en posant $y=k$, on obtient les équations qui déterminent les valeurs de k dont dépend la position des bitangentes perpendiculaires à l'axe des ordonnées.

Le cas où $A=A'$, c'est-à-dire le cas où la courbe considérée est une cartésienne, peut être réduit á ceux qui précèdent par une transformation des axes des coordonnées (n.º 254).

265. Nous allons chercher maintenant les coniques tangentes à la quartique bicirculaire représentée par l'équation (5) en quatre points et passant par un point donné.

Remarquons, pour cela, que la conique définie par l'équation

$$A_1x^2 + B_1xy + C_1y^2 + D_1x + E_1y + F_1 = 0$$

coupe la quartique considérée (5) en huit points par lesquels passe la quartique représentée par l'équation

$$(x^2 + y^2)^2 - 4(Ax^2 + A'y^2 + 2Cx + 2C'y + D) - (A_1 x^2 + B_1 xy + C_1 y^2 + \ldots) = 0,$$

et que la même quartique (5) et la conique sont tangentes en quatre points, lorsque cette dernière équation se réduit à celle de deux cercles coïncidents, c'est-à-dire quand on peut déterminer α, β et h de manière que l'équation

$$(x^2 + y^2 - 2\alpha x - 2\beta y + 2h)^2 = 0$$

soit identique à celle qui précède. On trouve ainsi les conditions

$$\alpha = 0, \quad \beta = 0, \quad 4A + A_1 = -4h, \quad 4A' + C_1 = -4h, \quad B_1 = 0,$$

$$8C + D_1 = 0, \quad 8C' + E_1 = 0, \quad 4D + F_1 = -4h^2.$$

Donc, les coniques tangentes à la quartique (5) en quatre points sont représentées par l'équation

$$(15) \qquad h(x^2 + y^2) + Ax^2 + A'y^2 + 2Cx + 2C'y + D + h^2 = 0,$$

où h représente une quantité arbitraire; *les quatre points de contact de cette conique avec la quartique sont situés sur le cercle ayant pour équation*

$$x^2 + y^2 + 2h = 0.$$

Les coordonnées des centres des coniques considérées sont $-\dfrac{C}{A+h}$ et $-\dfrac{C'}{A'+h}$; le lieu de ces centres est donc l'hyperbole représentée par l'équation

$$(16) \qquad (A - A')xy + Cy - C'x = 0,$$

laquelle passe par les centres des cercles directeurs (n.º 257) et par le point qu'on a pris pour origine des coordonnées.

Si l'on donne un point par lequel la conique doit passer, on obtient au moyen de l'équation (15) deux valeurs correspondantes pour h; donc, *par chaque point du plan passent deux coniques tangentes à la quartique* (5) *en quatre points*

L'équation des normales aux coniques (15) est

$$[(A + h)x + C](Y - y) - [(A' + h)y + C'](X - x) = 0;$$

en y faisant $X = 0$ et $Y = 0$, on obtient une relation entre x et y, qui coïncide avec l'équation de l'hyperbole considérée ci-dessus. Donc, *le lieu des pieds des normales aux coniques inscrites dans la quartique* (5) *est l'hyperbole* (16).

Comme conséquence de cette doctrine on peut retrouver l'équation des droites bitangentes à la quartique. Il suffit, pour cela, d'exprimer que l'équation (15) représente deux droites.

266. *La podaire d'une ellipse ou d'une hyperbole par rapport à un point* O *quelconque est une quartique bicirculaire unicursale; réciproquement, toute quartique bicirculaire unicursale est la podaire d'une ellipse ou d'une hyperbole.*

En effet, en prenant pour origine des coordonnées le point donné O et en représentant par $(-m, -n)$ les coordonnées du centre de la conique considérée, on peut mettre son équation sous la forme

$$\frac{(x+m)^2}{A_1} + \frac{(y+n)^2}{C_1} = 1$$

et, en procédant comme au n.º 30, on trouve que l'équation de sa podaire est

$$(x^2 + y^2 + mx + ny)^2 = A_1 x^2 + C_1 y^2$$

et que, par conséquent, cette podaire est une quartique bicirculaire unicursale dont le point double réel coïncide avec le point donné O. Il est géométriquement évident que cette quartique a à O un *noeud,* quand le point O est situé dans la region du plan extérieure à la conique, un *rebroussement,* quand il est situé sur la conique, un *point isolé,* quand il est situé à l'intérieur de l'ellipse ou d'une des branches de l'hyperbole.

Réciproquement, comme, d'après la formule (12), l'équation des quartiques bicirculaires unicursales peut être réduite à la forme précédente, on conclut qu'à chacune de ces quartiques correspond une conique dont elle est la podaire.

267. On peut construire au moyen du théorème qu'on vient de démontrer les quartiques bicirculaires unicursales; mais il est en générale préférable d'employer dans ce but une méthode plus facile qui découle du théorème suivant, que nous avons donné dans un travail inséré aux *Annali di Matematica* (Milan, série 3º, t. XI, p. 18):

Toute quartique bicirculaire unicursale est, et de quatre manières différentes, la cissoïdale de deux cercles réels ou imaginaires par rapport à un point placé sur la circonférence de l'un de ces cercles.

Prenons deux cercles C et C' et sur la circonférence du premier un point O. Menons ensuite par ce point une droite arbitraire OK et soient B le point où elle coupe la circonférence de C et E et E' les points où elle coupe celle de C'. Prenons ensuite sur la même droite, à partir de O, deux segments OA et OA' respectivement égaux à OE — OB et OE' — OB. Cela posé, le lieu des points A et A', quand OK varie, en tournant autour de O, est (n.º 20) la cissoïdale des cercles C et C' par rapport à O, et nous en allons chercher l'équation.

Soient O l'origine des coordonnées, (a_1, b_1) et (a_2, b_2) les coordonnées des centres de C et C', R le rayon de ce dernier cercle, ρ_1 le segment OB, ρ_2 les segments OE et OE', ρ les segments OA et OA', et θ l'angle formé par OK avec l'axe des abscisses. Les équations polaires des cercles C et C' sont, respectivement,

$$\rho_1 = 2\,(a_1 \cos \theta + b_1 \sin \theta),$$

$$\rho_2^2 - 2\,(a_2 \cos \theta + b_2 \sin \theta)\,\rho_2 = R^2 - a_2^2 - b_2^2\,.$$

L'équation polaire de la cissoïdale considérée est donc

$$\rho = (a_2 - 2a_1) \cos \theta + (b_2 - 2b_1) \sin \theta \pm \sqrt{(a_2 \cos \theta + b_2 \sin \theta)^2 + R_1^2}\,,$$

où

$$R_1^2 = R^2 - a_2^2 - b_2^2\,;$$

et l'équation cartésienne de la même courbe est

$$[x^2 + y^2 + (2a_1 - a_2)\,x + (2b_1 - b_2)\,y]^2 = (a_2 x + b_2 y)^2 + R_1^2\,(x^2 + y^2),$$

ou

$$(x^2 + y^2)^2 + 2\,[(2a_1 - a_2)\,x + (2b_1 - b_2)\,y]\,(x^2 + y^2)$$

$$= (4a_1 a_2 - 4a_1^2 + R_1^2)\,x^2 + (4b_1 b_2 - 4b_1^2 + R_1^2)\,y^2 + 4\,(a_1 b_2 + a_2 b_1 - 2a_1 b_1)\,xy.$$

Cette équation représente une *quartique bicirculaire unicursale* ayant à O un *noeud,* quand les cercles C et C' se coupent, un *rebroussement,* quand ils sont tangents, un *point isolé,* quand ils ne se rencontrent pas. Les tangentes à cette quartique au point double passent par les points d'intersection des deux cercles (n.º 20).

Comparons maintenant l'équation qu'on vient d'obtenir à l'équation

$$(x^2 + y^2 + mx + ny)^2 = A_1 x^2 + C_1 y^2,$$

qui, d'après la formule (12), représente toutes les quartiques bicirculaires unicursales. Les conditions pour que ces équations soient identiques sont

$$2a_1 - a_2 = m, \quad 2b_1 - b_2 = n,$$

$$4a_1 a_2 - 4a_1^2 + R_1^2 = A_1 - m^2, \quad 4b_1 b_2 - 4b_1^2 + R_1^2 = C_1 - n^2,$$

$$2\,(a_1 b_2 + a_2 b_1 - 2a_1 b_1) = -mn.$$

Or, en éliminant a_1 et b_1 des trois dernières au moyen des deux premières et en remplaçant R_1 par sa valeur, on obtient pour a_1, b_1, a_2, b_2 et R les deux systèmes de solutions

$$a_2 = 0, \quad b_2 = \sqrt{C_1 - A_1}, \quad R = \sqrt{C_1}, \quad a_1 = \frac{m}{2}, \quad b_1 = \frac{n + b_2}{2},$$

et

$$a_2 = \sqrt{A_1 - C_1}, \quad b_2 = 0, \quad R = \sqrt{A_1}, \quad a_1 = \frac{m + a_2}{2}, \quad b_1 = \frac{n}{2}.$$

Comme les coefficients A_1 et C_1 ne peuvent être en même temps négatifs, on voit qu'il existe deux systèmes de cercles réels et deux imaginaires de chacun desquels la quartique est la cissoïdale; les formules qu'on vient d'obtenir en déterminent les rayons et les coordonnées des centres.

268. Considerons la quartique bicirculaire unicursale représentée par l'équation

$$(17) \qquad \left(x'^2 + y'^2 - \frac{Cx'}{A + h} - \frac{C'y'}{A' + h} \right)^2 = (A + h) x'^2 + (A' + h) y'^2$$

et faisons, comme au n.º 93,

$$x' = \rho \cos \theta, \quad y' = \rho \sin \theta, \quad \rho^2 = (\rho_1 - \rho)^2 + m^2.$$

Il vient

$$\left(\rho_1^2 - \frac{2C \cos \theta}{A + h} - \frac{2C' \sin \theta}{A' + h} + m^2 \right)^2 = 4 \rho_1^2 \left[(A + h) \cos^2 \theta + (A' + h) \sin^2 \theta \right],$$

et, en passant aux coordonnées cartésiennes,

$$\left(x'^2 + y'^2 - \frac{2Cx'}{A + h} - \frac{2C'y'}{A' + h} + m^2 \right)^2 = 4 \left[(A + h) x'^2 + (A' + h) y'^2 \right].$$

Cette équation est identique à l'équation générale des quartiques bicirculaires, rapportée au centre d'un cercle directeur (n.º 257), et fait voir qu'on peut construire la quartique bicirculaire représentée par l'équation (5), en traçant d'abord la quartique bicirculaire definie par l'équation (17), au moyen d'une des méthodes données aux n.ºs précédents, et en prenant ensuite sur chacune des droites qui passent par le centre O du cercle directeur pris pour origine des coordonnées, à partir du point où elle coupe la dernière quartique, dans les deux directions, deux segments égaux à $\sqrt{\rho^2 - m^2}$, ρ étant le vecteur de ce point. On obtient ainsi deux points M et M' de la courbe qu'on veut construire; les vecteurs de ces points satisfont à la condition $OM \cdot OM' = m^2$, et les points M et M' sont donc inverses l'un de l'autre.

La méthode pour la construction des quartiques bicirculaires qu'on vient d'indiquer, est due à Casey (l. c.); elle a déjà été appliquée aux cubiques circulaires dans le n.º 93. En se basant sur cette méthode, Hart a trouvé une manière de tracer mécaniquement les quartiques bicirculaires et les cubiques circulaires, qu'il a fait connaître dans les *Proceedings of the London mathematical Society* (t. XIV, 1883, p. 199).

En transportant l'origine des coordonnées auxquelles est rapportée l'équation (7) au centre O du cercle directeur qu'on vient de considérer, on voit que la quartique (17) est la podaire de la conique représentée par l'équation (7) par rapport au point O.

En procédant comme dans les cas des cubiques circulaires (n.º 94), on démontre aisément les théorèmes suivants:

1.º *La conique (7) est l'enveloppe des droites qu'on obtient en menant par le milieu de chaque segment compris entre deux points* M *et* M' *de la quartique considérée, inverses l'un de l'autre par rapport au centre du cercle directeur correspondant, une perpendiculaire à la droite* MM'.

2.º *Les normales à la quartique bicirculaire (5) aux points* M *et* M' *où elle est coupée par une droite passant par le centre* O *d'un cercle directeur, s'interseptent au point de la conique (7), correspondante à la même valeur de* h, *où cette dernière courbe est tangente à la perpendiculaire à* MM' *conduite par le milieu de ce segment.*

269. Avant de passer à un autre sujet, nous allons exposer une manière d'engendrer les *cartésiennes* indiquée par Chasles dans la Notte XXI de l'*Aperçu historique*.

Considérons deux cercles fixes C et C' et un cercle mobile c, placés sur un même plan, et supposons que le centre de c soit situé sur la circonférence de C et que le carré de son rayon varie proportionnellement à la puissance D du cercle C' par rapport à ce centre; alors l'enveloppe de c est une cartésienne.

En effet, en prenant pour origine des coordonnées le centre de C et pour axe des abscisses la droite passant par les centres de C et C', et en représentant par R et R' les rayons des deux cercles, par φ l'angle formé par le vecteur du centre de c avec cet axe, et par a l'abscisse du centre de C', l'équation du cercle c est

$$(x - \mathrm{R}\cos\varphi)^2 + (y - \mathrm{R}\sin\varphi)^2 = h^2\mathrm{D}^2 = h^2(\mathrm{R}^2 + a^2 - 2a\mathrm{R}\cos\varphi - \mathrm{R}'^2)$$

et l'équation de l'enveloppe de ce cercle résulte de l'élimination de φ entre cette équation et cette autre:

$$x\sin\varphi - y\cos\varphi = ah^2\sin\varphi\,;$$

l'équation de cette enveloppe est donc

$$[x^2 + y^2 + \mathrm{R}^2 - h^2(a^2 + \mathrm{R}^2 - \mathrm{R}'^2)]^2 = 4\mathrm{R}^2[(x - ah^2)^2 + y^2],$$

ou, en transportant l'origine des coordonnées au point $(ah^2,\ 0)$,

$$(18) \qquad [x^2 + y^2 + 2ah^2x + a^2h^4 + \mathrm{R}^2 - h^2(\mathrm{R}^2 + a^2 - \mathrm{R}'^2)]^2 = 4\mathrm{R}^2(x^2 + y^2),$$

équation qui représente une *cartésienne*.

Chasles ne s'est pas occupé de la recherche des conditions pour que cette équation correspond à un système d'ovales de Descartes conjugués. On obtient aisément ces conditions, comme on va le voir.

Il résulte d'abord immédiatement de cette équation que la courbe est un limaçon lorsque

$$a^2h^4 + \mathrm{R}^2 = h^2(\mathrm{R}^2 + a^2 - \mathrm{R}'^2).$$

En comparant l'équation de la même courbe à cette autre

$$[(1 - h_1^2)(x^2 + y^2) + 2a_1 h_1^2 x + k_1^2 - a_1^2 h_1^2]^2 = 4k_1^2(x^2 + y^2),$$

on obtient les relations

$$(19) \qquad \frac{a_1 h_1^2}{1 - h_1^2} = ah^2, \quad \frac{k_1^2 - a_1^2 h_1^2}{1 - h_1^2} = a^2h^4 + \mathrm{R}^2 - h^2(\mathrm{R}^2 + a^2 - \mathrm{R}'^2), \quad \frac{k_1}{1 - h_1^2} = \mathrm{R},$$

dont résulte, par l'élimination de a_1 et k_1, l'équation

$$\mathrm{R}^2 h_1^4 - h^2(\mathrm{R}^2 + a^2 - \mathrm{R}'^2) h_1^2 + a^2 h^4 = 0,$$

qui donne pour h_1^2 deux valeurs réelles positives lorsque

$$\mathrm{R}^2 + a^2 \lesseqgtr \mathrm{R}'^2 + 2a\mathrm{R},$$

c'est-à-dire quand $\mathrm{R} \lesseqgtr a + \mathrm{R}'$ et quand $a \lesseqgtr \mathrm{R} + \mathrm{R}'$. La première et la troisième équations (19) déterminent ensuite a_1 et k_1. Par conséquent l'équation (18) représente un système d'ovales de Descartes quand les deux cercles C et C' se coupent, et l'analyse précédente détermine ses équations bipolaires. Si les cercles sont tangents, les deux valeurs de h_1^2 sont égales, et l'équation représente un limaçon.

Dans les cas différents de ceux qu'on vient d'envisager, l'équation (18) ne représente pas d'ovales de Descartes.

Il convient de remarquer qu'on a démontré au n.º 248 un corollaire, correspondant à $\mathrm{R}' = 0$, du théorème précédent.

270. En appliquant la méthode de transformation par rayons vecteurs réciproques, on peut dériver du théorème relatif aux cubiques circulaires démontré au n.º 96 un autre qu'on va voir, et ensuite un mode de construire les cercles osculateurs des quartiques bicirculaires.

Rappelons d'abord que, en appliquant à la quartique bicirculaire donnée la transformation par rayons vecteurs réciproques, le O pôle étant un point de cette courbe, on obtient (n.º 263) une cubique circulaire K dont l'asymptote réelle est parallèle à la tangente en O à la quartique. Considérons ensuite un cercle C_1 quelconque, lequel coupe la quartique en quatre points A_1, B_1, C_1 et D_1, et représentons par C le cercle inverse du précédent et par A, B, C et D les points de la cubique correspondants aux points A_1, B_1, C_1 et D_1. Cela posé, aux droites AB et CD correspondent deux cercles passant, respectivement, par les points O, A_1 et B_1 et par les points O, C_1 et D_1; et ces cercles déterminent, par leur intersection avec la quartique, deux autres points E_1 et F_1, qui correspondent à deux points E et F de la cubique mentionnée.

En remarquant maintenant qu'aux parallèles à l'asymptote de la cubique correspondent les cercles tangents à la quartique au point O, on voit qu'à la droite EF correspond un cercle passant par E_1 et F_1 et tangent (n.° 46) à la quartique au point O. Nous pouvons donc énoncer le théorème suivant, qui n'a pas encore été remarqué, croyons-nous :

Si un cercle C_1 coupe une quartique bicirculaire aux points A_1, B_1, C_1 et D_1, le cercle passant par A_1, B_1 et O, et le cercle passant par C_1, D_1 et O coupent la quartique à deux autres points E_1 et F_1 tels que le cercle qui passe par ces derniers points et par O est tangent à la quartique à ce point.

Pour obtenir au moyen de ce théorème le cercle osculateur de la quartique, remarquons que, si les points B_1 et C_1 coïncident avec A_1, le cercle tangent à la quartique au point A_1, mené par O, et le cercle passant par O, A_1 et D_1 coupent la quartique à deux nouveaux points E_1 et F_1 tels que le cercle OE_1F_1 est tangent à la quartique au point O. On peut donc obtenir le cercle osculateur de la quartique considérée au point A_1 en traçant un cercle tangent à cette courbe au point A_1, passant par un point quelconque O de la même courbe, et ensuite un autre cercle passant par le point E_1, où le premier rencontre la quartique, et tangent au point O à cette courbe. Ce dernier cercle intersepte la quartique à un nouveau point F_1, et le cercle qui passe par F_1 et est tangent à la quartique au point O coupe cette courbe à un nouveau point D_1. En traçant maintenant par D_1 un cercle tangent au point A_1 à la quartique, on a le cercle osculateur cherché.

271. Le problème de la rectification des quartiques bicirculaires fut considéré par Casey dans un Mémoire inséré aux *Phylosophical Transactions of the Royal Society* (London, 1877, t. CLXVII), où il a démontré que la longueur des arcs de ces courbes peut être exprimée par des intégrales elliptiques, Mémoire qui fut suivi d'un autre de Cayley, publié au même volume, où cette étude est continuée ; les modules de ces intégrales sont en quelques cas imaginaires, mais alors les longueurs des arcs considérés peuvent être exprimées d'un mode réel par des intégrales hyper-elliptiques de premier espèce, comme l'a fait voir R. Roberts dans un écrit inséré aux *Proceedings of the London mathematical Society* (1886, p. 99). Le même problème a été étudié par M. Darboux, qui, en généralisant une méthode employée pour établir le théorème de Genocchi mentionné au n.° 247, a démontré aussi que la rectification des quartiques bicirculaires depend des intégrales elliptiques, dans une communication à l'Académie des Sciences de Paris (*Comptes rendus*, t. LXXXVII, 1878).

272. L'étude des propriétés projectives des quartiques bicirculaires a une importance considérable pour la théorie générale des quartiques à deux ou trois points doubles, puisqu'on en peut déduire des théorèmes applicables à toutes ces dernières courbes, au moyen de la doctrine des transformations homographiques, comme on va le voir.

Considérons une quartique à deux points doubles P et Q quelconques et rapportons cette courbe à un triangle formé par une droite passant par ces points, qui sera le côté des z_1, et par deux droites passant par P et Q et par un troisième point arbitrairement choisi, qui seront les côtés des x_1 et des y_1. En partant de l'équation générale des quartiques rapportée à un triangle quelconque et en remarquant que, si ce triangle coïncide avec celui qu'on vient de définir, on doit obtenir pour chacune des variables x_1 et y_1 deux valeurs nulles quand on fait $z_1 = 0$, et qu'on doit obtenir pour z_1 deux valeurs nulles quand on fait $x_1 = 0$, et quand on fait $y_1 = 0$, on voit que l'équation de la quartique considérée prend alors la forme

$$(20) \qquad \begin{cases} x_1^2 y_1^2 + x_1 y_1 z_1 (mx_1 + ny_1) + z_1^2 (Lx_1^2 + Mx_1 y_1 + Ny_1^2) \\ \qquad + z_1^3 (Rx_1 + Sy_1) + Tz_1^4 = 0. \end{cases}$$

Nous remarquerons, en passant, que de cette équation il résulte, en faisant $x = \dfrac{x_1}{z_1}$ et $y = \dfrac{y_1}{z_1}$, cette autre :

$$x^2 y^2 + xy (mx + ny) + Lx^2 + Mxy + Ny^2 + Rx + Sy + T,$$

qui peut représenter la *perspective* de toutes les quartiques considérées, et qu'on peut établir aisément pour les courbes représentées par cette équation une théorie analogue à celle des quartiques bicirculaires, exposée dans les pages précédentes. Dans cette transformation aux points réels de la quartique donnée correspondent des points réels de sa perspective, si les deux points doubles de celle-là sont réels.

En employant une transformation où interviennent les imaginaires, c'est-à-dire en faisant

$$x_1 = x_2 + iy_2, \quad y_1 = x_2 - iy_2, \quad z_1 = z_2,$$

pour rapporter la courbe à un nouveau triangle, et en posant ensuite $x = \dfrac{x_2}{z_2}$, $y = \dfrac{y_2}{z_2}$, on obtient une équation de la forme (1).

Donc, *à toute quartique à deux ou trois points doubles correspond une quartique bicirculaire dont elle est une transformée homographique. En particulier, si la quartique donnée a deux points de rebroussement, la quartique bicirculaire correspondante est une cartésienne.*

Il est à remarquer que, si les deux points doubles de la quartique donnée sont réels, la quartique bicirculaire correspondante est imaginaire. Si ces points sont imaginaires, l'équation (20) ne doit pas changer quand on y remplace x par y, et i par $-i$, et, pour cela, il faut que les quantités M, T et z_1 soient réelles et que les quantités m, L, R et x_1 soient imaginaires conjuguées de n, N, S et y_1 ; alors la quartique bicirculaire correspondante est réelle et ses points réels correspondent aux points réels de la quartique donnée.

Pour généraliser au moyen de cette proposition les théorèmes obtenus précédemment pour les quartiques bicirculaires, il suffit de remarquer : qu'aux points doubles que la quartique bicirculaire possède aux points circulaires de l'infini, correspondent les points doubles P et Q de la quartique donnée ; qu'à un cercle quelconque situé dans le plan de la quartique bicirculaire, correspond une conique passant par ces mêmes points P et Q, et qu'au point où se rencontrent les tangentes à ce cercle aux points circulaires de l'infini, c'est-à-dire au centre du cercle, correspond le point où se coupent les tangentes à cette conique aux points P et Q.

Ainsi, par exemple, des théorèmes démontrés aux n.ºs 255, 256, 258 et 265 dérivent ceux qui suivent :

1.º *Toute quartique à deux points doubles P et Q est, et de quatre manières différentes, l'enveloppe d'une série de coniques bitangentes C_i passant par P et Q ; le lieu des intersections des tangentes à ces coniques à ces points P et Q est une autre conique K_l.*

Une ou deux des coniques K_1, K_2, K_3 et K_4 peuvent se réduire, en des cas particuliers, à des droites.

2.º *Chacune des coniques K_i contient quatre points d'intersection des tangentes à la quartique considérée issues de P et Q, et par ces points-là et par P et Q passe une autre conique H_i.*

La droite qui passe par les deux points de contact d'une quelconque des coniques bitangentes C_i avec la quartique, passe aussi par le point M_i où se rencontrent les tangentes à la conique H_i aux points P et Q.

Par chacun des points M_1, M_2, M_3 et M_4, qu'on vient de déterminer, passent deux droites bitangentes à la quartique donnée.

3.º *Par chaque point du plan d'une quartique à deux points doubles on peut mener deux coniques qui soient tangentes à cette quartique en quatre points et passent par les deux points doubles.*

Si la quartique a un troisième point double, les théorèmes précédents doivent subir des modifications analogues à celles que dans le même cas on fait subir aux théorèmes relatifs aux quartique bicirculaires ; nous ne nous arretêrons pas ici à les indiquer. Mais nous remarquerons que, si la quartique considérée a deux points de rebroussement et un point double, elle est la transformée homographique d'un limaçon de Pascal, et, en particulier, d'une cardioïde, si elle a trois points de rebroussement ; on a, en effet, vu au n.º 259 que le limaçon est la seule cartésienne unicursale. On peut donc déduire des propriétés projectives du limaçon d'autres applicables à toutes les quartiques unicursales. Ainsi, par exemple, du théorème démontré au n.º 226 pour le limaçon on déduit celui-ci :

Le lieu des intersections des tangentes à une quartique unicursale à deux points de rebroussement, aux points où elle est coupée par chacune des droites passant par le troisième point double (noeud, point isolé ou point de rebroussement), est une cubique ayant un point double de la même nature que ce dernier point double de la quartique.

De même, des propriétés de la cardioïde énoncées aux n.ºs 234 et 235 et de la propriété dont jouit la même courbe, d'être symétrique par rapport à la tangente au point de rebroussement situé à distance finie, on déduit les théorèmes suivants :

Le lieu des points d'où l'on peut mener à une quartique tricuspidale trois tangentes dont les points de contact soient situés sur une droite, est une conique passant par les points de contact de la bitangente à cette quartique et par les trois points de rebroussement. Les tangentes à cette conique à deux points de rebroussement de la quartique et la tangente à cette quartique à l'autre point de rebroussement se rencontrent à un même point.

Les points du plan d'une quartique tricuspidale d'où l'on peut mener à cette courbe deux tangentes dont les points de contact soient placés sur une droite passant par un point de rebroussement O, sont situés sur une conique passant par les deux autres points de rebroussement P et Q de la courbe. Les tangentes à cette conique aux points P et Q et la tangente à la quartique au point O se rencontrent à un même point.

Envisageons une droite AB quelconque passant par le point où se rencontrent la bitangente d'une quartique tricuspidale et la droite passant par deux des points de rebroussement. Deux des points où s'interseptent les tangentes à la quartique aux points où elle est coupée par la droite AB, sont situés sur la tangente à la même quartique au troisième point de rebroussement.

CHAPITRE V.

QUARTIQUES REMARQUABLES.

(Continuation).

I.

La conchoïde de Nicomède.

273. Soient O *(fig. 50)* un point fixe et AB une droite donnée. Par ce point traçons la droite OC, et prenons, à partir de C, deux seg‑ments CM et CN de longueur égale à une quantité donnée h. Le lieu géométrique des points M et N et des autres points qu'on obtient ainsi, en faisant varier la droite OC, est la courbe nom‑mée *conchoïde de Nicomède*. L'équation polaire de cette courbe est

$$(1) \qquad \rho = \frac{a}{\cos \theta} \pm h,$$

où θ doit varier depuis $-\dfrac{\pi}{2}$ jusqu'à $\dfrac{\pi}{2}$.

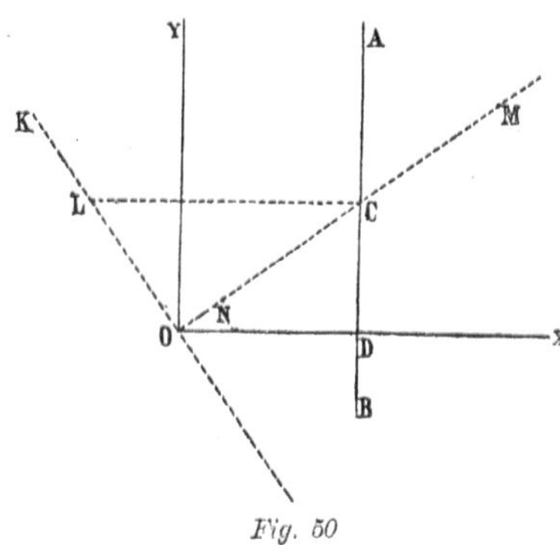

Fig. 50

Le point fixe O est nommé *pôle de la con‑choïde,* la droite AB *base,* le segment h *intervalle.*

L'équation correspondante au signe inférieur peut être écrite ainsi :

$$-\rho = \frac{a}{\cos (\pi + \theta)} + h;$$

par conséquent l'équation

$$\rho = \frac{a}{\cos \theta} + h$$

peut représenter les points de la courbe placés à droite et à gauche de AB, en faisant varier θ depuis 0 jusqu'à 2π.

L'équation cartésienne de la courbe est

$$(2) \qquad y^2 = \frac{x^2(h+a-x)(h-a+x)}{(x-a)^2}.$$

274. Pour chercher la forme de la conchoïde de Nicomède, remarquons d'abord qu'on voit au moyen de cette équation que la courbe est symétrique par rapport à l'axe des abscisses et que les parallèles à l'axe des ordonnées la coupent en quatre points, dont deux sont situés à l'infini; les deux autres sont placés à distance finie, et sont réels quand ces droites passent par les points de l'axe des abscisses compris entre $(a-h,\ 0)$ et $(a+h,\ 0)$. La droite représentée par l'équation $x=a$ est une asymptote de la même courbe, qu'elle intercepte en quatre points coïncidents, situés à l'infini; la quartique considérée a donc un *point tacnodale* à l'infini, d'après la nomenclature des points singuliers des courbes adoptée par Salmon, point singulier équivalent à *deux noeuds ordinaires*. La conchoïde de Nicomède a encore deux asymptotes imaginaires, représentées par les équations $y=\pm ix$, qui déterminent un foyer singulier situé à l'origine des coordonnées.

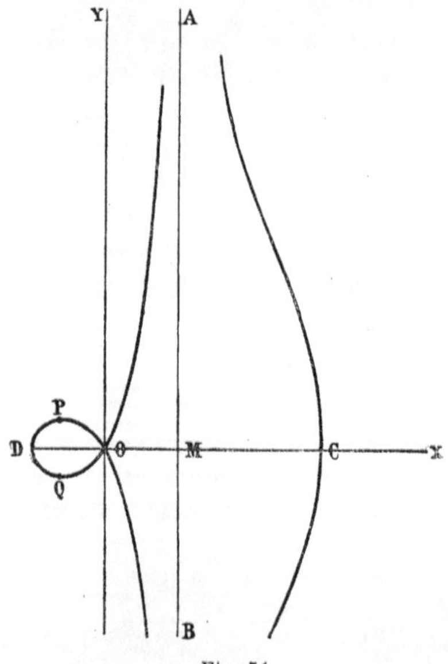

Fig. 51

On voit ensuite au moyen de l'une des équations écrites ci-dessus et au moyen de l'équation

$$\frac{dy}{dx} = \mp\ \frac{a\pm h\cos^3\theta}{h\cos^2\theta\sin\theta}$$

que la conchoïde envisagée peut prendre trois formes différentes.

1.º Si $h>a$, cette courbe a la forme indiquée dans la figure 51. Elle possède un *noeud* à l'origine O des coordonnées et deux *sommets* aux points C et D, dont les distances à O sont égales, respectivement, à $a+h$ et $h-a$; les angles formés par les tangentes à ce noeud avec l'axe des abscisses sont déterminés par l'équation $\cos\theta = \dfrac{a}{h}$ ou $\operatorname{tang}\theta = \dfrac{\sqrt{h^2-a^2}}{a}$; les coordonnées polaires des points P et Q où la tangente est parallèle à cet même axe sont déterminées par l'équation (1) et par l'équation $h\cos^3\theta = a$; la droite AB est l'asymptote réel de la courbe.

2.º Si $h=a$, le sommet D disparaît, ainsi que la boucle, et la courbe a la forme indiquée dans la figure 52; alors elle a à O un *rebroussement*.

3.º Si $h < a$, la courbe a la forme indiquée dans la figure 53; elle a alors un *point isolé* à l'origine des coordonnées.

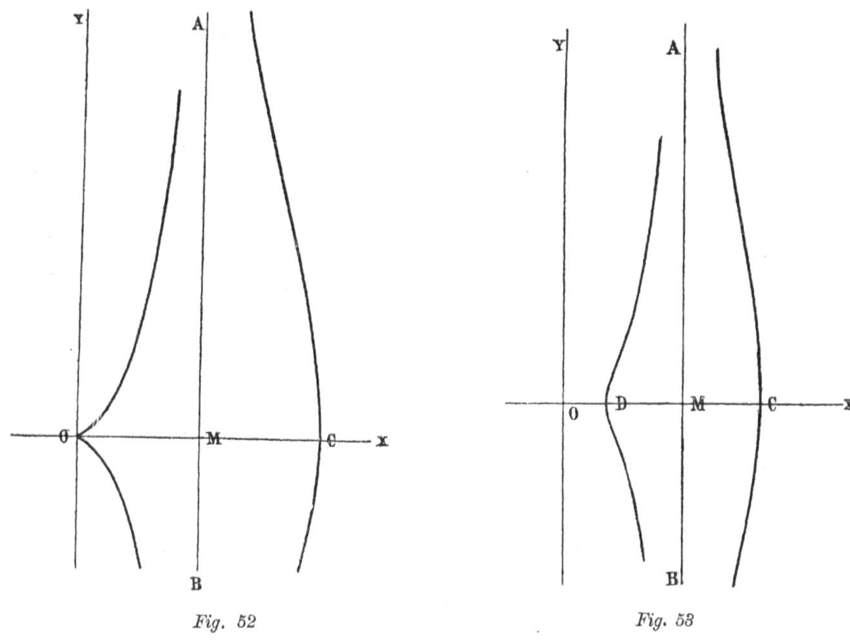

Fig. 52   Fig. 53

275. La construction des normales à la conchoïde de Nicomède est une opération très facile. Comme on a *(fig. 50)*

$$\rho = OM = OC \pm h,$$

il vient

$$\frac{d\rho}{d\theta} = \frac{dOC}{d\theta};$$

pourtant les sous-normales polaires de la courbe aux points M et N coïncident avec la sous-normale polaire de la droite AB au point C. Ainsi, pour tracer les normales à la conchoïde considérée aux points M et N, il suffit de mener par O une perpendiculaire OK à OM et ensuite par le point C la droite CL, perpendiculaire à AB; les normales cherchées passent par le point L.

276. Le rayon de courbure de la conchoïde de Nicomède est déterminé par la formule

$$R = \frac{(a^2 + h^2 \cos^4 \theta \pm 2ah \cos^3 \theta)^{\frac{3}{2}}}{h \, (h \cos^3 \theta \pm 3a \cos^2 \theta \mp 2a) \cos^3 \theta},$$

d'où il résulte que les valeurs que cette quantité prend aux sommets C et D de la courbe sont, respectivement, $\dfrac{(a+h)^2}{h}$ et $\dfrac{(a-h)^2}{h}$, et que la valeur R_0 que R prend au point double est donnée par l'égalité

$$R_0 = \frac{h}{2a}\ \sqrt{h^2 - a^2} = \frac{1}{2}\,h\ \mathrm{tang}\ \theta_0,$$

θ_0 représentant l'angle formé par les tangentes au point considéré avec l'axe des abscisses.

Il résulte encore de l'expression de R que les points d'inflexion de la courbe considérée peuvent être déterminés au moyen de l'équation

$$(3) \qquad\qquad h\cos^3\theta \pm 3a\cos^2\theta \mp 2a = 0$$

et de l'équation (1), dont il résulte que le nombre de ces points est égal à *six*. Pour déterminer les points d'inflexion réels il convient de chercher les points de la droite AB *(fig. 50)* dont on déduit ceux d'inflexion de la courbe par la construction exposée au n.º 273. Pour cela, remarquons que, en représentant par ρ_1 les vecteurs des points de la droite AB, on a $\rho_1 = \dfrac{a}{\cos\theta}$, et que, en éliminant $\cos\theta$ entre cette équation et celle qui précède, on trouve celle-ci:

$$2\rho_1^3 - 3a^2\rho_1 \mp a^2h = 0,$$

qui détermine les valeurs que ρ_1 prend aux points de la droite considérée correspondants aux points d'inflexion. Il est à remarquer qu'on doit profiter seulement les racines de ces équations comprises entre a et ∞, car celles qui ne satisfont pas à cette condition ne peuvent pas correspondre à des points de la droite AB.

Pour déterminer le nombre des points d'inflexion *réels* que la courbe possède, nous allons considérer séparément les cas où $h < a$, $h > a$ et $h = a$.

1.er *Cas.* Soit $h < a$. En appliquant le théorème de Sturm à l'équation

$$2\rho_1^3 - 3a^2\rho_1 - a^2h = 0,$$

en remarquant pour cela que les polynomes de Sturm correspondants à cette équation sont

$$2\rho_1^3 - 3a^2\rho_1 - a^2h, \quad 6\rho_1^2 - 3a^2, \quad 2a^2\rho_1 + a^2h, \quad 3a^2 - \frac{3}{2}\,h^2,$$

et que les signes qu'ils prennent quand on fait $\rho_1 = a$ et $\rho_1 = \infty$ sont, respectivement,

$$\left.\begin{array}{lcccc}\rho_1 = a, & - & + & + & + \\ \rho_1 = \infty, & + & + & + & +\end{array}\right\},$$

on voit que la branche de la courbe située à droite de AB possède deux points d'inflexion.

En appliquant le même théorème à l'équation

$$2\rho_1^3 - 3a^2\,\rho_1 + a^2 h = 0,$$

on voit de même que la branche située à gauche de AB possède aussi deux points d'inflexion.

Les résultats qu'on vient d'obtenir sont, d'ailleurs, géométriquement évidents, puisque les deux branches de la conchoïde tournent la concavité, dans le voisinage des points C et D, et la convexité, dans le voisinage de l'asymptote, pour cette droite, et le nombre totale des points d'inflexion réels et imaginaires est égal à six.

2.e *Cas.* Si $h > a$, on voit aussi au moyen du théorème de Sturm que, dans ce cas, la branche située à droite de AB possède deux points d'inflexion et que dans l'autre branche il n'existe pas de points de cette nature.

3.e *Cas.* Si $h = a$, l'une des équations considérées prend la forme

$$2\rho_1^3 - 3a^2\,\rho_1 - a^3 = 0,$$

et ses racines sont

$$\rho_1 = -a, \quad \rho_1 = \frac{a}{2}\,(1 + \sqrt{3}), \quad \rho_1 = \frac{a}{2}\,(1 - \sqrt{3}).$$

Alors à la deuxième de ces valeurs de ρ_1 correspondent deux pointes de la droite AB dont on déduit deux points d'inflexion réels de la conchoïde par la construction donnée au n.° 273, situés sur la branche de cette courbe placée à droite de AB.

L'équation qui se rapporte aux points d'inflexion de l'autre branche est

$$2\rho_1^3 - 3\,a^2\,\rho_1 + a^3 = 0,$$

et ses racines sont

$$\rho_1 = a, \quad \rho_1 = \frac{a}{2}\,(-1 \pm \sqrt{3})\,;$$

la branche de la courbe placée à gauche de AB n'a pas donc alors de points d'inflexion réels.

En revenant à la théorie générale, nous ajouterons encore que *le lieu des points d'inflexion de toutes les conchoïdes de Nicomède ayant la même base est une parabole semi-cubique.* En éliminant, en effet, h entre les équations (1) et (3), on voit que l'équation polaire du lieu considéré est $\rho\cos^3\theta = 2a\sin^2\theta$, et que l'équation cartésienne de la même courbe est $x^3 = 2ay^2$.

277. La conchoïde de Nicomède est une courbe *unicursale*. En posant, en effet,

$$(a - h - x) = (x - a - h)\,t^2,$$

on obtient les équations

$$x = \frac{a - h + (a + h)\,t^2}{1 + t^2}, \quad y = -\frac{2t\left[a - h + (a + h)\,t^2\right]}{t^4 - 1},$$

qui expriment x et y en fonction du paramètre t.

278. La valeur de l'aire comprise entre un arc de la conchoïde considérée, l'axe des abscisses et une droite passant par l'origine et faisant avec cet axe un angle θ est donnée par la formule

$$A = \frac{1}{2} \int_0^\theta \rho^2\,d\theta = \frac{1}{2}\left[a^2\,\mathrm{tang}\,\theta + h^2\,\theta \pm 2ah\,\log\mathrm{tang}\left(\frac{\theta}{2} + \frac{\pi}{4}\right)\right],$$

où l'on doit employer le signe supérieur quand l'arc envisagé appartient à la branche située à droite de l'asymptote, le signe inférieur si cet arc appartient à l'autre branche.

279. Le volume du solide engendré par l'aire comprise entre la courbe, l'axe des abscisses et l'ordonnée du point $(\rho,\ \theta)$, en tournant autour de cet axe, peut être calculé par la formule

$$V = \mp\,\pi \int_u^x y^2\,dx = \pi h \int_0^\theta \rho^2 \sin^3\theta\,d\theta$$

$$= \pi h\left[\frac{a^2}{\cos\theta} + (a^2 - h^2)\cos\theta + \frac{1}{3}\,h^2\cos^3\theta \mp ah\sin^2\theta - 2a^2 + \frac{2}{3}\,h^2 \mp ah\log\cos\theta\right],$$

où $u = a \pm h$. On doit employer dans cette formule le signe supérieur quand on l'applique à la branche de la courbe située à droite de AB, et le signe inférieur quand on l'applique à l'autre branche.

L'équation de la conchoïde, quand on prend l'asymptote pour axe des ordonnées, est

$$y^2 = \frac{(x_1 + a)^2(h^2 - x_1^2)}{x_1^2}.$$

Les volumes des solides engendrés par les bandes comprises entre la courbe et l'asymptote dépendent donc de $\int x_1^2\,dy$, dont la valeur est déterminée par la formule

$$\int x_1^2\,dy = yx_1^2 - 2\int yx_1\,dx_1$$

$$= yx_1^2 - 2\int(x_1 + a)\sqrt{h^2 - x_1^2}\,dx_1$$

$$= yx_1^2 + \frac{1}{3}(h^2 - x_1^2)^{\frac{3}{2}} - \frac{ax_1}{2}(h^2 - x_1^2)^{\frac{1}{2}} - \frac{ah^2}{2}\,\mathrm{arc\,sen}\,\frac{x_1}{h}.$$

Si l'on veut calculer, par exemple, le volume du solide engendré par la bande comprise entre la branche située à droite de l'asymptote, l'axe de la courbe et la même asymptote, on doit prendre, dans les intégrales, y entre les limites 0 et ∞, et par conséquent x_1 entre les limites h et 0. On trouve ainsi

$$V_1 = \left(\frac{1}{4}\, \pi h^2 a + \frac{1}{3}\, h^3 - \frac{1}{2} a h^2 \right) \pi.$$

280. L'invention de la *conchoïde* qu'on vient d'étudier est attribuée à Nicomède, géomètre qui a vécu entre 100 et 200 ans avant l'ère chrétienne (Cantor: *Vorlesungen über Geschichte der Mathematik,* t. I. Leipzig, 1894, p. 334 et 346). Les ouvrages de Nicomède ne nous sont point parvenus, mais Proclus, dans ses *Commentaires à la Géométrie d'Euclides,* et Pappus, dans ses *Collections mathématiques,* font mention de ce géomètre et de son invention de la conchoïde. On trouve dans ce dernier ouvrage un procédé pour construire cette courbe (livre IV, prop. 22) et une méthode pour résoudre le problème de la trisection de l'angle (livre IV, prop. 32), où elle est employée, laquelle est attribuée par Proclus à Nicomède même (*Oeuvres de Proclus,* éd. Taylor, t. II, p. 73); on y trouve encore (livre III, p. 5, et livre IV, prop. 24) une méthode pour résoudre, au moyen de la même courbe, le problème des deux moyennes proportionnelles, due aussi à l'inventeur de la courbe. Cette dernière application de la conchoïde envisagée est mentionnée aussi par Eutocius dans ses *Commentaires au livre 2.ᵉ d'Archimedes sur la sphère et le cylindre* (*Archimedis Opera,* éd. Heiberg, t. III, p. 122).

L'étude de la conchoïde de Nicomède a été reprise aux XVIIᵉ et XVIIIᵉ siècles par quelques-uns des géomètres les plus éminents de cette époque.

Ainsi Fermat s'est occupé de la détermination de ses tangentes dans une lettre adressée à Roberval en 1636 et dans l'écrit intitulé *Methodus ad disquirendam maximam et minimam* (*Oeuvres,* t. III, p. 142 et 293); Descartes, l'inventeur de la première méthode générale des tangentes, a pris cette courbe pour exemple de cette méthode dans le livre 2.ᵉ de sa *Géométrie;* et Roberval a appliquée à la même courbe la méthode basée sur la composition des mouvements que, pour résoudre le problème des tangentes, il a donnée dans ses *Observations sur la composition des mouvements et sur les touchantes des lignes courbes* (*Mémoires de l'Académie des Sciences,* t. VI. Paris, 1730, p. 32).

Le problème de la détermination des points d'inflexion de la même conchoïde fut considéré pour la première fois par Huygens (*Oeuvres,* t. I, p. 245) dans une lettre adressée à Van Schooten en 1653 et dans un mémoire publié en 1654 sous le titre: *De circuli magnitude inventa,* où il a donné une règle pour déterminer ces points au moyen d'une parabole. Plus tard le même géomètre a trouvé une autre méthode plus simple pour résoudre la même question, publiée dans l'écrit intitulé: *Illustrium quorundam problematum constructiones,* mais cette seconde méthode n'est pas générale, comme lui-même l'a reconnu. Un autre procédé plus simple pour chercher les points considérés a été donné par Heuraet, procédé qui a été publié par Van Schooten dans ses *Commentaires à la Géométrie de Descartes.* Sluse a envisagé aussi les points d'inflexion de la conchoïde de Nicomède et, ayant remarqué pour la première fois la propriété exposée à la fin du n.º 276, il l'a communiqué à Huygens dans une lettre du 5 avril 1658 (*Oeuvres de Huygens,* t. II, p. 164).

Le problème de la quadrature de la conchoïde de Nicomède a été considéré par Roberval dans le *Traité des indivisibles* (l. c., p. 284), par Wallis dans un écrit intitulé: *De curvarum rectificatione et complanetione,* paru en 1659, par Jean Bernoulli dans les *Lecciones mathematicae* (*Opera,* t. III, p. 400), etc. Antérieurement Huygens avait remarqué que les aires des bandes comprises entre la courbe et l'asymptote sont infinies, mais que les volumes des solides qu'elles engendrent en tournant autour de cette droite sont finis (*Oeuvres,* t. II, p. 164).

La conchoïde de Nicomède a été considérée aussi par Newton, qui a indiqué le rôle que cette courbe peut jouer dans la résolution des problèmes dépendantes des équations du 3.ᵉ et du 4.ᵉ degré (*Arithmetica Universalis,* p. 52 du t. II de la traduction française de Beaudeaux), et par Cotes (*Harmonia mensurarum,* 1722, p. 25), qui a considéré le problème de sa quadrature et celui de la cubature des solides de révolution autour de l'axe de la courbe.

La notion de *conchoïde* est suceptible d'une généralisation évidente. On peut remplacer dans la construction indiquée au n.º 273 *(fig. 50)* la droite AB par une courbe quelconque (C), et alors, en prenant sur chacune des droites passant par un point fixe O, à partir du point où cette droite coupe la courbe et dans les deux sens, un segment de longueur constante, on obtient deux points d'une nouvelle courbe (C'), qui est appelée la *conchoïde de* (C). Ce mode de génération des courbes fut considéré par Roberval (l. c., p. 39), qui a donné une méthode pour construire les tangentes à (C'), quand on sait tracer les tangentes à (C), et par Barrow (*Lecciones geometricae,* leçon VIII), qui a résolu le même problème. La Hire a consacré à ces courbes un travail spécial, publié en 1708 dans les *Mémoires de l'Académie des Sciences de Paris.* Nous avons étudié déjà, sous le nom de *limaçon de Pascal,* la conchoïde du cercle par rapport à un point de la circonférence.

Roberval a encore donné une nouvelle généralisation de la signification du mot *conchoïde* dans le mémoire intitulé: *De resolutione aequationum* (l. c., p. 233). Envisageons dans un plan deux courbes (C) et (C') et deux points O et A, et supposons que la courbe (C) et le point O sont fixes et que la courbe (C') et le point A se meuvent sur le plan considéré, le point A restant lié invariablement à la courbe (C') et parcourant la courbe (C). La droite qui passe par les points O et A, coupe la courbe (C') en des points qui décrivent, quand cette courbe varie, une autre courbe appelée *conchoïde* de (C) et (C'). Si (C) est une droite et (C') un cercle ayant le centre au point A, le lieu qu'on obtient ainsi est la *conchoïde de Nicomède.* Si (C) et (C') sont deux cercles et le centre de (C') coïncide avec le point A, on obtient le *limaçon de Pascal.* Si (C') est une parabole et le point A coïncide avec son foyer, et si (C) est un droite coïncidant avec l'axe de la parabole, la conchoïde de (C) et (C') est la *parabole de Descartes* (n.º 122).

281. Nous terminerons cette étude de la conchoïde de Nicomède en extrayant des *Collections* de Pappus la méthode employée par les anciens géomètres pour résoudre au moyen de cette courbe le problème de la *trisection de l'angle* et celui de la *construction de deux moyennes proportionnelles entre deux segments de droite donnés.*

I. Considérons premièrement le problème de la trisection et soit ABC *(fig. 54)* l'angle qu'on veut diviser en trois parties égales.

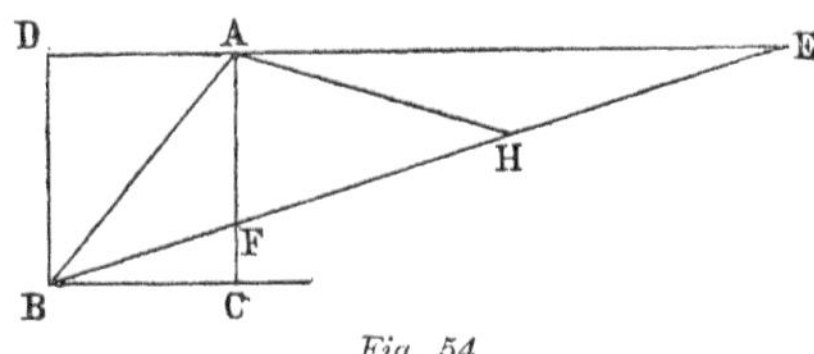

Fig. 54

Menons par le point A la droite AC, perpendiculaire à BC, et la droite AD parallèle à BC, et par le point B la droite BD, parallèle à AC; traçons ensuite la conchoïde ayant pour pôle le point B, pour *base* la droite AC et pour *intervalle* un segment double de AB, courbe qui coupe la droite DA à un point E. On obtient ainsi la droite EB qui fait avec BC un angle EBC égal au tiers de l'angle donné ABC.

En effet, si F est le point où s'interceptent les droites BE et AC et H le milieu de FE, on a FH = HE = AH, et par suite FE = 2AH; mais, comme de la définition de la conchoïde il résulte que FE = 2BA, on a aussi BA = AH; il vient donc ABH = AHB = 2AEB = 2FBC, et enfin ABC = 3FBC.

II. Nous allons nous occuper maintenant du problème de Délos (n.º 1), c'est-à-dire nous allons chercher deux segments de droite x et y tels qu'on ait

$$\frac{b}{x} = \frac{x}{y} = \frac{y}{a},$$

a et b représentant deux autres segments donnés.

Considérons pour cela deux droites NA et AM *(fig. 55)*, perpendiculaires l'une à l'autre, et signalons sur ces droites deux segments AB et AC respectivement égaux à a et b. Menons ensuite par les points B et C les parallèles BD et CD à AC et AB, et par les points E et F, qui divisent les segments AB et AC en deux parties égales, traçons la droite DG et la droite FH, perpendiculaire à AC; prenons sur FH un point H tel que CH = BE; et traçons enfin la droite CH', parallèle à GH. Construisons maintenant une conchoïde, ayant le point H pour *pôle,* la droite CH' pour *base* et pour *intervalle* un segment égal à BE, laquelle rencontrera la droite AC à un point M, qui doit satisfaire à la condition KM = BE = HC; en traçant enfin la droite MDN, on détermine deux segments NB et CM, qui sont égaux aux segments x et y cherchés.

Pour démontrer cela, remarquons qu'on a

$$FM^2 = (FC + CM)^2 = FC^2 + CM \cdot AM,$$

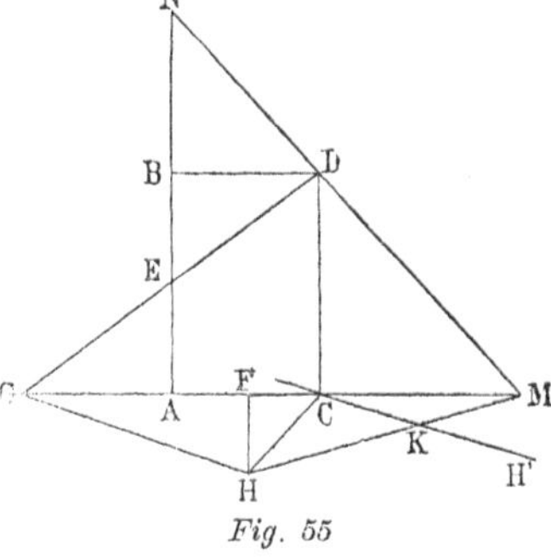

Fig. 55

*

et par conséquent

$$FM^2 + FH^2 = FC^2 + FH^2 + CM.AM,$$

ou

(A)
$$HM^2 = HC^2 + CM.AM.$$

On a aussi

$$\frac{NB}{BA} = \frac{AC}{CM},$$

et par suite, en tenant compte des égalités $BA = 2BE$ et $GC = 2AC$ et de ce que les triangles MGH et MCK sont semblables,

$$\frac{NB}{BE} = \frac{GC}{CM} = \frac{HK}{KM},$$

ou

$$\frac{NB + BE}{BE} = \frac{HK + KM}{KM},$$

ou enfin

$$\frac{NE}{BE} = \frac{HM}{KM},$$

d'où il résulte $NE = HM$, puisque $BE = KM$. On a donc

(A')
$$HM^2 = NE^2 = (NB + NE)^2 = BE^2 + NB.NA.$$

En comparant maintenant les relations (A) et (A') et en remarquant que, par construction, $HC = BE$, on trouve

$$\frac{AM}{NA} = \frac{NB}{CM};$$

mais

$$\frac{CM}{DC} = \frac{AM}{NA} = \frac{BD}{NB};$$

donc

$$\frac{CM}{DC} = \frac{NB}{CM} = \frac{BD}{NB},$$

ou

$$\frac{a}{CM} = \frac{CM}{NB} = \frac{NB}{b},$$

et enfin $x = NB$, $y = CM$.

II.

Les paraboles virtuelles. Le besace.

282. Grégoire de St-Vincent a considéré dans son *Opus geometricum*, paru en 1647, sous le nom de *paraboles virtuelles*, quelques courbes du quatrième ordre représentées par une équation de la forme

$$x = \sqrt{ax + b} + \sqrt{a_1 x + b_1}.$$

Parmi ces courbes est comprise la quartique définie par l'équation

$$(1) \qquad x = \frac{1}{2}\sqrt{a^2 + 2\,(b + c)\,y} + \frac{1}{2}\sqrt{a^2 + 2\,(b - c)\,y},$$

où $c = \sqrt{a^2 + b^2}$, ou

$$(2) \qquad (x^2 - by)^2 = a^2\,(x^2 - y^2),$$

considérée par Cramer dans sa célèbre *Introduction à l'Analyse des lignes courbes* (Genève, 1750, p. 451), laquelle est connue par la désignation de *besace;* et à cette courbe se rattachent quelques autres paraboles virtuelles qui ont quelque interêt historique, comme on le verra bientôt.

Il résulte immédiatement de la première équation que les cordes de cette quartique parallèles à l'axe des abscisses sont coupées en deux parties égales par des paraboles ordinaires, et, en mettant la deuxième équation sous la forme

$$(3) \qquad y = \frac{bx^2}{a^2 + b^2} \pm \frac{ax}{a^2 + b^2}\sqrt{a^2 + b^2 - x^2},$$

on voit encore que la parabole correspondante à l'équation

$$y = \frac{bx^2}{a^2 + b^2}$$

passe par le milieu des cordes parallèles à l'axe des ordonnées.

283. Le besace est l'*anti-hyperbolisme* de la conique représentée par l'équation

$$a^2\,X^2 + (a^2 + b^2)\,Y^2 - 2ab\,XY = a^4,$$

puisque, en posant dans l'équation de la première courbe

$$y = \frac{XY}{a}, \quad x = X,$$

on trouve celle-ci. Il en résulte une manière de construire la quartique considérée et ses tangentes, en dérivant chacun de ses points et chacune de ces tangentes d'un point et d'une tangente de cette ellipse par la méthode exposée au n.º 114. Mais, si l'on veut seulement obtenir les points de la quartique, on peut employer un procédé bien plus facile, donné par Cramer dans l'Ouvrage mentionné, qu'on va voir.

Prenons un point ayant pour coordonnées $\left(\frac{1}{2}\,a,\ \frac{1}{2}\,b\right)$ et traçons une circonférence ayant ce point pour centre et passant par l'origine O *(fig. 56)* des coordonnées. Menons par O une droite quelconque OL et ensuite par le point L une autre LN, parallèle à l'axe des abscisses, et prenons sur cette droite un point M tel que le segment NM soit égal à OL. Le lieu décrit par M, quand OL varie de direction, est le basace représenté par l'équation (2).

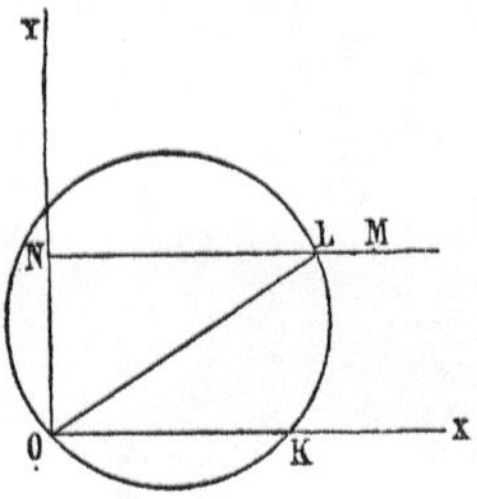

En effet, l'équation du cercle considéré est

$$X^2 + Y^2 - aX - bY = 0,$$

Fig. 56

et on a, en représentant par $(x,\ y)$ les coordonnées du point M,

$$OL^2 = X^2 + Y^2 = NM^2 = x^2, \quad y = Y;$$

or, en éliminant X et Y entre ces équations et celle du cercle, on obtient une équation qui coïncide avec l'équation (2).

284. On peut obtenir aisément la forme de la quartique considérée *(fig. 57)* au moyen de son équation et de la formule

$$y' = \frac{2bx}{a^2 + b^2} \pm \frac{a\,(a^2 + b^2 - 2x^2)}{(a^2 + b^2)\sqrt{a^2 + b^2 - x^2}},$$

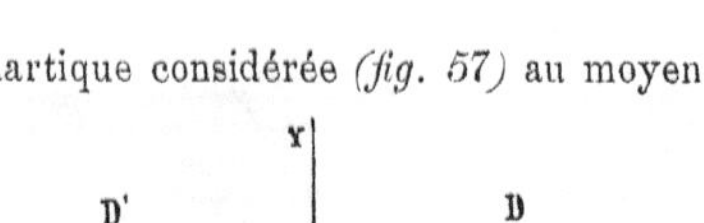

dont résultent les conséquences suivantes:

1.º La courbe est symétrique par rapport à l'axe des ordonnées et a un *noeud* à l'origine des coordonnées, où les tangentes forment avec cet axe des angles ω déterminés par l'équation

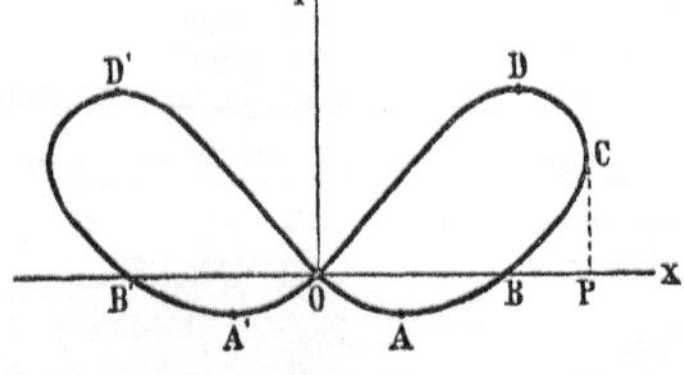

Fig. 57

$$\tan \omega = \pm \frac{a}{\sqrt{a^2 + b^2}}.$$

On voit encore, au moyen de la méthode indiquée au n.º 85, que la même courbe a *deux points doubles coïncidents* à l'infini ; en posant, en effet, dans l'équation (2) $x = \dfrac{X}{Y}$, $y = \dfrac{1}{Y}$ on obtient la transformée

$$(X^2 - bY)^2 = a^2 Y^2 (X^2 - 1),$$

qui représente une courbe ayant un point double à l'origine, où elle est coupée par l'axe des abscisses en quatre points coïncidents, et dont on déduit, en cherchant le premier terme du dévoloppement de Y suivant les puissances de X, que les paraboles imaginaires définies par l'équation

$$Y = \frac{b \pm ia}{a^2 + b^2} X^2,$$

représentent approximativement cette dernière courbe dans le voisinage de l'origine des coordonnées, et qu'aux deux points coïncidents où ces paraboles se coupent, correspondent deux points doubles coïncidents de la dernière quartique, situés à la origine des coordonnées, et par suite deux points doubles coïncidents du besace, situés à l'infini.

2.º Les parallèles à l'axe des ordonnées qui passent par les points de l'axe des abscisses compris entre l'origine et le point P, où $x = \sqrt{a^2 + b^2}$, coupent la courbe en deux points réels. L'un de ces points est situé au-dessus et l'autre au-dessous de l'axe des abscisses, quand leur abscisse est comprise entre 0 et a, et ils sont situés tous deux au-dessus de cet axe, quand leur abscisse est comprise entre a et $\sqrt{a^2 + b^2}$. Au point C, dont les coordonnées sont $(\sqrt{a^2 + b^2}, b)$, la parallèle à l'axe des ordonnées coïncide avec la tangente.

3.º Il existe quatre points A, D, A', D' où la tangente est parallèle à l'axe des abscisses. Les coordonnées de ces points peuvent être déterminées par l'équation (2) et par celle-ci :

$$2by + a^2 - 2x^2 = 0,$$

dont il résulte

$$x = \pm \frac{\sqrt{2}}{2} \sqrt{a^2 + b^2 \pm b\sqrt{a^2 + b^2}}, \quad y = \frac{b \pm \sqrt{a^2 + b^2}}{2}$$

4.º La détermination des *points d'inflexion* de la courbe dépend de la résolution d'une équation du troisième degré. En dérivant, en effet, par rapport à x l'expression de y' obtenue précédemment, on obtient la formule

$$y'' = \frac{2b}{a^2 + b^2} \mp \frac{ax}{a^2 + b^2} \cdot \frac{3(a^2 + b^2) - 2x^2}{(a^2 + b^2 - x^2)^{\frac{3}{2}}},$$

d'où il résulte que les abscisses des points cherchés sont déterminées par l'équation

$$4b^2(a^2 + b^2 - x^2)^3 = a^2x^2[3(a^2 + b^2) - 2x^2],$$

qui est du troisième degré par rapport à x^2. Elle donne pour x six valeurs, dont trois diffèrent seulement par le signe des autres trois; et à chacune de ces valeurs correspondent deux valeurs de y, déterminées par l'équation (2), dont l'une représente l'ordonnée du point d'inflexion et l'autre représente l'ordonnée du deuxième point de la courbe qui a la même abscisse que celui-là.

285. Le besace est une quartique *unicursale*. En posant, en effet, dans l'équation (2)

$$x = \sqrt{a^2 + b^2} \cdot \frac{t^2 - 1}{t^2 + 1},$$

on trouve

$$y = \frac{b(t^2 - 1)^2 \pm 2at(t^2 - 1)}{(t^2 + 1)^2}.$$

286. Pour déterminer la valeur A de l'aire limitée par l'une des branches du besace, on peut employer la formule

$$A = \int_0^c \frac{bx^2 + ax\sqrt{c^2 - x^2}}{c^2}\, dx - \int_0^c \frac{bx^2 - ax\sqrt{c^2 - x^2}}{c^2}\, dx,$$

où $c = \sqrt{a^2 + b^2}$, d'où il résulte

$$A = \frac{1}{2}a\sqrt{a^2 + b^2}.$$

Donc, *cette aire est égale à celle du rectangle dont les côtés sont égaux aux abscisses des points* B *et* C.

287. Si l'on fait $b = 0$ dans l'équation (2), on obtient celle-ci:

$$(4) \qquad\qquad a^2y^2 = x^2(a^2 - x^2),$$

correspondante à une parabole virtuelle spéciale, qui a été nommée par Gabriel Marie *(Exercices de Géométrie descriptive) lemniscate de Gerono,* pour avoir été considérée par ce mathématicien dans son *Cours de Géométrie analytique.* M. Aubry *(Journal de mathématiques spéciales,* 1895, p. 267) a designé la même courbe par le nom de *huit,* à cause de sa forme, indiquée dans la figure 58, designation plus juste que celle-là, parceque cette quartique est la première des paraboles virtuelles étudiées par Grégoire de St-Vincent dans l'ouvrage mentionné ci-dessus et, d'après une remarque de M. Aubry, elle est comprise entre les courbes rencontrées par Wallis en coupant par un plan un conoïde spécial qu'il a nommé *conocuneus* (*Opera omnia*, t. II, p. 683), courbes qui seront considérées plus loin.

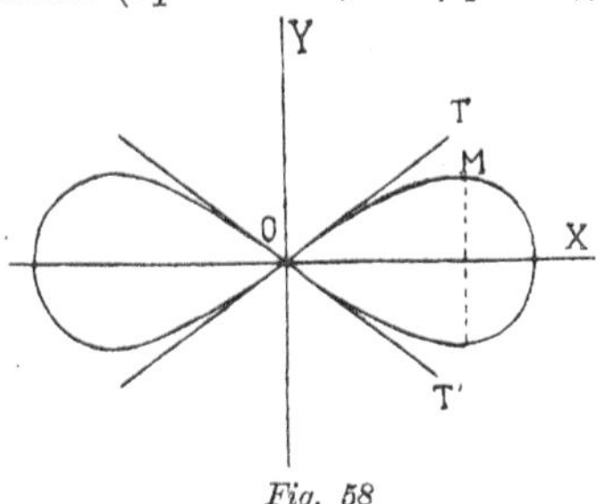

Fig. 58

La courbe considérée peut être construite par l'une des méthodes générales indiquées au n.° 283. La première de ces méthodes est d'une application facile dans ce cas particulier, car la conique dont la quartique considérée est un antihyperbolisme se réduit alors au cercle représenté par l'équation

$$X^2 + Y^2 = a^2.$$

288. La courbe considérée a, comme on l'a dit, la forme indiquée dans la figure 58. Elle est symétrique par rapport aux deux axes des coordonnées et a un noeud à l'origine, où sont réunis deux points d'inflexion, et les tangentes en ce point forment des angles de 45° avec les axes des coordonnées; elle possède encore quatre autres points d'inflexion imaginaires, correspondants aux abscisses $\pm a \sqrt{\dfrac{3}{2}}$. Les coordonnées des points où les tangentes sont parallèles à l'axe des ordonnées sont $(\pm a,\ 0)$ et celles des points où les tangentes sont parallèles à l'axe des abscisses sont $\left(\pm \dfrac{1}{2} a \sqrt{2}, \pm \dfrac{1}{2} a \right)$.

289. On peut rattacher à la courbe qu'on vient de considérer la quartique représentée par l'équation

$$(5) \qquad\qquad a^2 y^2 = x^2 (e^2 - x^2),$$

dont l'équation (4) est un cas particulier. Cette courbe, affine de celle qui précède, apparaît dans la correspondance de Huygens avec Sluse sous la désignation de *première parabole virtuelle* de Grégoire de St-Vincent, parceque sa théorie est une généralisation immédiate de celle de la courbe représentée par l'équation (4), qui est la première des paraboles virtuelles spéciales étudiées par le savant inventeur de ces courbes dans l'ouvrage mentionné ci-dessus. Parmi les lettres des deux géomètres qui se rapportent à cette quartique, il en est à remarquer une de Sluse à Huygens du 19 octobre 1657 (*Oeuvres de Huygens*, t. II, p. 70), où on en donne la quadrature, et la réponse de Huygens à cette lettre, du 2 novembre de la même année (l. c., p. 79), où ce géomètre dit que la solution de ce problème est une conséquence évidente de la définition de la courbe comme parabole virtuelle et qu'elle avait été explicitement indiquée par Grégoire de St-Vincent dans son Ouvrage.

La parabole virtuelle qu'on vient de mentionner peut être construite très aisement, ainsi que ses tangentes, parce qu'elle est l'antihyperbolisme du cercle $x^2 + y^2 = e^2$, par rapport à la droite $x = a$. À cause de sa forme, on peut la désigner par le nom de *huit,* en donnant à ce mot une signification plus générale que celle qu'on lui a attribué au n.° 287.

Dans la correspondance de Huygens avec Leibniz figure aussi une quartique dont l'équation est un cas particulier de celle qui précède, à propos du problème qui a pour but de déterminer la courbe dont la sous-tangente est égale à $2y - \dfrac{x^2}{2y}$. L'équation de la courbe rapportée est

$$2a^2y^2 = x^2(a^2 - x^2).$$

On peut voir dans le tome IX des *Oeuvres de Huygens* (p. 470, 555 et 568) les lettres de ces deux grands géomètres à l'égard de cette courbe et d'une autre du sixième ordre dont la sous-tangente ne diffère que par le signe de celle de la courbe précédente, et quelques fragments laissés par Huygens sur le même sujet (p. 473, 574 et 576) et sur la courbe représentée par l'équation

$$2a^2y^2 = x^2(a^2 + x^2),$$

dont la sous-tangente est égale à celle de la quartique antérieure.

III.

La courbe de Gutschoven ou cappa.

290. Dans la correspondance de Sluse avec Huygens apparaît, sous le nom de *courbe de Gutschoven,* une quartique vers laquelle Gutschoven avait attiré l'attention de Sluse, courbe qui est représentée par l'équation polaire

$$\rho = a \operatorname{tang} \theta$$

et par l'équation cartésienne

$$x^2(x^2 + y^2) = a^2y^2 \,;$$

la même quartique est désignée à présent par quelques auteurs sous le nom de *cappa,* proposé par M. Aubry dans le *Journal de Mathématiques spéciales* (1895, p. 201).

Il résulte immédiatement de la première des équations précédentes que, si par un point M *(fig. 59)* de la courbe on mène une perpendiculaire au vecteur OM, la longueur du segment de cette droite compris entre ce point et le point où elle coupe l'axe des ordonnées OY est égale à la constante a. Cette propriété a été prise par Sluse pour définition de la courbe dans la lettre à Huygens du 18 août 1662 (*Oeuvres de Huygens,* t. IV, p. 207), où il fait mention pour la première fois de cette quartique, et où il donne une règle pour en déterminer les tangentes.

En partant de la même équation, on obtient le procédé suivant, pour tracer la même courbe, employé par Barrow dans ses *Lectiones geometricae* (1669, leçon VIII, n.° 18). Traçons une

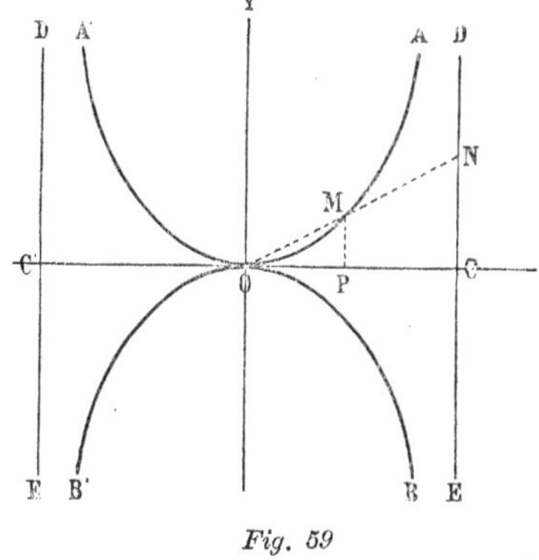

Fig. 59

droite CD, parallèle à l'axe des ordonnées OY, et dont la distance à cet axe soit égale à *a*, et signalons sur cette droite un point arbitraire N. Prenons ensuite sur ON, à partir du point O, un point M tel que le segment OM soit égal à NC. Le lieu décrit par M, quand N varie, est la courbe considérée.

On voit aisément que la courbe a la forme indiquée dans la figure 59. Elle est symétrique par rapport aux axes des coordonnées et est composée de deux branches tangentes l'une à l'autre au point O, où elle a un noeud à tangentes coïncidentes *(tacnode);* les droites CD et C'D', corres pondantes aux équations $x = a$ et $x = -a$, en sont les asymptotes et déterminent un point d'inflexion double *(biflecnode)*, situé à l'infini.

291. Les tangentes à la courbe de Gutschoven peuvent être tracées aisément au moyen d'un théorème qu'on va voir.

Appliquons à la courbe considérée l'équation générale des tangentes, rapportée aux coordonnées polaires:

$$\frac{1}{\rho} = \frac{1}{\rho_1} \cos(\theta - \theta_1) + \left(\frac{1}{\rho_1}\right)' \sin(\theta - \theta_1),$$

(θ_1, ρ_1) étant les coordonnées du point de contact; il vient

$$\frac{a}{\rho} = \frac{\cos\theta_1}{\sin\theta_1} \cos(\theta - \theta_1) - \frac{\sin(\theta - \theta_1)}{\sin^2\theta_1}.$$

En faisant maintenant dans cette équation $\theta = 2\theta_1$, on trouve

$$\frac{a}{\rho} = -\sin\theta_1 ;$$

donc, *la tangente à la courbe au point* (θ_1, ρ_1) *et la droite qui passe par* O *et forme avec* OX *un angle égal à* 2θ, *rencontrent la droite correspondante à l'équation* $y = -a$ *au même point.*

Les tangentes à la courbe de Gutschoven furent déterminées pour la première fois par Sluse dans la lettre mentionnée ci-dessus, où il a donné une règle pour déterminer le point où elles coupent l'axe des ordonnées. Barrow a donné (l. c.) une autre méthode pour tracer ces droites.

292. Le rayon de courbure de la quartique considérée est déterminé par la formule

$$R = \frac{a\left(1 + \frac{1}{4}\sin^2 2\theta\right)^{\frac{3}{2}}}{(2 + \sin^2\theta)\cos^4\theta},$$

d'où il résulte que la valeur du rayon du cercle osculateur au point O est égale à $\frac{1}{2}a$. Il en résulte aussi que la courbe n'a pas de points d'inflexion réels à distance finie, et qu'elle a quatre points d'inflexion imaginaires.

293. L'aire comprise entre l'arc OM de la courbe et les droites OP et PM est déterminée par la formule

$$A = \int_0^x \sqrt{\frac{x^4}{a^2 - x^2}}\, dx = -\frac{1}{2} x\sqrt{a^2 - x^2} + \frac{1}{2} a^2 \operatorname{arc\,sen} \frac{x}{a},$$

d'où il résulte, en faisant $x = a$,

$$A_1 = \frac{\pi a^2}{4}.$$

Donc, *l'aire comprise entre la courbe, la droite OC et l'asymptote CD est égale à l'aire du cercle de rayon égal à* $\frac{1}{2}a$.

Le volume de solide engendré par l'aire A en tournant autour de OY est déterminé par la formule

$$V = \pi\left[x^2 y - \int_0^y x^2 dy\right] = 2\pi \int_0^x \frac{x^3\, dx}{\sqrt{a^2 - x^2}} = \frac{4}{3}\pi a^3 - \frac{2\pi}{3}(x^2 + 2a^2)\sqrt{a^2 - x^2};$$

et par conséquent le volume du solide engendré par l'aire A_1, en tournant autour du même axe, est égal à $\frac{4}{3}\pi a^3$, c'est-à-dire au volume de la sphère de rayon égal à OC.

Les problèmes qu'on vient de considérer furent résolus par Huygens dans une lettre adressée à Sluse en 25 septembre 1662 (l. c., p. 238); pour obtenir l'aire de la courbe il a employé un artifice qui avait été déjà utilisé par Roberval.

294. Avant de terminer cette doctrine nous remarquerons encore que la courbe qu'on vient de considérer est comprise entre les courbes représentées par l'équation polaire

$$\rho = \frac{a\cos(\theta - \alpha)}{\cos\theta},$$

et par l'équation cartésienne

$$(x^2 + y^2)\, x^2 = a^2\, (x \cos \alpha + y \sin \alpha)^2.$$

Cette courbe jouit de la propriété suivante, employée par Sluse (l. c.) pour la définir. Si par un quelconque de ses points on trace une droite faisant avec le vecteur de ce point un angle égal à α, la longueur du segment de cette droite compris entre ce point et celui où elle coupe l'axe des ordonnées est égale à la constante a.

IV.

La cruciforme. La puntiforme.

295. Considérons l'ellipse représentée par l'équation

$$\frac{X^2}{a^2} + \frac{Y^2}{b^2} = 1$$

et la tangente à cette courbe au point (X, Y), droite dont l'équation est

$$a^2 Y y + b^2 X x = a^2 b^2,$$

et qui coupe par conséquent les axes aux points déterminés par les coordonnées $\left(0, \dfrac{b^2}{Y}\right)$ et $\left(\dfrac{a^2}{X}, 0\right)$. En menant par ces points deux parallèles aux axes, on détermine un autre point, où ces droites se coupent, dont les coordonnées sont

$$x = \frac{a^2}{X}, \quad y = \frac{b^2}{Y}.$$

Cela posé, le lieu géométrique des positions que ce point prend lorsque la tangente à l'ellipse varie, est une courbe du quatrième ordre, représentée par l'équation

$$(1) \qquad \frac{a^2}{x^2} + \frac{b^2}{y^2} = 1,$$

qui résulte de l'élimination de X et Y entre les équations précédentes et celle de l'ellipse, et connue par le nom de *cruciforme* ou *kreuzcurve*.

Les propriétés de la cruciforme furent étudiées par M. Schoute en deux travaux importants publiés, le premier dans les *Verslagen* (2.ᵉ série, t. xix, 1883, p. 420) de l'Académie des Sciences d'Amsterdam, et l'autre dans les *Archiv der Mathematik und Physik* (Leipzig, 2.ᵉ série, t. ɪɪ, p. 113; t. ɪɪɪ, p. 113; t. ɪv, p. 308 et t. vɪ, p. 113), travaux dans lesquels sont étudiées amplement les courbes du quatrième ordre á trois noeuds, formés par deux arcs ayant l'un et l'autre à ces points une inflexion. Cette classe de quartiques contient la cruciforme, qui joue dans la théorie des mêmes courbes un rôle important, comme on le verra bientôt. C'est dans le deuxième de ces travaux que M. Schoute a proposé pour la courbe considérée le nom de *cruciforme (kreuzcurve)*. Cependant, avant que les recherches de M. Schoute aient donné de l'importance à cette quartique, elle avait été considérée déjà par Terquem (*Nouvelles Annales de Mathématiques,* 1847, p. 394), qui l'a définie comme *polaire réciproque de la développée de l'ellipse,* par rapport au cercle représenté par l'équation $x^2 + y^2 = a^2 - b^2$, et par J. Booth (*A Treatise on some new geometrical Methods,* London, t. ɪ, 1873, p. 145), qui en a donné l'équation tangentielle.

296. On obtient aisément la forme de la cruciforme au moyen des équations

$$y = \frac{bx}{\sqrt{x^2 - a^2}}, \quad y' = -\frac{a^2 b}{(x^2 - a^2)^{\frac{3}{2}}}, \quad y'' = \frac{3a^2 bx}{(x^2 - a^2)^{\frac{5}{2}}} = \frac{3a^2 y}{(x^2 - a^2)^2},$$

dont il résulte que cette courbe est formée par quatre branches égales *(fig. 60),* symétriquement

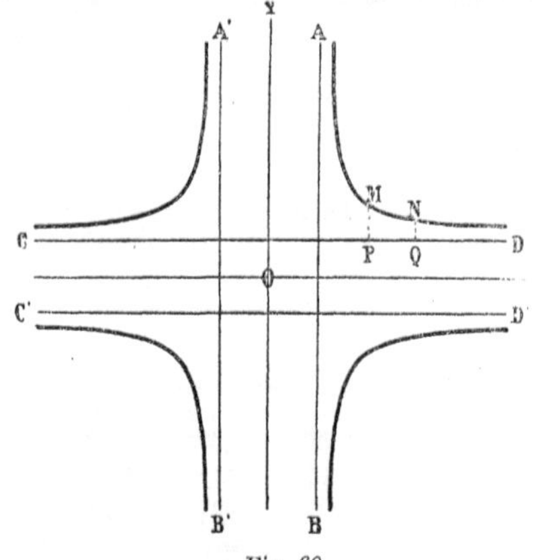

Fig. 60

placées par rapport aux axes des coordonnées, et qui ont pour asymptotes les droites AB, A'B', CD et C'D', dont les équations sont, respectivement, $x = a$, $x = -a$, $y = b$, $y = -b$, et qu'il n'existe pas de points à distance finie où les tangentes soient parallèles aux axes de la courbe.

La cruciforme a un point *isolé* à l'origine des coordonnées. Les équations des tangentes à la courbe en ce point sont $y = \pm \dfrac{b}{a} ix$, et chacune de ces droites coupe la courbe en quatre points coïncidents; donc au point isolé sont réunis *deux points d'inflexion.*

Les asymptotes parallèles à l'axe des ordonnées déterminent un noeud, situé à l'infini sur l'axe des ordonnées, et les asymptotes parallèles à l'axe des abscisses déterminent un autre, situé sur cet axe. Tous ces asymptotes coupent la courbe en quatre points situés à l'infini; donc chacun de ces noeuds est formé par la réunion de deux points d'inflexion.

297. Les tangentes à la cruciforme peuvent être obtenues aisément par une méthode liée à celle qu'on a employée précédemment pour construire cette courbe, et basée sur ce théorème:

La tangente à l'ellipse au point (X, Y) et la tangente à la cruciforme au point correspondant (x, y) coupent à un même point la droite qui passe par le centre de l'ellipse et par le point (X, — Y).

En effet, l'équation de la tangente à la cruciforme au point (x, y) est

$$y_1 - y = - \frac{a^2 y^3}{b^2 x^3} (x_1 - x),$$

ou, en substituant à x et y leurs valeurs en fonction de X et Y et en tenant compte de l'équation de l'ellipse,

$$a^4 Y^3 y_1 + b^4 X^3 x_1 = a^4 b^4;$$

et l'équation de la tangente à l'ellipse au point (X, Y) est

$$a^2 Y y_1 + b^2 X x_1 = a^2 b^2.$$

Or, il résulte de ces équations la relation suivante:

$$a^4 Y (b^2 - Y^2) y_1 + b^4 X (a^2 - X^2) x_1 = 0,$$

à laquelle doivent satisfaire les coordonnées (x_1, y_1) du point d'intersection des deux tangentes considérées; relation qui peut être mise sous la forme

$$X y_1 + Y x_1 = 0,$$

en tenant compte des équations

$$b^2 - Y^2 = \frac{b^2 X^2}{a^2}, \quad a^2 - X^2 = \frac{a^2 Y^2}{b^2},$$

et qui fait voir ainsi que le point (x_1, y_1) est situé sur la droite qui passe par le centre de l'ellipse et par le point (X, — Y).

298. Le rayon de courbure de la cruciforme au point (x, y) est déterminé par l'équation

$$R = \frac{(b^4 x^6 + a^4 y^6)^{\frac{3}{2}}}{3 a^2 b^2 x^5 y^5} = \frac{N^3 b^4 x^4}{3 a^2 y^8},$$

N représentant la longueur de la normale au point considéré.

299. La cruciforme possède, comme on l'a vu, deux noeuds et un point isolé; elle est donc *unicursale*. En posant, en effet, dans son équation

$$\sqrt{y^2 - b^2} = t\,(y - b),$$

on obtient les relations

$$x = a\,\frac{t^2 + 1}{2t}\,, \quad y = \frac{b\,(t^2 + 1)}{t^2 - 1}\,,$$

dont nous allons déduire quelques propriétés intéressantes de ses tangentes.

Pour cela, remarquons d'abord que l'équation de ces tangentes est

$$(2) \qquad\qquad a\,(t^2 - 1)^3\,\mathrm{Y} + 8\,bt^3\,\mathrm{X} - ab\,(t^2 + 1)^3 = 0,$$

et que par conséquent les valeurs que t prend aux points de contact des tangentes à la courbe considérée issues d'un point $(\alpha,\ \beta)$, sont déterminées par l'équation

$$a\,(\beta - b)\,t^6 - 3a\,(\beta + b)\,t^4 + 8\,bat^3 + 3a\,(\beta - b)\,t^2 - a\,(\beta + b) = 0.$$

Cela posé, cherchons les conditions auxquelles α et β doivent satisfaire pour que quatre de ces points soient situés sur une même droite.

La droite représentée par l'équation

$$ux + vy + 1 = 0$$

coupe la cruciforme en quatre points, correspondants aux valeurs de t données par l'équation

$$aut^4 + 2\,(1 + vb)\,t^3 - 2\,(1 - vb)\,t - au = 0.$$

En faisant maintenant

$$\mathrm{A} = a\,(\beta - b), \quad \mathrm{B} = a\,(\beta + b), \quad \mathrm{K} = 2\,\frac{1 + bv}{au}\,, \quad \mathrm{L} = 2\,\frac{1 - bv}{au}\,,$$

on voit, en procédant comme au n.º 208, que les conditions pour que les quatre points d'intersection de cette droite avec la courbe coïncident avec quatre des points de contact des tangentes menées à cette courbe du point $(\alpha,\ \beta)$, sont

$$8ab + \mathrm{AL} - \mathrm{K}\,(\mathrm{AK}^2 - 3\mathrm{B}) = 0, \quad \mathrm{KL} - 4 = 0,$$

$$\mathrm{AK} - \mathrm{L}\,(\mathrm{AK}^2 - 3\mathrm{B}) = 0, \quad \mathrm{AK}^2 - 4\mathrm{B} = 0,$$

ou, par suite,

$$\mathrm{AK} = \mathrm{BL}, \quad \mathrm{KL} = 4, \quad 8a\mathrm{B} + \mathrm{AL} - \mathrm{BK} = 0, \quad \mathrm{AK}^2 - 4\mathrm{B} = 0.$$

Mais, comme la quatrième de ces équations n'est pas distincte des deux premières, les conditions cherchées sont celles-ci :

(A) $$AK = BL, \quad KL = 4, \quad 8ab + AL - BK = 0.$$

Or, en éliminant K et L entre ces équations, on trouve

$$16a^2 b^2 AB = (A^2 - B^2)^2,$$

ou, en substituant à A et B leurs valeurs,

$$\frac{a^2}{\alpha^2} + \frac{b^2}{\beta^2} = 1.$$

Donc, *c'est condition nécessaire et suffisante pour que quatre des points de contact des tangentes à une cruciforme issues d'un point donné soient situés sur une même droite, que ce point soit placé sur la courbe.*

L'équation de la droite passant par les quatre points de contact des tangentes considérées résulte de l'élimination de u et v entre l'équation

$$ux + vy + 1 = 0$$

et deux des équations qu'on obtient en remplaçant dans les formules (A) les quantités A, B, K et L par leurs valeurs ; cette équation est

$$\frac{x}{\alpha} + \frac{y}{\beta} + 1 = 0.$$

Donc, *la droite qui passe par les points de contact des tangentes menées à la quartique considérée du point (α, β) de la courbe, passe aussi par les points où se rencontrent les parallèles aux asymptotes issues du point isolé et du point (— α, — β).*

La deuxième des équations (A) est équivalente à celle-ci :

$$a^2 u^2 + b^2 v^2 = 1,$$

à laquelle doivent satisfaire les coefficients des équations des droites passant par les quatre points de contact des tangentes à la cruciforme issues d'un point de cette courbe ; elle est donc l'équation tangentielle de l'enveloppe de ces droites ; l'équation cartésienne correspondante est

$$\frac{x^2}{a^2} + \frac{y^2}{b^2} = 1.$$

Donc, *l'enveloppe de la droite passant par les quatre points de contact des tangentes à la cruciforme issues d'un point variable de cette courbe, est une ellipse, qui coïncide avec celle qui a été employée pour définir cette quartique.*

Les propositions qu'on vient de démontrer sont une extension, due à M. Schoute, des théorèmes de Em. Veyr, relatifs à la lemniscate de Bernoulli, démontrés au n.º 208.

300. La polaire du point (α, β) par rapport à la cruciforme est une courbe du troisième ordre qui doit être tangente à celle-là en ce point et doit passer par ses points doubles et par ses points d'intersection avec la droite qu'on vient de considérer au n.º précédent; elle doit par suite se décomposer dans cette droite et dans une conique passant par les trois points doubles de la quartique et tangente au point (α, β) à cette courbe. L'équation de cette conique est donc

$$xy - b^2 \frac{x}{\beta} - a^2 \frac{y}{\alpha} = 0.$$

On voit aisément que les rayons de courbure R_1 et R de cette conique et de la quartique considérée au point (α, β) sont liés par la relation $R = \frac{2}{3} R_1$, remarquée par M. Balitrand (*Journal de Mathématiques spéciales*, t. XIV, 1890, p. 54).

301. *Les six points de contact des tangentes à la cruciforme issues d'un point non situé sur la courbe sont placés sur une conique.*

On peut démontrer ce théorème par une analyse semblable à celle qui fut employée au n.º 209. Considérons, en effet, la conique définie par l'équation

$$ux^2 + vy^2 + wxy + kx + ly + 1 = 0;$$

les valeurs que t prend aux points d'intersection de cette conique avec la cruciforme sont déterminées par l'équation

$$t^8 + At^7 + Bt^6 + Ct^5 + Dt^4 - At^3 + Et^2 - Ct + 1 = 0,$$

où

$$A = \frac{2(bw + k)}{au}, \quad B = \frac{4(b^2v + bl + 1)}{a^2u}, \quad C = \frac{2(bw - k)}{au},$$

$$D = \frac{2(4b^2v - a^2u - 4)}{a^2u}, \quad E = \frac{4(b^2v - bl + 1)}{a^2u}.$$

Mais, les valeurs que t prend aux points de contact de la courbe avec les tangentes issues du point (α, β) sont déterminées par l'équation

$$t^6 - 3\,\mathrm{K}t^4 + \mathrm{L}t^3 + 3t^2 - \mathrm{K} = 0,$$

où

$$\mathrm{K} = \frac{\beta + b}{\beta - b}, \quad \mathrm{L} = \frac{8b\alpha}{a(\beta - b)}.$$

Donc, les conditions pour que ces six points de contact soient situés sur la conique sont celles-ci :

$$\mathrm{C} - \mathrm{L} + 3\mathrm{AK} = 0, \quad \mathrm{D} - 3 - \mathrm{AL} + 3\mathrm{K}(\mathrm{B} + 3\mathrm{K}) = 0,$$
$$4\mathrm{A} + \mathrm{L}(\mathrm{B} + 3\mathrm{K}) = 0, \quad \mathrm{E} + \mathrm{K} - 3(\mathrm{B} + 3\mathrm{K}) = 0,$$
$$\mathrm{C} = \mathrm{AK}, \quad 1 + \mathrm{K}(\mathrm{B} + 3\mathrm{K}) = 0,$$

dont sont distinctes seulement cinq, qu'on peut écrire ainsi :

$$\mathrm{A} = \frac{\mathrm{L}}{4\mathrm{K}}, \quad \mathrm{C} = \frac{\mathrm{L}}{4}, \quad \mathrm{D} = 6 + \frac{\mathrm{L}^2}{4\mathrm{K}},$$
$$\mathrm{B} = -\frac{1 + 3\mathrm{K}^2}{\mathrm{K}}, \quad \mathrm{E} = -\left(\mathrm{K} + \frac{3}{\mathrm{K}}\right).$$

Or, ces équations déterminent A, B, C, D et E, et ensuite les relations

$$\mathrm{A}au - 2bw = 2k, \quad \mathrm{B}a^2u - 4b^2v = 4(bl + 1),$$
$$\mathrm{C}au - 2bw = -2k, \quad (\mathrm{D} + 2)a^2u - 8b^2v = -8,$$
$$\mathrm{E}a^2u - 4b^2v = 4(1 - bl)$$

déterminent les coefficients u, v, w, k et l de l'équation de la conique.

302. En partant de l'équation de la tangente à la cruciforme écrite au n.º 299, on peut trouver aisément l'*équation tangentielle* de cette courbe.

En comparant, en effet, l'équation (2) à cette autre :

$$ux + vy + 1 = 0,$$

on trouve

$$u = -\frac{8t^3}{a(t^2 + 1)^3}, \quad v = -\frac{(t^2 - 1)^3}{b(t^2 + 1)^3};$$

et, en éliminant ensuite t entre ces équations, on obtient l'équation cherchée, savoir:

$$(au)^{\frac{2}{3}} + (bv)^{\frac{2}{3}} = 1.$$

303. La cruciforme a été définie précédemment au moyen d'une de ses relations avec l'ellipse. Voici maintenant une autre de ces relations, qui a été remarquée par M. Neuberg (*Mathesis,* 1894, p. 47):

Si l'on détermine en chaque point d'une ellipse le centre de courbure de l'hyperbole homofocale passant par ce point, le lieu des points qu'on obtient ainsi est la cruciforme.

Pour démontrer cela, considérons l'équation de l'ellipse et celle de l'hyperbole homofocale correspondante

$$\frac{x^2}{a^2} + \frac{y^2}{b^2} = 1, \quad \frac{x^2}{A^2} - \frac{y^2}{B^2} = 1,$$

où

$$A^2 + B^2 = a^2 - b^2 = c.$$

Les coordonnées du centre de courbure de l'hyperbole, correspondant au point (x, y) de cette courbe, sont déterminées par les formules

$$x_1 = \frac{c^2 x^3}{A^4}, \quad y_1 = -\frac{c^2 y^3}{B^4},$$

ou, en remplaçant A et B par les valeurs suivantes:

$$A = \frac{cx}{a}, \quad B = \frac{cy}{b},$$

qui résultent de l'équation de l'hyperbole et de la relation $A^2 + B^2 = c,$

$$x_1 = -\frac{a^4}{c^2 x}, \quad y_1 = \frac{b^4}{c^2 y}.$$

En éliminant x et y parmi ces équations et celle de l'ellipse, on obtient celle-ci:

$$\frac{a^6}{c^4 x_1^2} + \frac{b^6}{c^4 y_1^2} = 1,$$

qui représente la cruciforme.

304. Voici une autre relation entre la cruciforme et l'ellipse, mentionnée déjà ci-dessus:

La cruciforme (1) *est la polaire réciproque de la développée de l'ellipse représentée par* l'équation

$$\frac{X^2}{a^2} + \frac{Y^2}{b^2} = 1,$$

par rapport au cercle ayant pour équation

$$x^2 + y^2 = a^2 - b^2 = c^2.$$

En effet, la développée de cette ellipse est représentée par l'équation

$$\left(\frac{bY}{c^2}\right)^{\frac{2}{3}} + \left(\frac{aX}{c^2}\right)^{\frac{2}{3}} = 1$$

et l'équation de la polaire du point (X, Y), par rapport au cercle mentionné, par cette autre :

$$Xx + Yy = x^2 + y^2 = c^2 ;$$

la polaire réciproque cherchée est donc l'enveloppe de la droite représentée par cette équation, X étant le paramètre arbitraire. Pour en obtenir l'équation, il suffit donc d'éliminer Y entre les deux dernières équations, ce qui donne

$$(ayX)^{\frac{2}{3}} + b^{\frac{2}{3}}(c^2 - Xx)^{\frac{2}{3}} = (c^2 y)^{\frac{2}{3}},$$

et ensuite X entre cette équation et celle-ci, qui résulte de dériver ses deux membres par rapport à X :

$$a^{\frac{2}{3}} y^{\frac{2}{3}} (c^2 - Xx)^{\frac{1}{3}} - b^{\frac{2}{3}} x X^{\frac{1}{3}} = 0.$$

On obtient ainsi une équation qui coïncide avec l'équation (1).

Nous ajouterons encore à ce qui précède que, d'après M. Retali (*Mathesis*, 1894, p. 50), *la polaire réciproque de la développée d'une ellipse par rapport à la même ellipse est une cruciforme ;* et que *la polaire réciproque de la courbe définie par l'équation*

$$(ax)^{\frac{2}{3}} + (by)^{\frac{2}{3}} = 1,$$

qui représente la développée d'une ellipse, par rapport au cercle imaginaire

$$x^2 + y^2 + 1 = 0,$$

est aussi une cruciforme.

305. Considérons maintenant l'hyperbole représentée par l'équation

$$\frac{X^2}{a^2} - \frac{Y^2}{b^2} = 1$$

et menons par un quelconque de ses points une tangente ; ensuite traçons par le point où cette droite coupe chacun des axes une parallèle à l'autre ; les deux droites qu'on obtient ainsi déterminent par leur intersection un point, qui décrit, quand la tangente varie, une courbe nommée par M. Schoute *puntiforme (kohlenspitzencurve)* dans le Mémoire mentionné ci-dessus.

En précédant comme au n.° 295, on voit que l'équation de la *puntiforme* est

$$\frac{a^2}{x^2} - \frac{b^2}{y^2} = 1 ;$$

on peut donc dériver des formules relatives à la cruciforme celles qui sont applicables à la puntiforme en remplaçant dans les premières b^2 par $-b^2$.

La forme de la courbe, indiquée dans la figure 61, peut être obtenue aisément au moyen des équations

$$y = \frac{bx}{\sqrt{a^2 - x^2}} , \quad y' = -\frac{a^2 b}{(a^2 - x^2)^{\frac{3}{2}}} , \quad y'' = \frac{3a^2 bx}{(a^2 - x^2)^{\frac{5}{2}}} ;$$

elle est composée de deux branches infinies, symétriques par rapport aux axes des coordonnées, qui se coupent au point O, où elle a un point d'inflexion double ; les droites AC et BD, dont les équations sont $x = \pm a$, en sont des asymptotes, ainsi que les droites imaginaires déterminées par les équations $y = \pm ib$; à chacun de ces couples d'asymptotes correspondent deux points d'inflexion doubles, situés à l'infini ; les tangentes au point O forment avec l'axe des abscisses des angles dont la tangente trigonométrique est égale à $\pm \dfrac{b}{a}$. On voit aussi aisément que la méthode pour tracer les tangentes à la cruciforme exposée au n.° 297 est aussi applicable à la puntiforme.

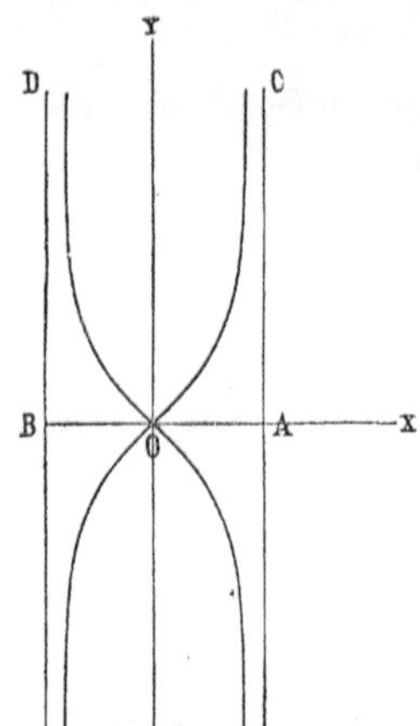

Fig. 61

La valeur du rayon de courbure au point (x, y) est déterminée par la formule

$$R = \frac{(b^4 x^6 + a^4 y^6)^{\frac{3}{2}}}{3a^2 b^2 x^5 y^5} = \frac{N^3 b^4 x^4}{3a^2 y^8} .$$

Les propriétés des tangentes à la cruciforme démontrées aux n.ºs 299 à 302 ont aussi lieu dans le cas de la puntiforme, ainsi:

1.º *C'est condition nécessaire et suffisante pour que quatre des points de contact des tangentes à la puntiforme issues d'un point donné (α, β) soient situés sur une même droite, que ce point soit placé sur la courbe. Cette droite passe aussi par les points $(-\alpha, 0)$ et $(0, -\beta)$.*

La polaire du point (α, β) est formée par cette droite et par l'hyperbole représentée par l'équation

$$xy + b^2 \frac{x}{\beta} - a^2 \frac{y}{\alpha} = 0;$$

et le rayon de courbure R_1 de cette hyperbole et celui de la quartique considérée au point (α, β) sont liés par la relation $R = \frac{2}{3} R_1$.

2.º *L'enveloppe de la droite passant par les quatre points de contact des tangentes à la puntiforme issues d'un point variable de cette courbe est une hyperbole, qui coïncide avec celle qui a été employée pour définir cette quartique.*

3.º *Les six points de contact des tangentes à la puntiforme issues d'un point non situé sur la courbe sont placés sur une conique.*

On voit aussi aisément que la puntiforme et l'hyperbole dont elle dérive sont liées par les mêmes relations qui, d'après ce qu'on a vu aux n.ºs 303 et 304, lient la cruciforme et l'ellipse dont elle dérive, et que l'équation tangentielle de la puntiforme est

$$(au)^{\frac{2}{3}} - (bv)^{\frac{2}{3}} = 1.$$

306. Voyons maintenant le rôle que les quartiques qu'on vient de considérer jouent dans la théorie générale des quartiques ayant trois noeuds et à chaque noeud deux points d'inflexion. Considérons une (C) de ces courbes et rapportons son équation à un triangle de référence dont les côtés passent par ses noeuds.

La droite $x_1 = 0$ doit couper la quartique considérée en quatre points, dont deux coïncident avec le sommet de ce triangle où $x_1 = 0$ et $y_1 = 0$, et deux autres avec le sommet où $x_1 = 0$ et $z_1 = 0$; donc l'équation de la courbe doit se réduire à $A y_1^2 z_1^2$ quand on y fait $x_1 = 0$. De même, l'équation de la courbe doit se réduire à $B z_1^2 x_1^2$ quand on fait $y_1 = 0$ et à $C x_1^2 y_1^2$ quand on pose $z_1 = 0$. L'équation cherchée doit donc avoir la forme

$$A y_1^2 z_1^2 + B x_1^2 z_1^2 + C x_1^2 y_1^2 + D x_1^2 y_1 z_1 + E x_1 y_1^2 z_1 + F x_1 y_1 z_1^2 = 0.$$

Cette équation représente toutes les quartiques ayant trois points doubles; cherchons les conditions pour que la courbe ait à chacun de ces points deux inflexions. Remarquons, pour cela, que les droites qui passent par le sommet $(x_1 = 0, y_1 = 0)$ ont pour équation $y_1 = k x_1$ et que chacune de ces droites coupe la courbe en quatre points, correspondants aux quatre valeurs de x_1 données par l'équation

$$x_1^2\,[(Ak^2 + Fk + B)\,z_1^2 + Ck^2\,x_1^2 + (D + Ek)\,kx_1\,z_1] = 0;$$

et que pourtant la condition pour que deux de ces droites coupent la quartique en quatre points coïncidents, est que les racines des deux équations

$$Ak^2 + Fk + B = 0, \quad (Ek + D)\,k = 0$$

coïncident; ou, en remarquant que la droite $y_1 = 0$ ne peut pas satisfaire à la question et que par suite k ne peut pas être nul, qu'on ait

$$E = 0, \quad D = 0.$$

On trouve de même que les conditions pour que la quartique ait à chacun des autres sommets du triangle deux inflexions sont celles qui précèdent et, en autre, $F = 0$. L'équation de la courbe (C) est donc

$$(3) \qquad\qquad Ay_1^2\,z_1^2 + Bx_1^2\,z_1^2 + Cx_1^2\,y_1^2 = 0.$$

Cela posé, supposons premièrement que les noeuds de la courbe (C) sont tous réels. Dans ce cas les constantes A, B et C sont aussi réelles et ne peuvent pas avoir un même signe. En posant alors $x = \dfrac{x_1}{z_1}$, $y = \dfrac{y_1}{z_1}$, on obtient l'équation

$$(4) \qquad\qquad Cx^2y^2 + Bx^2 + Ay^2 = 0,$$

qui représente une cruciforme, quand A et B ont les mêmes signes, et une puntiforme, quand ces constantes ont des signes contraires; et, en posant $x = \dfrac{x_1}{y_1}$, $y = \dfrac{z_1}{y_1}$, on obtient l'équation

$$Bxy + Cx^2 + Ay^2 = 0,$$

qui représente une cruciforme, lorsque A et C ont les mêmes signes, et une puntiforme dans le cas contraire. Il en résulte que la cruciforme peut représenter la perspective *réelle* des quartiques à trois points d'inflexion doubles réels; et que la puntiforme jouit de la même propriété. Supposons en deuxième lieu que deux des noeuds de la quartique (C) sont imaginaires. Alors les coefficients de l'équation (3) sont imaginaires, ainsi que ceux de l'équation (4); mais on peut dans ce cas déterminer une lemniscate de Bernoulli réelle qui est une perspective de (C). En prenant, en effet, pour côté des z_1 dans le triangle de référence la droite réelle qui passe par les deux points doubles imaginaires, les coefficients $\dfrac{A}{C}$ et $\dfrac{B}{C}$ de l'équation (3) sont deux nombres imaginaires conjugués, ainsi que x_1 et y_1, et en faisant $\dfrac{A}{C} = p + iq$, $\dfrac{B}{C} = p - iq$, $\dfrac{x_1}{z_1} = X + iY$, $\dfrac{y_1}{z_1} = X - iY$, on obtient l'équation

$$(X^2 + Y^2)^2 + 2p\,(X^2 - Y^2) - 4q\,XY = 0,$$

qui correspond à une lemniscate de Bernoulli, comme on le voit aisément au moyen d'une transformation des coordonnées. Cette lemniscate représente donc dans ce cas une perspective réelle de la courbe (C).

307. Comme conséquence de ce qui précède on peut généraliser à toutes les courbes ayant trois points d'inflexion doubles les propriétés projectives de la cruciforme et de la lemniscate de Bernoulli. On trouve ainsi, par exemple, les résultats suivants, donnés en partie par Laguerre dans les *Nouvelles Annales de Mathématiques* (2.ᵉ série, t. XVII, 1878, p. 337):

1.º *Les courbes considérées ne peuvent pas avoir trois noeuds réels; elles ont deux noeuds réels et un point isolé, ou deux noeuds imaginaires et un noeud réel. Dans le premier cas, le point isolé est situé à l'intersection des diagonales du quadrilatère formé par les tangentes aux deux noeuds; dans le deuxième cas, le noeud réel est situé à l'intersection des diagonales du quatrilatère formé par les tangentes aux deux autres noeuds.*

2.º *Les quatre points de contact des tangentes à une quelconque des mêmes quartiques, issues d'un point (α, β) situé sur la courbe, sont placés sur une même droite; et l'enveloppe des droites qu'on obtient ainsi est une conique.*

On peut déterminer aisément la droite qu'on vient de considérer, quand le point (α, β) est donné, par la méthode suivante, qui résulte de ce qu'on a dit aux n.ᵒˢ 299 et 209. Si la courbe possède un point isolé, traçons la droite passant par ce point et par le point (α, β), et ensuite menons par l'autre point où cette droite coupe la courbe, deux droites passant par les noeuds de la même courbe; ces droites coupent celles qui passent par ces mêmes noeuds et par le point isolé en deux points de la droite cherchée. Si la courbe a deux noeuds imaginaires, on doit remplacer dans ce qui précède le point isolé par le noeud réel.

3.º *Les six points de contact des tangentes menées à la même quartique d'un point non situé sur la courbe, sont placés sur une même conique.*

V.

La quartique piriforme. Les quartiques de Wallis.

308. On donne le nom de *quartique piriforme* à la courbe définie par l'équation

$$x^4 - ax^3 + b^2 y^2 = 0,$$

courbe qui est comprise entre les sections du *cono-cuneus, conoïde* spécial considéré par Wallis, dont nous nous occuperons bientôt. Cette quartique fut étudiée par Ossian Bonnet dans un article inséré aux *Nouvelles Annales de Mathématiques* (1844, p. 75), ensuite par M. Brocard dans la *Nouvelle Correspondance* (t. VI, 1880, p. 91, 121 et 213) et dans le *Mathesis* (t. III, 1883, p. 23, 116 et 191), par M. Mister dans le *Mathesis* (t. I, 1881, p. 78 et 128); le cas particulier où $b = a$ avait été considéré par Sluse et Huygens en des lettres adressées par l'un à l'autre en 1657 et 1658 (*Oeuvres de Huygens*, t. II, p. 122, 124, 135, 144 et 149), où ils se sont occupés de sa quadrature et de la cubature du solide qu'elle engendre en tournant autour de son axe.

On voit aisément, au moyen des équations

$$y = \frac{1}{b}\, x \sqrt{x\,(a - x)}, \quad y' = \frac{3ax^{\frac{1}{2}} - 4x^{\frac{3}{2}}}{2b\,(a - x)^{\frac{1}{2}}},$$

que la courbe a la forme indiquée dans la figure 62. Elle a un axe AA_1, un point de rebroussement A à l'origine des coordonnées, et un sommet A_1, dont les coordonnées sont $(a, 0)$; les coordonnées des points M_1 et N_1, où les tangentes sont parallèles à l'axe mentionné, sont $\left(\dfrac{3}{4}\, a,\ \pm\, \dfrac{3}{16}\, \dfrac{a^2}{b}\, \sqrt{3}\right)$, et les coordonnées des points d'inflexion sont déterminées par l'équation de la courbe et par celle-ci :

$$8x^2 - 12ax + 3a^2 = 0,$$

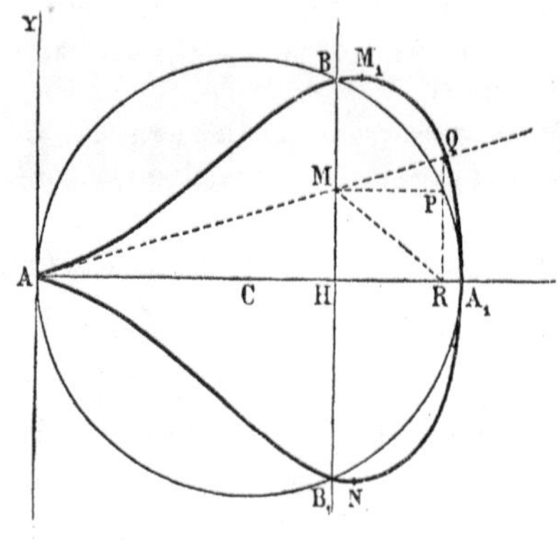

Fig. 62

d'où il résulte que la courbe possède deux points d'inflexion imaginaires, et deux points d'inflexion réels ayant pour coordonnées

$$x = \frac{3 - \sqrt{3}}{4}\, a, \quad y = \pm \frac{a^2}{8b} \sqrt{6\sqrt{3} - 3}\,\cdot$$

Pour étudier les points de la courbe situés à l'infini, posons $x = \dfrac{X}{Y}$, $y = \dfrac{1}{Y}$ dans son équation et développons ensuite Y suivant les puissances de X; on trouve

$$Y = \pm \frac{i}{b}\, X^2 + \cdots,$$

d'où il résulte que la quartique considérée a à l'infini deux points isolés coïncidents.

309. La quartique piriforme peut être construite aisément comme on va le voir (G. de Longchamps: *Essai de la Géométrie de la règle,* 1890, p. 131).

Considérons une circonférence ABA$_1$ de rayon égal à $\frac{1}{2}a$ avec le centre en C, et sur cette circonférence prenons un point A ; ensuite traçons une perpendiculaire HB au diamètre AC, passant par un point H dont la distance à A soit égale à b. Cela posé, menons par A une droite arbitraire AM, par le point où elle coupe HB une parallèle MP à AC et par le point P où MP coupe la circonférence une perpendiculaire PR à AC ; la droite AM détermine par son intersection avec PR un point Q de la quartique considérée.

En effet, en prenant A pour origine des coordonnées et AC pour axe des abscisses, on a les relations

$$\mathrm{PR}^2 = x(a-x), \quad \mathrm{PR} = \mathrm{MH} = b \tang \mathrm{MAH} = \frac{by}{x},$$

dont résulte l'équation de la courbe.

La construction précédente équivaut évidemment à considérer la *quartique piriforme comme un antihyperbolisme du cercle* ABA$_1$ *par rapport à la droite* BH (n.º 114).

On peut aussi construire très facilement les tangentes à la même quartique en se basant sur le théorème suivant, qui est une conséquence du théorème général démontré au n.º 114:

Les tangentes au cercle ABA$_1$ *et à la quartique aux points* P *et* Q *rencontrent la droite* MR *à un même point.*

310. La valeur de l'aire limitée par un arc de la quartique piriforme, par l'axe des abscisses et par une parallèle à l'axe des ordonnées est donnée par la formule

$$\mathrm{A} = \frac{1}{b} \int_0^x x^{\frac{3}{2}} (a-x)^{\frac{1}{2}} \, dx,$$

d'où il résulte

$$\mathrm{A} = -\frac{1}{b} \left[\frac{x(a-x)}{3} + \frac{a}{4}(a-x) - \frac{a^2}{8} \right] \sqrt{x(a-x)} + \frac{a^3}{8b} \left(\frac{\pi}{2} - \arctang \sqrt{\frac{a-x}{x}} \right).$$

La valeur de l'aire limitée par la courbe est donc égale à $\dfrac{\pi a^3}{8b}$.

Le volume du solide engendré par la courbe considérée en tournant autour de l'axe AA$_1$ est déterminé par la formule

$$\mathrm{V} = \pi \int_0^a y^2 \, dx = \frac{\pi}{b^2} \int_0^a x^3 (a-x) \, dx = \frac{\pi a^5}{20 \, b^2}.$$

Le volume V$_1$ du solide engendré par le parallélogramme circonscrit à la même courbe en tournant autour du même axe est égal à $\dfrac{27\,a^5\pi}{256\,b^2}$; donc $\dfrac{V}{V_1}=\dfrac{64}{135}$ (Huygens, l. c., p. 124).

311. La quartique piriforme appartient à une classe de quartiques rencontrées par Wallis en cherchant les sections du *cono-cuneus,* et que par ce motif nous appellerons *quartiques de Wallis.* Cette surface, à laquelle cet éminent géomètre a consacré un écrit paru en 1685 (*Opera mathematica,* t. II, p. 683), est un *conoïde droit* dont les directrices sont un cercle et une parallèle D au plan de ce cercle, située sur un plan perpendiculaire à celui-là, passant par le centre du même cercle. En prenant pour plan xy, xz et yz, respectivement, le plan du cercle, le plan qui passe par son centre et par la droite D, et le plan perpendiculaire à cette droite passant par l'un des points où le cercle est coupé par le plan xz, les équations du cercle sont

$$x^2 + y^2 - ax = 0, \quad z = 0,$$

et les équations de la droite D sont $y = 0$, $z = b$. Les équations de la génératrice du conoïde considéré, c'est à-dire les équations d'une droite parallèle au plan yz coupant ces deux lignes, sont donc

$$x = \alpha, \quad \beta z + by = b\beta,$$

α et β étant deux constantes vérifiant la condition

$$\alpha^2 + \beta^2 - a\alpha = 0.$$

En éliminant maintenant α et β entre ces relations, on obtient l'équation du conoïde considéré, savoir

$$x^2 (z - b)^2 + b^2 y^2 - ax (z - b)^2 = 0.$$

Cela posé, si l'on coupe ce conoïde par un plan perpendiculaire au plan diametrale xz, représenté par l'équation

$$z = kx + l = x \tang \omega + l,$$

ω représentant l'angle du plan de la section et du plan xy, on obtient une courbe dont la projection sur le plan xy a pour équation

$$x^2 (kx + l - b)^2 + b^2 y^2 - ax (kx + l - b)^2 = 0,$$

et qui est par conséquent une quartique piriforme quand $l = b$.

On obtient aisément l'équation de la section envisagée, rapportée aux droites qui résultent de l'intersection de son plan avec ceux des xz et yz, prises respectivement pour les axes des X et Y, en remarquant qu'on a

$$y = Y, \quad x = X \cos \omega;$$

et par conséquent l'équation des quartiques de Wallis est

$$X^2 (X \sin \omega + l - b)^2 \cos^2 \omega + b^2 Y^2 - aX (X \sin \omega + l - b)^2 \cos \omega = 0,$$

et représente une *quartique piriforme* lorsque $l = b$, c'est-à-dire quand le plan de la section coupe la droite D à l'un des points dont la projection sur le plan xy tombe sur la circonférence du cercle directeur du conoïde.

Il est géométriquement évident que, si le plan de la section coupe la même droite à un point qui se projette sur le plan xy à l'intérieur du cercle envisagé, la courbe correspondante est composée de deux ovales ayant un point commum, où elle a un noeud à deux inflexions, et que, si le point considéré se projette à l'extérieur du cercle, la courbe est composée d'un ovale et d'un point isolé. Ce noeud et ce point isolé sont situés sur la droite D. La même courbe a encore, en tous les cas, deux points doubles coïncidents à l'infini, et elle est par conséquent unicursale.

Nous remarquerons encore que la condition pour qu'une quartique de Wallis ait deux axes, c'est que le plan de la section coupe la droite D à un point qui se projette au centre du cercle directeur du conoïde. Pour obtenir l'équation de cette courbe, remarquons que l'équation do *cono-cuneus,* rapportée à des axes parallèles aux axes primitifs passant par le point d'intersection de la droite D avec le plan de la section, est

$$x^2 z^2 + b^2 y^2 = \frac{1}{4} a^2 z^2$$

et que l'équation de ce plan prend alors la forme $z = x \tan \omega$. L'équation de la section, rapportée aux droites qui résultent de l'intersection de son plan avec les plans des xz et yz, est donc

$$4 b^2 Y^2 = X^2 \sin^2 2\omega \left(\frac{a^2}{4 \sin^2 \omega} - X^2 \right),$$

et pourtant la *quartique de Wallis* à deux axes est identique à la parabole virtuelle considérée au n.° 289. Cette identité d'une des sections du *cono-cuneus* avec une courbe qui avait été déjà envisagée par Grégoire de St-Vincent, n'a pas été remarquée par Wallis.

Nous ajouterons encore à ce qui précède une propriété de toutes les quartiques de Wallis qui n'a pas encore été remarquée: *elles sont les antihyperbolismes d'un cercle, situé dans le plan de la section, par rapport au point où ce plan coupe la droite* D.

Soit, en effet, c la valeur que prend x au point où le plan de la section coupe la droite D, et rapportons l'équation du conoïde à des axes parallèles aux axes primitifs passant par ce point. L'équation de cette surface et celle du plan de la section prennent alors la forme

$$(x + c)^2 z^2 + b^2 y^2 - a (x + c) z^2 = 0, \quad z = x \tan \omega,$$

et l'équation de cette section, rapportée aux droites qui résultent de l'intersection de son plan avec les plans des xz et des yz, est

$$X^2 (X \cos \omega + c)^2 \tang^2 \omega + b^2 Y^2 - a X^2 (X \cos \omega + c) \tang^2 \omega = 0.$$

En faisant maintenant

$$X = X_1, \quad Y = \frac{X_1 Y_1 \sin \omega}{b},$$

on obtient l'équation

$$\left[X_1 - \frac{a - 2c}{2 \cos \omega} \right]^2 + Y_1^2 = \frac{a^2}{4 \cos^2 \omega}$$

qui représente un cercle réel.

Il résulte de la proposition qu'on vient de démontrer et des théorèmes démontrés au n.º 114 une manière de tracer toutes les quartiques de Wallis et leurs tangentes.

312. L'équation de la quartique piriforme est un cas particulier de celle-ci, rapportée à des axes de direction arbitraire :

$$A x^4 + B a x^2 y + D x^3 + C a^2 y^2 + E a x y + F x^2 = 0,$$

qui résulte de l'équation

(1) $$\qquad A X^2 + B X Y + C Y^2 + D X + E Y + F = 0$$

en y posant

$$Y = \frac{a y}{x}, \quad X = x,$$

et qui représente donc les antihyperbolismes des coniques (n.º 118).

L'équation qu'on vient d'obtenir représente une courbe du quatrième ordre quand A et C sont différents de zéro ; cette quartique a un point double à l'origine des coordonnées et deux points doubles coïncidents à l'infini ; elle est pourtant *unicursale*. Les paraboles représentées par l'équation

$$y = (B \pm \sqrt{B^2 - 4AC})\, x^2$$

en sont deux asymptotes courvilignes.

313. Nous profiterons cette occasion, où nous avons été menés à parler des antihyperbolismes des coniques, pour completer la doctrine qui se rapporte aux *hyperbolismes* des mêmes courbes. On a vu aux n.ºˢ 115 et 116 que l'hyperbolisme d'une conique est une autre conique, une cubique ou une quartique et que l'équation de cette quartique est

$$(2) \qquad x^2y^2 + \mathrm{B}axy^2 + \mathrm{C}a^2y^2 + \mathrm{D}axy + \mathrm{E}a^2y + \mathrm{F}a^2 = 0,$$

la conique correspondante étant représentée par l'équation (1), où nous supposerons $\mathrm{A} = 1$, et les axes des coordonnées étant orthogonaux ou obliques. Or, l'équation (2) peut être réduite à une forme plus simple, en transportant l'origine des coordonnées au point $\left(-\dfrac{1}{2}\mathrm{B}a,\ 0\right)$, savoir :

$$(3) \qquad x^2y^2 + \mathrm{H}y^2 + \mathrm{K}xy + \mathrm{L}y + \mathrm{M} = 0,$$

où

$$(4) \qquad \mathrm{H} = -\frac{a^2}{4}(\mathrm{B}^2 - 4\mathrm{C}), \quad \mathrm{K} = \mathrm{DA}, \quad \mathrm{M} = \mathrm{F}a^2, \quad \mathrm{L} = \frac{a^2}{2}(2\mathrm{E} - \mathrm{BD}).$$

Si l'équation (3) est donnée et si l'on veut chercher la conique dont elle est un hyperbolisme, on peut employer les équations (4), qui déterminent les coefficients d'une infinité de coniques qui résolvent la question. Nous allons chercher les conditions pour qu'une de ces courbes soit un cercle.

L'équation du cercle, rapportée à des axes parallèles à ceux dont dépend l'équation (3), est

$$(\mathrm{X} - x_1)^2 + (\mathrm{Y} - y_1)^2 + 2(\mathrm{X} - x_1)(\mathrm{Y} - y_1)\cos\omega = \mathrm{R}^2,$$

$(x_1,\ y_1)$ étant les coordonnées du centre, R le rayon et ω l'angle des axes. Les conditions pour que la courbe considérée soit un hyperbolisme de ce cercle sont donc

$$\mathrm{H} = a^2\sin^2\omega, \quad \mathrm{K} = -2a(x_1 + y_1\cos\omega), \quad \mathrm{L} = -2a^2 y_1\sin^2\omega,$$

$$\mathrm{M} = -a^2[\mathrm{R}^2 - x_1^2 - y_1^2 - 2x_1y_1\cos\omega].$$

La première de ces équations détermine a, la deuxième et la troisième déterminent x_1 et y_1, et la dernière détermine ensuite R. On voit donc qu'il existe deux cercles dont la quartique considérée est un hyperbolisme, et que ces cercles sont réels quand

$$\mathrm{H} > 0, \quad a^2(x_1^2 + y_1^2 + 2x_1y_1\cos\omega) > \mathrm{M}.$$

Le point par lequel passent les axes auxquels le cercle est rapporté passent par le point dont les coordonnées, rapportées aux mêmes axes que la quartique donnée, sont $(a\cos\omega,\ 0)$.

En posant $\mathrm{F} = 0$, et par conséquent $\mathrm{M} = 0$, on retrouve un théorème démontré au n.° 116.

Nous avons exposé la doctrine relative aux hyperbolismes de quatrième ordre des coniques, qu'on vient de voir, et la doctrine relative aux hyperbolismes de troisième ordre des coniques qu'on trouve aux n.ᵒˢ 115 à 118 dans un écrit inseré aux *Annaes scientificos da Academia Polytechnica do Porto* (t. ɪɪ, p. 119).

VI.

La courbe du diable.

314. On a donné le nom bisarre de *courbe du diable* à la quartique représentée par l'équation

$$y^4 - x^4 - 96\,a^2y^2 + 100\,a^2x^2 = 0,$$

laquelle fut considérée par Cramer dans l'*Introduction à l'Analyse des lignes courbes* (1750, p. 19), par Lacroix dans le *Traité élémentaire de Calcul différentiel et intégral* (1837, p. 158), par Briot et Bouquet dans la *Géométrie analytique* (2.ᵉ éd., p. 197), par Laurent dans son *Traité d'Analyse* (t. ɪɪ, p. 185), etc. L'équation polaire de la même courbe est

$$\rho^2 = 96a^2 + 4a^2\,\frac{\cos^2\theta}{\cos 2\theta}\,.$$

On voit aisément au moyen de cette équation que la courbe considérée a la forme indiquée dans la figure 63. Elle est symétrique par rapport aux axes des coordonnées et est com

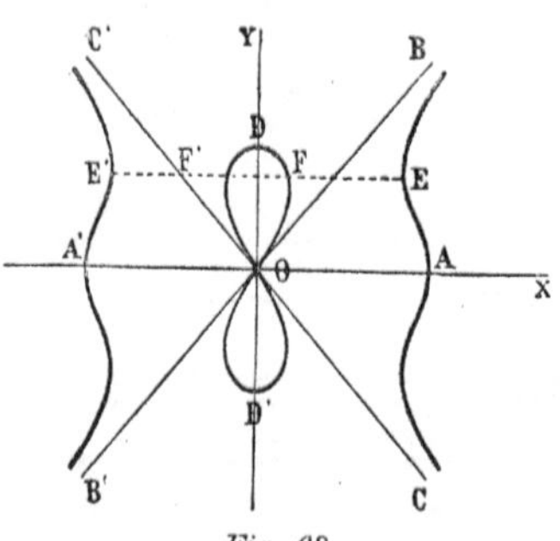

Fig. 63

posée de deux branches infinies coupant l'axe des abscisses aux points A et A', où $\rho = \pm 10\,a$, et ayant pour asymptotes les droites OB et OC, qui forment avec cet axe des angles égaux à $\frac{\pi}{4}$, et d'une branche finie coupant l'axe des ordonnées aux points D et D', où $\rho = a\sqrt{96}$, et ayant un point d'inflexion double à l'origine O; les tangentes à la courbe en ce point forment avec l'axe des abscisses des angles dont la valeur θ_1 est déterminée par l'équation $24 = 49\cos^2\theta_1$. Les droites passant par l'origine coupent la courbe en deux points réels, placés sur les branches infinies, et en deux points imaginaires, quand l'angle qu'elles forment avec OA est compris entre 0 et $\frac{\pi}{4}$; elles coupent la courbe en deux points situés sur la branche finie et en deux points imaginaires, quand l'angle considéré est compris entre θ_1 et $\frac{\pi}{2}$, et ne coupent pas la courbe en des points réels dans les autres cas.

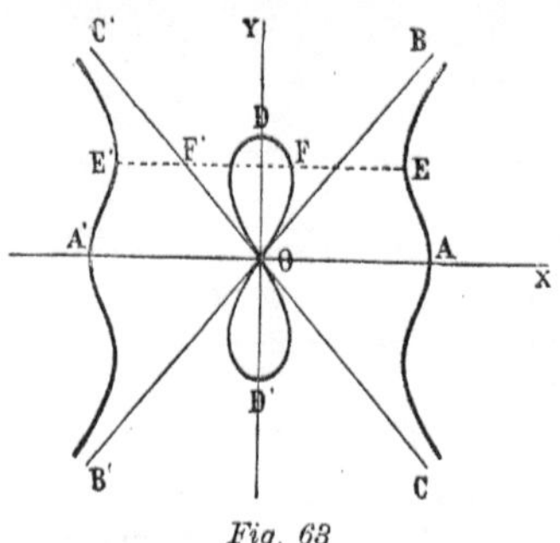

Fig. 63

Pour déterminer les points où la tangente est parallèle aux axes, on peut recourir à l'équation

$$y' = \frac{x\,(x^2 - 50\,a^2)}{y\,(y^2 - 48\,a^2)},$$

d'où il résulte que la tangente est parallèle à l'axe des abscisses aux points réels D et D', et aux points imaginaires correspondants aux valeurs $\pm 5a\sqrt{2}$ de l'abscisse, et qu'elle est parallèle à l'axe des ordonnées aux points A et A', et aux points E, E', F, F', ..., situés sur les droites correspondantes aux équations $y = \pm 4a\sqrt{3}$. Les tangentes à la courbe aux points A, A', D et D' forment un rectangle dont les sommets coïncident avec des points de la courbe.

315. La valeur de l'aire comprise entre un arc de la courbe considérée et deux droites passant par le centre O et les extrémités de cet arc est déterminée par la formule

$$A = \frac{1}{2} \int_{\theta_0}^{\theta_1} \rho^2\, d\theta = 49\,a^2\,(\theta_1 - \theta_0) - \frac{a^2}{4} \log \frac{(\operatorname{sen} 2\theta_1 - 1)\,(\operatorname{sen} 2\theta_0 + 1)}{(\operatorname{sen} 2\theta_1 + 1)\,(\operatorname{sen} 2\theta_0 - 1)}.$$

VII.

Le folium simple ou ovoïde.

316. On a donné le nom de *folium simple* et celui d'*ovoïde* à la courbe ayant pour équation polaire

(1) $$\rho = a \cos^3 \theta$$

et pour équation cartésienne

(2) $$(x^2 + y^2)^2 = ax^3.$$

Cette courbe, d'après M. Archibald (*Inaugural-Dissertation*. Strassbourg, 1900, p. 15), fut étudiée par Viviani dans un écrit intitulé: *Quinto libro di Euclide* etc. (Firenze, 1647) et fut considérée aussi par Maclaurin dans sa *Geometria organica* (1720, p. 113). La même quartique fut étudiée, plus tard, par G. de Longchamps dans la *Géométrie de la règle* (1890, p. 126), par M. Brocard dans le *Journal de Mathématiques spéciales* (1891, p. 85), par Wittstein dans les *Archiv der Mathematik* (2.ᵉ série, t. xiv, 1895, p. 109), etc.

On voit aisément, au moyen de l'une de ces équations, que la courbe considérée est formée d'un ovale OKO' (*fig. 64*) ayant pour axe OO', et que la longueur de cet axe est égale à a. Les droites passant par O coupent la quartique en trois points coïncidant avec O, et ce point est par conséquent *triple;* les trois tangentes à la courbe à ce point coïncident avec l'axe des ordonnées.

En différentiant l'équation (2), on trouve

$$4xyy' = 3y^2 - x^2,$$

d'où il résulte que les coordonnées des points où la tangente est parallèle à l'axe de la courbe sont $\left(\dfrac{9}{16}\,a,\ \dfrac{3}{16}\,a\sqrt{3}\right)$.

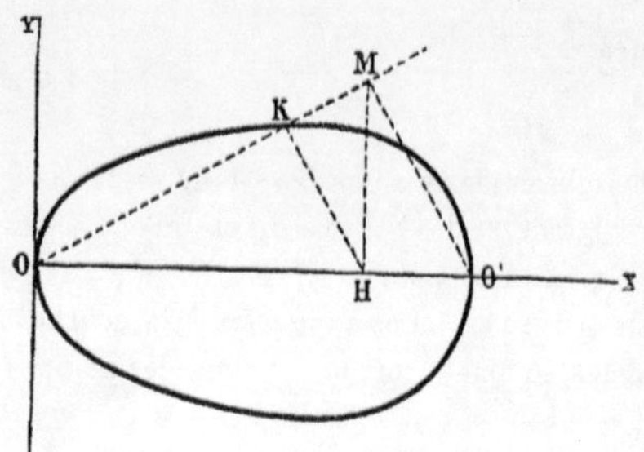

Fig. 64

317. Le *folium simple* peut être construit aisément de la manière suivante (G. de Longchamps, l. c.). Prenons deux points O et O', dont la distance soit égale à *a;* tirons ensuite par le point O une droite quelconque OK, et par le point O' une perpendiculaire O'M à OK. Par le point M, qu'on vient de déterminer, menons une perpendiculaire MH à OO' et par le point H qu'on obtient ainsi, une perpendiculaire HK à OM. Le lieu des positions que K prend, quand OM varie, est le folium considéré. En effet, on a, en posant $OK = \rho$, $KOO' = \theta$,

$$\rho = OH.\cos\theta = OM\cos^2\theta = OO'.\cos^3\theta = a\cos^3\theta.$$

Les tangentes et les normales au folium peuvent être construites d'une manière facile au moyen des propriétés suivantes de ces droites:

1.° En faisant $Y = 0$ dans l'équation de la normale

$$(x^2 - 3y^2)(Y - y) = 4xy(X - x),$$

on obtient cette autre:

$$X = x - \frac{x^2 - 3y^2}{4x} = \frac{3(x^2 + y^2)}{4x} = \frac{3\rho}{4\cos\theta} = \frac{3}{4}\,OH,$$

qui détermine l'abscisse du point où la droite considérée coupe l'axe de la courbe (G. de Longchamps, l. c., p. 127).

2.° On voit de même que la tangente coupe l'axe des ordonnées au point où

$$Y = \frac{\rho}{4\sin\theta} = \frac{OK.OH}{4\,OK}.$$

3.° On a

$$S_n = \frac{d\rho}{d\theta} = -3a\cos^2\theta\sin\theta = -3\,OH\sin\theta = -3HK,$$

S_n représentant la sous-normale polaire.

Le rayon de courbure de la quartique considérée est déterminé par la formule

$$R = \frac{a \cos^2 \theta \, (9 - 8 \cos^2 \theta)^{\frac{3}{2}}}{4 \, (3 - 2 \cos^2 \theta)} \, ,$$

d'où il résulte que la valeur de ce rayon est nulle au point O et égale à $\dfrac{a}{4}$ au sommet O', et que la courbe ne possède pas de points d'inflexion réels.

318. L'aire du folium simple a cette expression

$$A = a^2 \int_0^{\frac{\pi}{2}} \cos^6 \theta \, d\theta = \frac{5}{32} \, \pi a^2.$$

La différentielle des arcs de la même courbe est déterminée par la formule

$$ds = a \cos^2 \theta \, (9 - 8 \cos^2 \theta)^{\frac{1}{2}} \, d\theta,$$

ou, en faisant $\theta = \dfrac{\pi}{2} - \omega$,

$$ds = - 3a \sin^2 \omega \left(1 - \frac{8}{9} \sin^2 \omega \right)^{\frac{1}{2}} d\omega.$$

En posant, pour abréger,

$$\Delta\omega = \sqrt{1 - \frac{8}{9} \sin^2 \omega}$$

et en tenant compte de la identité suivante, qu'on peut vérifier directement ou déduire d'une formule connue de la théorie des intégrales elliptiques:

$$\Delta\omega \sin^2 \omega \, d\omega = \frac{1}{24} \cdot \frac{d\omega}{\Delta\omega} + \frac{7}{24} \, \Delta\omega \, d\omega - \frac{1}{6} \, d \, (\sin 2\omega \, \Delta\omega),$$

on réduit encore l'expression de la différentielle considérée à la forme

$$ds = - \frac{a}{8} \left[\frac{d\omega}{\Delta\omega} + 7 \Delta\omega \, d\omega \right] + \frac{a}{2} \, d \, (\sin 2\omega \, \Delta\omega),$$

d'où il résulte que *le calcul de la longueur des arcs du folium simple dépend des intégrales elliptiques de première et de deuxième espèce.*

*

VIII.

Le folium double ou bifolium.

319. La courbe représentée par l'équation polaire

$$(1) \qquad \rho = \cos^2 \theta \, (a \cos \theta + b \sin \theta)$$

et par l'équation cartésienne

$$(2) \qquad (x^2 + y^2)^2 = x^2 \, (ax + by)$$

fut nommée par G. de Longchamps *folium double* dans un article inséré en 1886 au *Journal de Mathématiques spéciales* et dans son *Essai sur la Géométrie de la règle* (1890, p. 122). Cette quartique représente la solution du problème suivant, proposé en 1869 dans les concours pour l'admission à l'École Polytechnique de Paris : *chercher le lieu des projections du sommet de l'angle droit d'un triangle rectangle isocèles sur les axes des paraboles tangentes aux trois côtés du même triangle* (*Nouvelles Annales de Mathématiques,* 1869, p. 378); problème étudié ensuite par G. de Longchamps dans le travail mentionné ci-dessus et par M. Brocard dans deux articles insérés au *Journal de Mathématiques spéciales* (1887, p. 66; 1891, p. 108).

On peut construire aisément la courbe considérée par la méthode suivante, donnée par le premier de ces géomètres.

Prenons deux droites formant un angle droit AOB *(fig. 65)* et sur ces droites deux segments OA et OB, respectivement égaux à a et b. Par les points A et B traçons les droites AM et BM, perpendiculaires l'une à l'autre; par le point M, où elles s'interceptent, menons la droite MH, perpendiculaire à AO, et par le point H la droite HK, perpendiculaire à AM. Le lieu décrit par K, quand AM varie, en tournant autour de A, est le folium double.

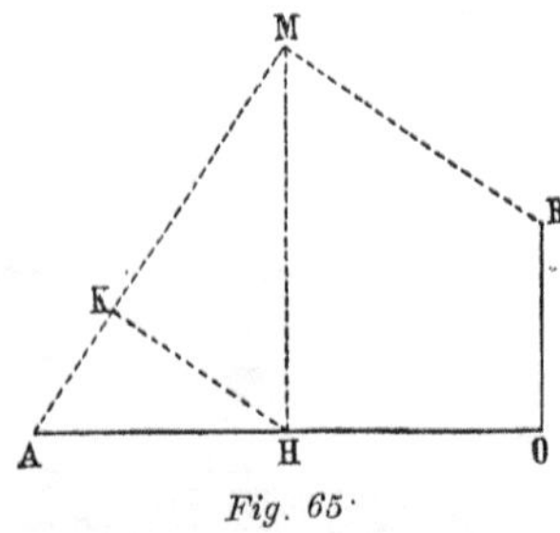

Fig. 65·

En faisant, en effet, $AK = \rho$, $KAH = \theta$, on trouve

$$\rho = AH \cos \theta = AM \cos^2 \theta = (AO \cos \theta + OB \sin \theta) \cos^2 \theta.$$

320. En posant dans l'équation (1)

$$a = k \sin \omega, \quad b = k \cos \omega,$$

on obtient cette autre :

$$\rho = k \cos^2 \theta \sin(\theta + \omega),$$

d'où il résulte que, si les nombres a et b sont positifs, la courbe a la forme indiquée dans la figure 66. L'arc ABO correspond aux valeurs de θ comprises entre 0 et $\frac{\pi}{2}$; l'arc OCDO correspond aux valeurs de θ comprises entre $\frac{\pi}{2}$ et $\pi - \omega$; et l'arc OEA correspond aux valeurs

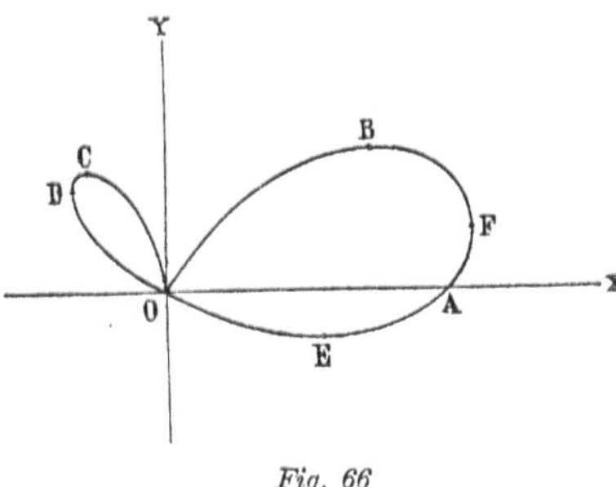

Fig. 66

du même angle comprises entre $\pi - \omega$ et π; aux autres valeurs de θ ne correspondent pas de points distincts de ceux qu'on vient de mentionner. Le segment OA est égal à a. La quartique a un point triple à O, où sont réunis un point de rebroussement formé par les arcs OB et OC, tangents à l'axe des ordonnées, et un point simple de l'arc DOA; la tangente à cet arc au point O fait avec l'axe des abscisses un angle égal à $-\omega$.

En différentiant l'équation (2), on voit que les points B, C et E, où les tangentes sont parallèles à l'axe des abscisses, sont situés sur le cercle ayant pour équation

$$4(x^2 + y^2) - 3\,ax - 2by = 0;$$

ce cercle passe par le point triple et les coordonnées du centre sont $\left(\frac{3}{8}\,a,\ \frac{1}{4}\,b\right)$.

321. Le folium double est une courbe unicursale. En faisant, en effet, dans l'équation (2) $y = tx$, on trouve

$$x = \frac{a + bt}{(1 + t^2)^2}, \quad y = \frac{t(a + bt)}{(1 + t^2)^2}.$$

On voit au moyen de ces relations que les valeurs que t prend aux points E, B et C, où la tangente est parallèle à l'axe des abscisses, sont déterminées par l'équation

$$2bt^3 + 3at^2 - 2bt - a = 0,$$

et que les valeurs que prend la même variable aux points D et F, où la tangente est perpendiculaire à cet axe, sont données par celle-ci :

$$3bt^2 + 4at - b = 0.$$

322. L'aire balayée par le vecteur d'un point du bifolium, quand θ varie depuis 0 jusqu'à θ, est déterminée par la formule

$$A = \frac{k^2}{2} \int_0^\theta \cos^4 \theta \sin^2 (\theta + \omega)\, d\theta$$

$$= \frac{k^2}{2} \left(\cos^2 \omega - \frac{5}{8} \cos 2\omega \right) \left[\frac{\sin \theta \cos \theta}{6} \left(\cos^4 \theta + \frac{5}{4} \cos^2 \theta + \frac{3.5}{2.4} \right) + \frac{1.3.5}{2.4.6}\, \theta \right]$$

$$- \frac{k^2}{12} \cos^5 \theta \sin (\theta + 2\omega).$$

IX.

Le trifolium.

323. La courbe dont l'équation polaire est

$$(1) \qquad \rho = 4a \cos (2\theta - \omega) \cos (\theta - \omega)$$

fut nommée *trifolium* par G. de Longchamps et étudiée par ce même géomètre dans son *Traité de Géométrie analytique* (1884, p. 512), dans un article inséré au *Journal de Mathématiques spéciales* (1887, p. 203 et 220), et plus tard dans son *Essai sur la Géométrie de la règle* (1890, p. 125). La même courbe fut aussi étudiée par M. Brocard dans deux articles insérés au *Journal de Mathématiques spéciales* (1887, p. 68; 1891, p. 32, 56, 80, 106, 123 et 177) et dans un autre article publié dans *El Progreso matematico* (t. II, p. 271).

Si $\omega = 0$, le folium est dit *droit*; dans les autres cas il est dit *oblique*.

Le problème qui a amené G. de Longchamps à s'occuper de l'étude du folium fut celui de la recherche de la *podaire* de l'*hypocycloïde à trois rebroussements* par rapport à un point quelconque du *cercle tritangent;* on verra, en effet, au chapitre consacré à cette dernière courbe que cette podaire est un *trifolium*. M. Brocard a été conduit à s'occuper de la même courbe par un autre problème qu'on va voir.

Considérons une circonférence de centre O *(fig. 67)* et de rayon égal à *a,* un point P de cette circonférence et une droite OL. Traçons par le point P la droite variable PR, et par le point R où elle coupe la circonférence, la droite RS parallèle à la droite fixe OL. Ensuite prenons sur la droite RS, à partir des points où elle coupe la circonférence, les segments RM, RM′, S*m* et S*m*′, égaux à PR. Cela posé, cherchons le lieu décrit par les points M, M′, *m, m*′, quand PR varie, en tournant autour du point fixe P.

Traçons par P la droite PL₁, parallèle à OL, et représentons par ω l'angle LOQ, par θ l'angle MPO et par ρ le segment PM. On a

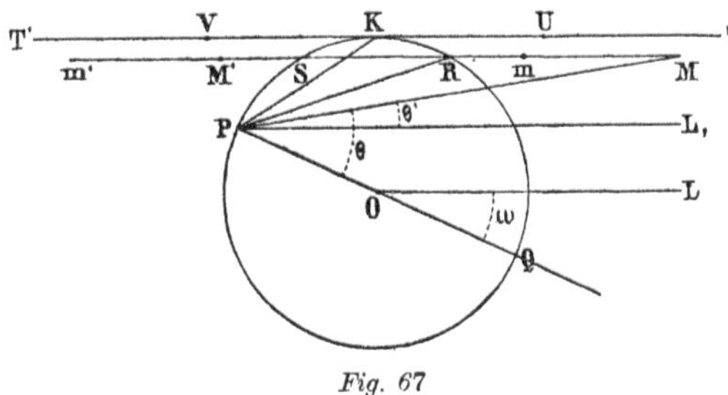

Fig. 67

$$RPM = RMP = MPL_1$$
$$= MPO - L_1PO = \theta - \omega,$$
$$RPL_1 = 2MPL_1 = 2\,(\theta - \omega),$$
$$PR = 2a \cos RPO$$
$$= 2a\cos(RPL_1 + \omega) = 2a\cos(2\theta - \omega),$$

et par conséquent

$$\rho = PM = 2PR \cos (\theta - \omega) = 4a \cos (\theta - \omega) \cos (2\theta - \omega).$$

Le lieu cherché coïncide donc avec le trifolium.

L'équation qu'on vient d'obtenir peut être mise sous la forme

$$(2) \qquad \rho = 4a \cos \theta' \cos (2\theta' + \omega),$$

en posant $\theta - \omega = \theta'$, et on en déduit l'équation cartésienne de la courbe :

$$(x^2 + y^2)^2 = 4ax\,(x^2 - y^2) \cos \omega - 8ax^2 y \sin \omega,$$

P étant l'origine des coordonnées, PL₁ l'axe des abscisses et la perpendiculaire à cette droite au point P l'axe des ordonnées.

324. Comme conséquence de la manière d'engendrer le trifolium qu'on vient d'exposer, on obtient aisément la propriété suivante de cette courbe, signalée par M. Brocard:

Chacune des tangentes au cercle PQR *parallèles à la droite* OL, *est aussi tangente au trifolium en deux points équidistants de ses points de contact avec le même cercle.*

En effet, si la droite SR se meut, en se conservant parallèle à PL₁, et devient tangente au cercle PSR au point K, les points S et R tendent vers K et la droite PR tend vers PK; et, puisque les segments RM et S*m* sont égaux à PR, les points de la courbe M et *m* tendent vers un même point U, situé sur la tangente KT au cercle considéré, et tel que KU = PK; cette droite est donc tangente au trifolium au point U. De même, la droite KT est tangente au trifolium au point V, où KV = PK.

325. Voici encore une autre propriété remarquable du trifolium, démontrée aussi par M. Brocard:

Les points, différents de P, *où le cercle* PKR *coupe le trifolium sont les sommets d'un triangle équilatère.*

En effet, les points d'intersection du cercle considéré avec le trifolium sont déterminés par l'équation $\rho = 2a \cos \theta$ de ce cercle et par l'équation (1), qui peut être mise sous la forme

$$\rho = 2a \cos \theta + 2a \cos (3\theta - 2\omega);$$

les valeurs que θ prend à ces points sont donc données par l'équation (le point P étant exclu)

$$\cos (3\theta - 2\omega) = 0,$$

d'où il résulte

$$\theta = 30^\circ + \frac{2}{3}\omega, \quad 90^\circ + \frac{2}{3}\omega, \quad 150^\circ + \frac{2}{3}\omega, \quad 210^\circ + \frac{2}{3}\omega.$$

Les valeurs des angles formés par PO avec les droites qui passent par le centre du cercle et par les points de son intersection avec la quartique considérée sont par suite

$$60^\circ + \frac{4}{3}\omega, \quad 180^\circ + \frac{4}{3}\omega, \quad 300^\circ + \frac{4}{3}\omega, \quad 420^\circ + \frac{4}{3}\omega,$$

et la différence entre deux de ces valeurs consécutives est par conséquent égale à 120°. Le dernier point coïncide donc avec le premier, et les trois premiers divisent la circonférence du cercle considéré en trois parties égales.

326. La forme de la courbe considérée peut être obtenue aisément au moyen de l'équation (2), comme on va voir.

Supposons, pour fixer les idées, qu'on ait $\omega < \dfrac{\pi}{2}$. L'équation (2) *(fig. 68)* fait voir que, quand θ' varie depuis 0 jusqu'à $\dfrac{\pi}{4} - \dfrac{\omega}{2}$, ρ varie depuis $4a \cos \omega$ jusqu'à 0; l'arc correspondant de la courbe est ABP. Quand θ' varie depuis $\dfrac{\pi}{4} - \dfrac{\omega}{2}$ jusqu'à $\dfrac{\pi}{2}$, ρ est negatif et sa valeur absolue varie depuis 0 jusqu'à une certaine limite supérieure et décroît ensuite jusqu'à 0; l'arc correspondant de la courbe est PDEFP. Aux valeurs de θ' comprises entre $\dfrac{\pi}{2}$ et $\dfrac{3}{4}\pi - \dfrac{\omega}{2}$ correspond l'arc PGHKP, et aux valeurs de θ' comprises entre

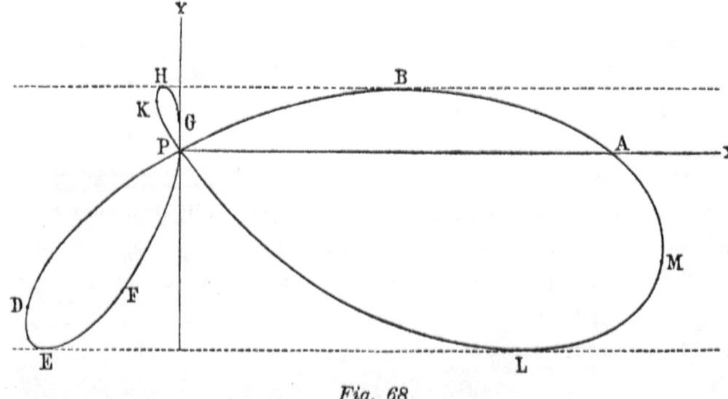

Fig. 68

$\frac{3}{4}\pi - \frac{\omega}{2}$ et π correspond l'arc PLA. Aux valeurs de θ' supérieures à π ne correspondent pas de points de la courbe différents de ceux qui précèdent.

On conclut de ce qui précède que la quartique considérée a un point *triple* à P, et que les trois tangentes à ce point forment avec l'axe des abscisses des angles égaux à $\frac{\pi}{4} - \frac{\omega}{2}$, $\frac{\pi}{2}$, $\frac{3}{4}\pi - \frac{\omega}{2}$. *Une des tangentes à la quartique au point triple coïncide donc avec l'axe des ordonnées et les deux autres sont perpendiculaires l'une à l'autre* (Brocard).

Le trifolium a deux *bitangentes réelles,* HB et EL, *parallèles à l'axe des abscisses* (n.° 324); les valeurs que θ' prend aux points de contact sont déterminées par l'équation

$$\cos(4\omega' + \omega) = 0,$$

qui résulte de la formule

$$\frac{dy}{dx} = -\frac{\cos(4\theta' + \omega)}{2\cos\theta'\sin(3\theta' + \omega)},$$

et elles sont donc

$$\frac{\pi}{8} - \frac{\omega}{4}, \quad \frac{3}{8}\pi - \frac{\omega}{4}, \quad \frac{5}{8}\pi - \frac{\omega}{4}, \quad \frac{7}{8}\pi - \frac{\omega}{4}.$$

On voit par la même formule que les valeurs que θ' prend aux points où la tangente est parallèle à l'axe des ordonnées sont

$$\frac{\pi}{3} - \frac{\omega}{3}, \quad \frac{2\pi}{3} - \frac{\omega}{3}.$$

327. Avant de terminer cet article, nous allons considérer spécialement le folium droit, pour indiquer un mode d'engendrer cette courbe qui n'a pas encore été remarqué, je crois.

Prenons sur une droite trois points A, B et C et traçons un cercle ayant pour diamètre le segment AB ; ensuite menons par le milieu du segment BC deux tangentes à ce cercle. Le lieu des positions que prennent les points de contact de ces tangentes, quand le point B varie, A et C restant fixes, est le trifolium droit.

En effet, en représentant par $4a$ la distance des points A et C, par b le rayon du cercle et par (x, y) les coordonnées des points de contact des tangentes considérées, rapportées à la droite AB, prise pour axe des abscisses, et à la perpendiculaire à AB passant par A, prise pour axe des ordonnées, et en remarquant que l'abscisse du milieu de BC est égale à $b + 2a$, on a

$$x^2 + y^2 - 2bx = 0, \quad y^2 = (x - b)(b + 2a - x),$$

et, en éliminant b entre ces équations,

$$(x^2 + y^2)^2 = 4ax(x^2 - y^2).$$

X.

Les quartiques de M. Ruiz-Castizo.

328. L'équation

$$(1) \qquad y = \pm \sqrt{x} \left[\sqrt{p - ax} \pm \sqrt{r - bx} \right]$$

ou

$$[y^2 + (a + b) x^2 - (p + r) x]^2 = 4x^2 (p - ax) (r - bx),$$

dont nous allons nous occuper maintenant, comprend comme cas particulier l'équation

$$y = \sqrt{ax} \pm \sqrt{2ax - x^2},$$

considérée par Cramer dans l'*Introduction à l'Analyse des lignes courbes,* p. 239, et les quartiques rencontrées par M. Ruiz-Castizo, dans un opuscule intitulé: *Estudio analítico de un lugar geométrico de cuarto orden* (Madrid, 1889), comme solution du problème qui a pour but de déterminer le lieu engendré par un point d'un segment de droite de longueur constante, quand ce segment se déplace sur un plan de manière que ses extrémités décrivent une droite et une circonférence données.

Dans l'étude succinte que nous allons faire des courbes représentées par l'équation (1), nous supposerons, pour fixer les idées, que les quantités a, b, p et r sont positives et qu'on a $\frac{p}{a} < \frac{r}{b}$; on peut voir aisément que les courbes correspondantes au cas où toutes ces quantités sont négatives, ou au cas où quelques-unes sont positives et les autres négatives, ont la même forme que celles qui correspondent au cas où elles sont toutes positives.

Il résulte immédiatement de l'équation (1) que chacune des courbes qu'elle représente est symétrique par rapport à l'axe des abscisses ; que les parallèles à l'axe des ordonnées passant par les points dont les abscisses sont comprises entre 0 et $\frac{p}{a}$ coupent cette courbe en quatre points réels situés à distance finie ; que la droite $x = \frac{p}{a}$ est bitangente à la même courbe ; et que les autres parallèles à l'axe des ordonnées ne la rencontrent pas à des points réels. On voit aussi, au moyen de la même équation, que la quartique considérée possède deux points *doubles,* l'un situé à l'origine des coordonnées et l'autre déterminé par les coordonnées

$$x = \frac{p - r}{a - b} = x_1, \quad y = 0,$$

lorsque $p > r$ ou $p < r$; ou un point *triple,* qui coïncide avec l'origine des coordonnées, si $p = r$.

En développant suivant les puissances de x le second nombre de l'équation (1), on obtient l'égalité

$$\frac{y}{x} = x^{-\frac{1}{2}}\left[\sqrt{p}\left(1 - \frac{ax}{2p} + \ldots\right) \pm \sqrt{r}\left(1 - \frac{bx}{2r} + \ldots\right)\right].$$

d'où il résulte que les deux tangentes à la courbe au point double O coïncident avec l'axe des ordonnées quand $p > r$ ou $p < r$, et que l'une de ces tangentes coïncide avec l'axe des ordonnées et l'autre avec l'axe des abscisses quand $p = r$.

Les courbes considérées ont donc les formes indiquées dans les figures 69, 70 et 71; la

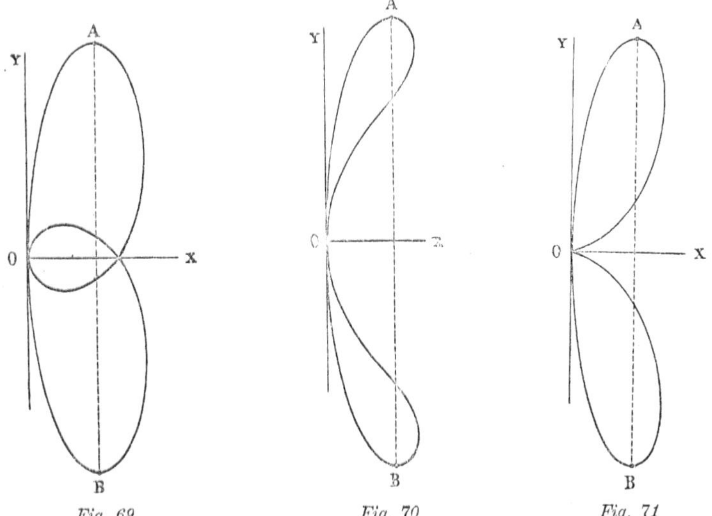

Fig. 69   Fig. 70   Fig. 71

première figure correspond au cas où x_1 est compris entre 0 et $\frac{p}{a}$, la deuxième à celui où $x_1 < 0$ ou $x_1 > \frac{p}{a}$, la troisième au cas où $p = r$. Dans le premier cas la courbe a un *tacnode* à O et un noeud au point $(x_1, 0)$, dans le deuxième cas elle a encore un *tacnode* à O et un *point isolé* ayant pour coordonnées $(x_1, 0)$, dans le troisième cas elle a à O un point *triple,* formé par la réunion d'un point simple et d'un point de rebroussement.

On peut déterminer les abscisses des points où la tangente est parallèle à l'axe des abscisses au moyen de l'équation

$$y' = \frac{1}{2}\left[\frac{p - 2ax}{\sqrt{px - ax^2}} \pm \frac{r - 2bx}{\sqrt{rx - bx^2}}\right] = 0,$$

ou par suite

$$(p - 2ax)^2 (r - bx) = (r - 2bx)^2 (p - ax);$$

et on peut déterminer les abscisses des points d'inflexion au moyen de l'équation

$$y'' = \frac{1}{4} \left(\frac{p^2}{(px - ax^2)^{\frac{3}{2}}} \mp \frac{r^2}{(rx - bx^2)^{\frac{3}{2}}} \right) = 0,$$

qui donne

$$x = \frac{rp \left(1 - \sqrt[3]{\dfrac{r}{p}} \right)}{pb - ar \sqrt[3]{\dfrac{r}{p}}} \cdot$$

Il résulte de cette dernière formule que la courbe considérée a un point d'inflexion réel et deux imaginaires quand cette valeur de x est comprise entre 0 et $\dfrac{p}{a}$, qu'elle n'a pas de points d'inflexion quand $p = r$, et qu'elle a trois points d'inflexion imaginaires dans les autres cas. Il est géométriquement évident que le cas où la courbe a un point d'inflexion réel coïncide avec celui où elle a un point isolé, et que par suite le nombre des points réels où la tangente est parallèle à l'axe des abscisses est égal à deux ou à quatre.

329. Les courbes qu'on vient d'étudier peuvent être engendrées par un point M *(fig. 72)* d'un segment de droite BD, quand ce segment se déplace de manière que l'extrémité D décrive une conique quelconque donnée ADE et l'extrémité B décrive la droite RR_1, perpendiculaire à l'axe AE de la même conique à un point K dont la distance au point A soit égale à la longueur du même segment BD.

Supposons premièrement que la conique donnée soit une *ellipse* ayant le centre à C, et que les axes de cette ellipse soient égaux à 2α et 2β; supposons encore que O est la position iniciale du point mobile M, et qu'on a par conséquent $MD = OA$, $MB = KO$ et $BD = KA$.

En prenant pour origine des coordonnées le point O, pour axe des ordonnées la droite OY, parallèle à RR_1, et pour axe des abscisses la droite OC, et en représentant par m

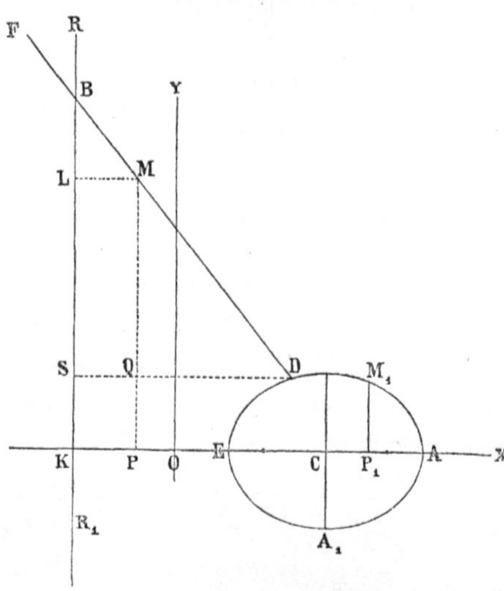

Fig. 72

et k les segments KO et KA, on peut mettre l'équation de l'ellipse sous la forme

$$\frac{(X - k + m + \alpha)^2}{\alpha^2} + \frac{Y^2}{\beta^2} = 1;$$

et, en désignant par x et y les coordonnées du point M correspondant au point D de l'ellipse, on a par suite

$$y = MP = MQ + QP = \sqrt{\overline{MD^2} - \overline{QD^2}} + QD = \sqrt{(k-m)^2 - (X-x)^2} + Y$$

$$= \frac{\beta}{\alpha} \sqrt{\alpha^2 - (X - k + m + \alpha)^2} + \sqrt{(k-m)^2 - (X-x)^2}.$$

Mais, les côtés des triangles BML et BDS sont liés par les relations

$$\frac{BM}{BD} = \frac{LM}{SD} = \frac{KP}{SD},$$

d'où il résulte, en tenant compte des signes de x et X,

$$\frac{m}{k} = \frac{m + x}{m + X}.$$

En substituant maintenant la valeur de X donnée par cette équation dans l'expression précédente de y, on voit que la courbe engendrée par le point M, quand le segment se déplace dans les conditions définies plus haut, est représentée par l'équation

$$y = \frac{k - m}{m} \sqrt{-x^2 - 2mx} + \frac{\beta k}{\alpha m} \sqrt{-x^2 - 2\frac{m}{k}\alpha x}.$$

En remplaçant dans cette équation β par $\beta\sqrt{-1}$, on voit que, si la conique donnée est une *hyperbole,* la courbe engendrée par M a pour équation

$$y = \frac{k - m}{m} \sqrt{-x^2 - 2mx} + \frac{\beta k}{\alpha m} \sqrt{x^2 + 2\frac{m}{k}\alpha x}.$$

On verrait de même que, si la conique donnée est la *parabole* définie par l'équation

$$Y^2 = 2\alpha (X - k + m),$$

la courbe correspondante serait représentée par l'équation

$$y = \sqrt{\frac{2\alpha k}{m}x} + \frac{k - m}{m} \sqrt{-x^2 - 2mx}.$$

Il est à remarquer que, si le point M est situé à gauche de la droite RR_1, on doit changer le signe de m dans les équations qu'on vient d'obtenir; dans ce cas le point O est aussi situé à gauche du point K.

La méthode par laquelle nous venons de trouver le lieu du point M dans le cas général de coniques est une généralisation facile de la méthode employée par M. Castizo pour traiter la même question dans le cas particulier du cercle.

XI.

Le bicorne.

330. Les anglais donnent le nom de *Cocket Hat* (*Educational Times,* 1896) à la courbe définie par l'équation

$$x^2 (x^2 + y^2) + 4ax^2y - 2a^2x^2 + 3a^2y^2 - 4a^3y + a^4 = 0,$$

étudiée par G. de Longchamps dans le *Journal de Mathématiques spéciales* (1897, p. 35) sous le nom de *bicorne,* suggéré par M. Brocard.

En mettant cette équation sous la forme

$$(1) \qquad y = \frac{a^2 - x^2}{2a \mp \sqrt{a^2 - x^2}} \, ,$$

et en tenant compte de l'égalité

$$y' = \frac{-4ax \pm x\sqrt{a^2 - x^2}}{(2a \mp \sqrt{a^2 - x^2})^2} \, ,$$

on obtient aisément la forme de la courbe *(fig. 73).* Elle est symétrique par rapport à l'axe des ordonnées, qu'elle coupe à deux points C et D, dont les ordonnées sont égales à a et à $\frac{1}{3} a,$ et où la tangente est parallèle à l'axe des abscisses. Ce dernier axe est coupé par la courbe à deux *points de rebroussement* A et A', dont les abscisses sont égales à a et $-a,$ et les tangentes à ces points forment avec A'A des angles de 45° et passent par suite par le sommet C. Les parallèles à l'axe des ordonnées passant par les points de l'axe des abscisses compris entre les points A

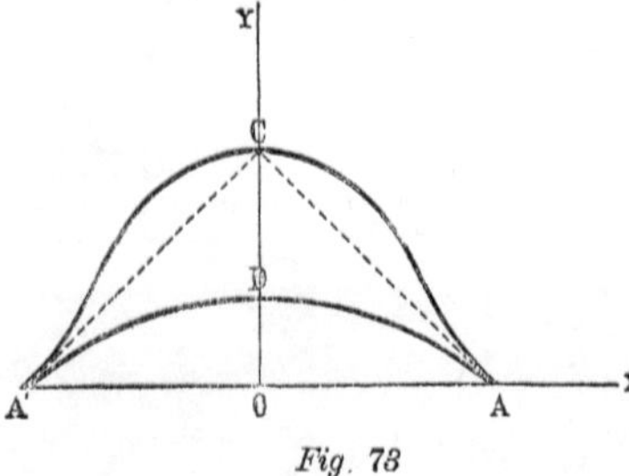

Fig. 73

et A$'$ coupent la courbe en deux points réels. Nous ajouterons encore que la même quartique a un point isolé à l'infini.

En posant dans l'équation (1) $x = \sqrt{a^2 - t^2}$, il vient

$$y = \frac{t^2}{2a - t},$$

la branche supérieure de la courbe correspondant aux valeurs positives de t et la branche inférieure aux valeurs négatives de cette variable; et par suite

$$\frac{d^2y}{dx^2} = \frac{x'y'' - y'x''}{x'^3} = \frac{a^2(3t - 2a)}{t(2a - t)^3} \cdot$$

La quartique considérée a donc deux points d'inflexion, correspondants aux valeurs de t données par l'équation

$$3t - 2a = 0,$$

et dont les coordonnées sont par conséquent $\left(\pm \frac{a}{3} \sqrt{5}, \frac{1}{3} a \right)$.

331. En faisant

$$\sqrt{a^2 - t^2} = z(t + a)$$

dans les expressions des coordonnées des points de la courbe en fonction de t, données au n.º précédent, on obtient les égalités

$$x = \frac{2az}{1 + z^2}, \quad y = \frac{a(1 - z^2)^2}{(1 + z^2)(1 + 3z^2)},$$

qui déterminent x et y en fonction rationnelle de z. Il en résulte que le *bicorne est un quartique unicursale.*

332. On peut construire aisément le bicorne par le procédé suivant, donné par Melle Charlotte Scott dans l'*Intermédiaire des mathématiciens* (1896, p. 250).

Décrivons deux circonférences (C) et (C$'$) *(fig. 74)* de rayon égal à a, tangentes l'une à l'autre, et prenons un point quelconque M sur la circonférence (C$'$). Ensuite traçons la parallèle MP à la droite qui passe par les centres C et C$'$ des deux circonférences, et la polaire AB de M par rapport à (C). Les droites MP et AB se coupent à un point K qui appartient au bicorne.

Pour démontrer cela, prenons pour origine des coordonnées le centre de (C), pour axe des ordonnées la droite CC′ et pour axe des abscisses la perpendiculaire à cette droite au point C ; les équations des deux circonférences sont

$$X^2 + Y^2 = a^2, \quad X^2 + (Y - 2a)^2 = a^2,$$

et l'équation de la polaire AB du point M est

$$Xx_1 + Yy_1 = a^2,$$

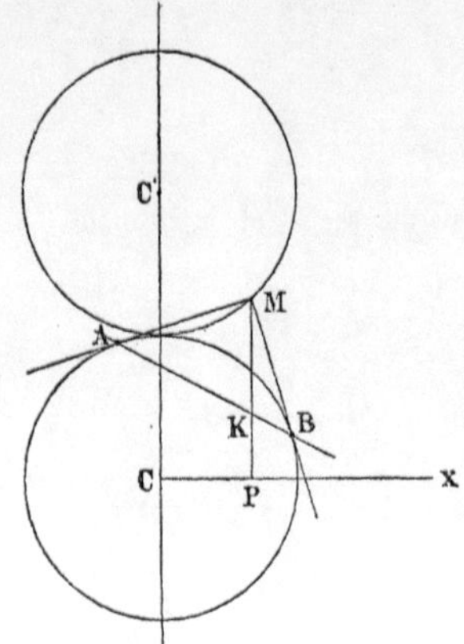

Fig. 74

(x_1, y_1) étant les coordonnées de ce point. Or, les coordonnées (x, y) du point K doivent satisfaire à cette équation et les coordonnées (x_1, y_1) de M doivent satisfaire à l'équation du cercle (C′) ; on a donc

$$x = x_1, \quad xx_1 + yy_1 = a^2,$$

et

$$x_1^2 + (y_1 - 2a)^2 = a^2.$$

En éliminant maintenant x_1 et y_1 entre ces équations, on trouve une autre qui coïncide avec l'équation (1).

XII.

Conchoïdes focales des coniques.

333. Considérons une ellipse et sur chacune des droites qui passent par l'un des foyers prenons, à partir du point A où cette droite coupe la courbe, un segment AM de longueur constante h. Le lieu des points M qu'on obtient ainsi est la *conchoïde focale* de l'ellipse donnée.

Il résulte immédiatement de cette définition que, comme l'équation polaire de l'ellipse, rapportée à un foyer, est

$$\rho = \frac{p}{1 + e \cos \theta},$$

l'équation de la conchoïde correspondante est

$$(1) \qquad \rho = \frac{p}{1 + e \cos \theta} + h;$$

les constantes p et e sont liées aux axes $2a$ et $2b$ de l'ellipse par les relations

$$p = \frac{b^2}{a}, \quad e = \frac{\sqrt{a^2 - b^2}}{a} = \frac{c}{a}.$$

L'équation cartésienne de la conchoïde considérée est

$$(2) \qquad (x^2 + y^2 - hex)^2 = (x^2 + y^2)(p + h - ex)^2.$$

334. Pour déterminer la forme de cette courbe, on peut chercher premièrement les points multiples, en égalant, pour cela, les dérivées partielles par rapport à x et y des deux membres de cette équation. On trouve ainsi qu'elle possède *trois points doubles* ayant pour coordonnées $(0, 0)$, (x_1, y_1), $(x_1, -y_1)$, les valeurs de x_1 et y_1 étant déterminées par les égalités

$$x_1 = \frac{p + h}{e}, \quad y_1 = \sqrt{\frac{(p + h)(he^2 - p - h)}{e^2}}.$$

En différentiant deux fois l'équation (2) et en posant ensuite $x = 0$ et $y = 0$, on trouve que les coefficients angulaires des tangentes à la quartique considérée à l'origine sont exprimés par l'équation

$$y' = \pm \sqrt{\frac{h^2 e^2 - (p + h)^2}{(p + h)^2}} = \frac{b}{b^2 + ah}\sqrt{-(h^2 + 2ah + b^2)},$$

d'où il résulte que y' est réel quand

$$h^2 + 2ah + b^2 \gtreqless 0,$$

ou par suite

$$(h + a + c)(h + a - c) \gtreqless 0.$$

Donc, *si h est négatif et sa valeur absolue est comprise entre $a - c$ et $a + c$, la courbe a un noeud à l'origine des coordonnées; si $h = c - a$ ou $h = -a - c$, elle y a un point de rebroussement; dans les autres cas la quartique y a un point isolé.*

On voit encore, au moyen de l'expression de y_1, que les conditions pour que cette quantité soit réelle sont

$$p + h > 0, \quad he^2 > p + h; \quad \text{ou} \quad p + h < 0, \quad he^2 < p + h; \quad \text{ou} \quad p + h = 0; \quad \text{ou} \quad he^2 = p + h.$$

Les deux premières inégalités donnent $h > -p$ et $h < -a$ et sont par conséquent incompatibles. Il résulte des autres inégalités que y_1 est réel quand la valeur de h est comprise entre $-a$ et $-p$, et quand elle est égale à l'un ou à l'autre de ces nombres.

Donc, les points *doubles* ayant pour coordonnées $(x_1, \pm y_1)$ sont *réels* quand h est négatif et sa valeur absolue est comprise entre p et a ou est égale à l'une ou à l'autre de ces quantités.

L'explication géométrique de l'existence des *points doubles* mentionnés est bien facile. En effet, si h est négatif et sa valeur absolue est comprise entre $a - c$ et $a + c$, c'est-à-dire entre les nombres correspondants aux segments FA et FB, il existe deux vecteurs de l'ellipse, FP et FQ *(fig. 75)*, dont la longueur est égale à h. Par conséquent le *foyer* F est un point de la conchoïde, correspondant aux points P et Q de l'ellipse. De même, si la valeur absolue de h est comprise entre p et a, c'est-à-dire entre les nombres correspondants aux segments FR et AO *(fig. 76)*, il existe deux cordes égales de l'ellipse, SS_1 et UU_1, qui passent par le

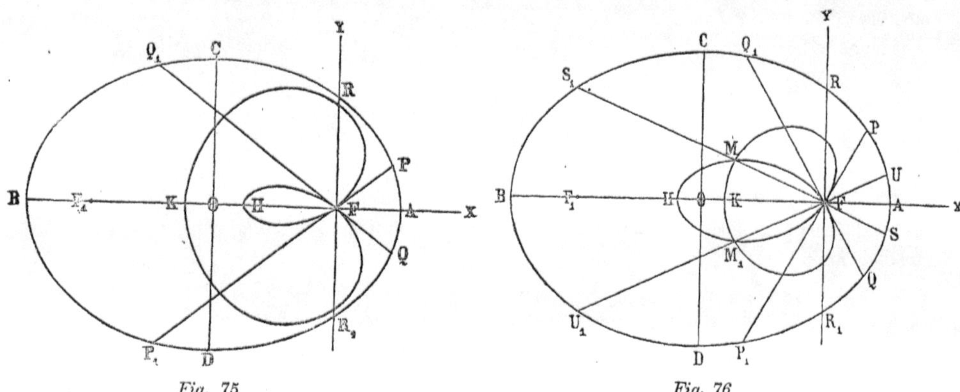

Fig. 75   Fig. 76

foyer et dont la longueur est égale au double de la valeur absolue de h; alors chacun des points M et M_1, situés au milieu de ces cordes, est un point de la conchoïde, correspondant aux deux points de l'ellipse qui forment les extremités de la corde qui passe par ce point, et il est par conséquent un point double de cette conchoïde.

335. Il résulte de tout ce qui précède et de la définition de *conchoïde*, que les courbes considérées admettent les formes qu'on va voir.

Si h est une quantité négative et sa valeur absolue est comprise entre $a - c$ et p, ou entre a et $a + c$, la courbe a la forme indiquée dans la figure 75, où $h = AK = BH$ et $FA < BH < FB$. Si la valeur absolue de h est comprise entre p et a, la courbe a la forme indiquée dans la figure 76, où $h = AK = BH$ et $FR < BH < AO$. Dans les deux cas, les abscisses des points H et K sont égales, respectivement, à $a - c + h$ et $-(a + c + h)$, et les tangentes au point F sont FP et FQ.

Si $h = c - a$ ou $h = -(c + a)$, le point H coïncide avec F_1, et la courbe possède un point de rebroussement en F *(fig. 77)*.

Si $h = -p = -$ FR, la courbe a la forme indiquée dans la figure 78. Alors les tangentes au point F coïncident avec l'axe des ordonnées.

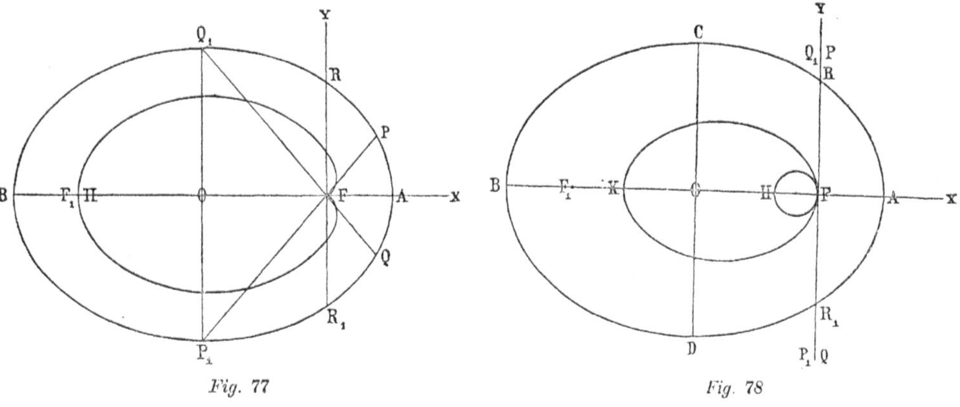

Si $h = -a$, la courbe a la forme indiquée dans la figure 79. Alors les points doubles M et M_1 qu'elle possède au cas correspondant à la figure 76, sont réunis à O.

Dans tous les autres cas la courbe est composée d'un ovale et d'un *point isolé* à F; alors elle n'a pas d'autres points doubles réels.

336. Étudions maintenant la *conchoïde focale de l'hyperbole*.

Comme l'équation polaire de cette conique, rapportée à l'un des foyers comme pôle, est

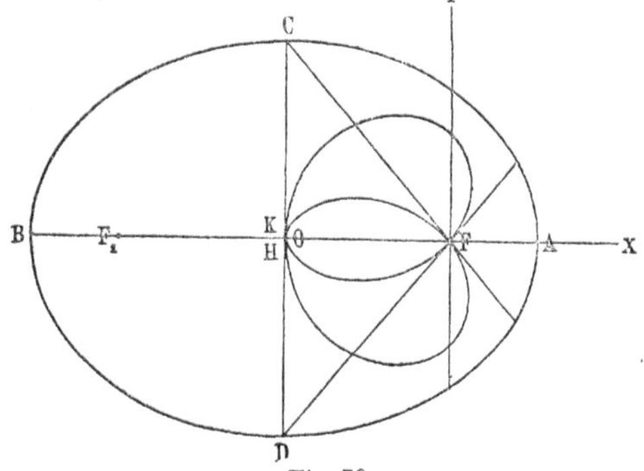

$$\rho_1 = \frac{p}{1 + e \cos \theta},$$

où

$$p = \frac{b^2}{a}, \quad e = \frac{\sqrt{a^2 + b^2}}{a} = \frac{c}{a},$$

$2a$ et $2b$ représentant les axes, p le paramètre et e l'excentricité, l'équation polaire de la *conchoïde focale* est

$$\rho = \frac{p}{1 + e \cos \theta} + h;$$

et l'équation cartésienne de la même courbe est donc

$$(x^2 + y^2 - hex)^2 = (x^2 + y^2)(p + h - ex)^2.$$

On voit au moyen de cette équation, en procédant comme dans le cas de la conchoïde de l'ellipse, que la courbe qu'elle représente a un *noeud* à l'origine des coordonnées F quand

$$(h - a - c)(h - a + c) > 0,$$

c'est-à-dire quand $h > a + c$ et quand $h < a - c$; et que la même courbe a un *point de rebroussement* à F quand $h = a + c$ et quand $h = a - c$, et un *point isolé* dans les autres cas.

On voit aussi aisément que les points ayant pour coordonnées

$$\left[x_1 = \frac{p + h}{e}, \quad \pm y_1 = \pm \sqrt{\frac{(p + h)(he^2 - p - h)}{e^2}} \right]$$

sont *doubles,* et que ces points sont *réels* lorsque $h \gtreqless a$ et lorsque $h \gtreqless -p$, et *imaginaires* dans les autres cas.

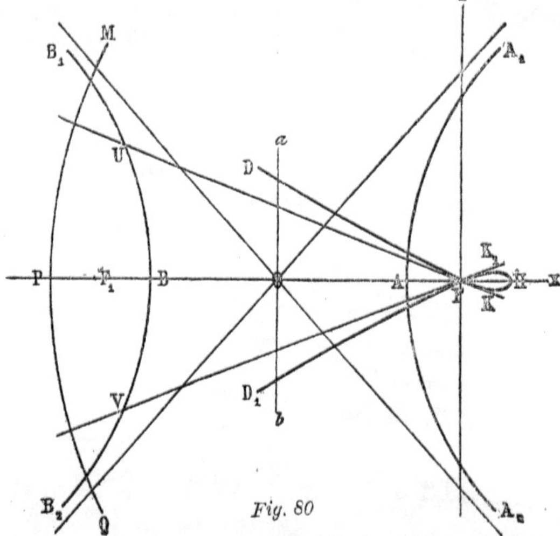

Fig. 80

La courbe est formée de deux branches infinies, correspodantes aux deux branches de l'hyperbole, lesquelles se coupent quand $h > a$ et sont tangentes l'une à l'autre si $h = a$. L'une de ces branches est MPQ *(fig. 80, 81 et 82)* et ressemble à celles de l'hyperbole. L'autre a la forme DFK HK₁ FD₁ indiquée dans la figure 80, quand $h > a + c$; elle a la forme DFK₁ HK FD₁ indiquée dans la figure 81, quand $h < a - c$ et $h \gtreqless -p$; et elle a la forme indiquée dans la figure 82, quand $h < a - c$ et $h < -p$. Si $h = a + c$ ou $h = a - c$, les points H et F coïncident, et la courbe a un *point de rebroussement* en F, comme dans le cas de la conchoïde de l'ellipse.

Si $h = -p$, la courbe prend dans 'es environs du point F une forme semblable à celle que prend la conchoïde elliptique dans les environs du point F de la figure 78 ; dans ce cas les deux tangentes en F à la courbe coïncident avec l'axe des ordonnées. Dans tous les autres cas, la deuxième branche de la conchoïde ressemble à celle de l'hyperbole dont elle dérive.

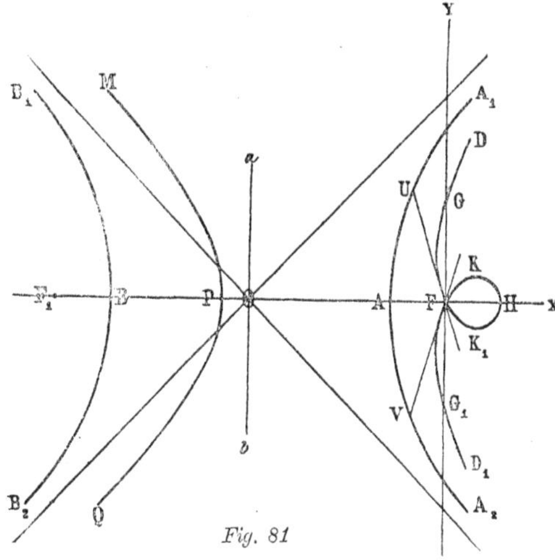

Fig. 81

337. Envisageons maintenant en particulier le cas de la *conchoïde elliptique* où $h = -a$ et le cas de la *conchoïde hyperbolique* où $h = a$.

L'équation des deux conchoïdes prend dans ce cas la forme

$$\rho = \frac{p}{1 + e\cos\theta} \mp a = \mp c\,\frac{c + a\cos\theta}{a + c\cos\theta},$$

laquelle coïncide avec celle des courbes rencontrées par Jarabek (*Mathesis,* t. v, p. 161) comme solution du problème suivant :

Soient M *(fig. 83)* un point d'une circonférence de centre C, A un point fixe du plan de

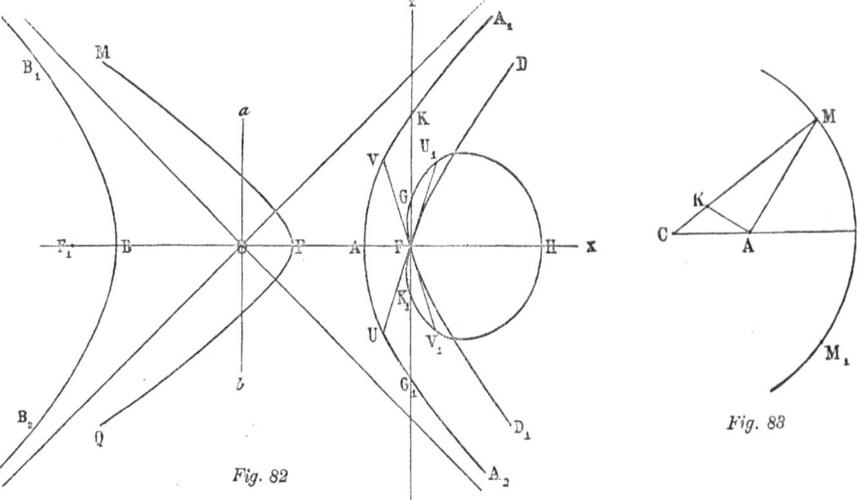

Fig. 82

Fig. 83

cette circonférence, AK une perpendiculaire à la droite AM, et K le point d'intersection de AK avec CM; on demande le lieu décrit par K, quand M parcourt la circonférence.

Pour déduire l'équation de ce lieu, désignons par a le rayon de la circonférence et par c la distance CA, et supposons que le point A soit situé à l'intérieur de la circonférence, c'est-à-dire qu'on ait $c < a$.

En représentant par ρ et θ_1 les coordonnées polaires CK et KCA, on trouve

$$KM^2 = (a - \rho)^2 = AK^2 + AM^2;$$

mais

$$AK^2 = \rho^2 + c^2 - 2\rho c \cos\theta_1, \quad AM^2 = a^2 + c^2 - 2ac \cos\theta_1;$$

donc

$$\rho = c\,\frac{c - a\cos\theta_1}{c\cos\theta_1 - a}$$

ou, en faisant $\theta_1 = \theta - \pi$,

$$\rho = -\,c\,\frac{c + a\cos\theta}{a + c\cos\theta}.$$

La courbe qui répond au problème est, par suite, la *conchoïde elliptique* correspondante à $h = -a$.

On verrait de même que, si $c > a$, c'est-à-dire si le point A est situé à l'extérieur de la circonférence, la courbe qui satisfait au même problème est la *conchoïde hyperbolique* correspondante à $h = a$.

Les courbes de Jarabek furent étudiées par M. Dewulf, qui en a remarqué l'identité avec les conchoïdes mentionnées (l. c., p. 113), et par M. Neuberg, qui a indiqué quelques problèmes de Géométrie à deux et à trois dimensions qui sont résolus par ces courbes.

337. Nous avons mentionné déjà l'équation de la conchoïde focale de la parabole au n.º 122, où l'on a vu que, si l'équation de la parabole est

$$\rho = \frac{p}{1 - \cos\theta},$$

p représentant le double de la distance du foyer à son sommet, l'équation cartésienne de la conchoïde focale correspondante est

$$(x^2 + y^2 + hx)^2 = (p + h + x)^2\,(x^2 + y^2).$$

Cette équation est identique à celle qui résulte de l'équation de la conchoïde elliptique en y posant $c = -1$. Pour obtenir les *points doubles* de la conchoïde parabolique, il suffit donc de faire $c = -1$ dans les formules par lesquelles on détermine ceux de la conchoïde elliptique. On voit ainsi que la *conchoïde focale de la parabole* possède un noeud, coïncidant avec le foyer de la parabole correspondante, quand $h < -\dfrac{p}{2}$, un *point de rebroussement* quand $h = -\dfrac{p}{2}$, un *point isolé* quand $h > -\dfrac{p}{2}$. Elle possède, en outre, deux autres *points doubles* ayant pour coordonnées

$$[-(p+h), \quad \pm\sqrt{-p\,(p+h)}],$$

lesquels sont réels quand $h < -p$ et quand $h = -p$, et imaginaires quand $h > -p$.

Voici maintenant les formes que peut prendre la conchoïde focale de la parabole $NMAM_1N_1$ *(fig. 84, 85 et 86)*, dont le foyer est F.

1.º Si $h > -\dfrac{p}{2}$, $\dfrac{p}{2}$ représentant la distance AF, la courbe est composée d'une branche

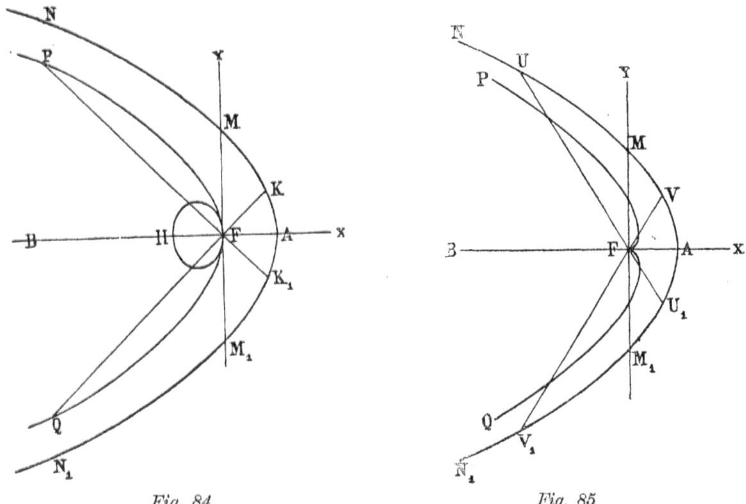

Fig. 84 Fig. 85

de configuration analogue à celle de la parabole correspondante et d'un *point isolé* coïncidant avec F.

2.º Si $h = -p$, la conchoïde considérée a la forme indiquée dans la figure 84. La courbe a alors à F un *noeud d'osculation* et les tangentes à ce noeud coïncident avec la perpendiculaire à l'axe de la courbe.

3.º Si h est compris entre $-\dfrac{p}{2}$ et $-p$, la conchoïde a une forme que ne diffère pas de celle qui précède que par la forme du noeud, lequel est semblable à celui que possède la conchoïde de l'ellipse dans le cas considéré dans la figure 75.

4.º Si $h = -\dfrac{p}{2}$, la conchoïde considérée a un point de rebroussement à F *(fig. 85)*.

5.º Si $h < -p$, la courbe a la forme indiquée dans la figure 86.

Dans tous ces cas, la courbe s'étend jusqu'à l'infini dans le sens des abscisses négatives. Mais il convient de remarquer que entre les modes comme la conchoïde hyperbolique et la conchoïde parabolique tendent vers l'infini, il existe une différence essentielle. En effet, la conchoïde de l'hyperbole possède deux asymptotes rectilignes, qui coïncident avec celles de la conique correspondante; au contraire, la conchoïde de la parabole n'a pas d'asymptotes à distance finie. Cependant cette dernière conchoïde admet pour asymptote curviligne la parabole dont elle provient.

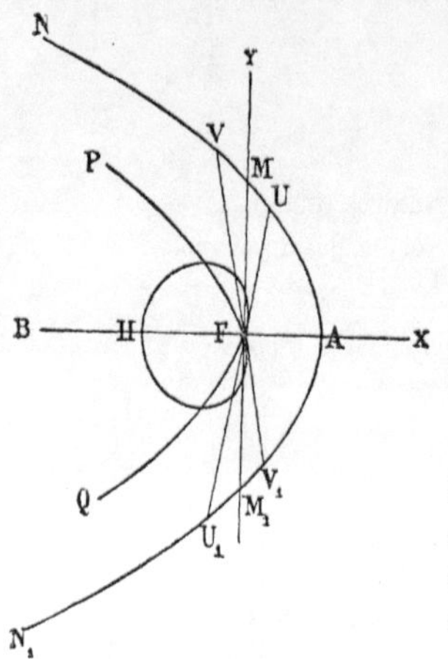

Fig. 86

339. Les courbes qu'on vient de considérer et le limaçon de Pascal sont les seules conchoïdes des coniques dont l'équation est du quatrième degré. Dans tous les autres cas, l'équation de la conchoïde d'une conique est une courbe du sixième ou du huitième degré.

En effet, en prenant pour origine des coordonnées un point quelconque du plan de la conique et pour axe une droite parallèle à un axe de la même conique, l'équation polaire de cette courbe prend la forme

$$(A \cos^2 \theta + B \sin^2 \theta) \rho^2 + (D \cos \theta + E \sin \theta) \rho + F = 0.$$

L'équation de la conchoïde correspondante est donc

$$(A \cos^2 \theta + B \sin^2 \theta)(\rho + h)^2 + (D \cos \theta + E \sin \theta)(\rho + h) + F = 0.$$

Or, cette équation représente deux courbes, distinctes ou coïncidentes, quand elle est décomposible rationnellement en deux facteurs du premier degré par rapport à ρ, c'est-à-dire quand l'équation de la conique est susceptible de cette même décomposition; dans les autres cas l'équation considérée représente une seule courbe.

L'équation de la conique est décomposible de la manière mentionnée quand l'origine des coordonnées coïncide avec un foyer de la conique, et quand on a $F = 0$, c'est-à-dire quand cette origine est située sur la conique. Dans le premier cas, on a les conchoïdes focales qu'on vient d'étudier. Dans le second cas, la conchoïde de la conique est représentée par l'équation

$$(A \cos^2 \theta + B \sin^2 \theta)(\rho + h) + D \cos \theta + E \sin \theta = 0,$$

ou, en coordonnées cartésiennes,

$$(Ax^2 + By^2 + Dx + Ey)^2 (x^2 + y^2) = h^2 (Ax^2 + By^2)^2,$$

d'où il résulte qu'elle est une courbe du *sixième ordre* quand A est différent de B. Mais, si A $=$ B, cette équation se décompose dans celle d'un cercle de rayon nul et celle du limaçon de Pascal.

Dans les autres cas, la conchoïde est une courbe du *huitième ordre,* représentée par l'équation

$$[(Ax^2 + By^2)(x^2 + y^2 + h^2) + (Dx + Ey + F)(x^2 + y^2)]^2 = h^2(x^2 + y^2)[2(Ax^2 + By^2) + Dx + Ey]^2,$$

quand les constantes A et B sont différentes, et elle est une courbe du *sixième ordre,* quand A $=$ B, c'est-à-dire quand la conique se réduit à un cercle. Dans ce dernier cas, l'équation de la conchoïde peut être réduite à la forme

$$(x^2 + y^2 + D_1 x + h^2 + F)^2(x^2 + y^2) = h^2[2(x^2 + y^2) + D_1 x]^2,$$

par un changement de la direction des axes des coordonnées.

XIII.

Notice succincte sur l'origine et le développement de la théorie des quartiques.

340. Après avoir consacré les chapitres IV et V à l'étude de quelques-unes des quartiques les plus remarquables et du plus grand intérêt, nous terminerons la partie de cet ouvrage destinée spécialement à ces courbes par quelques indications succinctes des écrits les plus importants concernant l'origine et le développement de la théorie générale des mêmes courbes.

L'étude des courbes du quatrième ordre est la continuation immédiate et l'extension naturelle de celle des courbes du troisième ordre, entreprise et fondée, comme d'ailleurs nous l'avons déjà remarqué, par Newton dans sa célèbre *Enumeratio.* Mais, comme la nouvelle étude est beaucoup plus difficile et complexe, ses progrès ne furent pas aussi rapides que ceux que la première avait réalisés en peu de temps; et aujourd'hui encore le chapitre de la Géométrie des courbes relatif aux quartiques ne possède pas entièrement l'organisation systématique harmonieuse et parfaite de celui des cubiques. Cela se comprend aisément, car le nombre des formes qu'il faut considérer dans les quartiques dépasse notablement celui des cubiques, et les difficultés de l'analyse qu'il faut employer pour l'étude des premières courbes sont aussi très supérieures à celle des cubiques.

Les quartiques furent envisagées d'abord par Maclaurin dans sa *Geometria organica,* publiée en 1730; et presque simultanément par Bragelongue en trois mémoires présentés à l'Académie des Sciences de Paris en 1730, 1731 et 1732. Quelque temps après le même sujet fut considéré par Euler dans le chapitre XI du tome II de son *Introductio in analysin infinitorum,* et par Cramer dans son *Introduction à l'analyse des lignes courbes,* qui ont donné les premières classifications de ces courbes, basées, comme celle de Newton pour les cubiques, sur la nature des points situés à l'infini.

Le classement des quartiques suivi par Euler fut examiné et corrigé de quelques erreurs par Plücker dans un mémoire inséré au tome I du *Journal de Liouville;* et postérieurement ce géomètre, lui-même, a établi une autre classement beaucoup plus parfait des mêmes courbes, basé sur la nature des points singuliers, dans sa *Theorie der algebraichen Curven* (Bonn, 1839).

Le problème de l'énumération systématique des formes qui représentent les quartiques a été étudié de nouveau, d'une manière profonde et avec de richesse de details, par Zeüthen dans un remarquable écrit inséré au tome VII, p. 140, des *Mathematische Annalen.* Un précieux complément à cette étude est une brouchure parue récemment à New-York sous le titre: *On the forms of the Plane Quartic Curves,* dont l'auteur est M. R. Gentry, et où l'on trouve exposés et commentés les résultats obtenus par l'éminent géomètre danois dans le mémoire qu'on vient de mentionner.

Dans le classement des quartiques adopté par Zeüthen, dont nous venons de faire mention, jouent un rôle fondamental non seulement les points singuliers de ces courbes, mais aussi les *bitangen'es* aux mêmes courbes. Ces droites singulières n'existent pas dans les cubiques, et leur étude, dans le cas des quartiques, a donné l'origine à de beaux et importants travaux, parmi lesque's, par son rôle fondamental, nous devons citer un de Steiner, inseré au tome XLIX du *Journal de Crelle,* et ceux de O. Hesse, insérés aux tomes XLIX, LII et LV du même recueil.

Le classement des quartiques au moyen de leurs *points singuliers* doit être naturellement précédé d'une étude approfondie de ces points, en commençant pour observer que, dans les quartiques il existe non seulement des *points singuliers* de la même nature que ceux que nous avons rencontrés dans les cubiques, lesquels sont dits *ordinaires,* mais encore d'autres points singuliers d'un *ordre plus élevé.* L'énumération de ces nouveaux points et la détermination de l'équivalence de chacun d'eux avec un certain nombre de *points ordinaires* sont des questions primordiales étudiées par Cayley en plusieurs travaux remarquables publiés dans le tome V des *Mathematical Papers.*

Parmi les questions relatives aux points singuliers qui ont attiré l'attention des géomètres, nous mentionnerons celle de la disposition des points d'inflexion et celle de la détermination du nombre des points *réels* de cette catégorie. La première de ces questions a été étudiée par M. Brill en plusieurs écrits intéressants publiés dans les *Mathematische Annalen* (t. XII, p. 90; XIII, p. 103, 175 et 517), où sont considérées les quartiques à point double; elle n'a pas eu de solution satisfaisante jusqu'à présent pour les quartiques dépourvues de points doubles. La deuxième question fut envisagée par Zeüthen (l. c.), qui a montré que *les courbes du quatrième ordre, sans points doubles, possèdent huit points d'inflexion réels.*

En terminant ces indications très succintes sur la théorie générale des quartiques, nous ajouterons que dans l'ouvrage magistral de Salmon, *Courbes planes,* déjà cité ici souvent, est consacré à cette théorie un chapitre substantiel par lequel on en peut aborder l'étude.

CHAPITRE VI.

SUR QUELQUES COURBES DU SIXIÈME ET DU HUITIÈME ORDRE.

I.

La courbe de Watt.

341. La *courbe de Watt* est engendrée par un point M du côté BC d'un *quadrilatère articulé* ABCD *(fig. 87)*, quand AB, BC et CD varient, le côté AD restant fixe. Cette courbe joue, en effet, un rôle important dans la théorie de l'artifice cinématique pour la transmission du mouvement dans les machines à vapeur inventé à la fin du XVIIIe siècle par le célèbre ingénieur J. Watt.

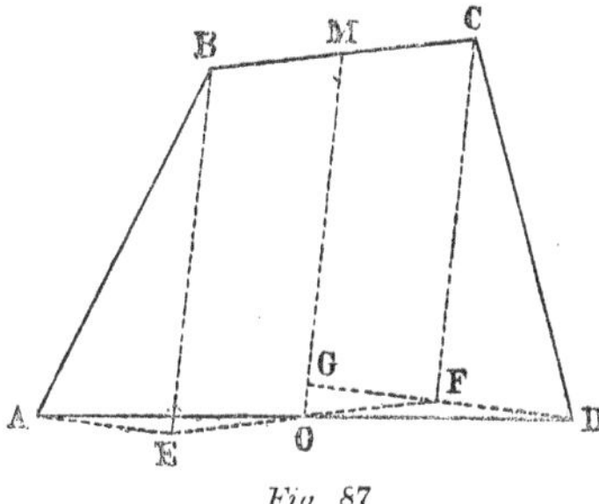

Fig 87

La courbe qu'on vient de définir a été considérée par un grand nombre de géomètres. Ainsi, elle fut étudiée par Prony dans sa *Nouvelle Architecture hydraulique* (Paris, 1796); par Hachette dans son *Histoire des machines à vapeur,* où est donnée l'équation de cette courbe; par Vincent dans les *Mémoires de la Société Royale des Sciences de Lille,* 1837, et dans les *Nouvelles Annales de Mathématiques* (t. VII, p. 64, 1848); par S. Roberts, Cayley et Clifford dans les *Proceedings of the London mathematical Society* (1876 et 1878); par Lacolonge dans les *Mémoires de la Société des Sciences physiques et naturelles de Bordeaux* (1885, p. 101); etc.

Dans l'étude que nous allons faire de la courbe de Watt, nous supposerons que les côtés AB et CD du quadrilatère sont égaux et que le point M est situé au milieu de BC. On pourrait obtenir aisément l'équation générale de la courbe, mais elle est assez compliquée pour qu'elle soit utilisable, et, pour l'étudier dans les autres cas, on a besoin de recourir aux méthodes graphiques et cinématiques, qui n'entrent pas dans autre plan.

342. On peut obtenir aisément l'équation de la courbe de Watt, quand $AB = CD$ et $BM = MC$, par le procédé suivant, employé par Catalan (*Mathesis,* 1885, p. 154).

Soient MO la droite qui passe par le milieu de BC et AD; BE et CF deux parallèles à MO; et EF une parallèle à BC. Comme les triangles AEO et OFD sont égaux, et, par conséquent, les droites AE et FD sont parallèles et égales, les triangles AEB et FCD sont aussi égaux. Les angles AEB et DFC sont donc égaux et en même temps supplémentaires, et par suite ils sont droits.

Cela posé, faisons $AO = a$, $BM = c$, $AB = b$, et supposons que ρ et θ représentent les coordonnées polaires OM et MOD du point M, rapportées au point O comme pôle et à la droite OD comme axe. En envisageant les triangles rectangles CDF, ODG et OFG, on obtient les relations

$$\rho^2 = b^2 - \mathrm{FD}^2, \quad \mathrm{DG} = a \sin\theta, \quad \mathrm{FG}^2 = c^2 - a^2 \cos^2\theta,$$

dont il résulte que l'*équation polaire* de la *courbe de Watt* est

$$\rho^2 = b^2 - [a \sin\theta - \sqrt{c^2 - a^2 \cos^2\theta}]^2,$$

où θ doit varier depuis $-\pi$ jusqu'à π; ou

$$\rho^2 = b^2 - [a \sin\theta \pm \sqrt{c^2 - a^2 \cos^2\theta}]^2,$$

où θ doit varier seulement depuis 0 jusqu'à π.

En posant dans cette équation $x = \rho \cos\theta$, $y = \rho \sin\theta$, on obtient l'*équation cartésienne* de la courbe considérée (Lacolonge, l. c.):

$$(x^2 + y^2)^3 - 2\mathrm{B}^2 (x^2 + y^2)^2 + (\mathrm{B}^4 + 4a^2y^2)(x^2 + y^2) - 4a^2b^2y^2 = 0,$$

où

$$\mathrm{B}^2 = a^2 + b^2 - c^2;$$

cette courbe est donc du *sixième ordre*.

Nous remarquerons ici qu'on pourrait arriver à l'équation générale de la courbe de Watt, et par suite à celle qu'on vient d'obtenir, par une voie purement analytique, en exprimant que les distances de B à A, de C à D, de M à B et de M à C sont égales à des quantités données et que le point M est situé sur la droite BC. On obtient ainsi cinq équations, où entrent les coordonnées (x, y) du point M et les coordonnées (x', y') et (x'', y'') des points B et C. En éliminant les quatre dernières coordonnées entre ces équations, on trouve l'équation du lieu de M. Nous ne reproduirons pas ici l'analyse par laquelle on obtient cette résultante; on la peut voir dans le deuxième écrit de Vincent mentionné ci-dessus.

343. La forme de la courbe envisagée peut être déterminée aisément au moyen de l'équation polaire de cette courbe, en tenant en même temps compte du mode comme elle est engendrée. On voit d'abord *(fig. 88)* que la courbe est symétrique par rapport aux axes des

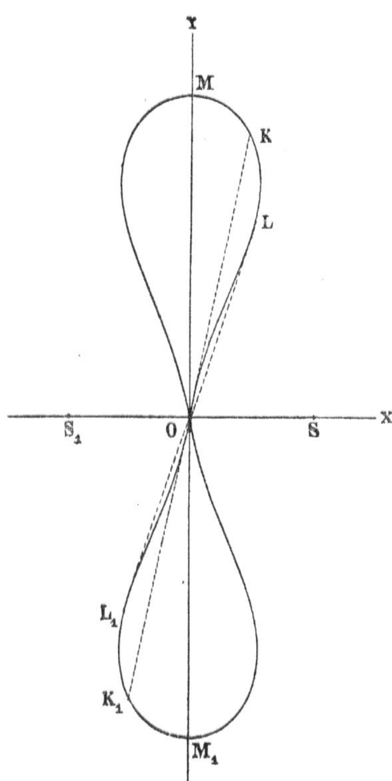

coordonnées; qu'elle a un point double à l'origine O; qu'elle coupe perpendiculairement l'axe des ordonnées en deux points réels M et M_1, déterminés par l'équation

$$\rho^2 = b^2 - (a - c)^2,$$

et en deux points imaginaires; et qu'elle coupe l'axe des abscisses en deux points S et S_1, déterminés par l'équation

$$\rho^2 = a^2 + b^2 - c^2 = B^2,$$

où les tangentes forment avec cet axe des angles ω donnés par la relation

$$\tang \omega = \pm \frac{B^2}{a\sqrt{c^2 - a^2}};$$

ces derniers points sont *réels,* mais *isolés,* quand on suppose, comme dans le problème de Mécanique qui a donné l'origine à l'étude de cette courbe, qu'on a $a > c$. On voit aussi que la courbe n'a pas de branches infinies et que sa forme se ressemble à celle d'un huit, quand les côtés du

Fig. 88

quadrilatère peuvent prendre la position indiquée dans la figure 89, où le milieu de BC coïncide avec le milieu de AD, ce qui arrive seulement quand les trois segments $a,$ b et c peuvent former un triangle. Nous considérons seulement ce cas, qui est celui qui est applicable à la théorie des machines à vapeur.

En cherchant au moyen de l'équation polaire de la courbe les valeurs que prend θ lorsque $\rho = 0$, et en représentant par θ' ces

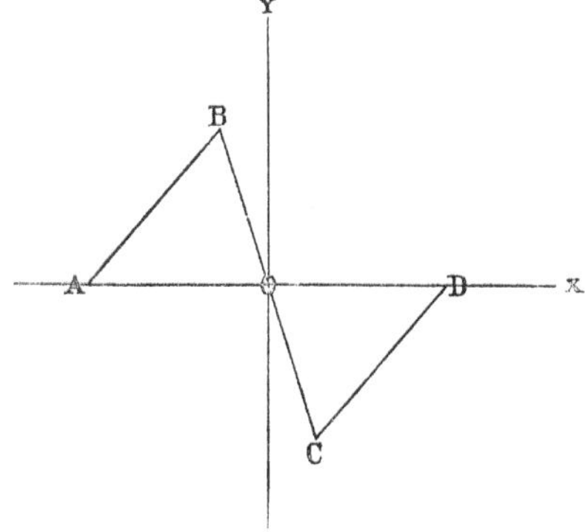

Fig. 89

valeurs, on a la formule

$$\sin \theta' = \frac{B^2}{2ab},$$

qui détermine les angles formés par les tangentes à la courbe à l'origine avec l'axe des abscisses. Mais, à chaque valeur de θ' donnée par cette équation, il correspond pour ρ non seulement la valeur $\rho = 0$, mais encore les valeurs déterminées par l'équation

$$\rho^2 = \frac{b^4 - (a^2 - c^2)^2}{b^2} = \frac{(b^2 - a^2 + c^2)(b^2 + a^2 - c^2)}{b^2},$$

lesquelles sont *réelles* quand on suppose, comme dans le problème de Watt, $b^2 + c^2 > a^2$. On en conclut que chacune des tangentes à la courbe considérée à l'origine des coordonnées coupe cette courbe en deux autres points K et K_1 *(fig. 88)*.

Pour déterminer le point L où l'angle formé par le vecteur d'un point de la courbe avec OX devient *minime,* on peut employer l'équation

$$c^2 = a^2 \cos^2 \theta,$$

qui exprime que les deux valeurs de ρ correspondantes à une même valeur de θ sont égales. En représentant donc par θ'' cet angle, on a

$$\cos \theta'' = \frac{c}{a},$$

et ensuite, pour déterminer la valeur du vecteur du point cherché,

$$\rho^2 = b^2 + c^2 - a^2.$$

La même courbe possède deux points d'inflexion à son centre; elle possède encore évidemment deux autres entre O et L, dans le quart MKO de la courbe, et six autres dans les restants quarts.

Dans l'application du quadrilatère articulé aux machines à vapeur il faut donner aux côtés de ce quadrilatère des dimensions telles que l'intervalle dans lequel la courbe engendrée par M se confond sensiblement avec les tangentes au point d'inflexion O, soit assez grand; et par ce motif la courbe considérée est désignée souvent par le nom de *courbe à longue inflexion.* Le problème qui a pour but de déterminer ces dimensions de manière à obtenir le meilleur résultat possible, problème qui fut considéré par Watt, ne peut être résolu qu'approximativement. On en trouve une solution géométrique dans l'important ouvrage de M. Haton de La Goupillière intitulé: *Traité des mécanismes* (Paris, 1864, p. 193), et dans l'écrit de Lacolonge mentionné ci-dessus la même question est examinée analytiquement.

344. Dans l'étude qu'on vient de faire de la courbe de Watt, on a supposé que les paramètres a, b et c satisfont à des conditions imposées par le problème de Mécanique qui a amené à son étude. Mais, quand ces paramètres ne satisfont aux conditions mentionnées, la courbe peut être étudiée de la même manière, en tenant compte des remarques suivantes sur la nature des points singuliers que la courbe possède.

1.º L'origine des coordonnées est un *point double,* où les tangentes forment avec l'axe des abscisses des angles dont les valeurs θ' sont déterminées par l'équation

$$\sin \theta' = \pm \frac{B^2}{2ab},$$

où l'on doit employer le signe supérieur quand B^2 est une quantité positive, et le signe inférieur dans le cas contraire.

La courbe possède donc à l'origine un *noeud* si $4a^2 b^2 > B^2$, et un *point isolé* quand $4a^2 b^2 < B^2$.

2.º Les points ayant pour coordonnées $(\pm B, 0)$ sont *doubles,* et les tangentes à la courbe en ces points forment avec l'axe des abscisses les angles ω déterminés par la formule

$$\tan \omega = \pm \frac{B^2}{a\sqrt{c^2 - a^2}};$$

la courbe a donc à chacun de ces points un *noeud réel* quand $B^2 > 0$ et $c > a$, et un *noeud imaginaire* quand $B^2 < 0$ et $c > a$; si $c < a$, les points considérés sont *isolés.*

Il convient d'ajouter encore que la courbe a six asymptotes, dont les équations sont

$$y = \pm ix, \quad y = \pm i(x + a), \quad y = \pm i(x - a),$$

et qu'elle possède *deux points triples imaginaires à l'infini.*

Il est à remarquer le cas particulier où $a = c$. Alors l'équation polaire de la courbe est

$$\rho^2 = b^2 - 4a^2 \sin^2 \theta,$$

et par conséquent la courbe engendrée par M est une *lemniscate elliptique* (n.º 189) quand $b > 2a$, une *lemniscate hyperbolique* (n.º 198) quand $b < 2a$, et est composée de deux *cercles* quand $b = 2a$. Si $b = a\sqrt{2}$, cette équation devient

$$\rho^2 = 2a^2 (1 - 2\cos^2 \theta) = 2a^2 \cos 2\theta;$$

la courbe considérée est donc alors une *lemniscate de Bernoulli* (n.º 205). Cette manière d'engendrer la lemniscate de Bernoulli a été donnée par Carbonnelle dans la *Nouvelle Correspondance mathématique* (1879, p. 249 et 233).

Avant de passer à l'étude d'une autre courbe, il convient de remarquer que le problème de la transformation du mouvement circulaire en mouvement rectiligne, dont Watt a donné une solution approchée au moyen du quadrilatère articulé considéré ci-dessus, fut résolu rigoureusement par Peaucellier en 1864 au moyen d'un appareil formé aussi par des tiges articulées (*Nouvelles Annales de Mathématiques,* 2.ᵉ série, t. III, p. 414, 1864; t. XII, p. 71, 1873), et que ce géomètre a fait connaître des appareils de la même nature pour le tracé mécanique des coniques, du limaçon et de la cissoïde. L'invention de Peaucellier a été l'origine d'une série d'études de Sylvester, Hart, Clifford et S. Roberts, publiées dans le *Messenger of Mathematics* (t. IV et V), et d'un écrit de Mannheim, inséré au *Bulletin de la Société mathématique de France,* consacrés au tracé mécaniques des courbes au moyen des systèmes articulés. Nous ne nous arrêterons pas sur la description des divers appareils qu'on a employés dans ce but, et nous renvoyons pour son étude à l'intéressant opuscule de M. Neuberg intitulé: *Sur quelques systèmes de tiges articulés; tracé mécanique des lignes* (Liège, 1886).

II.

L'astroïde.

345. On désigne par le nom d'*astroïde* la courbe qui enveloppe les droites qui coupent les côtés OA et OB *(fig. 90)* d'un angle droit de manière que la longitude du segment *ao,* compris entre ces côtés, soit constante.

Pour obtenir l'équation de cette courbe, prenons les droites OA et OB pour axes des coordonnées et remarquons que l'équation de la droite *ao* est

$$\frac{x}{\alpha} + \frac{y}{\beta} = 1,$$

α et β représentant, respectivement, les segments Oa et Oo, et qu'on a

$$\alpha^2 + \beta^2 = l^2,$$

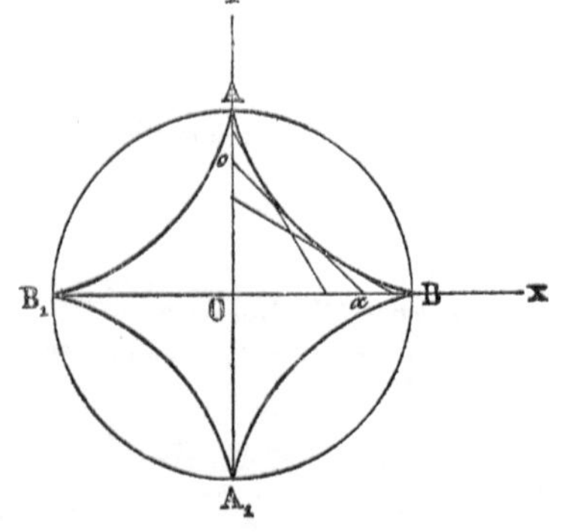

Fig. 90

l représentant le segment *ao.*

L'équation de l'enveloppe cherché résulte donc de l'élimination de α, β et $\dfrac{d\beta}{d\alpha}$ entre ces équations et celles-ci:

$$\frac{x}{\alpha^2} d\alpha + \frac{y}{\beta^2} d\beta = 0, \quad \alpha d\alpha + \beta d\beta = 0.$$

Pour faire cette élimination, remarquons que les deux dernières équations donnent

$$\frac{x}{\alpha^3} = \frac{y}{\beta^3},$$

et que par suite, si l'on pose

$$\frac{x}{\alpha^3} = \frac{y}{\beta^3} = \lambda,$$

la première équation se transforme dans celle-ci:

$$\lambda\alpha^2 + \lambda\beta^2 = 1,$$

dont il résulte, en tenant compte de l'identité $\alpha^2 + \beta^2 = l^2$, $\lambda = l^{-2}$.

On a donc

$$\alpha = \left(\frac{x}{\lambda}\right)^{\frac{1}{3}} = (l^2 x)^{\frac{1}{3}}, \quad \beta = \left(\frac{y}{\lambda}\right)^{\frac{1}{3}} = (l^2 y)^{\frac{1}{3}},$$

et par suite

$$(1) \qquad x^{\frac{2}{3}} + y^{\frac{3}{2}} = l^{\frac{2}{3}},$$

qui est l'équation cartésienne de la courbe considérée.

L'équation qu'on vient d'obtenir peut encore prendre la forme

$$(x^2 + y^2 - l^2)^3 + 27 l^2 x^2 y^2 = 0,$$

d'où il résulte que l'*astroïde* est une courbe du *sixième ordre*.

346. En partant de l'équation (1) et en tenant compte des relations

$$y' = -\left(\frac{y}{x}\right)^{\frac{1}{3}}, \quad y'' = -\frac{1}{3}\left(\frac{x}{y}\right)^{\frac{2}{3}} \cdot \frac{xy' - y}{x^2},$$

on détermine aisément la forme de la courbe. Elle est symétrique par rapport aux axes des coordonnées et aux bissectrices des l'angles de ces droites, et possède quatre points de rebroussement *(fig. 90)* A, A₁, B, B₁, situés à la distance l du centre O; elle a, en outre, quatre *noeuds* imaginaires, dont les coordonnées sont

$$x = \pm il, \quad y = \pm il,$$

QQ

et deux points de rebroussement imaginaires à l'infini, et elle ne possède pas de points d'inflexion.

L'ordonnée Y_0 du point où la courbe coupe l'axe des ordonnées, la sous-tangente, la sous-normale et les longueurs de la tangente et de la normale sont exprimées par les formules

$$Y_0 = (l^2 y)^{\frac{1}{3}}, \quad S_t = -(y^2 x)^{\frac{1}{3}}, \quad S_n = -\left(\frac{y^4}{x}\right)^{\frac{1}{3}},$$

$$T = (y^2 l)^{\frac{1}{3}}, \quad N = y \left(\frac{l}{x}\right)^{\frac{1}{3}}.$$

347. En comparant l'équation de la tangente à l'astroïde,

$$x^{\frac{1}{3}} Y + y^{\frac{1}{3}} X - (l^2 xy)^{\frac{1}{3}} = 0,$$

à l'équation

$$uY + vX + 1 = 0,$$

on obtient les relations

$$u = -(l^2 y)^{-\frac{1}{3}}, \quad v = -(l^2 x)^{-\frac{1}{3}},$$

dont il résulte, en tenant compte de (1), l'*équation tangentielle* de l'astroïde

$$\frac{1}{u^2} + \frac{1}{v^2} = l^2 \,;$$

cette courbe est donc de la *quatrième classe*.

348. On trouve aisément, en appliquant la formule générale correspondante à cette question, que le rayon de courbure R de l'astroïde au point (x, y) est déterminé par l'équation

$$R^3 = 27 lxy.$$

La développée de la même courbe peut être obtenue aisément, en remarquant d'abord que l'astroïde peut être représentée par les équations

$$(2) \qquad x = l \sin^3 t, \quad y = l \cos^3 t,$$

t étant une nouvelle variable indépendante ; ces valeurs de x et y vérifient, en effet, l'équation (1). En partant de ces relations et en appliquant des formules de Calcul différentiel bien connues, on trouve que les coordonnées (x_1, y_1) du point de la développée correspondant au point (x, y) sont déterminées par les formules

$$x_1 = l \sin^3 t + 3l \cos^2 t \sin t, \quad y_1 = l \cos^3 t + 2l \sin^2 t \cos t,$$

ou, en prenant pour nouveaux axes des coordonnées les bissectrices des angles formés par les axes primitifs,

$$x_2 = \frac{\sqrt{2}}{2}(x_1 - y_1) = \frac{\sqrt{2}}{2} l (\sin t - \cos t)^3 = 2l \sin^3\left(t - \frac{\pi}{4}\right),$$

$$y_2 = \frac{\sqrt{2}}{2}(x_1 + y_1) = \frac{\sqrt{2}}{2} l (\sin t + \cos t)^3 = 2l \cos^3\left(t - \frac{\pi}{4}\right),$$

ou, en faisant $t = t_1 + \dfrac{\pi}{4}$,

$$x_2 = 2l \sin^3 t_1, \quad y_2 = 2l \cos^3 t_1.$$

On voit, au moyen de ces équations, que *la développée de l'astroïde est une autre astroïde ayant le même centre que la première et inscrite dans un cercle de rayon double de celui où est inscrite la première. Les droites passant par le centre et par ses points de rebroussements forment des angles de 45° avec les droites passant par le centre et par les points de rebroussement de l'astroïde donnée.*

349. La valeur de l'aire comprise entre l'astroïde, l'axe des ordonnées et le vecteur du point (x, y) peut être calculée par la formule

$$A = \frac{1}{2}\int_0^l (ydx - xdy) = \frac{3}{8} l^2 \int_0^t \sin^2 2t\, dt = \frac{3}{16} l^2 \left(t - \frac{1}{4}\sin 4t\right).$$

En posant $t = \dfrac{\pi}{2}$ et en multipliant le résultat par 4, on voit que l'aire de l'astroïde est égale à $\dfrac{3}{8}\pi l^2$.

350. La longueur de chacun des arcs de l'astroïde compris entre les points correspondants aux abscisses 0 et x est donnée par la formule

$$s = \int_0^t \sqrt{dx^2 + dy^2} = 3l \int_0^t \sin t \cos t\, dt = \frac{3}{2} l \sin^2 t = \frac{3}{2} (lx^2)^{\frac{1}{3}};$$

donc, *la longueur de l'arc de l'astroïde compris entre les points $(0, l)$ et (x, y) est proportionelle au carré de l'abscisse x.*

La longueur de l'arc compris entre deux poin's de rebroussement est égale à $\frac{3}{2}\,l$ (Jean Bernoulli: *Opera omnia, t.* III, p. 446).

Il résulte de la dernière formule et de l'égalité $R = 3l \sin t \cos t$, en éliminant t, l'*équation intrinsèque* de l'astroïde, savoir

$$R^2 = 6ls - 4s^2.$$

En remplaçant s par $s + \frac{3}{4}\,l$, cette équation peut être réduite à la forme

$$R^2 + 4s^2 = \frac{9}{4}\,l^2.$$

Il résulte encore des formules précédentes que, si l'on représente par (x', y') les coordonnées du centre de gravité d'un arc de l'astroïde compris entre le point A et un point quelconque de l'arc BA, et par s la longueur de cet arc, on a, en appliquant des formules de Mécanique bien connues,

$$sx' = \int_0^s x\,ds = 3l^2 \int_0^t \sin^4 t \cos t\,dt = \frac{3}{5}\,l^2 \sin^5 t,$$

$$sy' = \int_0^s y\,ds = 3l^2 \int_0^t \cos^4 t \sin t\,dt = \frac{3}{5}\,l^2(1 - \cos^5 t).$$

Si s représente le quart BA de la courbe, on a $s = \frac{3}{2}\,l$, et par conséquent $x' = \frac{2}{5}\,l$, $y' = \frac{2}{5}\,l$. *Le centre de gravité de l'arc AB est donc situé sur la bissectrice de l'angle* AOB *à distance du centre* O *égale à* $\frac{2}{5}\,l\sqrt{2}$.

Les résultats qu'on vient d'obtenir furent indiqués par M. Haton de La Goupillière dans un Mémoire sur la recherche des centres de gravité des courbes et des surfaces qu'il a publié dans le cahier XLIII, p. 141, du *Journal de l'École Polytechnique de Paris*. Ils sont des corollaires de théorèmes généraux sur les arcs et les centres de gravité des courbes cycloïdales, donnés par cet éminent géomètre dans ce beau mémoire, théorèmes qu'on verra plus loin.

351. L'astroïde fut étudiée par Jean Bernoulli au lieu mentionné ci-dessus, où il en a obtenu l'équation, la forme et la longueur. La même courbe fut aussi considérée par D'Alembert dans le volume correspondant à 1748 des *Mémoires de l'Académie des Sciences de Paris* et dans ses *Opuscules* (t. IV, n.° XXIII). Le nom par lequel cette courbe est connue lu a été donné par Amstein (*Société vaudaise des Sciences naturelles, t.* XV, p. 175).

Le nombre des travaux qu'on a consacré à l'astroïde est considérable. On peut voir dans les *Nouvelles Annales de Mathématiques* (2.ᵉ série, t. XIII, p. 534 et t. XIV, p. 94) une intéressante notice de M. Haton de La Goupillière sur ces travaux, dont plusieurs se rapportent à des modes d'engendrer cette courbe. Parmi ces manières de l'obtenir nous mentionnerons celles-ci:

1.º *L'enveloppe d'une ellipse variant de manière que le centre, les directions des axes et la somme des dimensions des mêmes axes reste constante, est l'astroïde.*

2.º *L'astroïde est le lieu du sommet d'une parabole qui roule sur deux droites perpendiculaires l'une à l'autre, en se déformant de manière que le foyer décrive une circonférence autour du point d'intersection de ces deux droites* (Bispal: *Nouvelles Annales de Mathématiques*, 2.ᵉ série, t. IV, p. 331).

3.º *Le lieu des points qui ont pour coordonnées orthogonales les rayons de courbure d'une ellipse aux extrémités de ses diamètres conjugués, est l'astroïde* (Brassine, *Nouvelles Annales de Mathématiques*, 2.ᵉ série, t. II, p. 12).

D'autres modes d'engendrer l'astroïde ont été donnés par Pigeon (*Nouvelles Annales de Mathématiques*, 2.ᵉ série, t. III, p. 60); par Lemoine (l. c., t. XIII, p. 334); par Barbarin (l. c., t. XIV, p. 328); etc.

La courbe qu'on vient d'étudier sera retrouvée plus loin, dans le chapitre consacré aux courbes *cycloïdales,* où l'on verra *qu'elle est le lieu décrit par un point d'une circonférence de rayon égal à* $\frac{1}{4}$ *l roulant intérieurement sur la circonférence d'un cercle fixe de rayon égal à l.* Ce théorème a été attribué a Sturm (*Nouvelles Annales,* t. I, p. 395). À cause de ce dernier mode de génération, l'astroïde fut désignée par Montucci (*Comptes rendus de l'Académie des Sciences de Paris,* t. LX, p. 440 et 846) par le nom de *cubo-cycloïde.*

III.

Les courbes parallèles à l'astroïde.

352. Si l'on prend sur chacune des normales à une courbe donnée, à partir du point où elle coupe orthogonalement cette courbe, dans les deux sens, des segments de longueur constante $h,$ on obtient deux courbes ou, en quelques cas, deux branches d'une même courbe, qui sont dites *parallèles* à la première. Il résulte de cette définition que les rayons de courbure R et R_1 de la courbe donnée et de la nouvelle courbe sont liés par la relation $R_1 = R \pm h,$ et par conséquent qu'elles ont le même nombre de points d'inflexion.

Si la courbe donnée est une *astroïde,* les *courbes parallèles* correspondantes jouissent de quelques propriétés intéressantes que nous allons indiquer.

Pour obtenir d'abord l'équation de ces courbes, remarquons que les équations de l'astroïde

$$(1) \qquad x = l \sin^3 t, \quad y = l \cos^3 t$$

donnent $\dfrac{dy}{dx} = -\cot t$, et que, par conséquent, t représente l'angle formé par la normale au point (x, y) avec l'axe des abscisses. Il en résulte que les *courbes parallèles* à celle-là peuvent être représentées par les équations

$$(2) \qquad x = l \sin^3 t + h \cos t, \quad y = l \cos^3 t + h \sin t,$$

h étant une constante positive ou négative.

353. La forme de chacune des courbes parallèles à l'astroïde peut être obtenue aisément. Il est évident qu'elle ne possède pas de branches infinies réelles et qu'elle est symétrique par rapport aux bissectrices des angles formés par les axes des coordonnées, c'est-à-dire par rapport aux bissectrices des angles formés par les droites joignant le centre de l'astroïde à ses points de rebroussement. Ces dernières droites ne sont pas d'axes de symétrie de la courbe parallèle à l'astroïde, mais elles sont des axes de symétrie du couple de courbes qui correspondent à deux valeurs de h de la même grandeur absolue et de signes contraires. On voit au moyen des équations

$$\frac{dx}{dt} = 3l \sin^2 t \cos t - h \sin t, \quad \frac{dy}{dt} = -3 l \cos^2 t \sin t + h \cos t$$

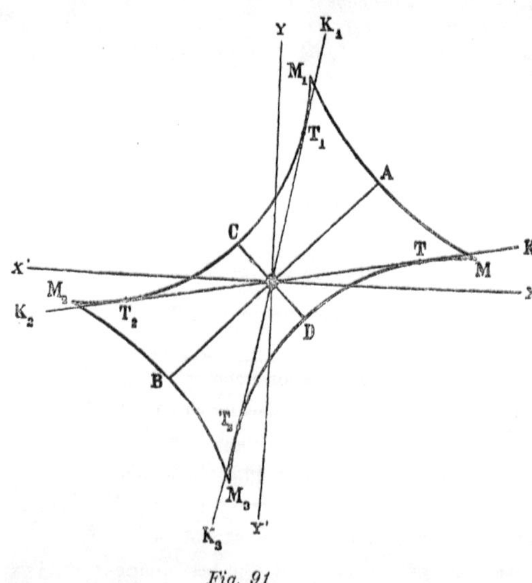

Fig. 91

que chacune des courbes considérées possède *quatre points de rebroussement* à distance finie, distincts ou coïncidents, correspondants aux valeurs de t déterminées par l'équation

$$3l \sin 2t = 2h,$$

lesquels sont *réels* quand $4h^2 < 9l^2$ ou $4h^2 = 9l^2$, et *imaginaires* dans le cas contraire. Cette courbe possède donc une seule branche, qui a la forme d'un ovale quand $4h^2 \gtreqqless 9l^2$, et la forme indiquée dans la figure 91, ou une forme analogue où les arcs MM_1 et M_2M_3 se coupent en deux points de CD, dans le cas contraire. Elle n'a pas de points d'inflexion, puisque l'astroïde n'a pas aussi de points de cette nature.

On détermine aisément la condition pour que la courbe ait des *noeuds réels*. Remarquons pour cela que l'axe CD est représenté par l'équation $y + x = 0$, et que, par conséquent, il coupe la courbe aux points correspondants aux valeurs de t déterminées par l'équation

$$l\,(\sin^3 t + \cos^3 t) + h\,(\cos t + \sin t) = 0,$$

qui donne

$$\sin t + \cos t = 0, \quad l \sin 2t = 2\,(l + h).$$

Aux valeurs de t qui vérifient la première de ces équations correspondent les points C et D de la courbe. Aux valeurs de t qui satisfont à l'autre correspondent deux *noeuds*, distincts ou coïncidentes, situés sur CD, qui sont *réels* quand $4\,(h + l)^2 \gtrless l^2$, et *imaginaires* dans le cas contraire.

De même, l'axe BA rencontre la courbe aux points A et B et à deux *noeuds* correspondants aux valeurs de t déterminées par l'équation

$$l \sin 2t = 2\,(h - l),$$

qui sont *réels* quand $4\,(h - l)^2 \gtrless l^2$, et imaginaires dans le cas contraire.

Nous ajouterons encore que, si $4h^2 = l^2$, deux noeuds coïncident avec le centre de la courbe, où elle a alors un noeud à tangentes coïncidentes *(tacnode)*; et que, si $4h^2 = 9l^2$, deux des noeuds et les points de rebroussement mentionnés ci-dessus forment, en se réunissant, deux points *triples* à tangentes coïncidents, situés sur l'un des axes de la courbe. La courbe a dans ce dernier cas, comme on a déjà dit, la forme ovale.

354. Pour continuer l'étude des courbes mentionnées, cherchons maintenant la longueur du segment d'une tangente quelconque déterminé par les points d'intersection de cette droite avec celles qui correspondent aux équations

$$Y = X \tan \beta, \quad Y = X \tan \beta'.$$

Comme la tangente considérée a pour équation

$$Y - l\,(\cos^3 t + h \sin t) + [X - l \sin^3 t - h \cos t]\cot t = 0,$$

les coordonnées (X_1, Y_1) et (X_2, Y_2) des points mentionnés sont déterminées par les formules

$$X_1 = \frac{(l \sin t \cos t + h)\cos \beta}{\cos\,(\beta - t)}, \quad Y_1 = \frac{(l \sin t \cos t + h)\sin \beta}{\cos\,(\beta - t)},$$

$$X_2 = \frac{(l \sin t \cos t + h)\cos \beta'}{\cos\,(\beta' - t)}, \quad Y_2 = \frac{(l \sin t \cos t + h)\sin \beta'}{\cos\,(\beta' - t)},$$

et la longueur Δ du segment compris entre ces points est exprimée par cette autre:

$$\Delta = \frac{(l \sin t \cos t + h)\sin\,(\beta - \beta')}{\cos\,(\beta - t)\cos\,(\beta' - t)}.$$

Il résulte de cette égalité que la condition pour que les droites considérées limitent sur toutes les tangentes à l'astroïde un segment de longueur constante Δ, c'est qu'on ait, quelle que soit la valeur de t,

$$\sin(\beta - \beta')\,(l \sin t \cos t + h) = \Delta\,[\cos \beta \cos \beta' - \cos(\beta + \beta') \sin^2 t + \sin(\beta + \beta') \sin t \cos t],$$

et par conséquent

$$(3) \qquad h \sin(\beta - \beta') = \Delta \cos \beta \cos \beta', \quad \operatorname{tang} \beta \operatorname{tang} \beta' = 1, \quad l \sin(\beta - \beta') = \Delta \sin(\beta + \beta').$$

Pour déterminer la valeur de β, nous éliminerons de la dernière équation β' et Δ au moyen des deux premières, ce qui donne

$$(4) \qquad\qquad\qquad h \operatorname{tang}^2 \beta - l \operatorname{tang} \beta + h = 0,$$

et par conséquent

$$\operatorname{tang} \beta = \frac{l \pm \sqrt{l^2 - 4h^2}}{2h}.$$

De même

$$\operatorname{tang} \beta' = \frac{l \mp \sqrt{l^2 - 4h^2}}{2h}.$$

Donc β et β' sont les deux racines de l'équation (4).

Après avoir déterminé ainsi les valeurs de β et β', on obtient au moyen de la première des équations (3) celle de Δ.

Il résulte de ce qui précède qu'*à toute courbe parallèle à l'astroïde correspondent deux droites qui déterminent par leurs intersections avec les tangentes à cette courbe des segments de longueur constante. Ces droites sont réelles quand $l^2 > 4h^2$, imaginaires si $l^2 < 4h^2$, et coïncident lorsque $l^2 = 4h^2$.*

On en conclut aussi que, *si $l^2 > 4h^2$, toute courbe parallèle à l'astroïde est l'enveloppe d'une droite qui se déplace de manière que la longueur du segment compris entre deux autres droites fixes reste constante.*

On voit aussi aisément que, réciproquement, *l'enveloppe d'une droite qui se déplace de manière que la longueur du segment Δ compris entre deux autres droites données soit constante, est une courbe parallèle à l'astroïde.*

En effet, en prenant pour axe des abscisses la droite qui passe par le point d'intersection des deux autres droites mentionnées et forme un angle de 45° avec la bissectrice de l'angle 2α de ces dernières droites, et en désignant par β et β' les angles que ces mêmes droites forment avec l'axe des abscisses, on a

$$\beta = \frac{\pi}{4} - \alpha, \quad \beta' = \frac{\pi}{4} + \alpha.$$

Ces angles β et β' satisfont donc à la deuxième des équations (3), et, si Δ représente la longueur du segment donné, la première et la troisième équation déterminent ensuite h et l, et font voir que la courbe parallèle à l'astroïde représentée par les équations

$$x = \frac{\Delta}{\sin 2\alpha} \sin^3 t, \quad y = \frac{\Delta}{\sin 2\alpha} \cos^3 t,$$

correspondante à la valeur de h déterminée par l'expression

$$h = -\Delta \frac{\cos\left(\frac{\pi}{4} - \alpha\right) \cos\left(\frac{\pi}{4} + \alpha\right)}{\sin 2\alpha} = -\frac{1}{2} \Delta \cot 2\alpha,$$

est l'enveloppe mentionnée dans l'énoncé du théorème.

355. L'enveloppe des droites qui coupent les côtés d'un angle quelconque 2α en deux points tels que le segment qu'ils limitent ait une longueur constante, fut étudiée pour la première fois dans les tomes I et V des *Nouvelles Annales de Mathématiques* par Merlieux et Joachmisthal. Salmon (*Courbes planes*, p. 148) a remarqué la coïncidence de ce lieu avec une courbe parallèle à l'astroïde, et quelques auteurs l'ont nommée *tetracuspide*, à cause des quatre points de rebroussement réels qu'elle possède. On a attribué cette désignation à Bellavitis; mais, comme nous l'avons fait remarquer dans un article inséré au *Mathésis* (t. XXI, 1901, p. 217), la courbe à laquelle cet illustre géomètre a donné ce nom est différente de celle qui précède et sera étudiée plus loin. Nous avons appelé l'enveloppe correspondante aux cas où $\alpha > \frac{\pi}{4}$ ou $\alpha < \frac{\pi}{4}$, *astroïde à deux axes*, dans un article publié dans *El Progreso mathemático* (2.ᵉ série, t. II, 1899), et celle qui correspond au cas où $\alpha = \frac{\pi}{4}$, *astroïde à quatre axes*.

356. L'aire comprise entre la courbe représentée par les équations (2) et les vecteurs des deux points où la normale forme des angles égaux à t_0 et t_1 avec l'axe des abscisses, est exprimée par la formule

$$A = \frac{1}{2} \int_{t_0}^{t_1} \left(x \frac{dy}{dt} - y \frac{dx}{dt} \right) dt = \frac{1}{2} \left(h^2 - \frac{3}{8} l^2 \right) (t_1 - t_0)$$

$$+ \frac{hl}{4} (\cos 2t_1 - \cos 2t_0) + \frac{3}{64} l^2 (\sin 4t_1 - \sin 4t_0).$$

En posant $t_0 = \frac{1}{4}\pi$, $t_1 = \frac{3}{4}\pi$, et en multipliant le résultat par 4, on trouve que la valeur de l'aire totale de la courbe est déterminée par la formule

$$A = \pi \left(h^2 - \frac{3}{8} l^2 \right).$$

La longueur des arcs de la même courbe peut être obtenue aisément au moyen de la formule

$$\frac{ds}{dt} = \pm (3l \sin t \cos t - h),$$

d'où il résulte, en représentant par t_0 et t_1 les valeurs que t prend aux extrémités de l'arc considéré et en supposant ces points compris entre les mêmes points de rebroussement,

$$s = \pm \left[\frac{3}{2} l (\sin 2t_1 - \sin 2t_0) - h (t_1 - t_0) \right],$$

où l'on doit choisir le signe de manière que la valeur de s soit positive.

Si la courbe n'a pas de points de rebroussement réels, sa longueur est égale à $2 (6l + h\pi)$.

357. Pour rendre plus facile l'étude des *courbes parallèles à l'astroïde,* nous avons employé, pour faire cette étude, les relations (2), au lieu de l'équation cartésienne de ces courbes. Si l'on veut obtenir cette dernière équation, il faut éliminer t entre les équations (2). On obtient ainsi, par un calcul que nous ne reproduirons pas ici, l'équation suivante:

$$[3 (x^2 + y^2 - l^2) - 4h^2]^3 + [27 lxy - 9h (x^2 + y^2) - 18l^2h + 8h^2]^2 = 0.$$

On obtient aussi aisément l'*équation tangentielle* des mêmes courbes en comparant l'équation de leurs tangentes

$$Y \sin t - X \cos t = l \sin t \cos t + h$$

à l'équation $uY + vX = 1$. On trouve ainsi les relations

$$u = \frac{\sin t}{l \sin t \cos t + h}, \quad v = - \frac{\cos t}{l \sin t \cos t + h},$$

d'où il résulte, par l'élimination de t,

$$l^2 u^2 v^2 + (2hl - 1) (u^2 + v^2) + h^2 (u^2 + v^2)^2 = 0;$$

les courbes considérées sont donc de *quatrième classe.*

IV.

La développée de l'ellipse et de l'hyperbole.

358. L'astroïde est comprise dans la classe de courbes définies par l'équation

(1)
$$\left(\frac{x}{a}\right)^{\frac{2}{3}} + \left(\frac{y}{b}\right)^{\frac{2}{3}} = 1,$$

ou

$$\left[\left(\frac{x}{a}\right)^{2} + \left(\frac{y}{b}\right)^{2} - 1\right]^{3} + 27\left(\frac{x}{a}\right)^{2}\left(\frac{y}{b}\right)^{2} = 1,$$

qui comprend aussi la développée de l'ellipse. Cette dernière courbe fut considérée pour la première fois par Huygens dans l'écrit intitulé: *De horelogio oscillatorio,* paru en 1673; l'ellipse est, en effet, une des courbes auxquelles le grand inventeur de la théorie des développées a appliqué la même théorie dans cet ouvrage célèbre. La même courbe est l'enveloppe des normales à l'ellipse, et elle sépare, par conséquent, la région du plan où sont situés les points d'où l'on peut mener à cette conique quatre normales réelles de celle qui contient les points par lesquels passent deux normales réelles et deux imaginaires. Cette division du plan de l'ellipse en deux régions déterminées par la condition précédente fut remarquée par Apollonius, le célèbre fondateur de la théorie des coniques, qui, sans considérer explicitement la courbe (1), l'a ainsi indirectement définie.

Les courbes représentées par l'équation (1) ont la forme indiquée dans la figure 92. Elles sont symétriques par rapport aux axes des coordonnées et possèdent *quatre points de rebroussement réels* A, C, B et D, ayant pour coordonnées $(a, 0)$, $(-a, 0)$, $(0, b)$, $(0, -b)$. Comme l'équation qu'on obtient en posant dans l'équation (1) $x = ax_1$ et $y = by_1$ coïncide avec celle de l'astroïde, on voit que toutes les courbes représentées par l'équation (1) sont *affines* de l'astroïde, et que, par conséquent, elles possèdent, comme cette dernière courbe, *deux points de rebroussement imaginaires à l'infini* et *quatre noeuds imaginaires à distance finie,* et qu'elles n'ont pas de points d'inflexion.

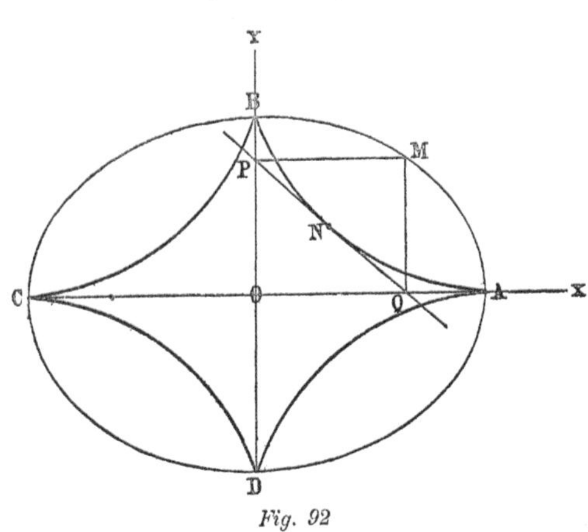

Fig. 92

359. L'équation de la tangente à la courbe (1) au point $(x,\ y)$ est

$$(2) \qquad (a^2 x)^{\frac{1}{3}}\, Y + (b^2 y)^{\frac{1}{3}}\, X = (a^2 b^2\, xy)^{\frac{1}{3}},$$

et il en résulte que les coordonnées des points P et Q d'intersection de cette droite avec les axes sont

$$(0,\ b^{\frac{2}{3}} y^{\frac{1}{3}}),\quad (a^{\frac{2}{3}} x^{\frac{1}{3}},\ 0).$$

Si par ces points on trace les droites PM et QM, parallèles à ces axes, on détermine un point M, dont les coordonnées sont

$$x_2 = a^{\frac{2}{3}} x^{\frac{1}{3}},\quad y_2 = b^{\frac{2}{3}} y^{\frac{1}{3}};$$

et en substituant dans l'équation (1) les valeurs de x qui résultent de ces relations, on obient celle-ci :

$$(3) \qquad \frac{x_2^2}{a^2} + \frac{y_2^2}{b^2} = 1.$$

Donc, *si la tangente PQ à la courbe représentée par l'équation (1) varie de position, le point M décrit une ellipse qui passe par les points de rebroussement de la première courbe ; et, réciproquement, l'enveloppe des positions que prend PQ, quand M décrit l'ellipse (3), est la courbe (1).*

360. *Les courbes représentées par l'équation (1) sont les enveloppes des ellipses correspondantes aux l'équations*

$$\frac{x^2}{\alpha^2} + \frac{y^2}{\beta^2} = 1,\quad \frac{\alpha}{a} + \frac{\beta}{b} = 1.$$

En effet, en dérivant les deux membres de ces équations par rapport à α, β étant considérée comme une fonction de α, on obtient les équations

$$\frac{x^2}{\alpha^3} + \frac{y^2}{\beta^3}\, \frac{d\beta}{d\alpha} = 0,\quad \frac{1}{a} + \frac{1}{b}\, \frac{d\beta}{d\alpha} = 0,$$

et, pour trouver l'enveloppe des ellipses considérées, il faut éliminer α, β et $\dfrac{d\beta}{d\alpha}$ entre les quatre équations précédentes. Or, les dernières équations donnent

$$\frac{\beta y^2}{\beta^3} = \frac{a x^2}{\alpha^3},$$

et par conséquent, en faisant $ax^2 = \lambda a^3$,

$$y^2 = \frac{\beta^3 \lambda}{b}, \quad x^2 = \frac{a^3 \lambda}{a};$$

et, en substituant ces valeurs de x^2 et y^2 dans l'équation de l'ellipse et en tenant compte de la deuxième des équations données, on trouve $\lambda = 1$, et pourtant

$$\alpha = (ax^2)^{\frac{1}{3}}, \quad \beta = (by^2)^{\frac{1}{3}}.$$

Il suffit de remarquer maintenant que, si l'on substitue ces valeurs dans la relation qui lie β à α, on obtient l'équation (1), pour compléter la démonstration du théorème énoncé.

361. Les valeurs de x et y données par les équations

$$x = a \sin^3 t, \quad y = b \cos^3 t$$

vérifient l'équation (1); par conséquent la courbe considérée peut être représentée par ces équations, où t représente une variable indépendante. En posant dans ces équations $\tang \frac{1}{2} t = z$, on obtient celles-ci:

$$x = \frac{8az^3}{(1 + z^2)^3}, \quad y = \frac{b(1 - z^2)^2}{(1 + z^2)^3},$$

qui expriment x et y en fonction rationnelle de z et dont il résulte que la courbe considérée est *unicursale*. On pouvait prevoir cette circonstance, car la courbe possède *dix* points doubles, et son *genre* est donc égal à 0.

En comparant l'équation des tangentes à la courbe à cette autre:

$$u\mathrm{Y} + v\mathrm{X} = 1,$$

on obtient les relations

$$b^2 y u^3 = 1, \quad a^2 x v^3 = 1.$$

En éliminant maintenant x et y entre ces équations et l'équation (1), on obtient l'*équation tangentielle* de la courbe que cette dernière équation représente, savoir:

$$\frac{1}{a^2 v^2} + \frac{1}{b^2 u^2} = 1,$$

et on voit que cette courbe est de *quatrième classe*.

On obtient aisément, au moyen de l'équation qu'on vient d'obtenir, les *foyers* de la courbe correspondante, en appliquant une méthode utilisée déjà au n.° 195. En posant, pour cela, $v = iu,$ on trouve

$$a^2 b^2 u^2 = a^2 - b^2.$$

Donc, les équations des tangentes à la courbe ayant pour coefficientes angulaires $+ i$ et $- i$ sont

$$\pm \sqrt{a^2 - b^2}\,(Y \pm iX) = ab,$$

et par conséquent les coordonnées de ses *foyers réels* sont $\left(\dfrac{ab}{\sqrt{b^2 - a^2}},\ 0 \right)$, en supposant $b > a$.

D'un autre côté, l'équation de l'ellipse dont la courbe définie par l'équation (1) est la développée est

$$(b^2 - a^2)^2 \left(\frac{x^2}{b^2} + \frac{y^2}{a^2} \right) = a^2 b^2.$$

Donc, *les foyers de la courbe (1) coïncident avec ceux de l'ellipse dont elle est la développée.*

362. L'aire comprise entre la courbe (1), l'axe des ordonnées et le vecteur du point $(x,\ y)$ est déterminée par la formule

$$A_1 = \frac{1}{2} \int_0^t (y\,dx - x\,dy) = \frac{3}{8}\ ab \int_0^t \sin^2 2t\,dt,$$

ou, en représentant par A l'aire comprise entre l'astroïde correspondante à $b = a$ et les mêmes droites,

$$A_1 = \frac{b}{a}\ A.$$

En particulier, *l'aire limitée par la courbe est égale à* $\dfrac{3}{8} \pi ab$.

La rectification de la courbe considérée peut être obtenue au moyen de la formule

$$s = \int_0^t \sqrt{dx^2 + dy^2} = 3 \int_0^t \sin t \cos t \sqrt{a^2 \sin^2 t + b^2 \cos^2 t}\ . dt$$

$$= 3 \int_0^t \sin t \cos t \sqrt{b^2 + (a^2 - b^2) \sin^2 t}\ . dt,$$

d'où il résulte

$$s = \frac{1}{a^2 - b^2}\ \{ [b^2 + (a^2 - b^2)\, t^2]^{\frac{3}{2}} - b^3 \}.$$

La longueur totale de la courbe est donc égale à $4 \dfrac{a^3 - b^3}{a^2 - b^2}$.

363. La développée de l'hyperbole est représentée par l'équation

$$\left(\frac{x}{a}\right)^{\frac{2}{3}} - \left(\frac{y}{b}\right)^{\frac{2}{3}} = 1,$$

et on en déduit des conséquences analogues à celles qui résultent de l'équation (1).

La nouvelle courbe a, comme on le voit aisément, la forme indiquée dans la figure 93. Elle est composée de deux branches infinies MAN et PBQ, symétriques par rapport aux

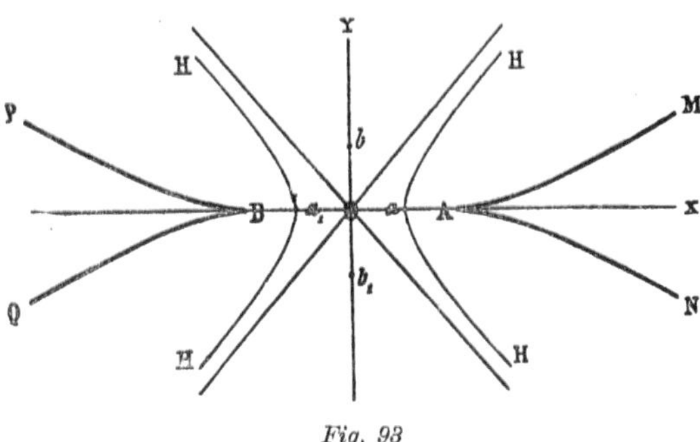

Fig. 93

axes des coordonnées, et possède *deux points de rebroussement* réels A et B, où $x = a$ et $x = -a$, et deux autres imaginaires ayant pour coordonnées $(0,\ bi)$ et $(0,\ -bi)$. La même courbe possède encore deux points de rebroussement à l'infini et quatre noeuds imaginaires à distance finie.

La courbe considérée peut être représentée par les deux équations

$$x = \frac{a}{8}\,(e^t + e^{-t})^3, \quad y = \frac{b}{8}\,(e^t - e^{-t})^3,$$

t représentant une nouvelle variable indépendante. En faisant $e^t = z$, on obtient ces autres relations

$$x = \frac{a\,(z^2 + 1)^3}{8z^3}, \quad y = \frac{b\,(z^2 - 1)^3}{8z^3},$$

qui déterminent x et y en fonction rationnelle de z. La courbe considérée est donc *unicursale.*

On voit aussi aisément que l'*équation tangentielle* de la développée de l'hyperbole est

$$\frac{1}{a^2 v^2} - \frac{1}{b^2 u^2} = 1,$$

et que les *foyers* de cette courbe coïncident avec ceux de l'hyperbole dont elle est la développée.

364. Avant de terminer la doctrine relative aux développées de l'ellipse et de l'hyperbole, nous rappellerons encore que ces développées et les *quartique cruciforme* et *puntiforme* sont rattachées par des relations intéressantes indiquées aux n.ºs 304 et 305.

Nous remarquerons enfin que la courbe définie par l'équation (1) est un cas particulier d'une classe de courbes représentées par la même équation rapportée à des axes de direction arbitraire. Dans le cas où ces axes sont obliques, la courbe a la forme indiquée dans la figure 94; alors les tangentes aux points de rebroussement sont des *diamètres conjugués* de la courbe.

Les courbes qu'on vient de définir ont été étudiées, sous le nom de *tetracuspides,* par Bellavitis dans son *Sposizione del Metodo delle Equipollenze* (Modena, 1854, n.ºs 189–191)[1]. On peut généraliser à toutes ces courbes les propriétés de la développée de l'ellipse démontrées aux n.ºs 358 et 359. On a confondu quelquefois les *tetracuspides* avec les courbes parallèles à l'astroïde, comme nous l'avons déjà dit; mais ces courbes sont distinctes. Les tetracuspides possèdent, comme les courbes parallèles à l'astroïde, quatre points de rebroussement, mais les tangentes à ces points sont toutes distinctes dans le cas de ces dernières courbes et se réduisent à deux dans le cas des tetracuspides. Nous ajouterons encore que la tetracuspide a deux points de rebroussement imaginaires à l'infini, et que pour lui donner ce nom, on tient compte seulement des points de rebroussement réels.

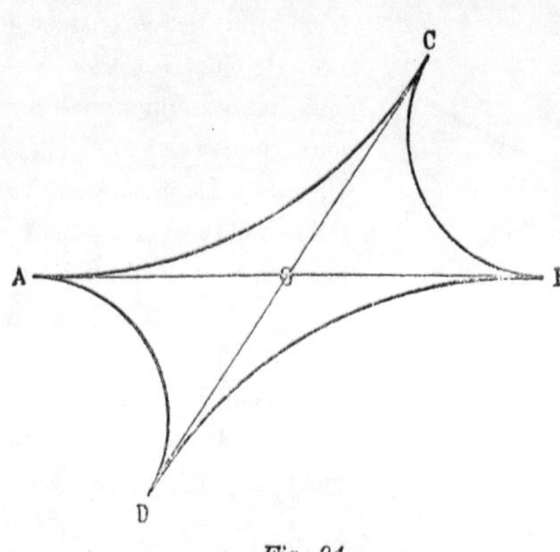

Fig. 94

V.

Le scarabée.

365. Considérons deux droites AO et OB perpendiculaires l'une à l'autre *(fig. 95)* et un segment rectiligne AB mobile de grandeur constante, dont les extrémités soient situées sur ces droites. Prenons sur la bissectrice OX de l'angle AOB un point fixe P, et par

---

[1] Une traduction française de ce Mémoire fut publiée par **M. Laisant** dans les *Nouvelles Annales de Mathématiques* (2.e série, t. XIII).

ce point menons une perpendiculaire PM à AB. Le lieu décrit par M, quand AB varie, est la *podaire,* par rapport au point P, de l'enveloppe de AB, c'est-à-dire de l'*astroïde,* et a été nommé *scarabée* (Laurent: *Traité d'Analyse,* t. II, p. 183; Painvin: *Géométrie analytique,* p. 432, etc.).

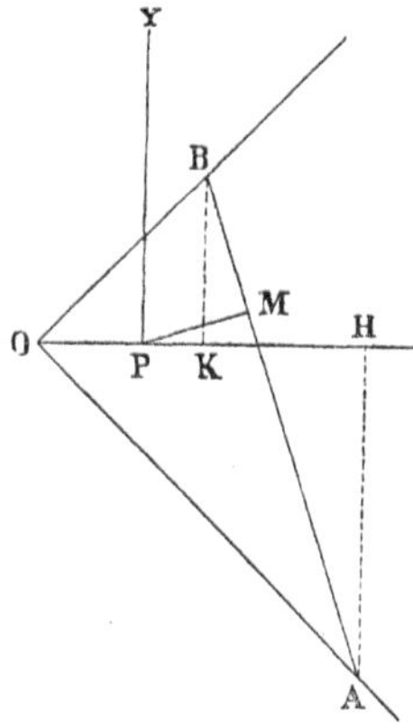

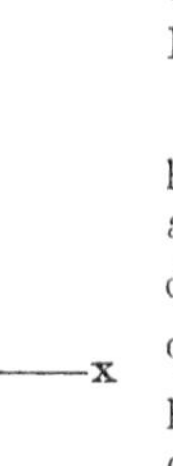

Fig. 95

Pour obtenir l'équation de cette courbe, prenons le point P pour origine des coordonnées, OP pour axe des abscisses et la perpendiculaire PY à OP pour axe des ordonnées, et cherchons les équations des droites AB et PM, qui, par leur intersection, déterminent le point M. En posant, pour cela, $OA = \alpha$, $OB = \beta$, $PO = a,$ et en remarquant que la droite AB passe par les points A et B dont les coordonnées sont

$$\left(\frac{1}{2}\,\alpha\sqrt{2} - a,\quad -\frac{1}{2}\,\alpha\sqrt{2}\right), \quad \left(\frac{1}{2}\,\beta\sqrt{2} - a,\quad \frac{1}{2}\,\beta\sqrt{2}\right),$$

on voit que l'équation de cette droite est

$$\left(y - \frac{1}{2}\,\beta\sqrt{2}\right)(\beta - \alpha) = \left(x - \frac{1}{2}\,\beta\sqrt{2} + a\right)(\beta + \alpha).$$

La droite PM est perpendiculaire à AB, et par conséquent son équation est

$$(\beta + \alpha)\,y + (\beta - \alpha)\,x = 0.$$

On a encore, l représentant la grandeur du segment AB,

$$\alpha^2 + \beta^2 = l^2.$$

L'équation cartésienne de la courbe résulte de l'élimination de α et β entre les deux dernières équations et cette autre:

$$\left(y - \frac{1}{2}\,\beta\sqrt{2}\right)y + \left(x - \frac{1}{2}\,\beta\sqrt{2} + a\right)x = 0,$$

qui est une conséquence des deux premières, et elle est donc celle-ci:

$$(1) \qquad 4\,(x^2 + y^2 + ax)^2\,(x^2 + y^2) = l^2\,(y^2 - x^2)^2.$$

L'équation polaire de la même courbe est

$$(2) \qquad \rho = -a\cos\theta \pm \frac{1}{2}\,l\cos 2\theta.$$

366. Nous allons chercher maintenant, au moyen de cette équation, la forme de la courbe considérée.

1.º Pour cela, supposons premièrement qu'on ait $l < 2a$.

En considérant d'abord la partie da la courbe correspondante à l'équation

$$(3) \qquad \rho = - a \cos \theta - \frac{1}{2} l \cos 2\theta,$$

représentons par θ_1 le plus petit des angles positifs qui vérifient celle-ci :

$$a \cos \theta + \frac{1}{2} l \cos 2\theta = 0,$$

c'est-à-dire l'angle déterminé par l'équation

$$\cos \theta_1 = \frac{- a + \sqrt{a^2 + 2l^2}}{2l} \, .$$

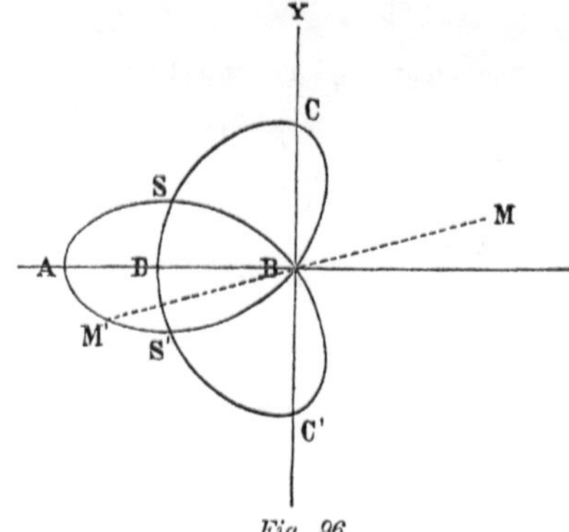

Fig. 96

Cet angle est inférieur à $\frac{\pi}{2}$, et, quand θ varie depuis O jusqu'à θ_1, ρ est négatif et varie depuis $- a - \frac{1}{2} l$ jusqu'à O ; le point (θ, ρ) de la courbe décrit alors l'arc AM'B *(fig. 96)*. Quand ensuite θ varie depuis θ_1 jusqu'à $\frac{\pi}{2}$, ρ varie depuis O jusqu'à $\frac{1}{2} l$, et le point (θ, ρ) décrit l'arc BC ; et, quand enfin θ varie entre $\frac{\pi}{2}$ et π, ρ varie depuis $\frac{1}{2} l$ jusqu'à $a - \frac{1}{2}$, et le point (θ, ρ) parcourt l'arc CD. La partie de la courbe correspondante aux valeurs de θ comprises entre π et 2π est symétrique de celle qu'on vient de déterminer, par rapport à l'axe des abscisses.

Considérons maintenant la partie de la même courbe correspondante à l'équation

$$(4) \qquad \rho = - a \cos \theta + \frac{1}{2} l \cos 2\theta.$$

Si l'on remplace dans l'équation (3) θ par MBX, on trouve, en faisant MBX $= \theta'$, l'équation

$$\rho = - a \cos \theta' - \frac{1}{2} l \cos 2\theta',$$

qui détermine un point M′. Si maintenant on remplace dans l'équation (4) θ par $\theta' + \pi$, on obtient l'équation

$$\rho = a \cos \theta' + \frac{1}{2} l \cos 2\theta',$$

qui détermine le même point M′. Par conséquent l'équation (4) détermine les mêmes points que l'équation (3).

2.º On envisage de même le cas où $l > 2a$.

Alors les deux valeurs de $\cos \theta$ déterminées par l'équation

$$a \cos \theta + \frac{1}{2} l \cos 2\theta = 0$$

sont inférieures à l'unité et de signes contraires, et à ces valeurs correspondent deux valeurs de θ, que nous représenterons par θ_1 et $-\theta_1$, comprises entre $-\frac{\pi}{2}$ et $\frac{\pi}{2}$, et deux autres, que nous représenterons par θ_2 et $-\theta_2$, comprises entre $-\frac{\pi}{2}$ et $-\pi$ et entre $\frac{\pi}{2}$ et π. Quand θ prend les valeurs $0, \theta_1, \frac{\pi}{2}, \theta_2$ et π, le vecteur ρ acquiert les valeurs $-a - \frac{1}{2} l, 0, \frac{1}{2} l, 0$ et $a - \frac{1}{2} l$, et la courbe a par suite la forme indiquée dans la figure 97, où

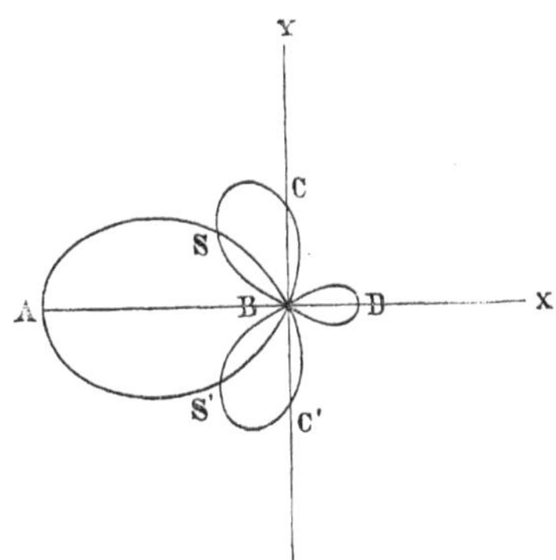

Fig. 97

$$AB = a + \frac{1}{2} l, \quad BD = a - \frac{1}{2} l, \quad BC = \frac{1}{2} l.$$

367. Il résulte de l'analyse qui précède que le *scarabée* possède trois points multiples B, S et S′ à distance finie. Pour déterminer leurs coordonnées, appliquons la méthode générale correspondante à ce problème, laquelle conduit aux deux systèmes d'équations

$$x = 0, \quad y = 0 ; \quad x^2 + y^2 + ax = 0, \quad y^2 = x^2,$$

d'où il résulte que l'origine des coordonnées est un de ces points, comme on le savait déjà, et que les coordonnées de S et S′ sont $\left(-\frac{1}{2} a, \frac{1}{2} a\right)$ et $\left(-\frac{1}{2} a, -\frac{1}{2} a\right)$. Nous ajouterons que le point B est *quadruple* et que les deux autres sont *doubles*. On détermine les coefficients angulaires $\lambda_1, \lambda_2, \lambda_3$ et λ_4 des tangentes à la courbe considérée au point B par l'équation

$$4a^2 (\lambda^2 + 1) = l^2 (\lambda^2 - 1)^2,$$

qui résulte de l'équation (1) en y posant $y = \lambda x$; les quatre tangentes sont donc réelles quand $l > 2a$, et en sont réelles seulement deux quand $l < 2a$.

Il est à remarquer encore que la courbe considérée a deux points doubles à l'infini, car en posant dans son équation $x = \dfrac{1}{x_1}$, $y = \dfrac{y_1}{x_1}$, on obtient une transformée qui représente une courbe ayant deux noeuds imaginaires aux points $(0, \pm i)$.

Les tangentes et les normales à la courbe peuvent être obtenues au moyen de la sous-normale polaire, laquelle est déterminée par la formule

$$S_n = \frac{d\rho}{d\theta} = a \sin \theta \mp l \sin 2\theta.$$

368. La valeur de l'aire balayée par le vecteur ρ, quand θ varie depuis 0 jusqu'à θ, peut être calculée par la formule

$$A = \frac{1}{2} \int_0^\theta \rho^2\, d\theta = \frac{a^2}{4} \int_0^\theta (1 + \cos 2\theta)\, d\theta + \frac{l^2}{16} \int_0^\theta (1 + \cos 4\theta)\, d\theta$$

$$\mp \frac{al}{4} \int_0^\theta (\cos 3\theta + \cos \theta)\, d\theta,$$

qui donne

$$A = \frac{1}{4} \left(a^2 + \frac{l^2}{4} \right) \theta + \frac{l^2}{64} \sin 4\theta \mp \frac{al}{12} \sin 3\theta + \frac{l}{8}\, a^2 \sin 2\theta \mp \frac{al}{4} \sin \theta.$$

VI.

L'atriphthaloïde.

369. La courbe définie par l'équation polaire

$$(1) \qquad \rho^2 (\rho - h) + k^2 \sec^2 \theta = 0$$

fut rencontrée par Haughton dans ses recherches sur la forme de la surface des mers recouvrant une sphère attractive, et fut appelée par ce géomètre *atriphthaloïde*. Les propriétés géométriques de cette courbe furent étudiées par R. Townsend dans un travail intitulé: *On geometrical properties of the Atriphthaloid*, inséré aux *Proceedings of the Royal Irish Academy*,

1882, et par G. de Longchamps dans une Note insérée au *Journal de Mathématiques spéciales*, t. XVII, 1893, p. 63, où est donnée une méthode pour en construire les tangentes.

L'équation cartésienne de l'atriphthaloïde est

$$(2) \qquad x^4(x^2 + y^2) = (hx^2 - k^3)^2,$$

et il en résulte une manière de construire cette courbe. En effet, en faisant $x^2 + y^2 = \rho^2$, on trouve

$$(3) \qquad x = \pm \sqrt{\frac{k^2}{k \pm \rho}};$$

et par conséquent une circonférence de rayon arbitraire ρ, ayant le centre à l'origine des coordonnées, détermine par son intersection avec les droites représentées par ces équations huit points de la courbe, lorsque ρ est compris entre deux nombres couvenablement choisis.

370. Pour déterminer la forme de la courbe, remarquons d'abord qu'elle est symétrique par rapport aux axes des coordonnées. Remarquons ensuite que, en mettant l'équation (2) sous la forme

$$(4) \qquad y^2 = \frac{(hx^2 - k^3)^2}{x^4} - x^2,$$

on voit immédiatement que l'axe des ordonnées en est une asymptote, et que les droites parallèles à cet axe coupent la courbe en deux points, réels ou imaginaires, situés à distance finie. Cette asymptote rencontre la courbe en *six* points coïncidents situés à l'infini, où elle a un *point quadruple*. La courbe a encore deux asymptotes imaginaires, dont les équations sont $y = ix$ et $y = -ix$, et chacune de ces droites est encore tangente à la même courbe en deux autres points.

En donnant maintenant à l'équation (4) la forme

$$y^2 = \frac{(hx^2 - k^3 - x^3)(hx^2 - k^3 + x^3)}{x^4},$$

on voit que les abscisses des points où la courbe rencontre l'axe des abscisses sont les racines des équations

$$(5) \qquad x^3 - hx^2 + k^3 = 0, \quad x^3 + hx^2 - k^3 = 0,$$

et que, si α, β et γ représentent les racines de la première de ces équations, celles de la deuxième sont $-\alpha$, $-\beta$ et $-\gamma$, et on a

$$y = \sqrt{-\frac{(x^2 - \alpha^2)(x^2 - \beta^2)(x^2 - \gamma^2)}{x^4}} \,.$$

Cela posé, nous allons considérer les trois cas qui peuvent se présenter.

1.º Si les trois racines α, β et γ sont réelles, c'est-à-dire si $4h^3 > 27k^3$, la courbe coupe l'axe des abscisses en *six* points A, A', B, B', C, C' *(fig. 98)*, dont les coordonnées sont, respectivement, $(0, \alpha)$, $(0, -\alpha)$, $(0, \beta)$, $(0, -\beta)$, $(0, \gamma)$, $0, -\gamma)$. En supposant alors $\alpha^2 < \beta^2 < \gamma^2$, les valeurs de y sont *imaginaires* quand $x^2 > \gamma^2$ et quand $\alpha^2 < x^2 < \beta^2$, et sont *réelles* lorsque $\beta^2 < x^2 < \gamma^2$ et lorsque $x^2 < \alpha^2$. Par conséquent la courbe possède deux branches infinies passant par les points A et A', qui ont pour asymptote commun l'axe des ordonnées, et deux ovales passant par les points B, C, B', C'. Les tangentes à la courbe aux points A, A', B, B', C, C' sont parallèles à l'axe des ordonnées.

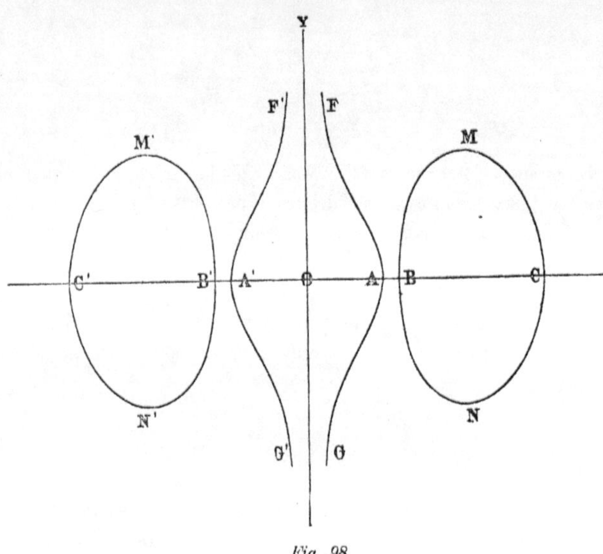

Fig. 98

2.º Si $4h^3 = 27k^3$, deux des racines α, β et γ sont égales, et, en résolvant la première des équations (5), on trouve $\alpha = -\frac{1}{3}h$, $\beta = \frac{2}{3}h$, $\gamma = \frac{2}{3}h$. Donc les points B et C coïncident et les ovales sont remplacés par deux *points isolés* ayant pour coordonnées $\left(\pm\frac{2}{3}h, \, 0\right)$.

3.º Si $4h^3 < 27k^3$, deux des racines de la première des équations (5), α et β par exemple, sont imaginaires. Alors le produit des facteurs $x^2 - \alpha^2$ et $y^2 - \beta^2$ est positif, et la valeur de y est par conséquent *imaginaire* quand $x^2 > \gamma^2$, et est *réelle* quand x^2 varie entre 0 et γ^2; la courbe se réduit par suite aux deux branches infinies.

371. Cherchons maintenant les points de l'atriphthaloïde où l'ordonnée y prend une valeur maxime ou minime.

Considérons, pour cela, premièrement les branches finies de la courbe, correspondantes aux équations

$$x^2 + y^2 = \rho^2, \quad \rho = h - \frac{k^3}{x^2}, \quad (\rho > 0).$$

En différentiant la première de ces équations et en tenant compte de la deuxième, on trouve

$$x\,dx + y\,dy = \rho\,d\rho = \frac{2k^3}{x^3}\,\rho\,dx,$$

et par conséquent, en faisant $y' = 0$ et en éliminant ensuite x^2,

$$2\rho\,(\rho - h)^2 = k^3,$$

et enfin, en faisant $\rho = \rho_1 + h$,

$$(6) \qquad \rho_1^3 + h\rho_1^2 - \frac{1}{2}\,k^3 = 0.$$

Cette équation et la relation $\rho = \rho_1 + h$ déterminent les valeurs que prend le rayon ρ du cercle considéré au n.° 368 aux points où l'ordonnée y prend une valeur maxime ou minime. Les équations

$$(7) \qquad x = \pm\sqrt{-\frac{k^3}{\rho_1}}, \quad y = \pm\sqrt{\rho^2 - x^2}$$

déterminent ensuite les coordonnées de ces points, lesquelles sont réelles quand $0 > \rho_1 > -h$ et $\rho^2 > a^2$.

De même, pour déterminer les points des branches infinies de la courbe considérée, correspondantes aux équations

$$x^2 + y^2 = \rho^2, \quad \rho = \frac{k^3}{x^2} - h,$$

où y prend une valeur maxime ou minime, on peut employer les équations

$$(6') \qquad \rho_1^3 - h\rho_1^2 + \frac{1}{2}\,k^3 = 0,$$

$$\rho = \rho_1 - h, \quad x = \sqrt{\frac{k^3}{\rho_1}}, \quad y = \sqrt{\rho^2 - x^2},$$

qui admettent des solutions réelles quand $\rho_1 > h$ et $\rho^2 > x^2$.

On voit aussi aisément que, quand les ovales considérés ci-dessus existent, la courbe possède seulement quatre points, M, N, M' et N', où les ordonnées sont maximes ou minimes, et que, si ces ovales n'existent pas, la courbe ne possède pas de points de cette nature.

Pour cela, envisageons les *polynomes de Sturm* correspondants à l'équation (6):

$$\rho_1^3 + h\rho_1^2 - \frac{1}{2}k^3, \quad 3\rho_1^2 + 2h\rho_1, \quad \frac{2}{9}h^2\rho_1 + \frac{1}{2}k^3, \quad \frac{9}{4}\left(2 - \frac{27k^3}{4h^3}\right)\frac{k^3}{h}.$$

Pour que les deux ovales mentionnés existent, il faut qu'on ait $4h^3 > 27k^3$, et alors les polynomes précédents prennent les signes suivants, quand on y fait $\rho_1 = 0$ et $\rho_1 = -h$:

$$\rho_1 = 0, \quad - \quad \overset{+}{\underset{-}{0}} \quad + \quad +$$
$$\rho_1 = -h, \quad - \quad + \quad - \quad +.$$

Par conséquent, entre $\rho_1 = 0$ et $\rho_1 = -h$ existent deux valeurs réelles de ρ_1 qui satisfont à l'équation (6), et auxquelles il correspond des valeurs positives de ρ et des valeurs réelles de x. Mais, comme le nombre des points d'ordonnée maxime ou minime de chaque demi-ovale BMC doit être évidemment *impair*, les valeurs de y correspondantes à l'une de ces valeurs de ρ_1 sont réelles et celles qui correspondent à l'autre sont imaginaires, et les ovales ne peuvent par conséquent posséder que quatre points M, N, M' et N' où y soit maxime ou minime.

Pour considérer maintenant les branches infinies de la courbe, remarquons que le nombre des racines de l'équation (6') comprises entre h et ∞ est égal à celui des racines de l'équation (6) comprises entre $-h$ et $-\infty$, et qu'il peut être déterminé au moyen des signes suivants, que prennent les polynomes considérés ci-dessus en y faisant $\rho_1 = -\infty$, $\rho_1 = -h$:

$$\rho_1 = -\infty, \quad - \quad + \quad - \quad +$$
$$\rho_1 = -h, \quad - \quad + \quad - \quad +;$$

ce nombre est donc égal à zéro, et pourtant les branches infinies de la courbe ne possèdent pas de points d'ordonnée maxime ou minime.

Envisageons maintenant le cas où la courbe ne possède pas d'ovales, c'est-à-dire le cas où $4h^3 \leq 27k^3$.

Pour résoudre alors la question, il faut chercher le nombre des racines de l'équation (6') comprises entre h et ∞. Ce nombre est égal à celui des racines de l'équation (6) comprises entre $-h$ et $-\infty$, et peut donc être obtenu au moyen des signes que prennent les polynomes écrits ci-dessus dans les cas suivants:

1.º Si $27k^3 > 12h^3$,

$$\rho_1 = -\infty, \quad - \quad + \quad - \quad -$$
$$\rho_1 = -h, \quad - \quad + \quad + \quad -.$$

2.º Si $27\,k^3 < 8\,h^3$,

$$\rho_1 = -\infty, \qquad -\ +\ -\ +$$
$$\rho_1 = -h, \qquad -\ +\ -\ +.$$

3.º Si $27\,k^3 < 12\,h^3$ et $27\,k^3 > 8h^3$,

$$\rho_1 = -\infty, \qquad -\ +\ -\ -$$
$$\rho_1 = -h, \qquad -\ +\ -\ -.$$

On voit donc que, dans tous ces cas, le nombre des racines de l'équation (6') comprises entre h et ∞ est égal à 0, et que par conséquent la courbe ne possède pas de points d'ordonnée maxime ou minime.

372. L'abscisse du point où la normale à l'atriphthaloïde coupe l'axe des abscisses est déterminée par l'égalité

$$X = x + yy' = \pm \frac{2\rho\,k^3}{x^3},$$

qui peut être utilisée pour le tracé de cette droite.

La détermination des points d'inflexion de l'atriphthaloïde dépend d'une équation du cinquième degré, qu'on obtient du mode suivant.

Remarquons, pour cela, que cette courbe peut être représentée par les équations

$$(8) \qquad x^2 + \dot{y}^2 = \rho^2, \quad x^2 = \frac{k^3}{h - \rho},$$

ρ désignant maintenant une variable indépendante *positive* ou *négative,* et que de ces équations résultent d'abord ces autres :

$$(9) \qquad (x + yy')\,x^3 = 2k^3\rho, \quad \rho = h - k^3 x^{-2},$$

et ensuite celle-ci :

$$y'^2 + yy'' + 1 = 2k^3\,x^{-3}\frac{d\rho}{dx} - 6\rho\,k^3\,x^{-4} = 4k^6\,x^{-6} - 6\rho k^3\,x^{-4}.$$

En posant maintenant $y'' = 0$, on obtient l'équation

$$y'^2 = 4k^6\,x^{-6} - 6\rho\,k^3\,x^{-4} - 1,$$

d'où il résulte, en éliminant y' au moyen de la première des relations (9) et ensuite y^2 et x^2 au moyen des équations (8), cette équation du cinquième degré :

$$6\,\rho^5 - 12\,h\rho^4 + 6\,h^2\,\rho^3 + 15\,k^3\rho^2 - 18\,hk^3\rho + 4\,h^2k^3 = 0,$$

par laquelle on détermine les valeurs que ρ prend dans les points d'inflexion. Les coordonnées de ces points sont déterminées ensuite par les équations (8).

373. La quadrature de l'atriphthaloïde dépend de l'intégrale

$$\int y\,dx = \int x^{-2}\sqrt{(hx^2-k^3)^2-x^6}\,dx,$$

ou, en faisant $x^2 = t,$

$$\int y\,dx = \frac{1}{2}\int t^{-2}\sqrt{t[(ht-k^3)^2-t^2]}\,.\,dt,$$

ou

$$\int y\,dx = (h^2-1)\int \frac{t\,dt}{\sqrt{\mathrm{T}}} - 2h\,k^3\int\frac{dt}{\sqrt{\mathrm{T}}} + k^3\int\frac{dt}{t\sqrt{\mathrm{T}}},$$

où

$$\mathrm{T} = (h^2-1)\,t^3 - 2hk^3\,t^2 + k^6t$$

Cette quadrature dépend donc de trois intégrales elliptiques de *première, deuxième* et *troisième espèce,* qu'on réduit aisément à la forme normale adoptée par Weierstrass.

VII.

La courbe de Talbot.

374. On désigne par le nom de *courbe de Talbot* l'enveloppe des droites perpendiculaires aux diamètres d'une ellipse à leurs extrémités. Cette courbe a été envisagée par ce géomètre (*Annales de Mathématiques de Gergonne,* t. XIV, p. 280), qui a remarqué que la longueur de ses arcs peut être représentée par une intégrale elliptique de première espèce et par une fonction algébrique des coordonnées de ses extrémités, en donnant ainsi pour la première fois un exemple d'une courbe qui satisfait à cette condition. L'étude de la forme de la même courbe fut faite par Roche dans le recueil mentionné (t. XIV, p. 207).

Il résulte immédiatement de la définition qu'on vient de donner de la courbe de Talbot, que cette courbe possède un *centre* et que sa podaire, par rapport à ce centre, est l'ellipse qui figure dans sa définition.

Pour chercher l'équation de la courbe, considérons les équations paramétriques de l'ellipse mentionnée:

$$x = a\cos\varphi, \quad y = b\sin\varphi,$$

et remarquons que l'équation du diamètre qui passe par le point (x, y) est

$$Y = \frac{b}{a} X \tan \varphi,$$

et que l'équation de la droite perpendiculaire à ce diamètre à ce point est

$$bY \sin \varphi + aX \cos \varphi - b^2 \sin^2 \varphi - a^2 \cos^2 \varphi = 0.$$

La courbe de Talbot est l'enveloppe des droites représentées par cette équation, et son équation cartésienne résulte par conséquent de l'élimination de φ entre la même équation et cette autre :

$$bY \cos \varphi - aX \sin \varphi + (a^2 - b^2) \sin 2\varphi = 0.$$

On verra ci-dessus le résultant de cette élimination. Ici nous remarquerons que ces équations donnent ces autres :

$$(1) \qquad X = \frac{\cos \varphi}{a} (a^2 + c^2 \sin^2 \varphi), \quad Y = \frac{\sin \varphi}{b} (a^2 - 2c^2 + c^2 \sin^2 \varphi),$$

où $c^2 = a^2 - b^2$, lesquelles déterminent les coordonnées (X, Y) des points de la courbe en fonction d'un paramètre arbitraire φ, et qui vont être employées pour l'étudier.

375. Il résulte immédiatement de la définition de la courbe de Talbot que cette courbe

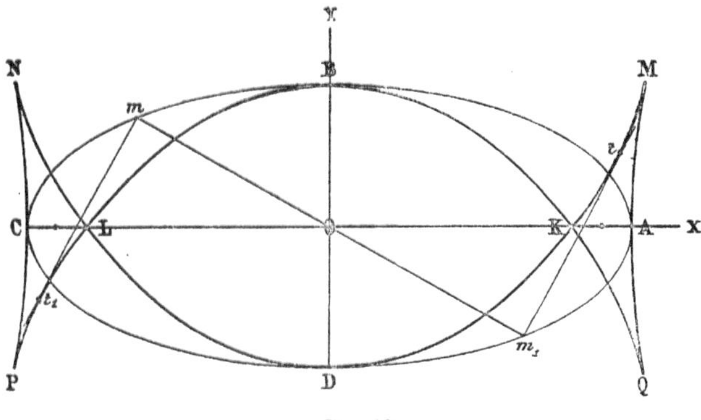

Fig. 99

est symétrique par rapport aux axes des coordonnées et qu'elle est tangente à l'ellipse considérée aux extrémités des deux axes *(fig. 99)*. Il en résulte aussi que l'angle formé par

ses tangentes avec l'axe des abscisses varie toujours dans le même sens, et que par conséquent elle n'a pas de points d'inflexion réels.

On voit par les relations

$$\frac{dX}{d\varphi} = -\frac{\sin\varphi}{a}(a^2 - 2c^2 + 3c^2\sin^2\varphi), \quad \frac{dY}{d\varphi} = \frac{\cos\varphi}{b}(a^2 - 2c^2 + 3c^2\sin^2\varphi)$$

que la même courbe possède *quatre points de rebroussement,* déterminés par l'équation

$$a^2 - 2c^2 + 3c^2\sin^2\varphi = 0,$$

d'où résultent pour φ des valeurs *réelles* lorsque $a^2 = b^2$ ou $a^2 > b^2$, et des valeurs *imaginaires* dans le cas contraire.

L'axe des ordonnées coupe la courbe aux deux extrémités B et D du petit axe de l'ellipse,
et aux *deux points doubles imaginaires* déterminés par l'équation $a^2 + c^2\sin^2\varphi = 0$. L'axe des
abscisses coupe la même courbe aux extrémités A et C du grand axe de l'ellipse et aux
deux points doubles déterminés par l'équation $c\cos\varphi = \pm b$, lesquels sont *réels* quand $a^2 \lessgtr 2b^2$
et *imaginaires* dans le cas contraire.

Il résulte de tout ce qui précède que la courbe a la forme indiquée dans la figure 99
quand $a^2 > 2b^2$, et celle d'un ovale convexe quand $a^2 < 2b^2$. Si $a^2 = 2b^2$, la courbe a aussi la
forme d'un ovale convexe, mais elle possède un point triple à tangentes coïncidents à chacune
des extrémités du grand axe de l'ellipse; ces points sont formés par la réunion des points M,
K, Q et des points N, L, P.

On voit aisément que la valeur du rayon de courbure de la courbe de Talbot peut être
calculée par la formule

$$R = \frac{(a^2 - 2c^2 + 3c^2\sin^2\varphi)(a^2\sin^2\varphi + b^3\cos^2\varphi)^{\frac{3}{2}}}{a^2 b^2},$$

d'où il résulte que la courbe n'a pas de points d'inflexion.

376. La rectification de la courbe de Talbot dépend d'une intégrale elliptique de première
espèce, comme on va le voir.

En partant, en effet, de la relation

$$\left(\frac{ds}{d\varphi}\right)^2 = (a^2 - 2c^2 + 3c^2\sin^2\varphi)^2\left(\frac{\cos^2\varphi}{a^2} + \frac{\sin^2\varphi}{b^2}\right),$$

et en faisant

$$k^2 = \frac{a^2 - b^2}{a^2}, \quad \Delta\varphi = \sqrt{1 - k^2\sin^2\varphi},$$

on obtient la relation

$$ds = \frac{a^2 - 2c^2}{b}\, \Delta\varphi\, d\varphi + \frac{3c^2}{b}\, \sin^2\varphi\, \Delta\varphi\, d\varphi,$$

qui, en tenant compte de l'identité

$$\sin^2\varphi\, \Delta\varphi\, d\varphi = \frac{1 - k^2}{3k^2}\cdot\frac{d\varphi}{\Delta\varphi} + \frac{2k^2 - 1}{3k^2}\, \Delta\varphi\, d\varphi - \frac{1}{6}\, d\,[\sin 2\varphi\, \Delta\varphi],$$

prend la forme

$$ds = b\,\frac{d\varphi}{\Delta\varphi} - \frac{3c^2}{6b}\, d\,[\sin 2\varphi\, \Delta\varphi].$$

On a donc le résultat obtenu par Talbot

$$s = b\int_0^\varphi \frac{d\varphi}{\Delta\varphi} - \frac{3c^2}{6b}\,\sin 2\varphi\, \Delta\varphi,$$

et, en particulier,

$$s = b\int_0^{\frac{\pi}{2}} \frac{d\varphi}{\Delta\varphi}\, .$$

On peut donc représenter géométriquement une *intégrale elliptique de première espèce complète* à module k au moyen de la longueur d'un arc de la courbe considérée.

La courbe de Talbot est *unicursale*. En posant, en effet, dans les équations (1)

$$\sin\varphi = \frac{1 - t^2}{1 + t^2}, \quad \cos\varphi = \frac{2t}{1 + t^2},$$

on obtient celles-ci:

$$X = \frac{2t\,[a^2 + c^2 + b^2\,t^2]}{a\,(1 + t^2)^2}, \quad Y = \frac{b^2 + (a^2 - 3c^2)\,t^2}{b\,(1 + t^2)^2},$$

qui en déterminent les coordonnées en *fonction rationnelle* de la variable t.

L'équation cartésienne de la même courbe peut être obtenue par l'élimination de φ entre les équations (1), comme on a déjà dit, ou au moyen de l'élimination de t entre celles qu'on vient d'écrire. Ce calcul a été fait par Tortolini (*Nouvelles Annales de Mathématiques,* 1846, p. 365), qui a obtenu une équation du *sixième degré,* mise plus tard par Bourget (l. c., 1880, p. 236) sous la forme suivante:

$$[3\,(a^2x^2 + b^2y^2) - 4\,(a^4 + b^4 - a^2b^2)]^3$$

$$+ 4\,[9\,(2b^2 - a^2)\,a^2x^2 + 9\,(2a^2 - b^2)\,b^2y^2 + 4\,(a^2 + b^2)\,(2a^4 + 2b^4 - 5a^2b^2)]^2 = 0.$$

377. On peut rapprocher de la courbe qu'on vient d'étudier, celle qui est définie par les équations

$$x = \frac{\sin\varphi}{b^2}(1 - 2k_1^2 + k_1^2\sin^2\varphi), \quad y = \frac{\cos\varphi}{b}(1 + k_1^2\sin^2\varphi),$$

considérée par Legendre dans son *Traité des fonctions elliptiques* (1825-1832, t. 1, p. 36), ligne qui a une forme analogue à celle de la courbe de Talbot. L'équation des tangentes à la nouvelle courbe est

$$b\,(Y\cos\varphi + bX\sin\varphi) = 1 - k_1^2\sin^2\varphi,$$

et par conséquent l'équation de sa podaire, par rapport au centre, est

$$b^4\,(b^2y^2 + x^2)\,(x^2 + y^2)^2 = [b^2y^2 + (1 - k_1^2)\,x^2]^2.$$

La podaire de la courbe de Legendre est donc une ellipse lorsque

$$b^2 + k_1^2 = 1,$$

et dans les autres cas elle est une courbe du sixième ordre. Dans le premier cas, la courbe de Legendre est identique à une courbe de Talbot.

On voit aisément que, si b et k_1 sont liées par cette relation, la longueur des arcs de la courbe considérée est déterminée par la formule

$$s = \int_0^\varphi \frac{d\varphi}{\Delta\varphi} - \frac{k_1^2}{b^2}\sin\varphi\cos\varphi\,\Delta\varphi,$$

où

$$\Delta\varphi = \sqrt{1 - k_1^2\sin^2\varphi}.$$

La courbe qu'on vient de considérer a été employée par l'éminent géomètre pour représenter les intégrales elliptiques de première espèce de module égal à k_1. Il a, en effet, démontré qu'on peut déterminer algébriquement les deux extrémités d'un arc dont la grandeur soit égale à une intégrale elliptique de première espèce de module k_1 donné.

VIII.

Les toroïdes.

378. On a déjà dit que les courbes qu'on obtient en prenant sur chaque normale à une courbe donnée, à partir du point où elle coupe cette courbe, deux segments de grandeur constante k, sont appelées *courbes parallèles* à la courbe donnée, et que, si R et R_1 représentent, respectivement, les rayons de courbure de la courbe donnée et d'une des courbes qui lui sont parallèles, on a $R_1 = R \pm k$.

Il résulte de cette définition que l'enveloppe d'un cercle dont le centre décrit une courbe donnée, est formé par deux courbes parallèles à celle-là.

Les *courbes parallèles à l'ellipse* furent appelées *toroïdes* par Breton de Champs dans un écrit inséré aux *Nouvelles Annales de Mathématiques* (1884, t. III, p. 442), où il en a fait l'étude, car ces courbes sont identiques à celles qui limitent les aires qu'on obtient en projetant le *tore* sur les plans non perpendiculaires à son axe. Cette coïncidence des deux classes de courbes peut être reconnue aisément, en remarquant: que le tore est l'enveloppe des sphères de rayon constant k ayant le centre sur la circonférence d'un même cercle; que la projection de ce cercle sur chacun des plans considérés est une ellipse, et que les projections de ces sphères sur le même plan sont des cercles de rayon égal à k ayant le centre sur cette ellipse; et que ces cercles sont tangentes aux courbes qui limitent la projection du tore. Ces dernières courbes enveloppent donc un système de cercles de rayon constant ayant le centre sur l'ellipse, et elles sont, par conséquent, parallèles à cette ellipse.

On détermine aisément la forme des courbes parallèles à l'ellipse au moyen de leur définition, en tenant compte de la relation $R_1 = R \pm k$. On voit, en effet, que le rayon de courbure R est toujours fini, et que par conséquent ces courbes n'ont pas de points d'inflexion. On voit aussi que celle qui correspond à l'égalité $R_1 = R + k$ n'a pas de points de rebroussement réels, mais que celle qui correspond à l'égalité $R_1 = R - k$ a *quatre points* de rebroussement E, F, H et G, situés sur la développée ACBD de l'ellipse considérée, lorsque k est comprise entre les valeurs maxime et minime du rayon de courbure de l'ellipse correspondante, car alors il existe quatre points de l'ellipse tels que $R = k$ et, par conséquent, $R_1 = 0$. Chacune des courbes parallèles à l'ellipse a donc la forme d'un ovale convexe, ou la forme EFNHGME, indiquée dans la figure 100, où, d'après la théorie générale des développées, AM est égale à la longueur de l'arc AE de la développée de l'ellipse considérée, CP à celle de l'arc CE, etc. Dans ce dernier cas, les points M et N coïncident avec le point O quand l'arc AE est égal à AO, et les arcs EMG et FNH ne se coupent pas quand l'arc AE est plus petit que le segment AO.

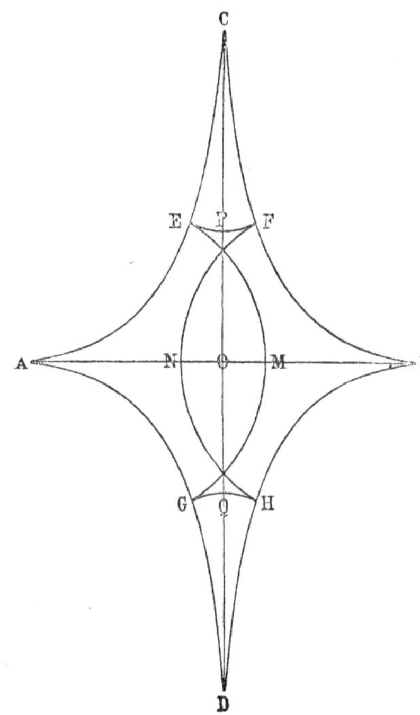

Fig. 100

379. Les courbes parallèles à l'ellipse furent étudiées par Cayley en 1860 dans le tome III des *Annali di Matematica* de Tortolini (*Mathematical Papers,* t. IV, p. 152), et plus tard par Breton de Champs dans l'écrit mentionné ci-dessus. Mais la base de la théorie analytique des mêmes courbes avait déjà été établie par Cauchy (*Comptes rendus de l'Académie des sciences de Paris,* 1841, p. 1062), qui avait remarqué que, si le centre du cercle représenté par l'équation

$$(x - \alpha)^2 + (y - \beta)^2 = k^2$$

décrit l'ellipse correspondante à cette autre:

$$\frac{\alpha^2}{a^2} + \frac{\beta^2}{b^2} = 1,$$

on obtient l'équation de l'enveloppe de ce cercle en éliminant d'abord α et β entre ces équations et les relations

$$(1) \qquad a^2 \frac{x - \alpha}{\alpha} = b^2 \frac{y - \beta}{\beta} = \theta,$$

ce qui donne

$$(2) \qquad \frac{a^2 x^2}{(\theta + a^2)^2} + \frac{b^2 y^2}{(\theta + b^2)^2} = 1, \quad \frac{\theta^2 x^2}{(\theta + a^2)^2} + \frac{\theta^2 y^2}{(\theta^2 + b^2)^2} = k^2,$$

et en éliminant ensuite θ entre ces équations.

Cette élimination fut effectuée premièrement par Catalan (*Nouvelles Annales de Mathématiques,* 1844, t. III, p. 553) et ensuite, au moyen d'une analyse plus simple, par Cayley (l. c.), qui ont obtenu une équation algébrique du *huitième degré,* que ce dernier géomètre a mise sous la forme

$$A^2 B^2 + 4B^2 + 4A^2 C + 18 ABC - 27 C^2 = 0,$$

où

$$A = x^2 + y^2 - k^2 - a^2 - b^2, \quad B = b^2 x^2 + a^2 y^2 - a^2 k^2 - b^2 k^2 - a^2 b^2, \quad C = a^2 b^2 k^2.$$

Cayley a fait l'étude de la courbe considérée au moyen de cette équation; mais on peut déduire directement les propriétés de cette courbe des équations (2), comme nous l'avons fait dans un écrit inséré aux *Mémoires couronnés et autres mémoires publiés par l'Académie Royale de Belgique* (1898, t. LVIII), dont nous allons extraire la partie qui se rapporte à la même courbe. On peut voir dans le même écrit plusieurs théorèmes sur les normales à l'ellipse que nous y avons obtenus au moyen des courbes qui lui sont parallèles.

380. Les deux courbes parallèles à une ellipse donnée correspondantes aux équations

$R_1 = R + k$ et $R_1 = R - k$ sont *deux branches d'une même courbe algébrique,* dont les points sont déterminés par les équations suivantes:

$$(3) \qquad x = \frac{\theta + a^2}{\theta} \sqrt{\frac{\theta^2 - b^2 k^2}{a^2 - b^2}}, \quad y = \frac{\theta + b^2}{\theta} \sqrt{\frac{a^2 k^2 - \theta^2}{a^2 - b^2}},$$

qui résultent des équations (2) et qui expriment les coordonnées de ces points en fonction d'un paramètre θ. Les points réels de cette courbe correspondent aux valeurs de θ comprises entre bk et ak, et entre $-bk$ et $-ak$.

Il résulte aussi des mêmes équations (2) les relations

$$(4) \qquad \frac{dx}{d\theta} = \frac{\theta^3 + a^2 b^2 k^2}{\theta^2 \sqrt{a^2 - b^2} \sqrt{\theta^2 - b^2 k^2}}, \quad \frac{dy}{d\theta} = -\frac{\theta^3 + a^2 b^2 k^2}{\theta^2 \sqrt{a^2 - b^2} \sqrt{a^2 k^2 - \theta^2}}$$

et par suite

$$\frac{dy}{dx} = -\sqrt{\frac{\theta^2 - b^2 k^2}{a^2 k^2 - \theta^2}} = -\frac{x(\theta + b^2)}{y(\theta + a^2)} \,.$$

On peut déterminer au moyen de ces équations et des équations (3) la forme des *toroïdes,* et on retrouve ainsi les résultats déjà obtenus ci-dessus géométriquement, au moyen de la considération de la développée de l'ellipse; on peut déterminer, au moyen des mêmes équations, les points singuliers imaginaires de la courbe et la nature des points que la courbe possède à l'infini.

381. En cherchant premièrement les *noeuds* que la courbe possède à distance finie, nous examinerons les trois cas suivants:

1.º Soit $k \gtreqless a$. Si l'on fait $\theta = -b^2$, il vient

$$(5) \qquad x = \pm \frac{\sqrt{a^2 - b^2}}{b} \sqrt{b^2 - k^2}, \quad y = 0, \quad y' = \pm \frac{b^2 x}{\sqrt{(a^2 - b^2)(a^2 k^2 - b^4)}} \,.$$

Comme on a $k \gtreqless a > b$, les points de la courbe déterminés par les deux premières équations sont imaginaires, et en chacun de ces points y' a deux valeurs différentes, déterminées par la troisième; la courbe a par conséquent en chacun de ces points un noeud imaginaire.

En posant maintenant $\theta = -a^2$, on obtient les équations

$$(6) \qquad x = 0, \quad y = \pm \frac{\sqrt{a^2 - b^2}}{a} \sqrt{k^2 - a^2}, \quad y' = \pm \frac{\sqrt{(a^2 - b^2)(a^4 - b^2 k^2)}}{a^2 y},$$

qui déterminent deux points de la courbe sur l'axe des ordonnées, en chacun desquels y' a deux valeurs réelles quand $k < \dfrac{a^2}{b}$, deux valeurs imaginaires quand $k > \dfrac{a^2}{b}$. Dans le premier cas, la courbe a deux noeuds réels sur l'axe des ordonnées (qui coïncident quand $k = a$); dans le second cas, elle a deux points isolés.

2.º Soit maintenant $a > k > b$. La courbe a alors quatre noeuds imaginaires. Les valeurs des coordonnées de ces points résultent des équations (5) et (6).

3.º Soit $k \lesseqgtr b$. Alors, si l'on a $k \gtreqless \dfrac{b^2}{a}$, la courbe possède deux noeuds réels (qui coïncident quand $k = b$), dont les coordonnées sont déterminées par les formules (5), et elle a deux noeuds imaginaires, dont les coordonnées résultent des formules (6); si l'on a $k < \dfrac{b^2}{a}$, la courbe possède encore deux noeuds imaginaires, et, au lieu des deux noeuds réels, elle a deux points isolés.

De cette discussion il résulte le théorème suivant:

Chacune des courbes algébriques représentées par les équations (3) *a, à distance finie, quatre noeuds. Deux de ces points sont toujours imaginaires; les autres sont aussi imaginaires quand k est compris entre b et a, et ils sont réels dans le cas contraire. Si $k > \dfrac{a^2}{b}$ ou $k < \dfrac{b^2}{a}$, ces derniers points sont isolés.*

382. Les valeurs que θ prend aux points de rebroussement doivent satisfaire aux équations $\dfrac{dx}{d\theta} = 0$, $\dfrac{dy}{d\theta} = 0$; elles sont, par conséquent, données par l'équation

$$\theta^3 + a^2 b^2 k^2 = 0.$$

On en conclut qu'il existe quatre *rebroussements réels,* quand la racine réelle de cette équation est comprise entre $-bk$ et $-ak$, c'est-à-dire quand k satisfait aux conditions $\dfrac{b^2}{a} < k < \dfrac{a^2}{b}$; la courbe a, en outre, *huit points de rebroussement imaginaires.* Quand ces conditions ne sont pas satisfaites, la courbe a *douze points de rebroussement imaginaires.*

Les points de rebroussement peuvent encore être obtenus d'une autre manière. Ils doivent, en effet, satisfaire à l'équation $R^2 = k^2$, R représentant, comme ci-dessus, le rayon de courbure de l'ellipse envisagée, ou

$$a^4 \beta^2 + b^4 \alpha^2 = k^{\frac{2}{3}} a^{\frac{8}{3}} b^{\frac{8}{3}}.$$

Cette équation représente trois ellipses, une réelle et deux imaginaires, lesquelles déterminent, au moyen de leurs intersections avec l'ellipse proposée, douze points, dont quatre sont réels quand k est compris entre $\dfrac{b^2}{a}$ et $\dfrac{a^2}{b}$. Les centres de courbure correspondants à ces points de l'ellipse proposée sont les points de rebroussement cherchés.

383. Dans l'étude précédente, on n'a pas considéré le cas de $k = \dfrac{a^2}{b}$, ni celui de $k = \dfrac{b^2}{a}$.

Dans le premier de ces cas, les points de rebroussement réels et les noeuds réels qui existent sur l'axe des ordonnées quand $a < k < \dfrac{a^2}{b}$, forment, en se réunissant en les extrémités du grand axe de la développée de l'ellipse, *deux points triples,* où la tangente est parallèle à l'axe des abscisses. La courbe a alors la forme d'un ovale convexe.

Si $k = \dfrac{b^2}{a}$, les points de rebroussement réels et les noeuds réels qui existent sur l'axe des abscisses quand $b > k > \dfrac{b^2}{a}$, forment, en se réunissant en les extrémités du petit axe de l'ellipse, *deux points triples,* où la tangente est parallèle à l'axe des ordonnées. La courbe a encore la forme d'un ovale convexe.

384. Pour completer l'étude des points singuliers de la toroïde, il faut encore étudier les points situés à l'infini, et, pour cela, nous en allons chercher les asymptotes.

Il résulte des équations (3) que, quand θ tend vers 0, x tend vers $i\infty$, et y vers ∞; et, si l'on prend les valeurs de x et y qui ont le même signe, $\dfrac{x}{y}$ tend vers $\dfrac{k}{b} i$. De même, quand θ tend vers ∞, x tend vers ∞ et $\dfrac{y}{x}$ vers i.

On a ensuite, dans le premier cas,

$$\lim_{\theta = 0} \left(x - \frac{a}{b} iy \right) = \pm \frac{1}{\sqrt{a^2 - b^2}} \lim_{\theta = 0} \left\{ ibk \left(1 + \frac{a^2}{\theta} \right) \left(1 - \frac{\theta^2}{2b^2 k^2} + \dots \right) \right.$$
$$\left. - \frac{a^2 k}{b} i \left(1 + \frac{b^2}{\theta} \right) \left(1 - \frac{\theta^2}{2a^2 k^2} + \dots \right) \right\} = \pm i \frac{k}{b} \sqrt{a^2 - b^2}.$$

Donc la courbe a deux asymptotes dont les équations sont

$$x = \frac{a}{b} iy \pm \frac{ik}{b} \sqrt{a^2 - b^2}$$

ou

$$y = - \frac{b}{a} ix \pm \frac{k}{a} \sqrt{a^2 - b^2},$$

et aussi deux asymptotes représentées par l'équation

$$y = \frac{b}{a} ix \pm \frac{k}{a} \sqrt{a^2 - b^2}.$$

Dans le second cas

$$\lim_{\theta = \infty} (y - ix) = \pm \frac{1}{\sqrt{a^2 - b^2}} \lim_{\theta = \infty} \left\{ i\theta \left(1 + \frac{b^2}{\theta} \right) \left(1 - \frac{a^2 k^2}{2\theta^2} + \dots \right) \right.$$
$$\left. - i\theta \left(1 + \frac{a^2}{\theta} \right) \left(1 - \frac{b^2 k^2}{2\theta^2} + \dots \right) \right\} = \pm i \sqrt{a^2 - b^2}.$$

Donc la courbe a encore quatre asymptotes imaginaires, dont les équations sont

$$y = ix \pm i\sqrt{a^2 - b^2}, \quad y = -ix \pm i\sqrt{a^2 - b^2}.$$

À chacun des couples d'asymptotes qu'on vient d'obtenir correspond un noeud à l'infini. La toroïde possède par conséquent *quatre noeuds imaginaires* à l'infini.

Les points de l'infini peuvent être étudiés encore au moyen des équations qu'on obtient en remplaçant dans les équations (2) x par $\dfrac{1}{x}$ et y par $\dfrac{y}{x}$, savoir

$$x = \frac{\theta}{\theta + a^2} \sqrt{\frac{a^2 - b^2}{\theta^2 - b^2 k^2}}, \quad y = \frac{\theta + b^2}{\theta + a^2} \sqrt{\frac{a^2 k^2 - \theta^2}{\theta^2 - b^2 k^2}}.$$

La courbe représentée par ces équations coupe l'axe des ordonnées en quatre points, dont les ordonnées sont égales à $i,\ -i,\ \dfrac{b}{a} i,\ -\dfrac{b}{a} i$, et l'on peut voir, en procédant comme pour les noeuds de la courbe (3), que ces points sont des noeuds de la nouvelle courbe.

385. On vient de voir que la *toroïde* possède *douze points de rebroussement* et *huit noeuds,* ou *deux points triples, six noeuds* et *huit points de rebroussement.* On en conclut, au moyen de la formule de Plücker employée au n.º 147, que cette courbe n'a pas de points d'inflexion ni réels ni imaginaires, comme on l'avait déjà dit. On en conclut encore que ces courbes sont du *genre un,* ce qui résulte d'ailleurs immédiatement de la forme des équations (3), qui déterminent x et y en fonction rationnelle de θ et du radical

$$\sqrt{(\theta^2 - b^2 k^2)(a^2 k^2 - \theta^2)}.$$

On en déduit enfin, en s'appuyant sur la formule de Plücker écrite au n.º 85, que la *classe de cette courbe est égale à quatre,* et que par conséquent son équation tangentielle est du *quatrième* degré.

On trouve facilement cette équation au moyen de l'équation de la tangente à la courbe

$$\frac{\sqrt{a^2 k^2 - \theta^2}}{(\theta + k^2)\sqrt{a^2 - b^2}} Y + \frac{\sqrt{\theta^2 - b^2 k^2}}{(\theta^2 + k^2)\sqrt{a^2 - b^2}} X = 1.$$

En comparant, en effet, cette équation à cette autre

$$u Y + v X = 1,$$

on trouve

$$u = \frac{\sqrt{a^2 k^2 - \theta^2}}{(\theta + k^2)\sqrt{a^2 - b^2}}, \quad v = \frac{\sqrt{\theta^2 - b^2 k^2}}{(\theta + k^2)\sqrt{a^2 - b^2}},$$

d'où il résulte, en éliminant θ, l'équation cherchée

$$[(a^2 - k^2)\, v^2 + (b^2 - k^2)\, u^2 - 1]^2 = 4k^2\, (u^2 + v^2).$$

On peut déterminer aisément, au moyen de cette équation, les foyers de la courbe considérée, en employant une méthode déjà appliquée souvent dans cet ouvrage. On trouve ainsi que la toroïde a deux *foyers* réels, qui coïncident avec les foyers de l'ellipse, et que ces foyers sont singuliers (n.° 28).

Les coordonnées cartésiennes et tangentielles des courbes parallèles à l'ellipse peuvent être encore représentées par des fonctions elliptiques méromorphes d'un même argument. En faisant, en effet, dans les formules (3), $\theta = bkt$ et ensuite $t = \operatorname{sn} u$, et en supposant que le module de cette fonction est égal à $\dfrac{b}{a}$, on trouve

$$\sqrt{b^2 k^2 - \theta^2} = bk \sqrt{1 - t^2} = bk\,\operatorname{sn} u, \qquad \sqrt{a^2 k^2 - \theta^2} = ak \sqrt{1 - \frac{b^2}{a^2}\, t^2} = k\,\operatorname{dn} u,$$

et par conséquent

$$x = \frac{(bk\,\operatorname{sn} u + a^2)\,\operatorname{cn} u}{\operatorname{sn} u \sqrt{b^2 - a^2}}, \qquad y = \frac{a\,(k\,\operatorname{sn} u + b)\,\operatorname{dn} u}{\operatorname{sn} u \sqrt{a^2 - b^2}}.$$

On peut exprimer de même les coordonnés tangentielles u et v par des fonctions rationnelles de $\operatorname{sn} u$, $\operatorname{cn} u$ et $\operatorname{dn} u$.

Les courbes considérées furent étudiées au moyen des fonctions elliptiques par Schwering dans un opuscule publié en 1877 sous ce titre: *Die parallelcurve der Ellipse, als curve von range eins.*

386. On peut encore étudier les courbes parallèles à l'ellipse par une autre analyse qu'on va exposer.

En effet, en représentant par α et β les coordonnées des points de l'ellipse donnée, on peut poser.

$$\alpha = a \sin \varphi, \quad \beta = b \cos \varphi,$$

et alors on a, pour déterminer les coordonnées des courbes parallèles à cette ellipse, l'équation

$$(x - a \sin \varphi)^2 + (y - b \cos \varphi)^2 = k^2,$$

qui représente un cercle de rayon égal à k ayant le centre sur l'ellipse, et celle-ci:

$$\frac{a\,(x - a \sin \varphi)}{\sin \varphi} = \frac{b\,(y - b \cos \varphi)}{\cos \varphi},$$

qu'on obtient en dérivant les deux membres de celle qui précède par rapport à φ Ces équations déterminent, en effet, l'enveloppe des positions que prend le cercle quand son centre parcourt l'ellipse.

Or, ces équations donnent ces autres:

$$x = a \sin \varphi + \frac{bk \sin \varphi}{a\sqrt{1 - \lambda^2 \sin^2 \varphi}}, \quad y = b \cos \varphi + \frac{k \cos \varphi}{\sqrt{1 - k^2 \sin^2 \varphi}},$$

où $\lambda^2 = \dfrac{a^2 - b^2}{a^2}$, par lesquelles on peut établir les propriétés des toroïdes qu'on a obtenues en se servant des équations (3). Mais nous ne ferons pas ici cette étude, et nous allons seulement nous en servir pour déterminer la longueur des arcs et les valeurs des aires des courbes considérées.

Les équations qu'on vient d'écrire donnent

$$\frac{dx}{d\varphi} = a \cos \varphi + \frac{kb \cos \varphi}{a(1 - \lambda^2 \sin^2 \varphi)^{\frac{3}{2}}}, \quad \frac{dy}{d\varphi} = -b \sin \varphi - \frac{kb^2 \sin \varphi}{a^2(1 - \lambda^2 \sin^2 \varphi)^{\frac{3}{2}}},$$

et par conséquent la valeur de l'aire balayée par le vecteur d'un point de la toroïde, quand φ varie depuis 0 jusqu'à φ, est donnée par la formule

$$A = \frac{1}{2} \int_0^\varphi \left(y \frac{dx}{d\varphi} - x \frac{dy}{d\varphi} \right) d\varphi$$

$$= \frac{1}{2} \left[ab\varphi + \frac{bk^2}{a} \int_0^\varphi \frac{d\varphi}{(\Delta\varphi)^2} + ka \int_0^\varphi \Delta\varphi \, d\varphi + \frac{b^2 k}{a} \int_0^\varphi \frac{d\varphi}{(\Delta\varphi)^3} \right],$$

où

$$\Delta\varphi = \sqrt{1 - \lambda^2 \sin^2 \varphi}.$$

Mais

$$\int_0^\varphi \frac{d\varphi}{(\Delta\varphi)^3} = \frac{a^2}{b^2} \left[\int_0^\varphi \Delta\varphi \, d\varphi - \frac{\lambda^2 \sin \varphi \cos \varphi}{\Delta\varphi} \right],$$

$$\int_0^\varphi \frac{d\varphi}{(\Delta\varphi)^2} = \frac{a}{b} \left[\frac{\pi}{2} - \text{arc tang} \left(\frac{a}{b} \cot \varphi \right) \right].$$

Donc

$$A = \frac{1}{2} \left[ab\varphi + k^2 \frac{\pi}{2} - k^2 \text{ arc tang} \left(\frac{a}{b} \cot \varphi \right) \right.$$

$$\left. - ab\lambda^2 \frac{\cos \varphi \sin \varphi}{\Delta\varphi} + 2ka \int_0^\varphi \Delta\varphi \, d\varphi \right].$$

On conclut de cette formule que l'aire A_1 balayée par le vecteur d'un point de la courbe considérée, quand φ varie depuis 0 jusqu'à $\dfrac{\pi}{2}$, est déterminée par l'équation

$$A_1 = \frac{1}{4}\left[ab\pi + k^2\pi + 4ka \int_0^{\frac{\pi}{2}} \Delta\varphi \, d\varphi \right].$$

Les formules qu'on vient d'obtenir correspondent à l'une des branches de la courbe; en changeant k en $-k$, on obtient celles qui correspondent à l'autre. L'aire A_2 comprise entre les deux branches est déterminée par l'égalité, due à Cauchy (l. c):

$$A_2 = 8ka \int_0^{\frac{\pi}{2}} \Delta\varphi \, d\varphi.$$

Pour déterminer maintenant la longueur s des arcs de la toroïde, remarquons qu'on a, en représentant par s_1 la longueur des arcs de l'ellipse correspondante,

$$\left(\frac{ds_1}{d\varphi}\right)^2 = a^2\,(\Delta\varphi)^2$$

et par conséquent

$$\frac{dx}{d\varphi} = a\cos\varphi + kba^2\cos\varphi\left(\frac{d\varphi}{ds_1}\right)^3, \quad \frac{dy}{d\varphi} = -b\sin\varphi - kab^2\sin\varphi\left(\frac{d\varphi}{ds_1}\right)^3.$$

Donc

$$\left(\frac{ds}{d\varphi}\right)^2 = \left[\frac{ds_1}{d\varphi} + kab\left(\frac{d\varphi}{ds_1}\right)^2\right]^2$$

et par conséquent

$$s = s_1 + kab \int_0^{\varphi}\left(\frac{d\varphi}{ds_1}\right)^2 d\varphi = s_1 + \frac{kb}{a}\int_0^{\varphi}\frac{d\varphi}{(\Delta\varphi)^2}$$

$$= s_1 - k\operatorname{arc\,tang}\left(\frac{a}{b}\cot\varphi\right) + C,$$

C représentant une constante arbitraire; ou, en prenant pour origine des arcs s_1 et s les points de l'ellipse et de la toroïde correspondants à $\varphi = 0$,

$$s = s_1 + k\frac{\pi}{2} - k\operatorname{arc\,tang}\left(\frac{a}{b}\cot\varphi\right).$$

Mais on a

$$\frac{dy}{dx} = -\frac{b}{a}\tan\varphi,$$

et par suite, en représentant par ω l'angle formé par l'axe des abscisses avec la normale à la toroïde au point qui correspond à la valeur considérée de φ,

$$\operatorname{tang} \omega = \frac{a}{b} \cot \varphi.$$

Donc l'expression de s prend la forme

$$s = s_1 + k \left(\frac{\pi}{2} - \omega \right),$$

remarquée par Breton de Champs (l. c.).

IX.

Les podaires centrales des toroïdes.

387. Nous avons étudié la *podaire centrale de la toroïde* dans le Mémoire sur les *Courbes parallèles à l'ellipse* mentionné au n.º 379, où nous en avons trouvé les propriétés qu'on va exposer.

Soient X et Y les coordonnées du point de la podaire considérée qui correspond au point (x, y) de la toroïde. Les équations de la tangente à cette courbe au point (x, y) et de la perpendiculaire à cette droite tirée par le centre de l'ellipse sont (n.º 385)

$$Y \sqrt{a^2 k^2 - \theta^2} + X \sqrt{\theta^2 - b^2 k^2} = (\theta + k^2) \sqrt{a^2 - b^2},$$

$$Y \sqrt{\theta^2 - b^2 k^2} - X \sqrt{a^2 k^2 - \theta^2} = 0,$$

et par conséquent les coordonnées des points de la podaire de toroïde sont déterminées par les équations

$$(1) \qquad X = \frac{\theta + k^2}{k^2} \sqrt{\frac{\theta^2 - b^2 k^2}{a^2 - b^2}}, \quad Y = \frac{\theta + k^2}{k^2} \sqrt{\frac{a^2 k^2 - \theta^2}{a^2 - b^2}},$$

où θ joue le rôle de paramètre arbitraire.

La courbe représentée par ces équations est composée de deux branches réelles fermées, dont l'une correspond à la branche extérieure et l'autre à la branche intérieure de la toroïde. On détermine les points d'une branche en faisant varier θ entre ak et bk; et ceux de l'autre correspondent aux valeurs de θ comprises entre $-bk$ et $-ak$. On trouve facilement, au moyen des équations (1) et de cette autre

$$(2) \qquad \frac{dY}{dX} = - \frac{2\theta^2 + k^2\theta - a^2 k^2}{2\theta^2 + k^2\theta - b^2 k^2} \sqrt{\frac{\theta^2 - b^2 k^2}{a^2 k^2 - \theta^2}},$$

la forme de la courbe. Les deux branches sont symétriques par rapport aux axes des coordonnées, et elles coupent orthogonalement ces axes aux points $(a \pm k,\ 0)$ et $(0,\ b \pm k)$. En outre, la branche extérieure possède *quatre points* où la tangente est parallèle à l'axe des abscisses, lesquels correspondent à la racine positive de l'équation

$$2\theta^2 + k^2\theta - a^2k^2 = 0,$$

quand cette racine est comprise entre les nombres bk et ak; et la branche intérieure possède aussi *quatre points* jouissant de la même propriété, qui correspondent à la racine négative de cette équation, quand cette racine est comprise entre $-bk$ et $-ak$. De même, à la racine positive de l'équation

$$2\theta^2 + k^2\theta - b^2k^2 = 0,$$

correspondent quatre points d'une des branches où la tangente est parallèle à l'axe des ordonnées, quand cette racine est comprise entre bk et ak, et à la racine négative de la même équation correspondent aussi quatre points satisfaisant à la même condition, quand cette racine est comprise entre $-bk$ et $-ak$.

Si $k > a$ ou $k < b$, la courbe possède un point *quadruple isolé* à l'origine des coordonnées; si $b < k < a$, elle y a un *noeud quadruple*. Seulement deux des tangentes au point quadruple sont distinctes, et leurs coefficients angulaires sont égaux à $\pm \sqrt{\dfrac{a^2 - k^2}{k^2 - b^2}}$. Dans le dernier cas, la branche intérieure de la courbe a la forme indiquée dans la figure 101.

Enfin, si l'on a $k = a$ ou $k = b$, la courbe a encore un *noeud quadruple* à l'origine des coordonnées, et la branche intérieure est composée de deux ovales tangentes en ce point à l'axe des abscisses quand $k = a$, ou à l'axe des ordonnées quand $k = b$.

388. On déduit facilement des équations (1) l'équation cartésienne de la *podaire centrale de la toroïde*. Ces équations donnent, en effet,

$$\frac{x^2}{y^2} = \frac{\theta^2 - b^2k^2}{a^2k^2 - \theta^2},$$

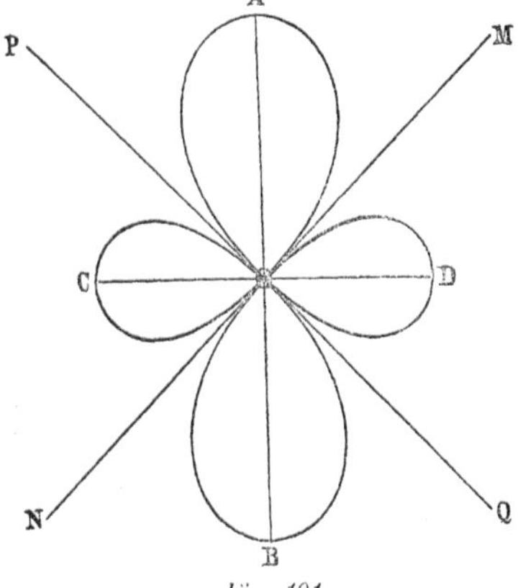
Fig. 101

et, en tirant de là la valeur de θ^2 pour le substituer dans l'une des équations (1), on obtient l'équation demandée :

$$(3) \qquad [(x^2 + y^2)^2 - (a^2x^2 + b^2y^2) - k^2(x^2 + y^2)]^2 = 4k^2(a^2x^2 + b^2y^2)(x^2 + y^2).$$

On en conclut, en premier lieu, que la courbe possède *quatre asymptotes,* déterminées par les équations

$$y = ix \pm \frac{1}{2} i \sqrt{a^2 - b^2}, \quad y = -ix \pm \frac{1}{2} i \sqrt{a^2 - b^2},$$

et que chacune de ces asymptotes est *double.* On en conclut aussi que la courbe possède deux *points quadruples* aux *points circulaires* de l'infini, et deux *foyers singuliers,* dont les coordonnées sont $\left(\pm \frac{1}{2} \sqrt{a^2 - b^2}, \ 0 \right)$.

389. Les coordonnées de la courbe qu'on vient de considérer, peuvent être exprimées par des fonctions elliptiques méromorphes d'un même argument. On a, en effet, comme au n.º 385,

$$X = \frac{b (\operatorname{sn} u + k) \operatorname{cn} u}{\sqrt{b^2 - a^2}}, \quad Y = \frac{a (b \operatorname{sn} u + k) \operatorname{dn} u}{\sqrt{a^2 - b^2}}.$$

390. L'équation (3) peut être mise encore sous la forme:

$$[(x^2 + y^2)^2 - (a^2 x^2 + b^2 y^2) + k^2 (x^2 + y^2)]^2 = 4 k^2 (x^2 + y^2)^3$$

ou, en posant $x = \rho \cos \theta, \ y = \rho \sin \theta,$

$$(\rho \pm k)^2 = a^2 \cos^2 \theta + b^2 \sin^2 \theta;$$

de sorte que l'équation polaire de la courbe considérée est

$$\rho = k \pm \sqrt{a^2 \cos^2 \theta + b^2 \sin^2 \theta}.$$

Il résulte immédiatement de cette équation que les *podaires des courbes parallèles à l'ellipse sont conchoïdes de la lemniscate elliptique* (n.º 189). Ce théorème est d'ailleurs une conséquence d'une proposition générale, qu'on démontre aisément, d'après laquelle les *podaires,* par rapport à un même point, de deux courbes parallèles sont des *conchoïdes* l'une de l'autre, et de la proposition démontrée au n.º 193, d'après laquelle la lemniscate elliptique est la podaire centrale de l'ellipse.

391. Si l'on élimine θ entre l'équation d'une podaire centrale de la toroïde

$$(\rho - k)^2 = a^2 \left(1 - \frac{a^2 - b^2}{a^2} \sin^2 \theta \right)$$

et l'équation

$$\rho \sin \theta = A \rho \cos \theta + y_0,$$

qui représente une droite passant par le point $(0, y_0)$, il vient

$$\frac{(1+A^2)^2}{(b^2-a^2)^2}\,(\rho-4k)\,\rho^7 + 2\,\frac{1+A^2}{b^2-a^2}\left[\frac{(3k^2-a^2)(1+A^2)}{b^2-a^2} - A^2\right]\rho^6 + \ldots + y_0^4 = 0.$$

Cette équation détermine les valeurs que prend ρ aux points où la droite coupe la courbe. En désignant par ρ_1, ρ_1, $\ldots$, ρ_8 ces valeurs, on a

$$\rho_1 + \rho_2 + \rho_3 + \rho_4 + \rho_5 + \rho_6 + \rho_7 + \rho_8 = 4k.$$

Donc, *la somme des distances du centre aux points où une droite quelconque coupe la courbe est égale à $4k$.*

On a aussi

$$\Sigma\,\rho_i\,\rho_j = \frac{a^2-b^2}{1+A^2}\,K,$$

K représentant une quantité indépendante de y_0; et par conséquent

$$\rho_1^2 + \rho_2^2 + \ldots + \rho_8^2 = 2\,\frac{b^2-a^2}{1+A^2}\,K,$$

Donc, *la somme des carrés des distances du centre aux points où une droite coupe la courbe, reste constante quand la droite se déplace parallèlement à elle même.*

On a encore, en représentant par ω l'angle de la droite avec l'axe des abscisses et en tenant compte de l'égalité $A = \tan\omega$,

$$\rho_1\,\rho_2 \ldots \rho_8 = \frac{y_0^4\,(b^2-a^2)^2}{(1+A^2)^2} = y_0^4\,(b^2-a^2)^2\,\cos^4\omega,$$

et par conséquent, en représentant par Δ la distance de la droite au centre de la courbe,

$$\rho_1\,\rho_2 \ldots \rho_8 = \Delta^4\,(a^2-b^2)^2.$$

Donc, *le produit des distances du centre de la courbe aux points où une droite coupe cette courbe est constant pour toutes les droites qui sont à la même distance de ce centre.*

392. De même, la circonférence dont l'équation est

$$\rho^2 - 2\,(\alpha\cos\theta + \beta\sin\theta)\,\rho + \alpha^2 + \beta^2 = R^2,$$

coupe la podaire de chaque courbe parallèle à l'ellipse donnée en huit points; les valeurs

＊

que ρ prend en ces points satisfont aux conditions

$$\rho_1' + \rho_2' + \ldots + \rho_8' = K,$$

$$\rho_1' \rho_2' \ldots \rho_8' = \frac{(b^2 - a^2)^2 (\alpha^2 + \beta^2)^4}{[4(\alpha^2 + \beta^2) - (b^2 - a^2)^2]^2 + 16\,\beta^2 (a^2 - b^2)},$$

K représentant une quantité indépendante de R.

Donc, *la somme des distances du centre de la podaire d'une courbe parallèle à l'ellipse aux points où elle est coupée par une circonférence quelconque, est indépendante de R.*

Le produit des mêmes distances ne varie pas quand on remplace la podaire considérée par la podaire d'une autre courbe parallèle à la même ellipse ou à une ellipse homofocale.

X.

La courbe équipotentielle de Cayley.

393. La courbe définie par l'équation

$$(1) \qquad \frac{m}{r} + \frac{m'}{r'} = \frac{k}{a},$$

où m, m' et k désignent des quantités constantes et r et r' les distances d'un quelconque de ses points à deux points fixes, situés dans son plan, est une *courbe équipotentielle* étudiée par Cayley dans le *Phylosophical Magazine* en 1857 (*t.* XIV, p. 142). Elle est, en effet, le méridian de la surface de révolution qui jouit de la propriété d'être constant, dans toute la surface, le *potentiel* des masses m et m' de deux centres d'attraction ou répulsion situés sur l'axe, à la distance a l'un de l'autre.

Pour déterminer l'équation cartésienne de cette courbe, prenons pour origine des coordonnées l'un des centres fixes et pour axe des abscisses la droite qui passe par les deux centres. On a alors

$$(2) \qquad r^2 = x^2 + y^2, \quad r'^2 = (x-a)^2 + y^2 ;$$

et ensuite, en éliminant r et r' entre ces relations et l'équation (1), on obtient l'équation cherchée :

$$\{a^2 m^2 [(x-a)^2 + y^2] + a^2 m'^2 (x^2 + y^2) - k^2 (x^2 + y^2)[(x-a)^2 + y^2]\}^2$$
$$= 4a^4 m^2 m'^2 (x^2 + y^2)[(x-a)^2 + y^2],$$

laquelle est du *huitième* degré.

On voit aisément, au moyen de cette équation, que chacune des droites $y = \pm ix$ et $y = \pm i(x - a)$ rencontre la courbe en deux points coïncidents, situés à distance finie. Par conséquent, *l'origine des coordonnées et le point $(a, 0)$, c'est-à-dire les pôles auxquels est rapportée l'équation* (1), *sont des foyers ordinaires de la courbe.*

On voit aussi, au moyen de la même équation, que les mêmes droites sont asymptotes de la courbe, et que, par conséquent, les points envisagés sont, en outre, des *foyers singuliers* de la même courbe.

Chacune des quatre asymptotes de la courbe est *double*. La courbe a donc à l'infini *deux points quadruples,* et à chacun *deux tangentes distinctes.*

394. Les valeurs des coordonnées x et y des points de la courbe peuvent être représentées par les fonctions de r suivantes, qui résultent des équations (1) et (2):

$$(3) \qquad x = \frac{(a^2 + r^2)(kr - am)^2 - a^2 m'^2 r^2}{2a(kr - am)^2},$$

$$(4) \qquad y = \frac{k^2 \sqrt{-(r - \alpha_1)(r - \alpha_2)\ldots(r - \alpha_8)}}{2a(kr - am)^2},$$

où l'on représente par $\alpha_1, \alpha_1, \ldots, \alpha_8$ les racines des équations du deuxième degré

$$(5) \qquad \begin{cases} (r - a)(kr - am) - am'r = 0, \\ (r - a)(kr - am) + am'r = 0, \\ (r + a)(kr - am) - am'r = 0, \\ (r + a)(kr - am) + am'r = 0. \end{cases}$$

Les racines de la première, de la troisième et de la quatrième équation sont *réelles* et *inégales.* Celles de la deuxième sont réelles et inégales, lorsque

$$(k + m - m')^2 - 4km \lessgtr 0$$

ou

$$[k - (\sqrt{m} + \sqrt{m'})^2][k - (\sqrt{m} - \sqrt{m'})^2] \lessgtr 0,$$

c'est-à-dire quand $k > (\sqrt{m} + \sqrt{m'})^2$ et quand $k < (\sqrt{m} - \sqrt{m'})^2$; elles sont *égales* quand $k = (\sqrt{m} + \sqrt{m'})^2$ et quand $k = (\sqrt{m} - \sqrt{m'})^2$; dans les autres cas ces racines sont imaginaires.

395. En tenant compte de ces résultats et des égalités

$$(6) \qquad \frac{dx}{dr} = \frac{r[(kr - am)^3 + a^3 m\, m'^2]}{a(kr - am)^3},$$

$$(7) \qquad \frac{dy}{dr} = \frac{k^2}{2a} \cdot \frac{\mathrm{F}'(r)(kr - am) - 4k\,\mathrm{F}(r)}{2(kr - am)^3 \sqrt{\mathrm{F}(r)}},$$

où

$$\mathrm{F}(r) = -(r - \alpha_1)(r - \alpha_2)\ldots(r - \alpha_8),$$

on peut obtenir la forme générale de la courbe, en considérant pour cela les trois cas suivants.

1.° Supposons que les racines α_1, α_2, $\ldots$, α_8 soient toutes réelles et inégales et que $\alpha_8 > \alpha_7 > \alpha_6 > \ldots > \alpha_1$. Alors l'ordonnée y sera *réelle* et *finie* quand la valeur de r est comprise dans les intervalles (α_8, α_7), (α_6, α_5), (α_4, α_3) et (α_2, α_1), et imaginaires dans les autres cas. Par conséquent la courbe sera composée de *quatre ovales,* symétriques par rapport à l'axe des abscisses, qu'ils coupent perpendiculairement aux points où r prend les valeurs α_1, α_2, $\ldots$, α_8.

Pour déterminer les points de ces ovales où la tangente est parallèle à l'axe des abscisses, c'est-à-dire à l'axe de la courbe, il faut résoudre l'équation du huitième degré suivante, par rapport à r:

(8)
$$\mathrm{F}'(r)(kr - am) - 4k\,\mathrm{F}(r) = 0.$$

Or, comme l'on a

$$\begin{aligned}
\mathrm{F}'(r) = -\,[&(r - \alpha_7)(r - \alpha_6)\ldots(r - \alpha_1) \\
&+ (r - \alpha_8)(r - \alpha_6)\ldots(r - \alpha_1) \\
&\ldots\ldots\ldots\ldots\ldots\ldots\ldots \\
&+ (r - \alpha_8)(r - \alpha_7)\ldots(r - \alpha_2)],
\end{aligned}$$

la fonction $\mathrm{F}'(r)$ est négative quand r prend les valeurs α_8, α_6, α_4 ou α_2, et positive quand r prend les valeurs α_7, α_5, α_3 ou α_1; et par conséquent le premier membre de l'équation (8) change de signe *six* ou *sept* fois, quand on donne à r les valeurs α_8, α_7, α_6, $\ldots$, α_1. On en conclut que trois des ovales considérés possèdent *un* point de chaque côté de l'axe de la courbe où la tangente est parallèle à cet axe, et l'autre ovale peut posseder un ou trois points jouissant de cette propriété.

La tangente est perpendiculaire à l'axe des abscisses, c'est-à-dire à l'axe de la courbe, aux points où elle coupe cette droite et aux points correspondants aux valeurs de r déterminées par l'équation

$$(kr - am)^3 + a^3 mm'^2 = 0.$$

À la racine réelle de cette équation correspondent deux points, symétriquement situés par rapport à l'axe des abscisses, lesquels sont *réels* quand r appartient à l'un des intervalles (α_8, α_7), (α_6, α_5), (α_4, α_3), (α_2, α_1), et *imaginaires* dans le cas contraire.

2.° Si deux des racines α_1, α_2, $\ldots$, α_8 sont égales, on voit de même que la courbe est composée de *trois ovales,* ayant un même axe, qui coïncide avec celui des abscisses; les points où la tangente est parallèle ou perpendiculaire à cet axe, sont déterminés par les mêmes équations que dans le cas précédent.

3.º Si les deux racines de la deuxième des équations (5) sont égales, l'expression de ces racines est

$$r = \frac{a\sqrt{m}}{\sqrt{m} \pm \sqrt{m'}},$$

où l'on doit employer le signe supérieur quand $k = (\sqrt{m} + \sqrt{m'})^2$, et le signe inférieur quand $k = (\sqrt{m} - \sqrt{m'})^2$. Alors deux des ovales dont la courbe est composée ont un point commun, situé sur l'axe des abscisses, lequel est par conséquent un *point double* de la courbe. L'abscisse de ce point est égale à l'une des valeurs de r qu'on vient d'écrire.

396. En se basant sur les indications qu'on vient d'exposer, on peut déterminer aisément dans chaque cas la forme de la courbe. La disposition des ovales dont elle est composée, par rapport aux foyers, et les modifications que la forme de ces ovales subit, quand k varie, furent déterminées d'une manière presque intuitive par Cayley dans le beau Mémoire mentionné ci-dessus, comme on va le voir.

Remarquons d'abord que les ovales dont la courbe est composée varient d'une manière continue avec k, et qu'elles ne peuvent jamais passer par les foyers O et O′; et rappelons que la courbe est composée de trois ovales quand la valeur de k est comprise entre $(\sqrt{m} - \sqrt{m'})^2$ et $(\sqrt{m} + \sqrt{m'})^2$, et de quatre ovales dans les autres cas. Remarquons encore que l'équation (1) peut être remplacée par ces deux:

$$\frac{m}{r} \pm \frac{m'}{r'} = \frac{k}{a}, \quad \frac{m'}{r'} \pm \frac{m}{r} = \frac{k}{a},$$

en rendant explicites les signes de r et r'. Remarquons enfin: que, quand k tend vers l'infini, l'un des vecteurs r et r' tend vers zéro et l'autre tend, par conséquent, pour a, et que les ovales s'approchent des cercles de centre O et O′ représentés par les équations

$$\frac{m}{r} \pm \frac{m'}{a} = \frac{k}{a}, \quad \frac{m'}{r'} \pm \frac{m}{a} = \frac{k}{a};$$

et que, quand k tend vers zéro, deux des ovales tendent vers le cercle correspondant à l'équation $m^2 r'^2 = m'^2 r^2$ et les deux autres tendent vers l'infini.

Cela posé, voici les positions que prennent les ovales, quand k varie depuis l'infini jusqu'à zéro.

1.º Si $k > (\sqrt{m} + \sqrt{m'})^2$, deux des ovales A et B contiennent à l'intérieur les deux autres C et D, et le foyer O′ est à l'intérieur de A et C et le foyer O à l'intérieur de B et D.

2.º Quand $k = (\sqrt{m} + \sqrt{m'})^2$, les deux ovales A et B ont un point commun, situé sur l'axe de la courbe, et la courbe prend la forme d'un huit *(fig. 102)* ayant l'un des ovales C et D à chaque boucle; les points O et O′ sont encore à l'intérieur de D et C, respectivement.

3.° Quand k decroît ensuite, à partir de $(\sqrt{m}+\sqrt{m'})^2$, les deux points qui forment le point double de cet huit, s'éloignent de l'axe de la courbe en deux directions symétriques

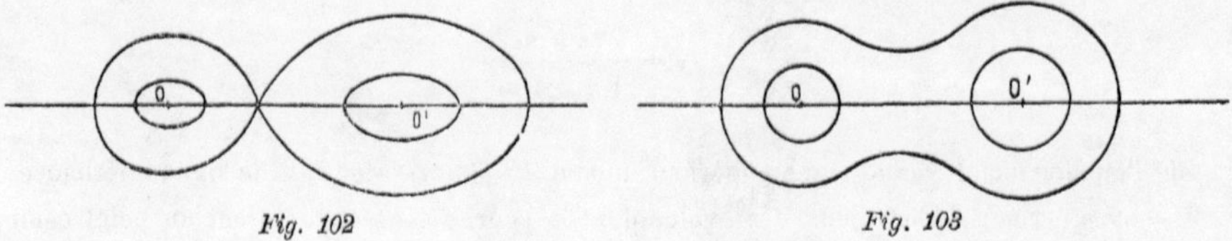

Fig. 102   Fig. 103

par rapport à cet axe, et les ovales A et B se réduisent ainsi à un seul ovale *(fig. 103)* ayant à l'intérieur les ovales C et D.

Quand ensuite k, en continuant à decroître, s'approche de $(\sqrt{m}-\sqrt{m'})^2$, l'un des ovales intérieurs, C par exemple, prend la forme indiquée dans la figure 104, et ensuite il s'allonge

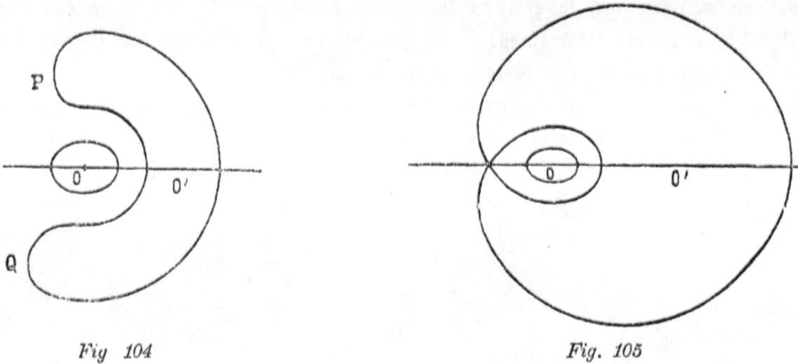

Fig 104   Fig. 105

de manière à embrasser l'ovale D, et prend la forme indiquée dans la figure 105 quand k prend la valeur $(\sqrt{m}-\sqrt{m'})^2$.

4.° Quand $k = (\sqrt{m}-\sqrt{m'})^2$, la courbe est composée de deux ovales B et C ayant un point commum, situé sur l'axe de la courbe, et de deux autres D et A situés, respectivement, à l'intérieur et à l'extérieur de celles-là. Le foyer O est à l'intérieur de D, le foyer O' est à l'intérieur de A et B et à l'extérieur de C.

5.° Quand k devient inférieur à $(\sqrt{m}-\sqrt{m'})^2$, les deux ovales B et C se séparent et la courbe est composée de quatre ovales A, B, C et D, chacun desquels contient à l'intérieur celui qui suit. Le foyer O est à l'intérieur de D et le foyer O' est à l'intérieur de A et B et à l'extérieur des autres deux ovales.

Il est facile de voir que, si l'on supposait que les ovales varient d'une manière différente de celle qu'on vient d'indiquer, on arriverait à une disposition finale de ces ovales incompatible avec ce qui, d'après ce qu'on a vu ci-dessus, arrive lorsque k tend vers zéro.

397. Les points d'intersection de la courbe (1) avec une transversale quelconque jouissent de quelques propriétés intéressantes que nous allons indiquer.

La droite représentée par l'équation

$$Ax + By + C = 0$$

coupe la courbe envisagée en huit points où r prend les valeurs déterminées par l'équation suivante, qui résulte de l'élimination de x et y entre l'équation de la droite et les relations (3) et (4):

$$A\left[(a^2 + r^2)(kr - am)^2 - a^2m'^2r^2\right] + Bk^2\sqrt{F(r)} + 2aC(kr - am)^2 = 0,$$

ou

$$B^2k^4 F(r) - \left\{(kr - am)^2\left[2aC + A(a^2 + r^2)\right] - a^2m'^2 r^2\right\}^2 = 0,$$

ou

$$k^4(A^2 + B^2)r^8 - 4amk^3(A^2 + B^2)r^7 + \ldots + a^4m^4\left[B^2a^4 + (2aC + Aa^2)^2\right] = 0.$$

Or, il résulte de cette équation les conséquences suivantes:

1.º La somme des distances r_1, r_2, ..., r_8 des points d'intersection de la transversale considérée avec la courbe au foyer pris pour origine des coordonnées vérifie la condition

$$r_1 + r_2 + r_3 + \ldots + r_8 = 4\frac{am}{k};$$

et, de même, la somme des distances r'_1, r'_2, r'_3, ..., r'_8 des mêmes points à l'autre foyer vérifie cette autre condition

$$r'_1 + r'_2 + r'_3 + \ldots + r'_8 = -4\frac{am'}{k}.$$

Donc, *la somme des distances des points où une transversale coupe la courbe* (1), *à l'un quelconque des foyers est constante.*

2.º Les mêmes distances r_1, r_2, ..., r_8 vérifient la condition

$$r_1 r_2 \ldots r_8 = \frac{a^6 m^4}{k^4}\left[a^2 + 4\frac{C(C + Aa)}{A^2 + B^2}\right],$$

d'où il résulte qu'on a

$$r'_1 r'_2 \ldots r'_8 = \frac{a^8 m^4}{k^4},$$

quand $C + Aa = 0$, c'est-à-dire quand la transversale est représentée par l'équation

$$A(x - a) + By = 0.$$

Alors cette transversale passe par le foyer $(a, 0)$, et on a donc la proposition suivante:

Le produit des distances des points où une transversale passant par l'un des foyers coupe la courbe, à l'autre foyer est constant.

Nous avons indiqué ces deux propriétés de la courbe définie par l'équation (1) dans un écrit inséré aux *Archiv der Mathematik und Physik* (3.ᵉ série, t. III), ainsi que la méthode analytique qu'on a employée plus haut pour étudier la même courbe.

398. L'équation qu'on vient d'étudier est un cas particulier de l'équation

$$\frac{m}{r} + \frac{m'}{r'} + \ldots + \frac{m^{(n)}}{r^{(n)}} = g,$$

où r, r', ... représentent les distances d'un quelconque des points de la courbe qu'elle définit à n pôles fixes, et où g, m, m', ... sont des quantités constantes. Cette équation comprend aussi celles de deux courbes envisagées par Leibniz dans une lettre adressée à Huygens en 26 janvier 1680 (*Oeuvres de Huygens*, t. VIII, p. 270) et dans l'écrit intitulé: *Nova methodus pro maximis et minimis*, publié en 1684 dans les *Acta eruditorum*; équations que le premier de ces grands géomètres a pris pour exemples de l'avantage de la méthode différentielle, exposée dans ce travail célèbre, dans la recherche des tangentes aux courbes. Il fait, en effet, remarquer que par cette méthode on détermine les tangentes à chacune des courbes envisagées sans qu'on ait besoin de faire disparaître les radicaux qui entrent dans son équation, tandis que pour appliquer les autres méthodes alors connues on était obligé à rendre d'abord l'équation de la courbe rationnelle, ce qui exigait un long calcul.

L'application de cette méthode à la courbe considérée est, en effet, bien facile. En posant,

$$r^2 = (x - a)^2 + (y - b)^2, \quad r'^2 = (x - a')^2 + (y - b')^2, \ldots,$$

(a, b), (a', b'), ... étant les coordonnées des pôles, on trouve la relation

$$\left[m \frac{y - b}{r^3} + m' \frac{y - b'}{r'^3} + \ldots \right] \frac{dy}{dx} = m \frac{a - x}{r^3} + m' \frac{a' - x}{r'^3} + \ldots,$$

par laquelle on détermine le coefficient angulaire de la tangente, sans qu'on ait besoin de rendre d'abord rationnelle l'équation de la courbe envisagée.

XI.

Notice succincte sur l'origine et le développement de la théorie des courbes algébriques

300. En terminant la partie de cet ouvrage consacré aux courbes algébriques spéciales plus remarquables, nous allons donner quelques indications historiques et bibliographiques succintes sur la théorie générale des mêmes courbes. Ces indications font suite à celles que sur les cubiques et sur les quartiques nous avons exposé à la fin des chapitres consacrés à ces courbes (n.ᵒˢ 164 et 340).

L'opuscule de Newton *Enumeratio linearum tertii ordinis,* cité ici à divers reprises, constitue le point de départ et la base de la théorie générale des courbes algébriques, non seulement parcequ'on y trouve consignés les premiers théorèmes généraux sur ces courbes, mais aussi parceque la démonstration des propositions, relatives aux cubiques, énoncées dans cet ouvrage admirable, données plus tard par d'autres géomètres, a exigé l'emploi de méthodes et de raisonnements dont la généralisation aux courbes d'ordre supérieur est très facile et naturelle, comme on le reconnaît en lisant attentivement le commentaire de Stirling à cet opuscule de Newton, mentionné au n.ᵒ 164.

Aux théorèmes généraux de Newton sur les courbes algébriques ont été ajoutés d'autres par Stirling, Nicole, Maclaurin, Cotes, Euler et Cramer; et, en outre, ces deux derniers géomètres ont organisé et exposé systématiquement pour la première fois la théorie des mêmes courbes, l'un dans son *Introductio in Analysin infinitorum,* et l'autre dans son *Introduction à l'Analyse des lignes courbes.* Dans ces deux ouvrages justement célèbres, on trouve exposés les fondements de la théorie des *intersections* des courbes algébriques, de leurs *centres* et *diamètres,* de leurs *points singuliers,* de leurs *asymptotes,* etc., théories qui dès lors jusqu'à nos jours ont été envisagées par plusieurs géomètres illustres et enrechies de nouveaux et importants théorèmes.

Dans cette première période de l'histoire de la Géométrie des courbes algébriques furent aussi données des méthodes générales pour tracer ces courbes par Maclaurin (*Geometria organica,* 1720) et Braikenridge (*Exercitatio geometrica de descriptione linearum curvarum,* 1733), auxquelles furent ajoutées plusieurs autres dans les périodes suivantes.

Les premiers progrès importants accomplis postérieurement dans la théorie générale des courbes algébriques ont été dus à Plücker. Cet éminent géomètre a établi la notion générale de *foyer* (*Journal de Crelle,* t. **x**, 1833), déjà indiquée et employée plusieurs fois dans le présent ouvrage; il a aussi introduit dans la Géométrie les coordonnées tangentielles (*System der analytischen Geometrie,* 1835), et il a montré l'importance de la représentation analytique

des courbes algébriques par leurs équations tangentielles; il a donné *(l. c.)* les formules célèbres, connues par son nom, qui lient les nombres exprimant l'*ordre* et la *classe* d'une courbe
algébrique à singularités ordinaires avec ceux qui désignent combien de *points* et *tangentes
singulières* la courbe possède; etc. Ces découvertes importantes servirent de point de départ
à d'autres travaux de grand intérêt entrepris par plusieurs illustres géomètres du XIXe
siècle, ayant pour but de déterminer le nombre et la position des *foyers* et de rechercher les
propriétés focales de ces courbes; d'étudier la nature et la disposition des *points* et des *tangentes singulières,* et d'étendre l'application des formules de Plücker; d'exposer des méthodes
pour la détermination de ces points et de ces droites; etc.

À la notion de *classe,* introduite par Plücker dans la science géométrique, Riemann ajouta
celle de *genre,* de non moins grande importance, comme peu après l'a fait voir Clebesch,
quand il s'est occupé du problème de la représentation des coordonnées des courbes algébriques par des fonctions, de nature déterminée, d'un paramètre arbitraire. Cet éminent géomètre a, en effet, démontré que les courbes du genre *zéro* sont *unicursales;* que les coordonnées
des courbes du genre *un* peuvent s'exprimer par des fonctions rationnelles d'un paramètre
arbitraire et de la racine carrée d'une fonction entière, du troisième ou quatrième degré, du
même paramètre; etc. Il fut ainsi amené à introduire dans l'étude des courbes non unicursales l'usage des *fonctions elliptiques, hyperelliptiques* et *abeliennes,* en recourant aux propriétés de ces fonctions pour obtenir des propriétés correspondantes des mêmes courbes,
et en ouvrant ainsi une voie qui a été suivie avec succès par quelques-uns des plus illustres
géomètres contemporains.

Dans l'étude des courbes on emploie fréquemment les méthodes de *transformation,* par
lesquelles on fait dépendre l'étude d'une courbe de celle d'une autre, par quelque concept
plus-simple, liée à la première par les relations analytiques ou géométriques qui définissent
la transformation considérée. Parmi les nombreuses et variées transformations qu'on peut
employer, on distingue par leur fécondité la *transformation homographique,* imaginée par
Newton et étudiée principalement par Poncelet et Chasles; la transformation par *polaires
réciproques,* étudiée aussi par ces deux géomètres; la *transformation par rayons vecteurs réciproques,* étudiée par Bellavitis, Stubbs, Liouville, etc., et les *transformations birationnelles*
d'un degré quelconque, envisagées par Cremona, dont sont des cas particuliers la transformation homographique et la transformation par rayons vecteurs réciproques, employées souvent dans cet ouvrage, et encore la transformation par laquelle on dérive d'une courbe son
hyperbolisme, que nous avons aussi appliquée quelquefois. La première de ces transformations
ne fait pas varier ni le nombre des points singuliers ni la nature de ces points; et, d'après un
théorème très remarquable de M. Noether, on peut toujours réduire au moyen de transformation birationnelles les courbes où existent des points doubles avec tangentes coïncidentes à
d'autres qui possèdent seulement des points doubles à tangentes distinctes. À tout cela nous
ajouterons encore que, d'après Riemann, ni ces dernières transformations, ni même les transformations plus générales où à chaque point de la courbe donnée correspond un seul point
de la transformée, font varier le *genre* de la courbe proposée.

On a associé, pour divers buts, à chaque courbe d'autres liées à la première par des relations géométriques ou analytiques déterminées et qui en sont aussi de véritables transformées. De ce nombre sont sa *développée* et ses *développantes,* ses *podaires,* ses *conchoïdes,* ses *cissoïdes,* ses *polaires,* et bien d'autres. Quand la courbe proposée est algébrique, ces courbes jouissent des propriétés générales communes à toutes les lignes de ces noms, et, en outre, de propriétés spéciales, dont l'étude constitue autant d'intéressants chapitres de la Géométrie des courbes algébriques. Mentionnons encore les courbes *covariantes* introduites dans la science par O. Hesse, Cayley et Steiner, et que par ce motif on désigne par le nom de *hessienne, cayleienne* et *steinérienne,* lesquelles ont une grande importance dans la Géométrie moderne.

Bien d'autres questions rélatives aux courbes algébriques ont été envisagées par les géomètres. Ainsi M. Klein a découvert une relation entre le nombre des *points* et *tangentes singulières réelles* d'une courbe d'ordre quelconque; Cayley, M. Gerbaldi, etc. se sont occupés de la détermination des points où cette courbe a un contact du 5.ᵉ ordre avec une conique; Staudt, M. Zeuthen, etc. ont cherché le nombre de ses branches; Cremona, Caporali, M. Guccia, etc. ont étudié les systèmes linéaires de courbes, et, en particulier, les *gerbes* et les *réseaux;* MM. Brill, Noether, Segre, etc. ont étudié les propriétés des *groupes de points* résultant de l'intersection d'une courbe par des systèmes définis d'autres courbes d'ordre quelconque; etc.

On a aussi étudié de nombreuses classes de courbes algébriques spéciales, caractérisées par des propriétés déterminées. Quelques-unes de ces classes de courbes sont étudiées habituellement dans les traités de Géométrie générale, et nous ne nous en occuperons pas ici; quelques autres seront envisagées dans une autre partie de cet ouvrage.

Dans l'étude des questions variées et complexes de la théorie générale des courbes algébriques, quelques mathématiciens ont suivi des méthodes purement géométriques; d'autres ont préféré employer des procédés analytiques, plus féconds et aussi, en général, d'une application plus facile. Parmi ces procédés sont compris ceux qui dérivent de l'Algèbre et, en particulier, de la partie de la même science consacrée à la *Théorie des formes,* qui dans la Géométrie des courbes algébriques a ses plus belles et importantes applications. La substitution des méthodes algébriques aux méthodes infinitésimales dans l'étude de ces courbes a été initiée par De Gua en 1740 dans son opuscule, *Usage de l'Analyse de Descartes,* où les premières méthodes sont employées et récommendées; mais l'application des méthodes algébriques à la théorie des courbes n'a pris son entier développement que dans le XIXᵉ siècle, après les progrès considérables qu'a fait l'Algèbre et, en particulier, la branche de cette science mentionnée ci-dessus.

Le nombre des notes et des mémoires destinés à l'exposition des multiples et variés sujets signalés est naturellement très considérable, ce qu'on peut vérifier complétement en parcourant les tables des revues scientifiques et des publications mathématiques des cinquante dernières années, et nous ne pouvons pas les mentionner ici; nous nous bornerons à citer, comme étant d'une lecture profitable pour tous ceux qui désirent acquiérir une parfaite connaissance de l'histoire et de la bibliographie des courbes algébriques, l'*Aperçu historique* de Chasles, les ouvrages de MM. Cantor et Loria mentionnés au n.° 164, et le rapport remarquable sur l'état actuel de la théorie des fonctions algébriques, liée étroitement à celle des courbes algé-briques, presenté par MM. Brill et Noether en 1894 à la Société des mathématiciens alle-mands et inséré au tome III de son *Jahresbericht*. De même, pour l'étude systématique de cette belle et importante doctrine, nous récommenderons les ouvrages classiques de Salmon et Clebesch, déjà cités aussi au n.º 164, où la théorie générale des courbes algébriques se trouve merveilleusement traitée par les méthodes analytiques, et celui de Cremona, intitulé *Introduzione a una teoria geometrica delle curve piane* (Bologne, 1862), digne aussi de grand éloge, où les mêmes courbes sont étudiées par les méthodes purement géométriques.

NOTES ET ADDITIONS.

I.

NOTE AU N.° 66.

Sur les cubiques qui sont cissoïdales d'elles-mêmes et d'une droite.

Envisageons l'équation polaire des cubiques

$$(A \cos^3 \theta + B \cos^2 \theta \sin \theta + C \cos \theta \sin^2 \theta + D \sin^3 \theta)\, \rho^2$$
$$+ (E \cos^2 \theta + F \cos \theta \sin \theta + G \sin^2 \theta)\, \rho + H \cos \theta + K \sin \theta = 0.$$

et l'équation polaire des droites parallèles à l'axe des ordonnées

$$\rho' = \frac{a}{\cos \theta}.$$

En représentant par ρ_1 et ρ_2 les racines de la première équation, on a

$$\rho_1 + \rho_2 = - \frac{E \cos^2 \theta + F \cos^2 \theta \sin \theta + G \sin^2 \theta}{A \cos^3 \theta + B \cos^2 \theta \sin \theta + C \cos \theta \sin^2 \theta + D \sin^3 \theta}.$$

La condition pour que la cubique coïncide avec la cissoïdale d'elle-même et de cette droite, c'est qu'on ait identiquement

$$\rho_1 + \rho_2 = \rho'$$

ou, par conséquent,

$$E + F \tan \theta + G \tan^2 \theta + a\,(A + B \tan \theta + C \tan^2 \theta + D \tan^3 \theta) = 0,$$

quelle que soit la valeur de θ. Cette condition est donc exprimée par les équations

$$\mathrm{E} + a\mathrm{A} = 0, \quad \mathrm{F} + a\mathrm{B} = 0, \quad \mathrm{G} + a\mathrm{C} = 0, \quad \mathrm{D} = 0.$$

L'équation de la cubique doit donc avoir la forme

$$(\mathrm{A}x^2 + \mathrm{B}xy + \mathrm{C}y^2)(x - a) + \mathrm{H}x + \mathrm{K}y = 0.$$

Or, quand $\mathrm{B}^2 - 4\mathrm{A}\mathrm{C}$ est différente de zéro, cette équation est identique à celle des cubiques ayant une asymptote parallèle à l'axe des ordonnées et deux autres se coupant à l'origine.

Si $\mathrm{B}^2 - 4\mathrm{A}\mathrm{C} = 0$, l'équation prend la forme

$$(\sqrt{\mathrm{A}}\,x + \sqrt{\mathrm{C}}\,y)^2 (x - a) + \mathrm{H}x + \mathrm{K}y = 0,$$

et elle est identique à celle des cubiques ayant une asymptote parallèle à l'axe des ordonnées et deux autres parallèles l'une à l'autre. La parallèle à ces dernières asymptotes passant par l'origine en est équidistante.

Nous pouvons donc modifier et completer l'énoncé du théorème donné au n.º 66 de la manière suivante:

La condition pour qu'une cubique soit la cissoïdale d'elle-même et d'une droite K, c'est qu'elle ait trois asymptotes et qu'une de ces droites coïncide avec K et que les deux autres se coupent à un point de la cubique, situé à distance finie ou à l'infini. Dans le premier cas, ce point est le pôle de la cissoïdale; dans le deuxième cas, le pôle de la cissoïdale est le point où la droite équidistante des asymptotes parallèles coupe la courbe.

II.

ADDITION AU N.º 96.

Sur une propriété des cubiques circulaires.

Si un cercle coupe une cubique circulaire aux points A, B, C *et* D, *le cercle passant par* A, B *et un point* O *quelconque de la cubique et le cercle passant par* C, D *et* O *coupent la même cubique à deux autres points* E *et* F *tels que le cercle qui passe par ces derniers points et par* O *est tangente à la cubique en ce point.*

On peut déduire ce théorème de celui qu'on a démontré au n.º 96 au moyen de la trans-mation par rayons vecteurs réciproques, en procédant comme dans la démonstration du théorème analogue sur les quartiques bicirculaires (n.º 270), le point O étant pris pour centre de la transformation. Le théorème démontré au n.º 96 est un limite de celui qu'on vient d'énoncer, correspondant au cas où le point O est à l'infini sur l'asymptote réelle.

Ce théorème et celui qu'on a énoncé au n.º 96 peuvent être généralisés aisément, au moyen de la transformation homographique, en procédant comme au n.º 161. On trouve ainsi, en considérant seulement le second théorème, le résultat suivant:

Si une conique coupe une cubique aux points A_1, A_2, A, B, C, D, *les droites* AB *et* CD *coupent la même cubique à deux nouveaux points* E *et* F *tels que la droite* EF *passe par le troisième point d'intersection de* $A_1 A_2$ *avec la cubique.*

En se basant sur ce théotème, et en procédant comme dans l'application qu'on a fait du théorème du n.º 96 à la construction du cercle osculateur des cubiques circulaires, on peut construire une conique passant par deux points A_1 et A_2 d'une cubique donnée et ayant avec cette ligne un contact du deuxième ordre dans un point donné A.

III.

ADDITION AU N.º 133.

Sur la versiera.

La courbe définie par l'équation

$$(1) \qquad xy^2 = b^2 (a - x),$$

que nous avons considérée au n.º 133, peut être construite de la manière suivante.

Prenons la conique représentée par l'équation

$$\frac{(x - a_1)^2}{a_1^2} + \frac{y^2}{b^2} = 1,$$

où $a_1 = \frac{1}{2} a$, et traçons la tangente à cette conique au sommet $(2a_1, 0)$, et la tangente à la même courbe à un point quelconque A. Ces deux droites s'interseptent à un point B. Si maintenant on tire une parallèle à l'axe des abscisses passant par B et une parallèle à l'axe des ordonnées passant par A, on obtient un point M, où ces droites se coupent, lequel appartient à la cubique envisagée.

En effet, l'équation de la tangente à la conique au point A est

$$a_1^2 y\, Y + b^2\, (x - a_1)\, X = a_1 b^2 x,$$

et l'ordonnée y_1 du point B, où elle coupe la droite $X = 2a_1$, est par conséquent déterminée par l'équation

$$a_1 y\, y_1 + b^2\, (x - 2a_1) = 0;$$

or, les coordonnées du point M sont $(x,\ y_1)$, et elles vérifient par conséquent l'équation qui résulte de l'élimination de y entre cette équation et celle de la conique, c'est-à-dire l'équation

$$xy_1^2 = b^2\, (a - x).$$

Si $a = 2b$, la conique considérée se réduit à un cercle, et la courbe coïncide avec celle qu'on a étudiée au n.º 126. Alors la construction précédente coïncide avec celle qu'on a indiquée au paragraphe mentionné pour ce cas particulier.

Si $a = b$, la cubique correspondante est la *versiera* (n.º 123). Cette manière de construire cette courbe a été remarquée par M. Retali dans un travail sur une transformation géométrique très générale, inséré aux *Mémoires de la Société royale des Sciences de Liège* (3.º série, t. II, 1900).

La méthode qu'on vient d'employer pour dériver la cubique (1) de la conique considérée est une application de la transformation de Roberval définie au n.º 126; ainsi, la cubique est la *robervallienne* de la conique. Comme complément à ce qu'on a dit au n.º 126 sur cette transformation, nous ajouterons encore que l'éminent géomètre l'a mentionné dans une lettre adressée à Torricelli et publiée plus tard dans le tome VI des *Mémoires de l'Académie des Sciences de Paris;* la passage de cette lettre qui se rapporte à la transformation envisagée, est insérée à la page 465 de ce volume, et en découle que Roverbal l'avait déjà communiquée à Torricelli dans une lettre antérieure qui n'est pas connue.

Il résulte de ce qu'on vient de dire et de ce qu'on a vu au n.º 133, que les propriétés de la cubique qu'on vient de considérer sont une généralisation immédiate des propriétés de la *versiera;* nous croyons donc convenable de désigner toutes ces courbes par ce nom.

On a mentionné aux n.ºˢ 123 et 126 les premiers géomètres qui se sont occupés de l'étude des courbes définies par des équations de la forme (1). On doit ajouter à cette liste le nom de Lalouvère, qui, d'après un renseignement que je dois à M. Aubry, a envisagé le cas où $a = 2b$ dans un ouvrage intitulé: *Veterum Geometria promota in septem de cycloïde libris* (Toulouse, 1660, p. 399), où il dit qu'il en a proposé la quadrature à Fermat. Nous croyons, avec M. Aubry, que Fermat se rapporte à ce géomètre quand, en s'occupant de la quadrature de la courbe envisagée au n.º 123, il dit que ce problème lui avait été proposé par un géomètre érudit.

IV.

ADDITION AU N.º 163.

Sur quelques propriétés des cubiques.

En généralisant deux théorèmes sur la cissoïde et la strophoïde démontrés aux n.ºs 16 et 50, nous avons établi pour les courbes unicursales les théorèmes 2.º et 3.º du n.º 163. Nous allons maintenant étendre les mêmes théorèmes aux cubiques non unicursales. Ces généralisations n'ont peut-être été pas remarquées.

1.º *Les coniques qui passent par deux points A_1 et A_2 d'une cubique quelconque et qui ont un contact de deuxième ordre avec cette courbe à un des quatre points où elle est coupée par une conique passant par A_1 et A_2, coupent la même courbe en quatre nouveaux points situés aussi sur une conique passant par A_1 et A_2.*

Pour démontrer ce théorème dans le cas des courbes non unicursales, il suffit de considérer les paraboles divergentes non unicursales, puisqu'on peut l'étendre ensuite à toutes les cubiques non unicursales au moyen des propriétés de la transformation homographique.

On a vu au n.º 156 que les coordonnées x et y d'une parabole divergente non unicursale peuvent être exprimées par des fonctions elliptiques d'un paramètre u, et que les valeurs u_1, u_2, etc. que ce paramètre prend aux six points d'intersection avec une conique verifient la relation

$$(1) \qquad u_1 + u_2 + \ldots + u_6 = 0,$$

à multiples des périodes près.

Si l'on fait maintenant passer une conique par les points de la cubique correspondants à u_4, u_5 et u_6 qui ait un contact du second ordre avec cette cubique au point correspondant à u_1, et si l'on représente par u_1' la valeur que u prend au quatrième point d'intersection, on a

$$3u_1 + u_1' + u_5 + u_6 = 0.$$

De même, en représentant par u_2', u_3' et u_4' les valeurs que u prend aux point où la cubique est coupée par les coniques passant par les points correspondants à u_5 et u_6 et ayant un contact du second ordre avec la même cubique aux points correspondants à u_2, u_3 et u_4, respectivement, on a

$$3u_2 + u_2' + u_5 + u_6 = 0,$$
$$3u_3 + u_3' + u_5 + u_6 = 0,$$
$$3u_4 + u_4' + u_5 + u_6 = 0.$$

Pourtant

$$3\,(u_1 + u_2 + u_3 + u_4) + u_1' + u_2' + u_3' + u_4' + 4\,(u_5 + u_6) = 0,$$

ou, à cause de l'équation (1),

$$u_1' + u_2' + u_3' + u_4' + u_5 + u_6 = 0.$$

Donc, les points de la cubique correspondants aux valeurs u_1', u_2', u_3' et u_4 sont situés sur une conique qui passe par u_5 et u_6.

2.º *Les trois coniques qui passent par deux points* A_1 *et* A_2 *d'une cubique quelconque et qui ont un contact du deuxième ordre avec cette courbe en trois points respectifs, situés sur une droite, coupent la cubique en trois nouveaux points, situés sur une conique passant par* A_1 *et* A_2 *et par le point où la cubique est coupée par la tangente au point d'intersection de cette courbe avec la droite* $A_1\,A_2$.

On démontre que les cubiques non unicursales jouissent de cette propriété de la manière suivante:

Si les trois points de la cubique correspondants aux valeurs u_1, u_2 et u_3 du paramètre u sont situés sur une droite, on a, à multiples des périodes près,

$$u_1 + u_2 + u_3 = 0.$$

En représentant, comme ci-dessus, par u_1', u_2' et u_3' les valeurs que u prend aux points où trois coniques passant par les points A_1 et A_2, correspondants aux valeurs u_5 et u_6 du paramètre, et ayant un contact du deuxième ordre avec la cubique aux points u_1, u_2 et u_3, respectivement, coupent cette cubique, on a

$$3u_1 + u_1' + u_5 + u_6 = 0, \quad 3u_2 + u_2' + u_5 + u_6 = 0, \quad 3u_3 + u_3' + u_5 + u_6 = 0,$$

et, par suite,

$$u_1' + u_2' + u_3' + 3\,(u_5 + u_6) = 0.$$

Mais, d'un autre côté, si u'' représente la valeur que u prend au point où la droite qui passe par les points correspondants à u_5 et u_6 coupe la cubique, on a aussi

$$u'' + u_5 + u_6 = 0;$$

et, en représentant par u''' la valeur de u au point où la tangente à la cubique au point correspondant à $u = u''$ coupe la même cubique, on a encore

$$2u'' + u''' = 0.$$

Il résulte des relations précédentes celle-ci:

$$u_1' + u_2' + u_3' + u''' + u_5 + u_6 = 0,$$

d'où l'on déduit le théorème énoncé.

Si la cubique considérée est *circulaire* et u_5 et u_6 sont les valeurs de u correspondantes aux points circulaires de l'infini, les coniques qu'on vient de considérer se réduisent à des cercles, et on obtient les théorèmes suivants, qui sont nouveaux, croyons-nous:

3.º *Les cercles osculateurs d'une cubique circulaire quelconque correspondants à quatre points situés sur la circonférence d'un cercle, coupent la même courbe en quatre nouveaux points situés aussi sur la circonférence d'un autre cercle.*

4.º *Les cercles osculateurs d'une cubique circulaire correspondants à trois points situés sur une droite, coupent la cubique en trois nouveaux points situés sur la circonférence d'un cercle passant par le point où la cubique est coupée par la tangente au point d'intersection de cette courbe avec l'asymptote réelle.*

V.

ADDITION AU N.º 270.

Sur quelques propriétés des quartiques bicirculaires.

Le *genre* des quartiques bicirculaires qui ne possèdent pas de point double à distance finie est égal à *un*, et par conséquent les coordonnées de leurs points peuvent être représentées par des fonctions elliptiques méromorphes à mêmes périodes d'un paramètre u. En se basant sur cette propriété, on peut déduire des propriétés des fonctions elliptiques des propositions relatives aux courbes mentionnées, en procédant comme au n.º 156. Nous allons faire trois applications de cette méthode.

1.º Considérons un cercle quelconque et supposons que u_1, u_2, u_3 et u_4 sont les valeurs que prend le paramètre u aux points A, B, C et D d'intersection avec la quartique, et que u_5 et u_6 sont les valeurs que prend le même paramètre aux points circulaires de l'infini. On a, à multiples près des périodes des fonctions elliptiques mentionnées,

$$u_1 + u_2 + u_3 + u_4 + 2(u_5 + u_6) = 2c$$

c étant constante, quel que soit le cercle.

Le cercle passant par A et B et par le point O de la quartique où u prend la valeur u', coupe la courbe à un nouveau point E où u prend la valeur u'_4, et nous avons

$$u_1 + u_2 + u' + u'_4 + 2\,(u_5 + u_6) = 2c.$$

De même, on a, pour un cercle passant par C, D et O et coupant la courbe à un nouveau point F,

$$u_3 + u_4 + u' + u'_2 + 2\,(u_5 + u_6) = 2c.$$

Il résulte de ces équations celle-ci:

$$2u' + u'_4 + u'_2 + 2\,(u_5 + u_6) = 2c,$$

laquelle fait voir que les points E et F sont situés sur la circonférence d'un cercle tangent à la quartique au point O.

Nous venons de retrouver ainsi le théorème démontré au n.º 270.

2.º Considérons encore le cercle qui coupe la quartique aux points A, B, C et D, et représentons par u'_1 et u'_2 les valeurs que u prend aux nouveaux points d'intersection E et F de la quartique avec un autre cercle passant par A et B, et par u'_3 et u'_4 les valeurs que prend la même variable aux points G et H où la quartique rencontre un cercle passant par C et D. On a

$$u_1 + u_2 + u_3 + u_4 + 2\,(u_5 + u_6) = 2c,$$
$$u_1 + u_2 + u'_1 + u'_2 + 2\,(u_5 + u_6) = 2c,$$
$$u_3 + u_4 + u'_3 + u'_4 + 2\,(u_5 + u_6) = 2c,$$

et par conséquent

$$u'_1 + u'_2 + u'_3 + u'_4 + 2\,(u_5 + u_6) = 2c.$$

Donc, les points E, F, G et H sont situés sur la circonférence d'un cercle.

3.º *Les cercles osculateurs d'une quartique bicirculaire correspondants à quatre points situés sur la circonférence d'un cercle, coupent la même courbe en quatre nouveaux points situés aussi sur la circonférence d'un autre cercle.*

On a, en effet, u_1, u_2, u_3 et u_4 étant les valeurs que prend u aux points donnés,

$$u_1 + u_2 + u_3 + u_4 + 2\,(u_5 + u_6) = 2c,$$

et, en représentant par u'_1, u'_2, u'_3 et u'_4 les valeurs que u prend aux points d'intersection des cercles osculateurs mentionnés avec la courbe,

$$3u_1 + u'_1 + 2\,(u_5 + u_6) = 2c, \quad 3u_2 + u'_2 + 2\,(u_5 + u_6) = 2c, \quad \ldots,$$

et par conséquent

$$u'_1 + u'_2 + u'_3 + 2(u_5 + u_6) = 2c.$$

Les points correspondants à u'_1, u'_2, u'_3 et u'_4 sont donc situés sur la circonférence d'un cercle.

On ne peut voir au moyen de ces démonstrations si les théorèmes qu'on vient d'obtenir subsistent quand les quartiques bicirculaires sont unicursales. Mais on peut les généraliser aisément à cette classe de quartiques, au moyen de considérations simples, en remarquant qu'on passe d'une quartique bicirculaire non unicursale pour une quartique bicirculaire unicursale en faisant varier d'une manière continue la forme de la première courbe.

Table des courbes.

Anallagmatiques du troisième ordre (vid. cubiques circulaires).

Anallagmatiques du quatrième ordre (vid. quartiques bicirculaires).

Anguinea, p. 97, 98, 102, 113.

Astroïde. p. 328-333, 345.

Atriphthaloïde, p. 348.

Besace, p. 269-273.

Bicorne, p. 310-312.

Bifolium, p. 300-302.

Cappa, p. 274-277.

Cardioïde, p. 213-218, 233.

Cartésiennes, p. 237-258.

Cassiniennes, p. 172.

Cissoïdale de deux lignes. Notions générales, p. 16; cas particuliers, p. 1, 11, 18, 20, 29, 30, 39, 57, 59, 79, 250.

Cissoïde de Dioclès, p. 1-11, 28, 76, 112.

Cissoïde oblique, p. 11-16.

Cissoïde de Zahradnik, p. 18-26.

Cissoïdes, p. 1-26.

Conchoïde, p. 266.

Conchoïde de la droite (vid. conchoïde de Nicomède).

Conchoïde de Nicomède, p. 259-268.

Conchoïde de Sluse, p. 26-30.

Conchoïde du cercle (vid. limaçon de Pascal).

Conchoïde parabolique de Descartes, p. 106-107.

Conchoïdes des coniques, p. 320.

Conchoïdes focales des coniques, p. 312-321.

Courbe à longue inflexion, p. 326.

Courbe de Gutschoven, p. 274-277.

Courbe de Jarabek, p. 317-318.

Courbe de Rolle, p. 115-117.

Courbe de Talbot, p. 354.

Courbe de Watt. p. 323-328.

Courbe du diable, p. 296-297.

Courbe équipotentielle de Cayley, p. 372.

Courbes aplanétiques (vid. ovales de Descartes).

Courbes parallèles à l'astroïde, p. 333-338.

Courbes parallèles à l'ellipse, p 357-368.

Cruciforme, p. 277-284.

Cubique d'Agnesi (vid. versiera).

Cubique de Tschirnhausen, p. 132.

Cubique mixte, p. 118-121.

Cubiques circulaires, p. 62-83, 146-150, 389.

Cubiques de Chasles, p. 143-146.

Cubiques quelconques, p. 125-151, 387-389.

Cubo-cycloïde, p. 333.

Cycloïde circulaire, p. 213.

Développée de l'ellipse, p. 339.

Développée de l'hyperbole, p. 343.

Fleur de jasmin, p. 87.

Focale à nœud (vid. strophoïde).

Focale de Quetelet (vid. strophoïde).
Focale de **Van-Rees**, p. 45–58.
Folium de Descartes, p. 85–91, 94, 95, 112.
Folium double, p. 300–302.
Folium parabolique, p. 121–125.
Folium simple, p. 297–299.

Galand, p. 87.

Huit, p. 272.
Hyperboles redondantes, défectives et paraboliques, p. 93.
Hyperbolismes et antihyperbolismes, p. 99.
Hyperbolismes des coniques, p. 93, 100–103, 108–109, 113–115, 117, 121, 124, 293–295.
Hyperbolismes de quelques cubiques, p. 112–113.

Kohlenspitzencurve (vid. puntiforme).
Kreuzcurve (vid. cruciforme).
Kukumaeïde (vid. strophoïde).

Lemniscate de Bernoulli, p. 166, 189–197, 288, 327.
Lemniscate de Gerono, p. 272.
Lemniscate elliptique et lemniscate hyperbolique, p. 178–197, 327.
Lemniscate équilatère, p. 197.
Limaçon de Pascal, p. 199–218, 220, 233, 266.
Logocyclique (vid. strophoïde).

Ophiuride, p. 26.
Ovale de Cassini, p. 165–172, 175–178.
Ovale de Descartes, p. 218–233.
Ovoïde, p. 297–299.

Parabole cubique, p. 93.
Parabole de Descartes, p. 106–107, 266.
Parabole de Wallis, p. 93.

Parabole semi-cubique, p. 132.
Paraboles divergentes, p. 124–143.
Paraboles virtuelles, p. 268–274, 293.
Piriforme, p. 289–295.
Podaire du cercle, p. 203.
Podaires centrales des toroïdes, p. 368.
Podaires des coniques, p. 25, 203, 250.
Pseudo-versiera, p. 110–115.
Pteroïde (vid. strophoïde).
Puntiforme, p. 286–289.

Quartique piriforme, p. 289–294.
Quartiques à deux ou trois points doubles, p. 256–258.
Quartiques à trois points d'inflexion doubles, p. 287 à 289.
Quartiques bicirculaires, p. 234–258, 389–391.
Quartiques de M. Ruiz-Castizo, p. 306–310.
Quartiques de Wallis, p. 292–294.

Robervallienne, p. 111.

Scarabée. p. 344–348.
Serpentine (vid. anguinea).
Spirique de Perseus, p. 153–197.
Spiriques, p. 165.
Strophoïde. p. 30–45, 57, 58, 75.

Tétracuspide de Bellavitis, p. 344.
Toroïde, p. 358–368.
Trèfle, p. 95–96.
Trident, p. 93, 103–107.
Trifolium, p. 302–305.
Trisectrice de Maclaurin, p. 58–62, 88, 95.

Versiera, p. 108–115, 385–386.
Visiera, p. 26, 110, 111.

Table des auteurs mentionnés dans ce volume.

A

Abel, p. 196.
Agnesi, p. 31, 108, 110.
Amstein, p. 332.
Andreasi, p. 45.
Apollonius, p. 339.
Archibald, p. 132, 213, 297.
Archimède, p. 2.
Aubry, p. 110, 272, 273, 274, 386.

B

Balitrand, p. 14, 15, 16, 41, 282.
Barbarin, p 38.
Barrow, p. 17, 31, 38, 266, 275, 276.
Beaudeux, p. 2, 266.
Bellavitis, p. 337, 344, 380.
Bernoulli (Jacques), p. 189, 233.
Bernoulli (Jean), p. 85, 86, 87, 91, 132, 266, 332.
Bispal, p. 333.
Bjerknes, p. 83.
Bonatti, p. 197.
Bonnet (Ossian), p. 290.
Booth, p. 31, 34, 36, 179, 184, 185, 273.
Boncompagni, p. 31.
Bouquet, p. 296.
Bourget, p. 357.
Bragelongue, p. 321.
Braikenridge, p. 379.
Brassine, p. 333.
Brill, p. 322, 381, 382.
Briot, p. 296.
Brocard, p. 219, 290, 297, 300, 302, 303, 305, 310.

C

Cantor (Maurice), p. 151, 265, 381.
Caporali, p. 381.
Carré, p. 213.
Casali, p. 31, 42.
Cassini (J. Dominique), p. 165.
Cassini (Jacques), p. 166.
Castillon, p. 213.
Carbonelle, p. 327.
Casey, p. 80, 237, 252, 255.
Castizo (R), p. 306, 309.
Catalan, p. 324, 360.
Cauchy, p. 360, 367.
Cavalieri, p. 111.
Cayley, p. 146, 151, 247, 255, 322, 323, 360, 372, 375, 381.
Cazamian, p. 96, 175.
Cesàro, p. 167.
Chasles, p. 57, 107, 130, 143, 151, 153, 219, 221, 231, 253, 380, 381.
Clairaut, p. 125.
Clebesch, p. 139, 143, 151, 380, 382.
Clifford, p. 323, 328.
Collignon, p. 197.
Colson, p. 8.
Comte (A.), p. 107.
Cotes, p. 266, 379.
Cramer, p. 151, 269, 296, 306, 321.
Cremona, p. 380, 381, 382.

D

D'Alembert, p. 332.
Dandelin, p. 31, 45.
Darboux, p. 51, 64, 165, 170, 172, 173, 175, 230, 235, 236, 238, 255.
De Champs (Breton), p. 359, 368.
De Gua, p. 137, 381.
Descartes, p. 85, 86, 87, 106, 218, 219, 223, 265.
Dewulf, p. 318.
Dioclès, p. 2, 11.
Dourège, 151.

E

Elgé, p. 117.
Euler, p. 96, 151, 189, 321, 322, 379.
Eutocius, p. 2, 11, 265.

F

Fagnano, p. 189, 195, 196, 210.
Fermat, p. 2, 85, 87, 108, 111, 265, 386.
Fuss, p. 8.

G

Garlin, p. 164, 165.
Gauss, p. 196.
Gentry, p. 322.
Gerbaldi, p. 381.
Gerono, p. 272.
Goupillière (Haton de La), p. 124, 197, 326, 332.
Grandi (Guido), p. 108.
Gregory (James), p. 108, 110.
Guccia, p. 381.
Guenochi, p. 230, 255.
Günther, p. 32.
Gutschoven, p. 274.

H

Hachette, p. 323.
Halphen, p. 143.
Hart, p. 74, 200, 237, 245, 253, 328.
Haughton, p. 348.
Héron d'Alexandrie, p. 153.
Herschel (J.), p. 219.
Hesse (O.), p. 151, 322, 381.
Heuraet, p. 265.
Hoüel, p. 178.
Humbert, p. 238.
Huygens, p 2, 6, 7, 9, 26, 27, 46, 85, 86, 87, 91, 97, 108, 110, 114, 159, 213, 265, 266, 273, 274, 276, 290, 339, 378.

J

Jamet, 143.
Jarabek, p. 317.
Jeffery, p. 237.
Joacchmisthal, p. 337.

K

Kiepert, p. 196.
Klein, p. 381.

L

Lachlan, p. 215.
Lacolonge, p. 323, 324.
Lacroix, p. 296.
La Gournerie, p. 165, 237.
Laguerre, p. 24, 51, 172, 217, 236, 237, 242, 289
La Hire, p. 213, 266.
Laisant, p. 344.
Laloubère, p. 386.
Laurent, p. 296, 345.
Legendre, p. 61, 83, 358.
L'Hospital, p. 85, 86, 91, 97, 132.
Lehmus, p. 31.
Leibniz, p. 46, 110, 111, 114, 189, 274, 378.
Lemoine, p. 333.
Liguine, p. 219.
Lima, p. 58.

Liouville, p. 196, 380.
Longchamps (De), p. 4, 13, 18, 38, 58, 61, 96, 105, 118, 121, 123, 124, 291, 297, 298, 300, 302, 310, 349.
Loria (Gino), p. 26, 32, 110, 151, 381.

M

Maclaurin, p. 58, 61, 88, 137, 150, 151, 297, 321, 379.
Malfatti, p. 166, 197.
Mannhein, p. 328.
Marcolongo, p. 197.
Marie (Maximilien), p. 90, 96.
Marie (Gabriel), p. 272.
Massau, p. 9.
Mathews, p. 196.
Mercator, p. 114.
Merlieux, p. 337.
Mersenne, p. 85, 86.
Mister, p. 290.
Möbius, p. 146.
Moivre, p. 31, 34.
Montucci, p. 31, 333.
Montucla, p. 106.
Morley, p. 212.
Moutard, p. 69, 236, 242.

N

Neuberg, p. 21, 284, 318, 328.
Newton, p. 2, 8, 92, 93, 97, 99, 103, 125, 130, 151, 219, 231, 266, 321, 322, 379, 380, 381.
Nicole, p. 125, 151, 379.
Nicomède, p. 259, 265.
Noether, p. 380, 382.

O

Offenburgus, p. 8.
Ozanam, p. 166, 213.

P

Pagani, p. 165.
Painvin, p. 345.

Pappus, p. 2, 11, 265, 266.
Pascal (Blaise), p. 199.
Pascal (Étienne), p. 199.
Peano, p. 26, 110, 111.
Peaucellier, p. 200, 328.
Perseus, p. 153.
Pescnas, p. 58.
Pigeon, p. 333.
Pittarelli, p. 205.
Plücker, p. 23, 71, 72, 151, 322, 364, 379, 380.
Poncelet, p. 380.
Proclus, p. 2, 153, 265.
Prony, p. 333.

Q

Quetelet, p. 31, 42, 45, 199, 219, 231, 233.

R

Retali, p. 285, 386.
Riemann, p. 380.
Roberts (S.), p. 255, 323, 328.
Roberval, p. 2, 31, 106, 111, 199, 203, 211, 219, 265, 266, 276, 326.
Roche, p. 324.
Rolle, p. 115.
Rouse Ball, p. 107.

S

Saint-Vincent, p. 269, 273, 293.
Saladini, p. 197.
Salmon, p. 72, 74, 143, 151, 229, 245, 260, 322, 337, 382.
Schoute, p. 58, 193, 195, 277, 282, 286
Schooten (Van), p. 265.
Schwering, p. 196, 365.
Segre, p. 381.
Scott (C.) p. 311.
Serret (J. A.), p. 175, 182.
Sluse, p. 2, 9, 26, 27, 28, 29, 85, 159, 265, 273, 274, 275, 276, 277, 278, 290.
Steiner, p. 151, 322, 381.

Stirling, **p.** 151, 379.
Stubbs, p. 380.
Sturm, p. 233, 262, 263, 333.
Sylvester, p. 151, 328.

T

Talbot, p. 354, 357.
Tannery (Paul), p. 87, 199.
Terquem, p. 278.
Torricelli, p. 31, 111, 326.
Tortolini, p. 31, 357.
Townsend, p. 348.
Tschirnhausen, p. 132.

U

Uhlhorn, p. 26.

V

Vacca, p. 108.
Valdés, p. 41.
Van-Rees, p. 45, 47, 48, 53.
Vaumesle, p. 218.
Verdus, p, 31.
Vechtmann, p. 166, 167, 191.
Vincent, p. 323.
Viviani, p. 297.

W

Walker, p. 5.
Wallis, p. 2, 8, 111, 266, 273, 289.
290, 292, 293.
Watt, p. 323, 326, 328.
Waring, p. 130.
Weierstrass, p. 120, 139, 354.
Weyr (Em.), p. 191, 193, 282.
Wielcitner, p. 114.
Wittstein, p. 297.
Wolstenholme, p. 216.

Z

Zahradnik, p. 18, 20.
Zeuthen, p. 322.

Table des matières.

		Pag.
Préface		VII
Préface de l'édition espagnole		IX

CHAPITRE I.

Cubiques remarquables.

I — Les cissoïdes	1
II — La conchoïde de Sluse	26
III — La strophoïde	30
IV — Les focales de Van-Rees	45
V — La trisectrice de Maclaurin	58
VI — Les cubiques circulaires	62

CHAPITRE II.

Cubiques remarquables (Continuation).

I — Le folium de Descartes	85
II — Les courbes quarrables algébriquement. Le trèfle	91
III — L'anguinea. Les hyperbolismes des coniques	97
IV — Le trident. La parabole de Descartes	103
V — La versiera	108
VI — Courbe de Rolle	115
VII — La cubique mixte	118
VIII — Le folium parabolique. Les paraboles divergentes unicursales	121
IX — Les paraboles divergentes droites	125
X — Les cubiques de Chasles	143
XI — Généralisation de la théorie des cubiques circulaires	146
XII — Notice succinte sur la bibliographie de la théorie générale des cubiques	151

CHAPITRE III.

Quartiques remarquables.

Pag.

I — Les spiriques de Perseus.......................... 153
II — Les cassiniennes 165
III — Les lemniscates.......................... 178
IV — La lemniscate de Bernoulli.......................... 189

CHAPITRE IV.

Quartiques remarquables (Continuation).

I — Le limaçon de Pascal.......................... 199
II — La cardioïde.......................... 213
III — Les ovales de Descartes.......................... 218
IV — Les quartiques bicirculaires 234

CHAPITRE V.

Quartiques remarquables (Continuation).

I — La conchoïde de Nicomède 259
II — Les paraboles virtuelles. Le besace.......................... 268
III — La courve de Gutschoven ou cappa.......................... 274
IV — La cruciforme. La puntiforme.......................... 277
V — La quartique piriforme. Les quartiques de Wallis.......................... 289
VI — La courbe du diable 296
VII — Le folium simple ou ovoïde.......................... 297
VIII — Le folium double ou bifolium 300
IX — Le trifolium.......................... 302
X — Les quartiques de M. Ruiz-Castizo.......................... 306
XI — Le bicorne 310
XII — Les conchoïdes focales des coniques.......................... 312
XIII — Notice succinte sur l'origine et le développement de la théorie des quartiques.......................... 321

CHAPITRE VI.

Sur quelques courbes du sixième et du huitième degré.

Pag.

I — La courbe de Watt.. 322
II — L'astroïde........ 328
III — Les courbes parallèles à l'astroïde 333
IV — La développée de l'ellipse et de l'hyperbole.......... 339
V — La scarabée.. 344
VI — L'atriphthaloïde.. 348
VII — La courbe de Talbot.. 354
VIII — Les toroïdes.. 357
IX — Les podaires centrales des toroïdes.. 368
X — La courbe équipotentielle de Cayley.. 372
XI — Notice succinte sur l'origine et le développement de la théorie des courbes algébriques 379

NOTES ET ADDITIONS.

Note au n.º 66.. 383
Addition au n.º 96 384
Addition au n.º 133.. 385
Addition au n.º 163.. 387
Addition au n.º 270 389
Table des courbes.. 394
Table des nom des auteurs mentionnés.. 395

Errata.

Page 26, ligne 27, au lieu de *où il a…* lire *où, d'après Huygens, il a…*

Page 36, ligne 22, au lieu de α, lire a.

Page 53, ligne 11, au lieu de *deux* lire *à deux.*

Page 57, ligne 28, au lieu de *cubique quelconque,* lire *cubique à trois asymptotes non parallèles* (voir page 383).

Page 108, ligne 18, au lieu de *Fremat,* lire *Fermat.*

Page 117, ligne 20, au lieu de *l'hyperbolisme,* lire *l'antihyperbolisme.*

Page 184, remplacer la ligne 4 par celle-ci:

$$- 18a^2b^2 (a^2 + b^2) (u^2 + v^2) (a^2v^2 + b^2u^2 + 4) + 16 (a^2 + b^2)^3 (u^2 + v^2)$$

Page 254, ligne 29, au lieu de C_1 lire (C_1).

Page 255, lignes 1 et 11, au lieu de C_1 lire (C_1).